技工院校实训基地人才培养一体化模块教材

机修钳工实训
（高级模块）

人力资源和社会保障部教材办公室组织编写

中国劳动社会保障出版社

简 介

本书主要内容包括机械设备零部件加工、机械设备安装与调试、机械设备维修以及职业技能鉴定机修钳工高级考核模拟试卷。

图书在版编目(CIP)数据

机修钳工实训：高级模块/戴国东主编. —北京：中国劳动社会保障出版社，2015
技工院校实训基地人才培养一体化模块教材
ISBN 978-7-5167-2052-3

Ⅰ. ①机… Ⅱ. ①戴… Ⅲ. ①机修钳工-教材 Ⅳ. ①TG947

中国版本图书馆 CIP 数据核字(2015)第 242430 号

中国劳动社会保障出版社出版发行
(北京市惠新东街 1 号　邮政编码：100029)

*

北京北苑印刷有限责任公司印刷装订　新华书店经销
787 毫米×1092 毫米　16 开本　22.5 印张　517 千字
2015 年 11 月第 1 版　2015 年 11 月第 1 次印刷
定价：42.00 元

读者服务部电话：(010) 64929211/64921644/84643933
发行部电话：(010) 64961894
出版社网址：http://www.class.com.cn

技工院校实训基地人才培养一体化模块教材编委会名单

编审委员会（以姓氏笔画排序）

王国海　冯跃虹　吕成鹰　刘海光　孙大俊
冷耀明　张　林　胡恒庆　龚　安

编审人员

本书主编：戴国东
本书参编：郑丁梅　蒋　俊　蒋保祥

前言

Preface

为了进一步发挥技工院校在技能人才培养方面的作用，切实满足企业对技能型人才的需求，人力资源和社会保障部教材办公室组织有关学校的骨干教师和行业、企业专家，在充分调研技工院校实训基地人才培养和培训模式以及企业技能人才需求的基础上，吸收和借鉴当前较为成熟的人才培养理念，编写了技工院校实训基地人才培养一体化模块教材。

使用说明

本套教材分为基础模块和专业核心模块（见下图）。其中专业核心模块教材根据国家职业技能鉴定标准中的初级、中级和高级要求设计有相对应的初级模块教材、中级模块教材和高级模块教材。实训基地可根据需要按照“基础模块＋专业核心模块”组合模式选择相应的教材。

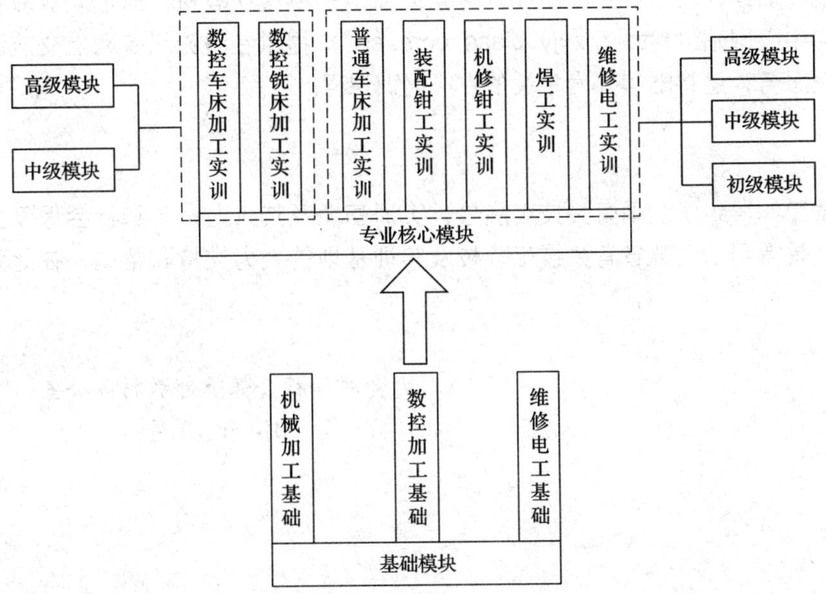

编写特色

◆与职业技能鉴定接轨

教材的编写以车工、数控车工、数控铣工、装配钳工、机修钳工、焊工、维修电工等国家职业技能标准为依据，涵盖国家职业技能标准（初、中、高级）的知识和技能要求，内容具有权威性。为了帮助学员熟悉职业技能鉴定考核形式及考题类型，每种专业核心模块教材均附有 3 ~ 5 套职业技能鉴定模拟试卷（包含理论知识试卷和技能操作试卷），并配有相应的参考答案。

◆与企业需求接轨

教材在编写中充分考虑企业的培训和用人需求，尽量选取企业真实的、有代表性的操作案例，整合相应的知识和技能，构建一体化教学模块，实现理论与操作技能的统一，既符合职业教育和职业培训的基本规律，又有利于培养学员分析问题和解决问题的综合职业能力。

◆保证先进性和规范性

教材根据相关专业领域的最新发展，编入了新知识、新技术、新设备、新材料等方面的内容，保证教材的先进性。同时采用最新的国家技术标准，使教材更加科学和规范。

读者对象

本套教材既可作为技工院校实训基地技能人才培养和培训用书，还可作为企业、社会培训机构的技能培训用书以及职业技术院校师生的专业用书。

后续拓展

作为补充，我们将陆续开发各专业高新技术应用方面的拓展模块教材，通过职业教育教学资源和数字学习中心网站（http://zyjy. class. com. cn/）提供在线论坛等网上交流以及相关教学资源下载服务，还将陆续开发相关的在线培训课程。

致谢

本套教材的开发工作得到了全国有关技工院校、实训基地及其人力资源和社会保障主管部门的支持，尤其是得到了江苏省有关技工院校及实训基地的大力支持和帮助，在此我们表示诚挚的谢意。

人力资源和社会保障部教材办公室

2014 年10 月

目　录

CONTENTS

模块一
机械设备零部件加工

本模块通过立体划线、锉配加工、孔系加工、轴承与导轨的刮削、研磨等实训练习，进一步提高机械设备零部件加工的基本操作技能。

课题1　划线操作

子课题1　凸轮划线

1. 了解凸轮机构的组成和类别。
2. 熟悉凸轮的工作原理。
3. 掌握凸轮的划线方法。

一、凸轮设计的工作原理及常用名词

1. 凸轮设计的工作原理

凸轮机构是机械中的一种常用机构，在自动化和半自动化机械中应用非常广泛。设计凸轮机构时，首先应根据工作要求确定从动件的运动规律，然后按照这一运动规律设计凸轮轮廓线。下面以尖顶直动从动件盘形凸轮机构为例，说明从动件的运动规律与凸轮轮廓线之间的相互关系。如图1—1—1a所示，以凸轮轮廓的最小向径 r_0 为半径所绘的圆称为基圆。当从动件尖顶与凸轮轮廓上的 A 点（基圆与轮廓 AB 的连接点）相接触时，从动件处于上升的起始位置。当凸轮以 ω 等角速顺时针方向回转 Φ 时，从动件尖顶被凸轮轮廓推动，以一定运动规律由离回转中心最近位置 A 到达最远位置 B'，这个过程称为推程。这时它所走过的距离 h 称为从动件的升程，而与推程对应的凸轮转角 Φ 称为推程运动角。当凸轮继续回转 Φ_s 时，以 O 点为中心的圆弧 BC 与从动件尖顶相作用，从动件在最远位置停留不动，Φ_s 称为远休止角。凸轮继续回转 Φ' 时，从动件在弹簧力或重力作用下以一定运动规律回到起始位置，这个过程称为回程，Φ' 称为回程运动角。当凸轮继续回转 Φ_s' 时，以 O 点为中心的圆弧 DA 与从动件尖顶相作用，从动件在最近位置停留不动，Φ_s' 称为近休止

角。当凸轮连续回转时，从动件重复上述运动。

如果以直角坐标系的纵坐标代表从动件位移 s，横坐标代表凸轮转角 φ（因通常凸轮等角速转动，故横坐标也代表时间 t），就可以画出从动件位移 s 与凸轮转角 φ 之间的关系曲线，如图 1—1—1b 所示，它称为从动件位移线图。

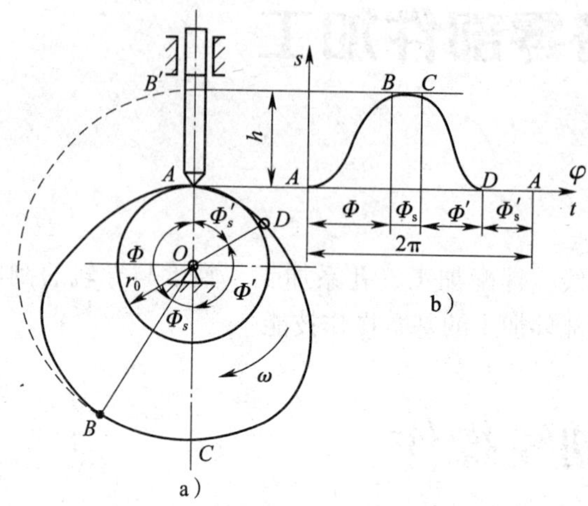

图 1—1—1　凸轮轮廓与从动件位移线图

由以上分析可知，从动件的位移线图取决于凸轮轮廓曲线的形状。也就是说，从动件的不同运动规律要求凸轮具有不同的轮廓曲线。

2. 凸轮机构常用名词（见图 1—1—2）

（1）工作曲线。工作曲线是指凸轮的实际曲线，是与从动件直接接触的凸轮轮廓表面。

（2）理论曲线。理论曲线是指过滚子中心与凸轮工作曲线平行的线。理论曲线与工作曲线的距离等于滚子的半径。在从动件以平面或尖端接触的凸轮中，理论曲线等于工作曲线。

（3）基圆。基圆是指以凸轮轴线至理论曲线的最近距离为半径所作的圆。

（4）压力角。压力角是指从动件受力方向与运动方向之间的夹角。

（5）动作角。动作角是指从动件每产生一个动作时凸轮所转动的角度。

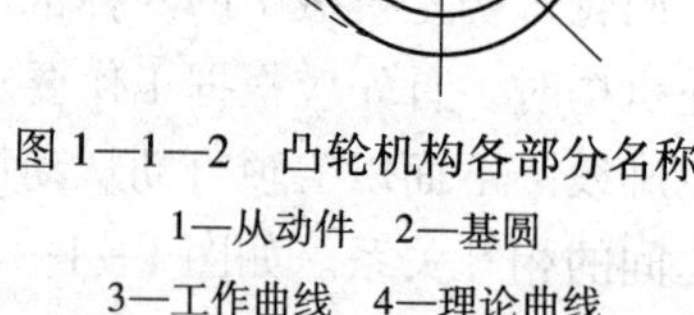

图 1—1—2　凸轮机构各部分名称

1—从动件　2—基圆

3—工作曲线　4—理论曲线

（6）动程。动程是指凸轮每转过一个动作角时从动件所移动的距离。

二、圆盘凸轮划线

划线要点：用分度头划分度射线，划凸轮工作曲线。

1. 凸轮形状分析

如图 1—1—3 所示为铲齿车床上所用的等速上升曲线凸轮，工作曲线从 0°～270°为等速上升曲线，即阿基米德螺旋线，上升量为 9 mm，从 270°～360°为下降曲线。划线前工件凸轮圆外径为 82 mm，其余部分都已加工到图样上尺寸要求，故划线时以 $\phi25.5_{-0.1}^{\ 0}$ mm 的锥孔和键槽为基准，配作一根锥度为 1∶10 的心轴再安装。

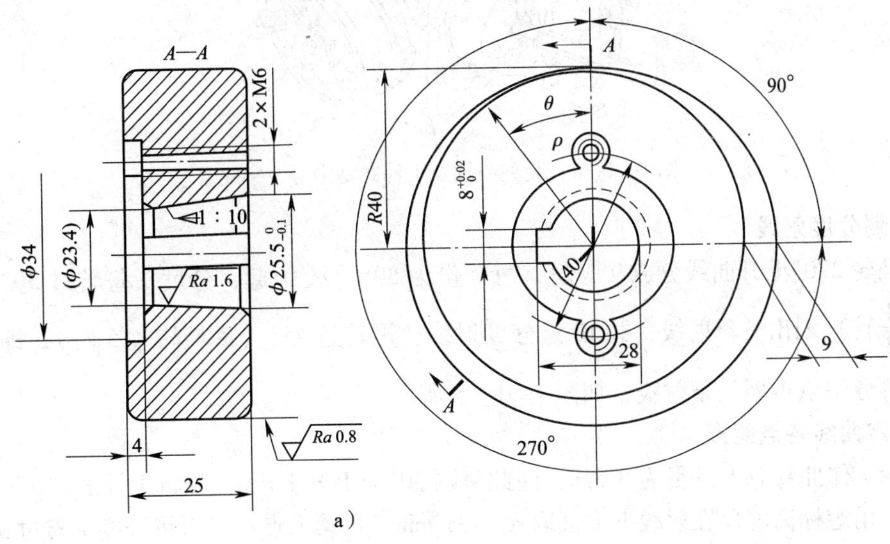

a）

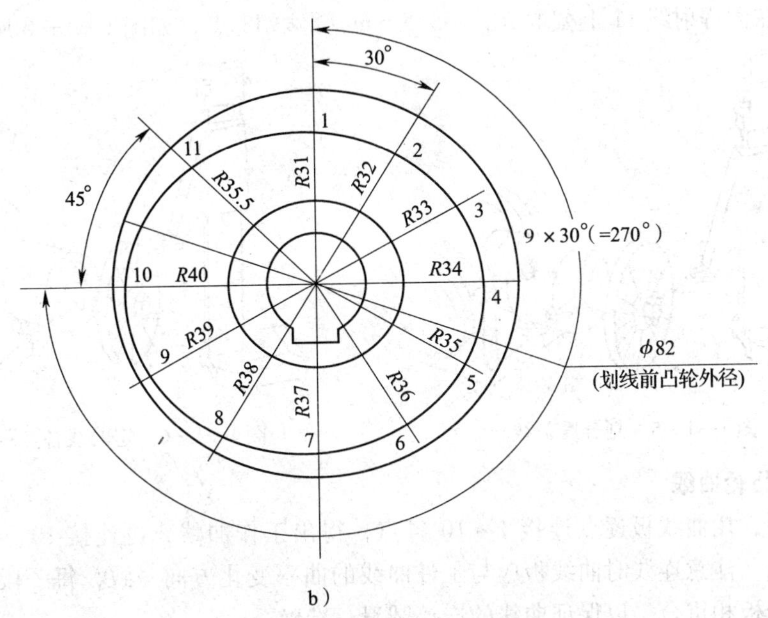

b）

图 1—1—3 等速上升曲线凸轮

a）凸轮成品要求 b）凸轮的划线

2. 划中心十字线

先将心轴装夹在分度头的三爪自定心卡盘上，并用百分表校正，如图 1—1—4 所示。然后将工件装夹在心轴上，以键槽定向划出中心十字线，即定出“0”位。

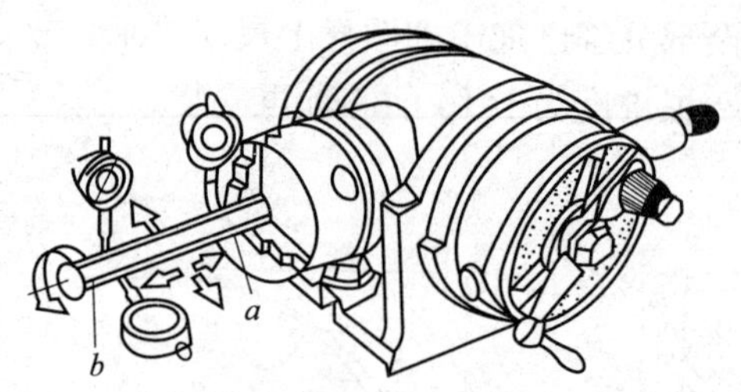

图 1—1—4　装夹心轴及工件并划中心十字线

3. 划分度射线

将凸轮 270°上升曲线分成 9 等份，每等份为 30°。从 0°起，分度头每转过 30°（手柄摇过 $3\frac{1}{3}$转）划出一条射线，共 10 条分度射线。再转过 45°（手柄转过 5 转），即在下降曲线的等分中点再划一条射线，如图 1—1—5 所示。

4. 定曲线各点距离

凸轮工作曲线总上升量为 9 mm，因此每隔 30°应上升 1 mm。先将工件的“0”位转至最高点，用游标高度尺在射线 1 上截取 $R_1=31$ mm，得第 1 点；然后将分度头转过 30°，在射线 2 上截取 $R_2=32$ mm，得第 2 点；以此类推，直至在射线 10 上截取 $R_{10}=40$ mm，得第 10 点。然后在回程射线 11 上截取 $R_{11}=35.5$ mm，得第 11 点，如图 1—1—6 所示。

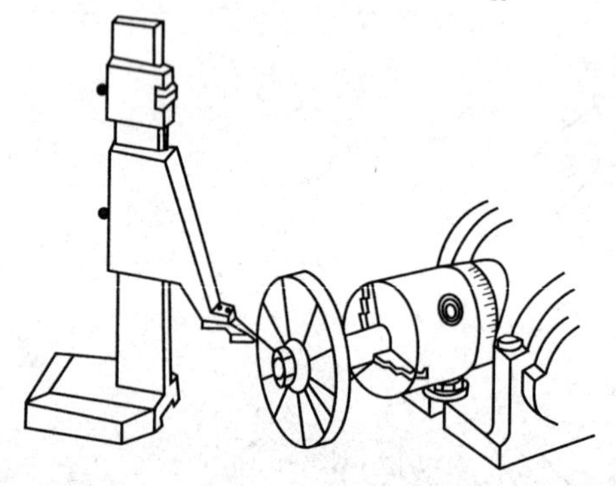
图 1—1—5　划分度射线

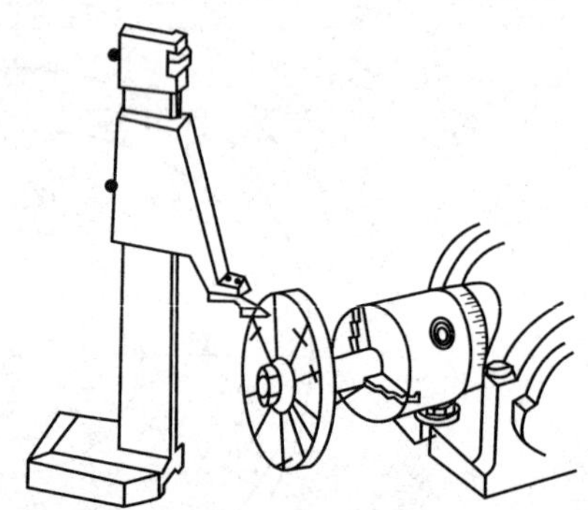
图 1—1—6　定曲线各点距离

5. 连接凸轮曲线

取下工件，用曲线板逐点连接 1 ~ 10 各点，得出工作曲线，再连接 10、11、1 三点，得出回程曲线。注意连线时曲线板应与工件曲线的曲率变化方向一致，每一段弧至少应有三个点与曲线板相重合，以保证曲线的连接圆滑、准确。

6. 样冲冲眼

在凸轮的加工线上冲出样冲眼，并去掉不必要的辅助线，凸轮曲线的起始点应明确做出标记。

三、圆柱凸轮划线

1. 凸轮形状分析

如图 1—1—7a 所示为从动件往复直线运动的圆柱凸轮。凸轮外圆柱半径为 r，从动件

滚子半径为 r_0。凸轮做等角速运动，从动件位移规律如图 1—1—7c 所示。

2. 划线步骤

（1）划线时可在一平整的薄铜皮上划出滚子中心的理论轮廓线展开图，然后制成样板，并将此样板贴围在凸轮坯外圆柱面上，划出凸轮空间的理论轮廓线，如图 1—1—7b 所示。

1）按凸轮外圆展开长度 $2\pi r$ 取线段 $OA=2\pi r$。

2）按图 1—1—7a，将从动件位移曲线横位移分为若干等份，得到相应的位移值 h_1，h_2，h_3 等。

3）将 OA 分为同样的等份，作 $OB_0=AB=h_0$，$A_1B_1=h_0+h_1$，$A_2B_2=h_0+h_2$ 等。

4）过 B_0、B_1、B_2…各点顺序划曲线，该曲线即为凸轮理论轮廓线的平面展开图。

（2）如在该凸轮坯料的外圆表面直接划线，可用分度头将凸轮外圆柱划成从动件位移曲线同样的等份，得 0—0、1—1、2—2…各等分线，用游标高度尺在这些等分线上划出 $AB=h_0$，$A_1B_1=h_0+h_1$，$A_2B_2=h_0+h_2$…得 B、B_1、B_2…各点，过这些点划顺滑曲线即得凸轮的理论轮廓线，如图 1—1—7a 所示，再划出理论轮廓线上各点滚子圆的两条包络线，即得到凸轮凹槽的实际轮廓线。

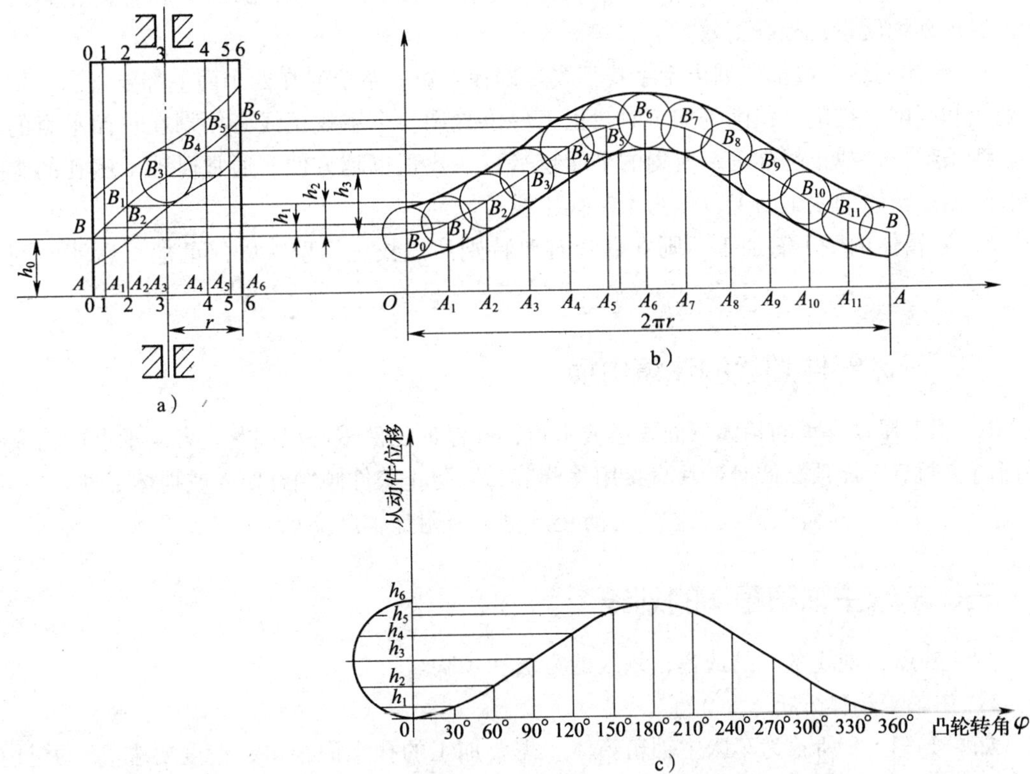

图 1—1—7　圆柱凸轮划法

a）凸轮理论轮廓线　b）凸轮空间理论轮廓线　c）凸轮从动件位移曲线

子课题 2　车床主轴箱箱体的划线

学习目标

1. 熟悉箱体零件划线的工艺要点。
2. 掌握箱体零件的划线方法。

一、箱体零件划线的工艺要点

1. 划线前必须看懂图样，对照工件毛坯，检查毛坯质量。要研究各加工部位所划的线与加工工艺的关系，确定划线次数和顺序，避免因所划线条被加工掉而重划。分析各加工部位之间、加工部位与装配零件之间的相互关系，确定划线时的安放位置、划线基准面和找正部位。确定装夹装置、装夹方法和安装措施。

2. 检查各表面加工余量是否合理，若不合理，则应借料后重新划线，直至各表面都有合理的加工余量为止。

3. 箱体的第一划线位置应选择待加工的孔和面最多的一面，这样有利于简化划线过程，保证划线质量，提高工效。

4. 箱体划线一般都要划出十字找正线。即在划每一条线时在四个面上都要划出，供下道划线和刨削、铣削、镗削等加工时找正工件位置用。十字找正线必须划在长而平直的部位。线条越长，找正越准确；所划的平面越平直，找正也越方便。通常以轴承座孔的十字中心线划在箱体的四个面上，作为十字找正线。

5. 若箱体内壁不需加工，则在划线时要特别注意找正内壁，以保证加工后能顺利装配。

二、箱体零件划线的注意事项

1. 用千斤顶支承的箱体下面要摆放木板，并保证工件重心稳固落在各支承点所构成的平面内。调节千斤顶高低时严禁直接用手调节，以防止工件倾倒砸伤人或损坏工件。

2. 对于重心位置较高的工件，为防止倾倒，应附加辅助支承。

三、车床主轴箱箱体的划线

划线要点：划线基准的选择，划线的方法和步骤。

1. 主轴箱箱体分析

如图 1—1—8 所示为车床主轴箱箱体。需要加工的孔和面很多，精度要求高，并且箱体上的加工平面和孔表面又是装配时的基准面。因此，在划线时不但要保证每个加工面和孔都有足够的加工余量，而且要兼顾孔与内壁凸台的同轴度要求（不要偏移太多），以及孔与加工平面间的位置关系。

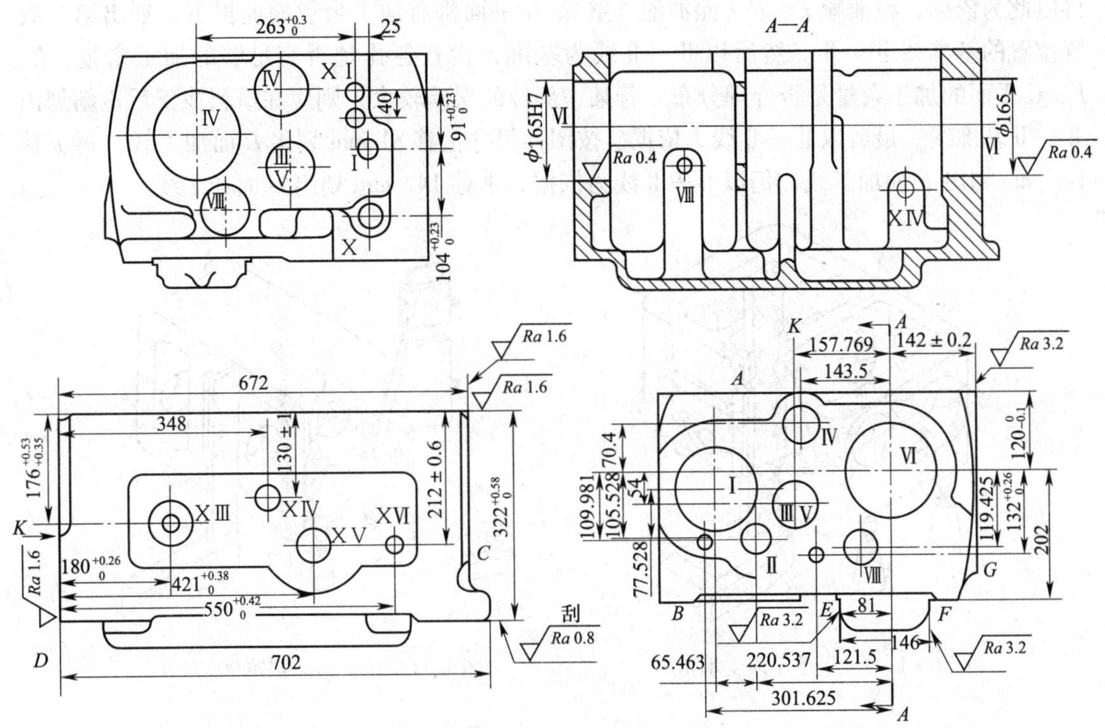

图 1—1—8　车床主轴箱箱体

车床主轴箱箱体在一般加工条件下划线可分为三次进行。第一次确定箱体加工面的位置，划出各平面的加工线。第二次以加工后的平面为基准，划出各孔的加工线和十字找正线。第三次划出与加工后的孔和平面尺寸有关的螺孔、油孔等加工线。

2. 第一次划线

第一次划线是在箱体毛坯件上划线，主要是合理分配箱体上每个孔和平面的加工余量，使加工后的孔壁均匀对称，为第二次划线时确定孔的正确位置奠定基础。

（1）将箱体用三个千斤顶支承放在划线平板上，如图 1—1—9 所示。用划线盘找正Ⅰ、Ⅵ孔（制动轴孔、主轴孔是主轴箱箱体的关键孔）的水平中心线及箱体的上、下平面与划线平板基本平行。用直角尺找正Ⅰ、Ⅵ孔的两端面 *C*、*D* 和正面 *G* 与划线平板基本垂直。若差异较大，可能出现某处加工余量不足，应调整千斤顶与 *A*、*B* 的平行方向借料。然后以Ⅵ孔内壁凸台的中心（在铸造误差较小的情况下，应与孔中心线基本重合）为依据，划出第一放置位置的基准线Ⅰ—Ⅰ。再以Ⅰ—Ⅰ线为依据，检查其他孔和平面在图样所要求的对应位置上是否都有足够的加工余量，以及在 *C*、*D* 垂直平面上各孔周围的螺孔是否有合理的位置。要避免螺孔产生较大的偏移，以致位于凸台的边缘处。发现其中有孔或平面的加工余量不足时都要进行借料，对加工余量进行合理调整，并重新划出Ⅰ—Ⅰ基准线。最后以Ⅰ—Ⅰ线为基准，按图样尺寸上移 120 mm 划出上表面加工线，再下移 322 mm 划出底面加工线。

（2）将箱体翻转 90°，用三个千斤顶支承，放置在划线平板上，如图 1—1—10 所示。用直角尺找正基准线Ⅰ—Ⅰ与划线平板垂直，并用划线盘找正Ⅵ孔内壁凸台的中心位置。

再以此为依据，在兼顾 E、F（储油池外壁）、G 平面都有加工余量的前提下，划出第二放置位置的基准线Ⅱ—Ⅱ。然后以Ⅱ—Ⅱ线为基准，检查各孔是否有足够的加工余量，E、F、G 平面的加工余量是否合理分布。若某一部位的误差较大，则应在借料找正后重新划出Ⅱ—Ⅱ基准线。最后以Ⅱ—Ⅱ线为依据，按图样尺寸上移 81 mm 划出 E 面加工线，再下移 146 mm 划出 F 面加工线，仍以Ⅱ—Ⅱ线为依据，下移 142 mm 划出 G 面加工线。

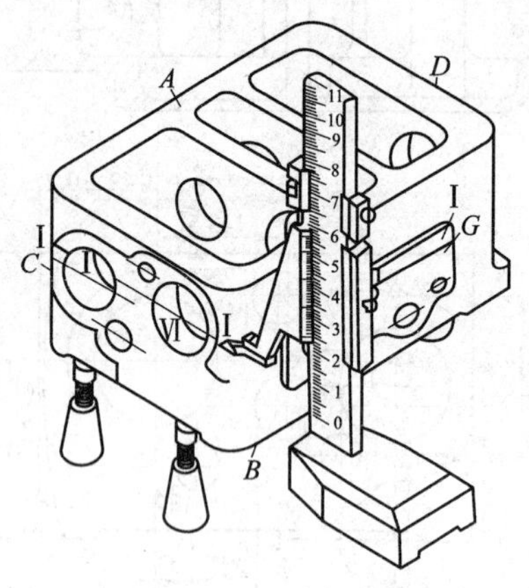

图 1—1—9　用千斤顶支承箱体

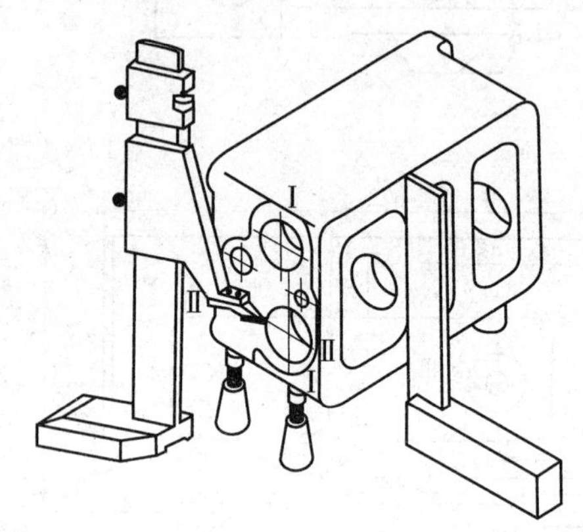

图 1—1—10　箱体翻转 90°支承

（3）将箱体再翻转 90°，用三个千斤顶支承在划线平板上，如图 1—1—11 所示。用直角尺找正Ⅰ—Ⅰ、Ⅱ—Ⅱ两条基准线与划线平板垂直。以主轴孔Ⅵ内壁凸台的高度为依据，兼顾 D 面加工后到ⅩⅢ、ⅩⅣ、ⅩⅤ、ⅩⅥ孔的距离（确保孔对内壁凸台、肋板的偏移量不大）。划出第三放置位置的基准线Ⅲ—Ⅲ，即 D 面的加工线，然后上移 672 mm 划出平面 C 的加工线。

检查箱体在三个放置位置上的划线是否准确，当确认无误后，冲出样冲眼，转加工工序进行平面的加工。

3. 第二次划线

在箱体的各平面加工结束后，在各毛坯孔内装紧中心塞块，并在需要划线的位置涂色，以便划出各孔中心线的位置。

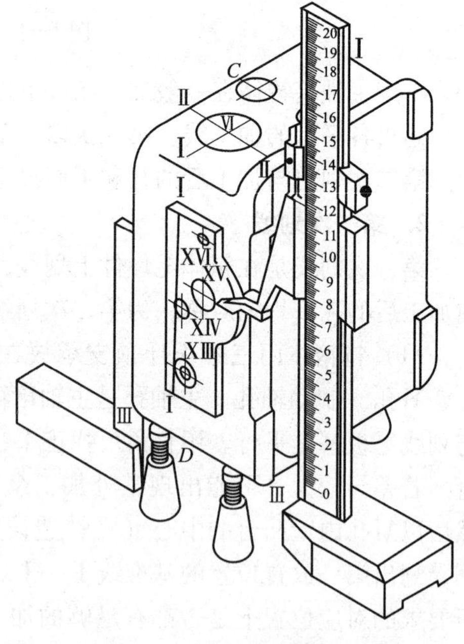

图 1—1—11　箱体再翻转 90°支承

（1）箱体的放置位置仍如图 1—1—9 所示，但不用千斤顶而是用两块平行垫铁安放在箱体底面和划线平板之间。垫铁厚度要大于储油池凸出部分的高度。应注意箱体底面与垫铁和划线平板的接触面要擦净，避免因夹有异物而使划线后尺寸不准。用游标高度尺从箱体的上平面 A 下移 120 mm，划出主轴孔Ⅵ的水平位置线Ⅰ—Ⅰ，再分别以上平面 A 和Ⅰ—Ⅰ线为尺寸基准，按图样的尺寸要求划出其他孔（除Ⅵ孔外，Ⅰ ~ ⅩⅥ孔）的水平位置线。

（2）将箱体翻转 90°，仍如图 1—1—10 所示的位置。平面 *G* 直接与划线平板接触放在划线平板上。以划线平板为基准上移 142 mm，用游标高度尺划出孔Ⅵ的垂直位置线（以主轴箱工作时的安放位置为基准）Ⅱ—Ⅱ，然后按图样的尺寸要求分别划出Ⅰ ~ Ⅻ孔的垂直位置线。

（3）将箱体再翻转 90°，仍如图 1—1—11 所示的位置。平面 *D* 直接与划线平板接触放在划线平板上。以划线平板为基准分别上移 180 mm、348 mm、421 mm、550 mm，划出孔ⅩⅢ、ⅩⅣ、ⅩⅤ、ⅩⅥ的垂直位置线（以主轴箱工作时的安放位置为基准）。

（4）检查各平面内各孔的水平位置与垂直位置的尺寸是否准确；孔中心距尺寸是否有较大的误差。若发现有较大误差，应找出原因并及时纠正。分别以各孔的水平线与垂直线的交点为圆心，按各孔的加工尺寸用划规划圆，并冲出样冲眼，转加工工序进行孔的加工。

4. 第三次划线

在各孔加工合格以后，将箱体置于划线平板上放平稳，在需要划线的部位涂色，然后以加工后的平面和各孔为基准划出各有关的螺孔和油孔的加工线。

子课题 3　大型工件的划线

学习目标

1. 熟悉大型工件的划线方法。
2. 掌握大型工件划线的工艺要点。

一、大型工件的划线方法

大型工件具有体积大、质量大的特点，划线时吊装、支承、找正都比较困难。如果条件允许，一般大型工件的划线应尽可能安放在划线平板上进行。大型工件安放在平板上划线，经常会遇到平板长度、宽度不够等问题，可采用下列方法来满足划线要求。

1. 工件移位法

当工件的长度超出划线平板平面长度的 1/3 时，可先在工件中部划线，然后分别向左、右移动工件，按已划出的基准线找正后，分别划出工件两端剩余线条。这种方法对于不具备大型平板条件的能解决生产实际问题。

2. 平板拼接法

平板拼接法在大型工件的划线中应用较多，平板拼接质量对划线质量有较大的影响。常用的拼接方法是把几块平板紧密拼接成一个大型平板，用长的平尺做米字型交接检查以检测拼接平板的平面度（利用透光法或塞尺检查），如图 1—1—12 所示。这种方法简便、有效，可快捷地将平板拼接完成，拼接精度高，可达到 0.05 mm 以内。然后，将工件放置在拼接好的划线平板上，用划线盘或游标高度尺完成划线工作。

3. 条形垫铁与平尺调整法

将大型工件放置在调整垫铁上，把两根已加工好的条形垫铁相互平行地放在大型工件的两端，在条形垫铁的端部和靠近大型工件的两侧分别放置两根平尺，再将平尺工作面调

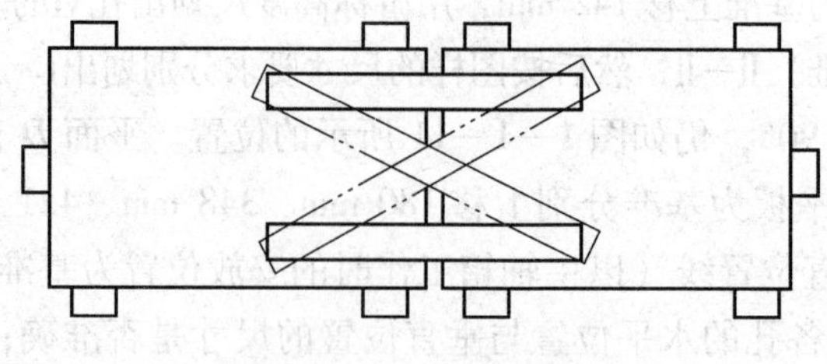

图 1—1—12　平板拼接法

整到同一水平面上（或调整两平尺工作面平行），以平尺工作面为基准调整好工件，用划线盘或游标高度尺在平尺工作面上移动完成划线。划线完毕，必须再次测定两根平尺是否在同一水平面上（或两平尺工作面的平行度），若不符合要求，则需要进行校正，重新划线。

二、大型工件划线的工艺要点

由于大型工件体积大、质量大，划线时不易吊装、调整，因此，为了保证划线质量、效率及安全因素，在划线过程中必须注意以下几点：

1. 正确选择划线基准

划线前，应先分析图样，找出设计基准，尽可能使划线基准与设计基准一致，以便减小尺寸误差及尺寸换算工作量。

2. 合理选择第一划线位置

划线基准选定后，根据划线内容，应合理选择第一划线位置，以提高划线质量并简化划线过程。第一划线位置的选择一般遵循以下原则：

（1）应尽量选择划线面积较大的位置作为第一划线位置，即使工件的平面与平板工作面平行，把与大平面平行的线先划出。

（2）应选择精度要求较高的面或主要加工面的加工线作为第一划线位置。目的是保证它们有足够的余量，经加工后便于达到设计要求。

（3）应尽量选择复杂面上需要划线较多的位置作为第一划线位置，这样既能保证划线质量，提高工效，又便于校正。

（4）应尽量选择工件上平行于划线平板工作面的主要中心线或平行于划线平板工作面的加工线作为第一划线位置，这样可简化划线过程，提高划线质量。

3. 正确选择工件安置基面

对大型工件划线时，安置基面的选择很重要。若选择不当，可使划线质量较差，效率低且不安全。通常选择安置基面的原则如下：当第一划线位置确定后，应选择大而平直的面作为安置基面，以保证划线时安置平稳、安全可靠。

如图 1—1—13 所示为大型蜗轮减速箱的箱体。箱体的大圆弧面“*P*”和小圆弧面“*Q*”均可作为第一划线位置的安置基面，将 *A*—*A*、*B*—*B* 基准线划出。显而易见，选“*P*”面作为安置基面比“*Q*”面有利，因为此时中心低，比较安全。

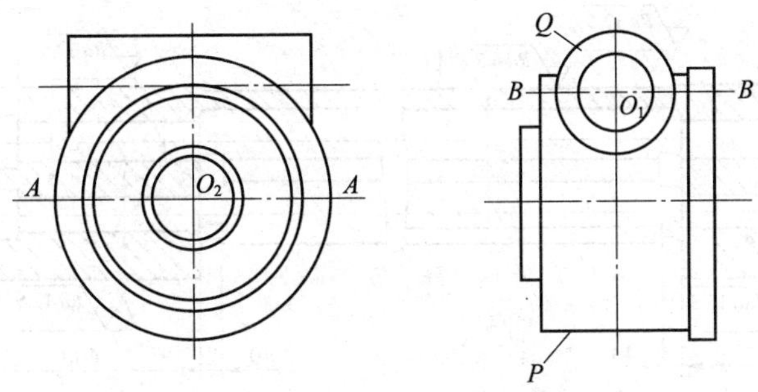

图 1—1—13　大型蜗轮减速箱的箱体

4. 正确借料

在毛坯生产过程中，铸造、锻压、焊接等工艺往往会使工件各表面的几何尺寸、几何形状和表面之间的相对位置产生一定的偏差。为了避免和减少毛坯报废，划线时必须注意正确借料（这对大型工件尤为必要）。借料时一般应考虑下列因素：

（1）保证各加工表面都有最低限度的加工余量，对加工精度要求高且大的表面应保证其有足够的加工余量。

（2）应考虑到加工面与非加工面之间的相互位置。对一些运动零件应保证它的运动极限位置与非加工面之间的最小间隙。

（3）尽可能保证加工后的工件外观匀称、美观。

5. 合理选择支承点

大型工件划线时，为了调整方便，一般都采用三点支承。但是需要注意以下情况：

（1）为保证工件的重心落在三个支承点所构成的合理区域内，三个支承点应尽可能分散，使各支承点所承受的力大致相等。

（2）由于千斤顶不能承受大的冲击力，因此，在大型工件划线时应先用枕木或垫铁支承，然后用千斤顶支承并调整。

（3）对于形状特殊或偏重的大型工件，采用三点支承后，可在必要的地方增设几处辅助支承，以分散质量，保证安全。

（4）对于某些大型工件，若需要操作者进入工件内部划线时，应采用已加工的垫铁来支承工件，在确保工件平稳、可靠后，方可进入工件内部划线。

三、大型工件划线实例

大型铣排工件如图 1—1—14 所示，在该铣排的矩形导轨中要放置角尺铣头，角尺铣头可在矩形导轨中做轴向进给运动，从而可铣削工件内表面的成形表面。

操作步骤：

划线前的分析 → 第一次划线 → 第二次划线 → 划线的校验

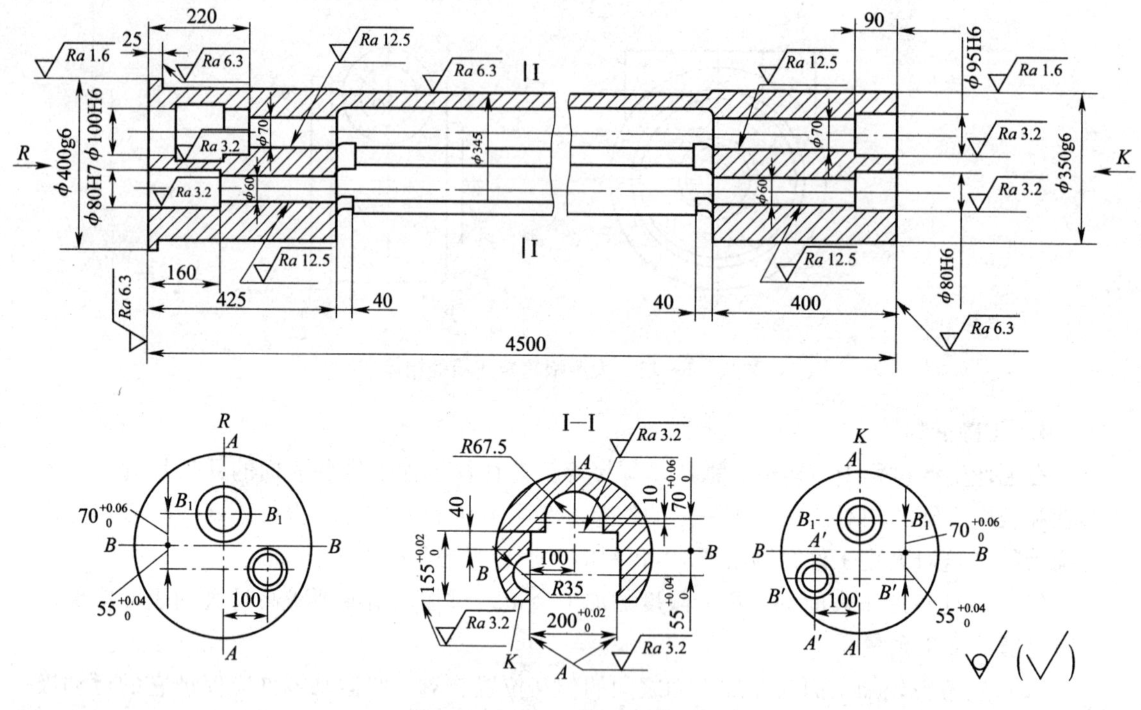

图 1—1—14　大型铣排工件

1. 划线前的分析

大型铣排的毛坯件为铸件，划线分两次进行。第一次划线是检验各加工表面的加工余量情况，划出铣排两端面的中心线，为加工中心孔用；第二次划线是在外圆半精加工的基础上，以外圆为基准，划出各表面的加工线。

2. 第一次划线

第一次划线是划铣排毛坯件的中心线，具体过程如下：

（1）以毛坯件外圆为基准，将它放在与划线平板等高的 V 形架上。

（2）用两个划线盘分别在铣排矩形导轨 200 mm 处的上、下导轨面沿纵向和横向进行找正，如图 1—1—15 所示，并用划线盘复查 *R*67. 5 mm 处上、下两小平面和毛坯件外圆纵向的水平情况。

（3）用划线盘和游标高度尺量出 *R*67. 5 mm 处上、下两小平面的高度尺寸 a_1 和 a_2，经换算得到中心高 *A*，如图 1—1—15 所示。再以 *A* 为基准，经换算复查 *R*35 mm 处的最低点 *a* 值和其他加工面（如矩形导轨 200 mm 处的上、下导轨面和外圆柱的上、下点）的余量是否足够，直到均符合要求时，可将 *A* 值作为划 *A*—*A* 线的定值。

（4）以定值 *A* 划出中心线 *A*—*A*。

（5）将铣排毛坯件旋转 90°，使矩形导轨的开口向上，如图 1—1—16 所示。用直角尺找正铣排中心线 *A*—*A*，直至重合为止。用两个划线盘分别在 *R*35 mm 处上、下两点沿纵向找平；同时，再用划线盘复查 *R*67. 5 mm 处的最低点和其他加工面的水平情况。

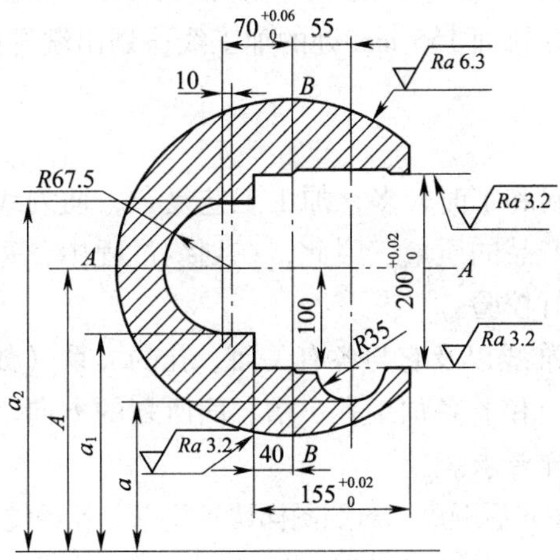

图 1—1—15　铣排开口向右

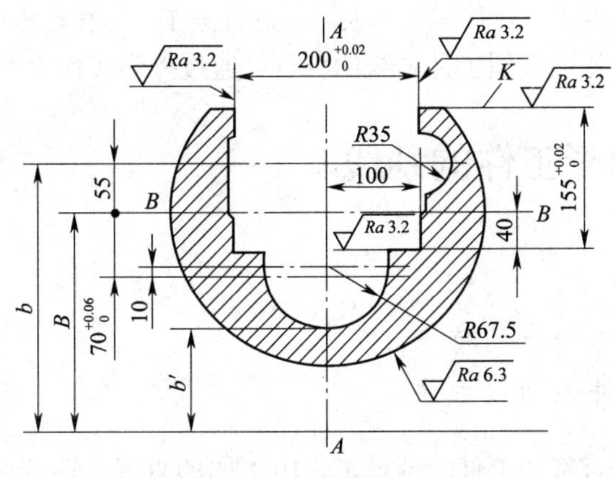

图 1—1—16　铣排开口向上

（6）用划线盘和游标高度尺量出 R35 mm 处上、下两点的高度尺寸，并换算出中心高 b。由 b 得到铣排中心高 B。再以 B 为基准，经换算复查 R67.5 mm 处的最低点 b′和其他加工面（如矩形导轨 155 mm 处的上、下平面及外圆柱面的上、下点）的余量是否足够，直到均符合要求时，以 B 值作为划 B—B 线的定值。

（7）以定值 B 划出中心线 B—B。

（8）划出两端面外圆加工线。

（9）打样冲眼。

3. 第二次划线

第二次划线是在半精车外圆后进行的，划出各加工表面的加工线，具体划线过程如下：

（1）以半精车外圆为基准，将它放在等高的 V 形架上，与第一次划线（第一划线位置）的方法相同，经找平后，划出中心线 A—A（见图 1—1—15）及 A′—A′线（见图 1—1—14），并划出矩形导轨 200 mm 的尺寸加工线。

（2）将铣排毛坯件旋转 90°，使矩形导轨开口向上，如图 1—1—16 所示。经找平后，划出中心线 B—B、B′—B′和 B_1—B_1 线（见图 1—1—14），并划出矩形导轨 K 面的加工线。

（3）再将铣排毛坯件旋转 90°，使矩形导轨开口呈水平位置，用直角尺找平 *B*—*B* 线，直至重合为止，划出矩形导轨面 155 mm 处的加工线；划出铣排两端各孔加工线。

（4）打样冲眼。

4．划线的校验

由于大型工件所需材料和工时较多，加工工艺复杂，而划线是加工时找正的依据，划线的正确与否直接关系到产品的质量，因此，在划线过程中，每一条线都要检查，当所有的线全部划完后，还要进行校验。

（1）要校验所划的基准线以及它与各有关面、孔的关系（如平行度、垂直度或角度的要求）是否符合图样要求，校验各加工孔、槽、面所划的方向、角度和位置以及各加工部位之间的尺寸是否符合图样要求。

（2）进行校验时，应按先后顺序，对照图样认真复查，凡经过计算的尺寸均要反复核算。

（3）有些大型工件不具备校验条件时，应随划随验。每划完一个部位，便应及时校验一次，对一些重要的加工部位可由两人反复校验。

（4）明确责任。大件划线往往需要两人以上进行操作，划线检查应明确谁负主要责任。

在本课题中首先要熟悉大型工件划线的特点，通过操作实例掌握大型工件的划线方法。

子课题 4　畸形工件的划线

学习目标

1．熟悉畸形工件划线的特点。
2．掌握畸形工件的划线方法。

畸形工件是指形状奇特的工件。畸形工件由不同的直线、曲线组成，在工件上一般没有可供支承的平面，使划线中的找正、借料和翻转都比其他类型的工件困难。

一、畸形工件的划线要点

1．基准的选择

畸形工件由于形状奇特，在划线前，特别要注意应根据工件装配位置、加工特点及其与其他工件的配合关系来确定合理的划线基准，以保证加工后能满足装配的要求。一般情况下是以其设计时的中心线为主要表面作为划线时的基准。

2．安放位置

由于畸形工件表面既不规则又不平整，故直接采用千斤顶支点支承或安放在划线平板上一般都不太方便，适应不了畸形工件的特殊情况。为保证划线的准确性和顺利进行，可以利用一些辅助工具，例如，将带孔的工件穿在心轴上，带圆弧面的工件支承在 V 形架上，某些畸形工件固定在方箱、直角铁或三爪自定心卡盘等工具上。

二、传动机架的划线

划线要点：划线基准的选择，划线的方法和步骤。

1. 传动机架分析

传动机架的形状和尺寸如图 1—1—17 所示。它的形状比较奇特，属于一种畸形工件。从图中可看出斜面上 $\phi40^{+0.04}_{0}$ mm 孔的轴线与中间 $\phi75^{+0.05}_{0}$ mm 孔的轴线相交成 45°角，并且交点在空间，不在工件本体上。因此，划线时必须采用辅助工具及划出辅助基准的方法，才能顺利地划出各加工面和孔的加工线。

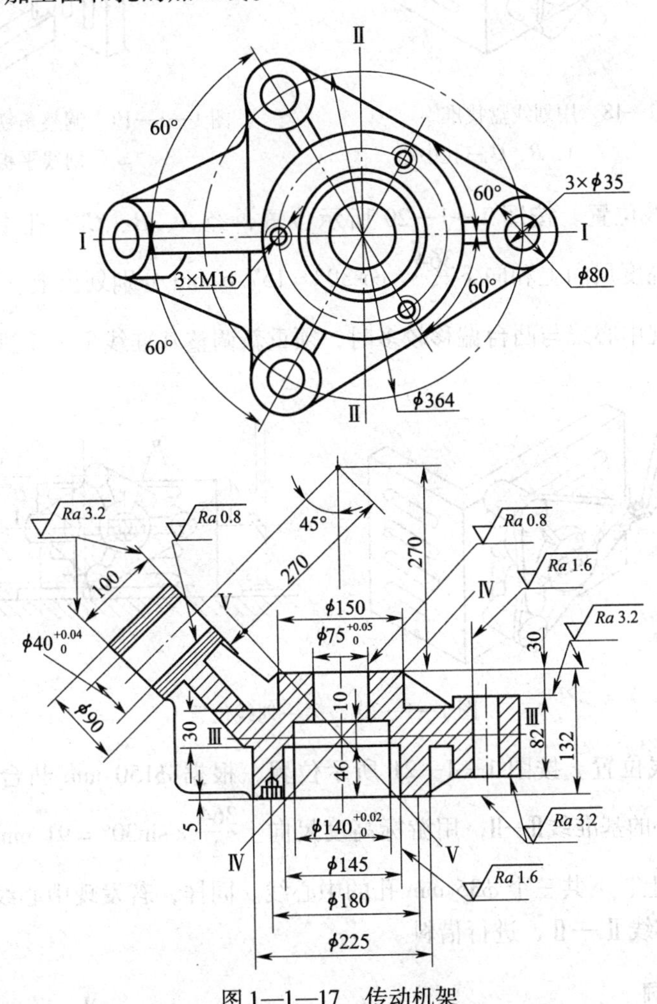

图 1—1—17 传动机架

2. 传动机架的划线方法和步骤

(1) 装夹方法。用螺栓和垫圈穿在传动机架 $\phi75^{+0.05}_{0}$ mm 的毛坯孔中，使 $\phi225$ mm 的凸台面与 90°角铁的大平面接触。将工件预先夹紧在角铁上，如图 1—1—18 所示，用划线盘找准 *A*、*B*、*C* 三孔中心点在同一直线上，并用直角尺检查两个凸台，使其与划线平板基本垂直。然后把工件和角铁一起转过 90°，在角铁一端用千斤顶支承并调整，使角铁的大平面与划线平板平行，如图 1—1—19 所示。再以 $\phi150$ mm 的凸台下的不加工平面为依据，用划线盘找正，使其与划线平板平行。若不平行，可用楔铁垫在 $\phi225$ mm 的凸台面与角铁大平面之间进行调整。经过以上找正后，将工件与角铁紧固，并再检查一次，以防在紧固时工件位置产生变动。

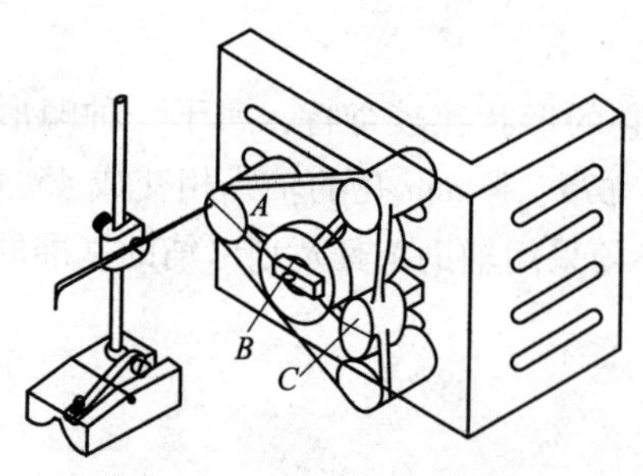

图 1—1—18 用划线盘找准 A、B、C 三孔中心

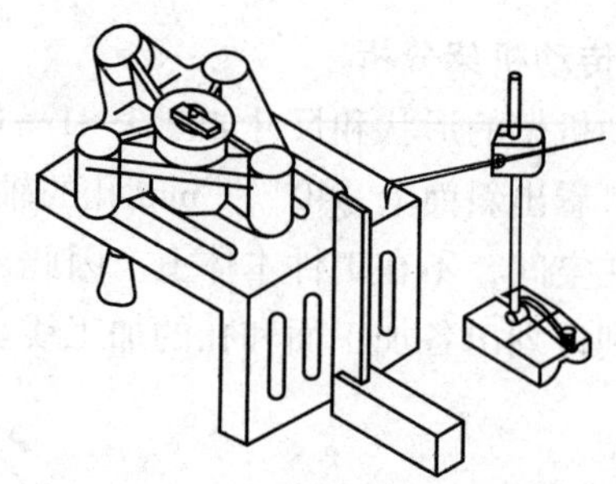
图 1—1—19 调整角铁大平面与划线平板平行

（2）第一划线位置。按图 1—1—20 所示位置，经 A、B、C 三孔中心点划出基准线Ⅰ—Ⅰ，用游标高度尺向上和向下$\frac{364}{2}\times\cos30°=157.6$ mm 分别划出上、下两个 $\phi35$ mm 孔的中心线。若发现中心线与凸台偏移较多时，须重新调整基准线Ⅰ—Ⅰ进行借料。

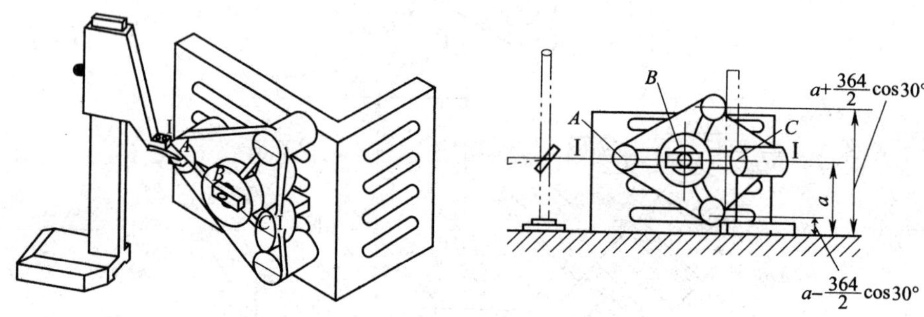

图 1—1—20 第一划线位置

（3）第二划线位置。按图 1—1—21 所示位置，根据 $\phi150$ mm 凸台外圆找正后划出 $\phi75^{+0.05}_{0}$ mm 孔中心的基准线Ⅱ—Ⅱ，用游标高度尺向上$\frac{364}{2}\times\sin30°=91$ mm 和向下 364/2 = 182 mm 分别划出上、下共三个 $\phi35$ mm 孔的中心线。同样，若发现中心线与凸台偏移较多时，也须调整基准线Ⅱ—Ⅱ，进行借料。

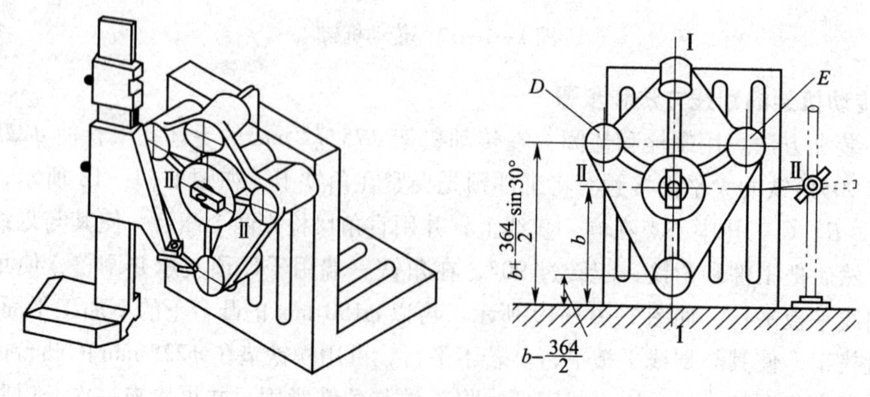

图 1—1—21 第二划线位置

（4）第三划线位置。按图 1—1—22 所示位置，根据工件中部厚度 30 mm 和各凸台两端的加工余量，找正后划出基准线Ⅲ—Ⅲ，用游标高度尺向上 132/2 = 66 mm 和向下 132/2 = 66 mm，分别划出上部 ϕ150 mm 凸台端面和下部 ϕ225 mm 凸台端面的加工线；再以Ⅲ—Ⅲ为基准线向上$\frac{132}{2}-30=36$ mm 和向下 $82+30-\frac{132}{2}=46$ mm，分别划出三个 ϕ80 mm 凸台的两端面加工线。基准线Ⅱ—Ⅱ与Ⅲ—Ⅲ相交得 A 点。

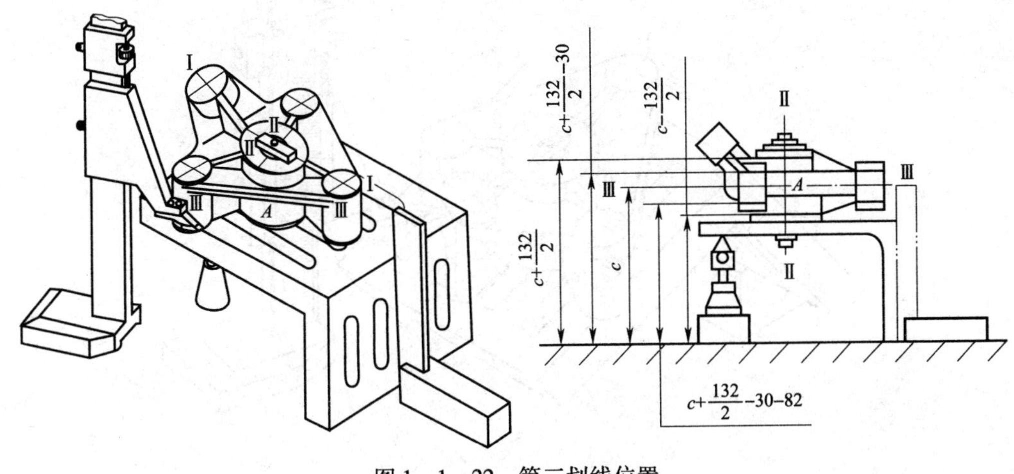

图 1—1—22　第三划线位置

（5）第四划线位置。将角铁斜放，一端用千斤顶垫高进行支承。用角度量块或万能角度尺测量，使角铁与平板成 45°角，如图 1—1—23 所示。通过交点 A 划出辅助基准Ⅳ—Ⅵ，再按尺寸（270 + 132/2）×sin45° = 237. 6 mm，划出 $\phi40^{+0.04}_{0}$ mm 孔的中心线。

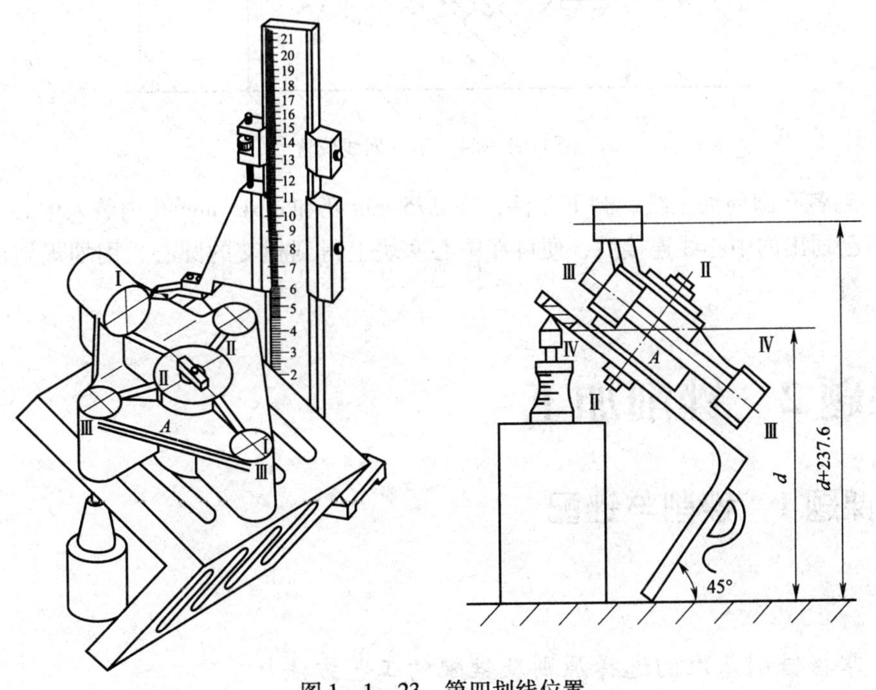

图 1—1—23　第四划线位置

（6）第五划线位置。将角铁向另一方向成45°斜放，如图1—1—24所示。通过交点 A 划出辅助基准线V—V，再将游标高度尺下移 $270-(270+132/2)\sin45°=32.4$ mm，划出 $\phi40^{+0.04}_{0}$ mm孔上端面的加工线；再向下移100 mm，划出 $\phi40^{+0.04}_{0}$ mm孔下端面的加工线。

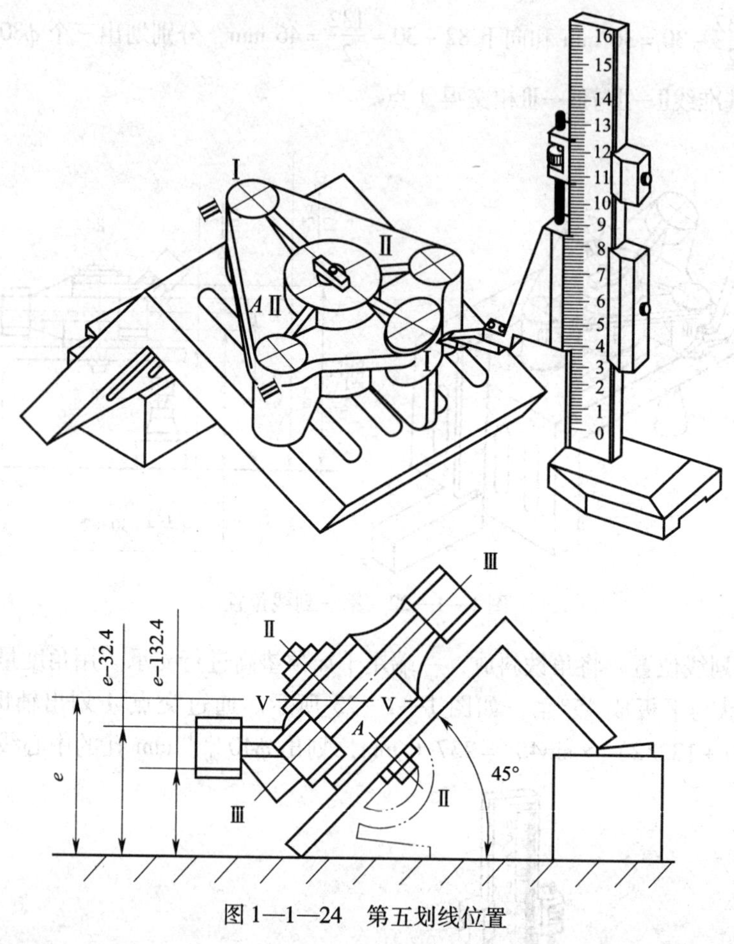

图1—1—24 第五划线位置

（7）划各孔圆周加工线。卸下工件，在 $\phi75$ mm孔和 $\phi145$ mm孔内装入中心塞块，用钢直尺将已划出的中心线连接后，便可在中心塞块上得到相交的圆心。用划规划出各孔的圆周加工线。

课题2 锉削加工

子课题1 锉削与锉配

学习目标

1. 掌握锉削基准的选择原则及锉配的工艺方法。
2. 熟悉几何误差的测量方法。

3. 掌握锉削与锉配的技能和技巧。

通过锉削，使一个零件（基准件）能配入另一个零件（配合件）的孔或槽内，且配合精度符合要求，这种操作称为锉配（镶嵌）。锉配广泛地应用在机器装配、修理以及工具、模具的制造上。

一、锉配原则

锉配工作是先把相配的两个零件中的一件锉得符合图样要求，再根据已锉好的一件修配另一件。

一般外表面比内表面容易加工和测量，所以应先锉好外表面的零件，然后锉配内表面的零件，但在某些情况下也可相反。

二、锉削基准选择原则

1. 选用已加工过的最大且平整的面作为锉削基准。
2. 选用锉削量最少的面作为锉削基准。
3. 选用划线基准、测量基准作为锉削基准。
4. 选用加工精度最高的面作为锉削基准。

三、对称度的概念及测量方法

1. 对称度的概念

对称度误差是指被测表面的对称平面与基准表面的对称平面间的最大偏移距离 Δ，如图 1—2—1 所示。对称度公差是位置公差的一种，它有以下四种情况：平面对平面的对称度；轴线对平面的对称度；平面对轴线的对称度；轴线对轴线的对称度。

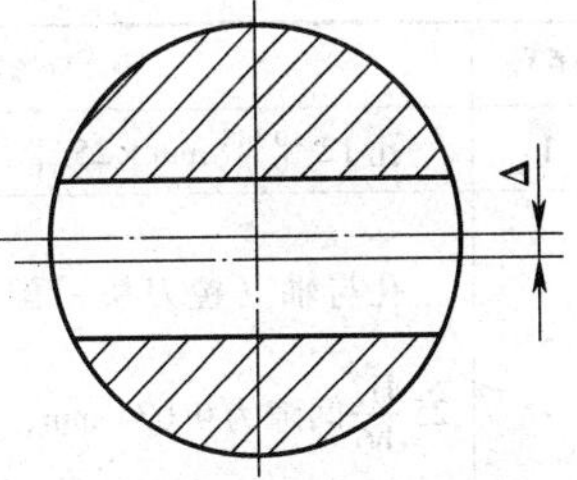

图 1—2—1　对称度误差

对称度公差带是指相对基准中心平面对称配置的两个平行平面之间的区域，如图 1—2—2 所示的公差带 t。

2. 对称度的测量方法

测量被测表面与基准表面的尺寸 A 和 B，其差值的一半即为对称度误差值，如图 1—2—3 所示。

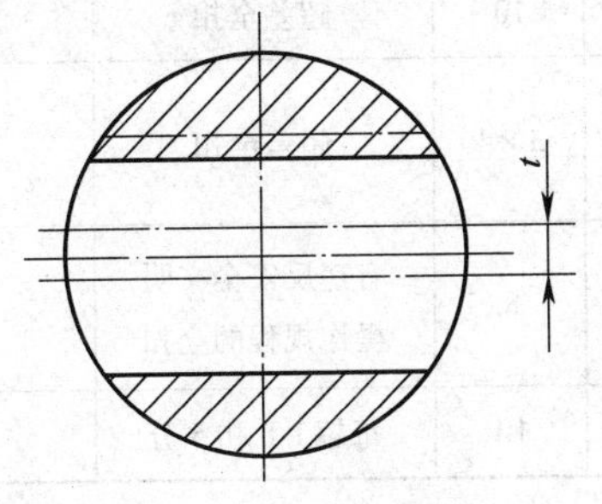

图 1—2—2　对称度公差带

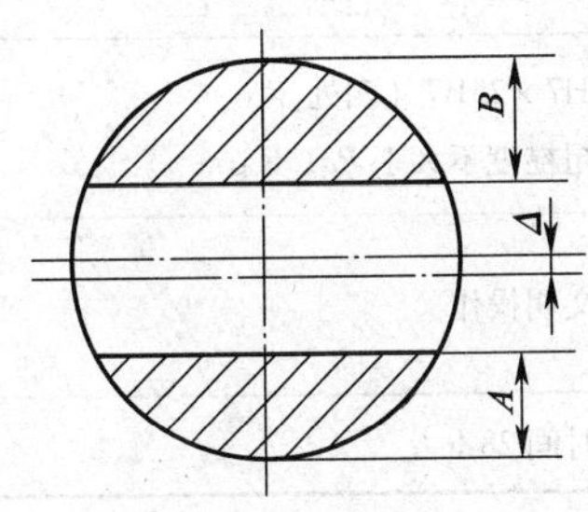

图 1—2—3　对称度测量

四、锉配浮动镗刀杆方孔

1. 浮动镗刀杆（见图1—2—4）

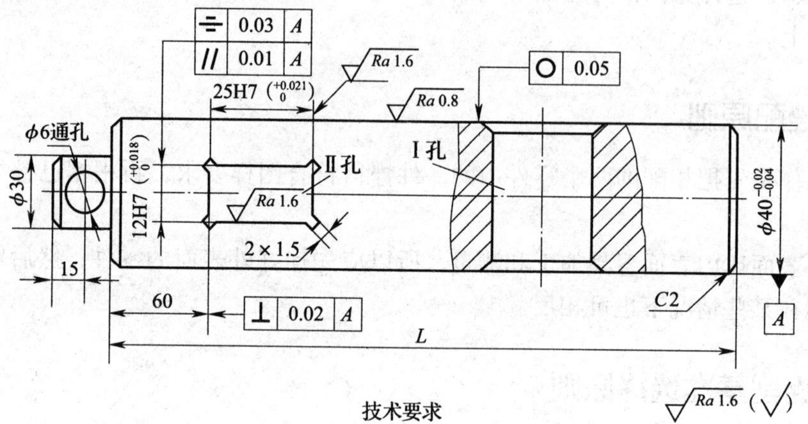

技术要求

1.要求浮动镗刀块能自如地推入长方孔内，长向间隙为0.029，宽向间隙为0.034。

2.刀杆已加工表面不允许有敲打、刮伤痕迹。

3.选择Ⅱ孔作为评分考核检查，加工及练习时间定额为28h。

4.材料为45钢。

图1—2—4 浮动镗刀杆

2. 锉配浮动镗刀杆方孔考核评分标准（见表1—2—1）

表1—2—1 锉配浮动镗刀杆方孔考核评分标准

序号	考核技术要求	配分	评分标准	检测工具、结果
1	孔 $12^{+0.018}_{0}$ mm × $25^{+0.021}_{0}$ mm	10×2	超差全扣	
2	孔与轴（镗刀块）配合 $12\frac{H7}{h6}$ 间隙为 0.029 mm，$25\frac{H7}{h6}$ 间隙为 0.034 mm，能 180°配合互换	10×2	超差全扣	
3	⌯ 0.03 A	10	超差全扣	
4	// 0.01 A	10	超差全扣	
5	⊥ 0.02 A	10	超差全扣	
6	孔 12H7×25H7（四处） 表面粗糙度不大于 Ra1.6 μm	3×4	超差全扣	
7	安全文明操作	8	有违反安全文明操作规程的全扣	
8	定额时间 28 h	10	每超 1 h 扣 5 分	

3. 方孔锉配工艺方法

（1）划线。检查工件，然后在刀杆上划出长方孔的孔口加工线，要求两边都要划出。

（2）钻孔。钻 ϕ11 mm 底孔。

（3）粗锉长方孔。用平锉、方锉按线把内孔锉成长方孔，留精锉余量 0.1 mm。

（4）锯退刀槽。用手锯开四角槽 2 mm × 1.5 mm。

（5）锉基准面。把 12H7 两平行面中任意一面先锉到线，要求纵横平直，两面孔口都贴线，用游标卡尺测量该面至外圆的尺寸 x，$x=(40-12)/2=14$ mm。再用百分表精确测量尺寸，如图 1—2—5 所示。百分表用量块调整零位。

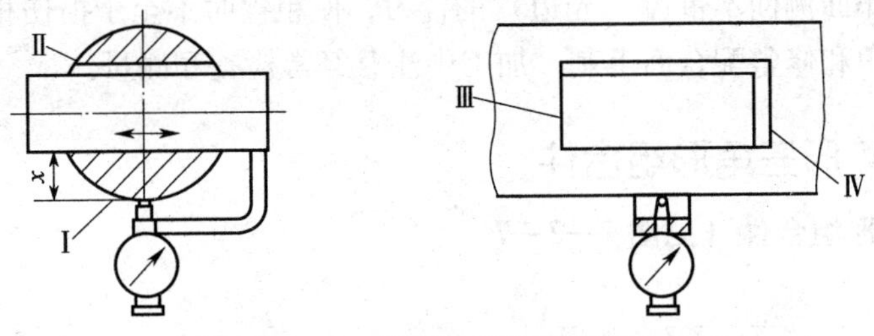

图 1—2—5　用百分表精确测量尺寸

（6）锉面Ⅱ。以面Ⅰ为基准，用游标卡尺测量尺寸，要使面Ⅱ与面Ⅰ平行，并用塞规（最小尺寸）来试塞，孔口两端能很紧地塞进测量块的两角即可。

（7）锉 25H7 面Ⅲ。要求纵横方向平直，并且与面Ⅰ垂直，锉到前后孔口两端贴线为止。

（8）锉 25H7 面Ⅳ。以面Ⅲ为基准，用游标卡尺测量尺寸与平行度，并用量规来试塞，直到塞进两角为止。

（9）检查。锉配四面后量规都能塞进少许时，用涂色法和透光法来检查并加以修整。

涂色法：内孔涂红丹粉，将量规塞进长方孔，用木锤轻轻打入些再退出，把接触发亮部位锉去，反复进行直至配进。

透光法：对接触部位不透光处进行修整。

（10）反复修锉。按上述方法，经过反复修锉直到量规能轻轻打入方孔，然后用百分表检测垂直度和对称度误差，如图 1—2—6 所示。

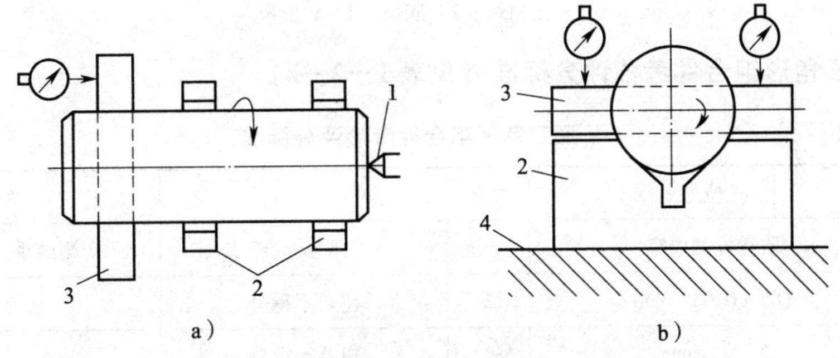

图 1—2—6　垂直度和对称度误差的检测

a）旋转 180°测量轴线垂直度　b）旋转 180°测量孔对称度

1—顶尖　2—V 形架　3—量规　4—平板

（11）直接锉配。也可用镗刀块代替量规进行直接锉配，其间应结合分析和测量结果，以保证达到图样要求，并使镗刀块能轻松自如地推进方孔，配合松紧合适。

4. 方孔锉削中的常见问题

（1）喇叭口。两端孔口大，中间小，断面不正。

（2）不对称。方孔对称度达不到要求，产生偏孔现象。

（3）方孔过大。与镗刀块配合过松，达不到技术要求。

5. 注意事项

（1）锉削时锉刀要握稳，尽量使孔的纵向中间部分都锉到。

（2）使用工作面侧面不带齿（光边）的锉刀，使粗锉时不至于损伤相邻面。

（3）注意清角和修整配合面毛刺，加工中注意经常检查和测量。

五、制作V形三角形组合件

1. V形三角形组合件（见图1—2—7）

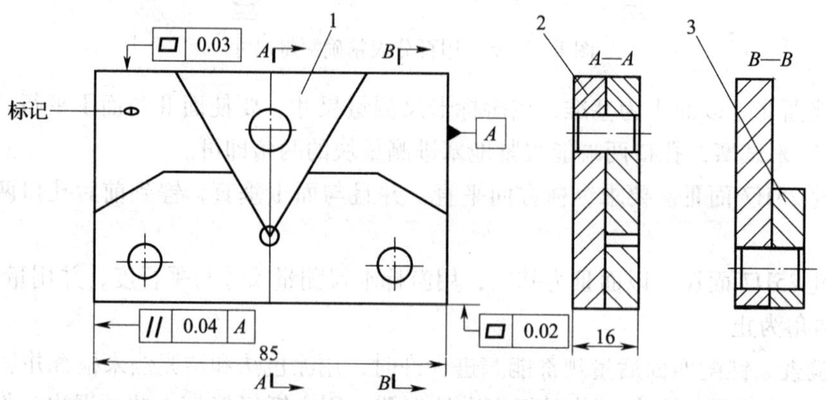

技术要求

1.用自备圆柱销将件1、件2、件3装配。装配时以件2标记如图示位置为准，其余两件可翻转配合，件1还能做120° 旋转与件3相配合。

2.件1与件3配合间隙及换向配合间隙均不得大于0.03。

3.倒钝锐边为$R0.3$。

图1—2—7 V形三角形组合件

1—三角块 2—底板 3—V形板

2. V形三角形组合件考核评分标准（见表1—2—2）

表1—2—2 V形三角形组合件考核评分标准

工作号		工位号	姓名		总得分	
项目	质量检测内容		配分	评分标准	实测结果	得分
外观尺寸	（85 ±0.02）mm		2	超差不得分		
	$57_{-0.02}^{\ 0}$ mm		2	超差不得分		
	（42 ±0.02）mm（3处）		3	一处超差扣1分		
	（14 ±0.02）mm（3处）		6	一处超差扣2分		

续表

项目	质量检测内容	配分	评分标准	实测结果	得分
外观尺寸	(60 ±0.05) mm (2 处)	4	一处超差扣 2 分		
	(44.5 ±0.05) mm	2	超差不得分		
	(10 ±0.02) mm (2 处)	2	一处超差扣 1 分		
	$35_{-0.03}^{0}$ mm	2	超差不得分		
	(15 ±0.02) mm	2	超差不得分		
	$\phi10_{0}^{+0.015}$ mm (2 处)	2	一处超差扣 1 分		
	$\phi8_{0}^{+0.015}$ mm (4 处)	4	一处超差扣 1 分		
	30° ±1′ (3 处)	3	一处超差扣 1 分		
	60° ±2′ (4 处)	8	一处超差扣 2 分		
几何精度	垂直度	7	一处超差扣 0.5 分		
	平行度	2	一处超差扣 0.5 分		
	平面度	6	一处超差扣 0.5 分		
配合	配合间隙不大于 0.03 mm	30	一处超差扣 2 分		
其他	*Ra*1.6 μm (各加工面)	8	一处超差扣 0.5 分		
安全文明生产		5			

3. 组合件锉配工艺方法

此件由三件组合而成，如图 1—2—8、图 1—2—9、图 1—2—10 所示。加工时不仅要保证各单件的尺寸精度和几何公差，而且要保证装配后的技术要求。为了保证不同方向的组合装配均符合要求，加工时对孔的精度要求较高，特别是 $\phi8_{0}^{+0.015}$ mm 定位孔的加工，必须采用适当措施。各零件间关系密切，又相互制约，故加工方案应整体考虑。

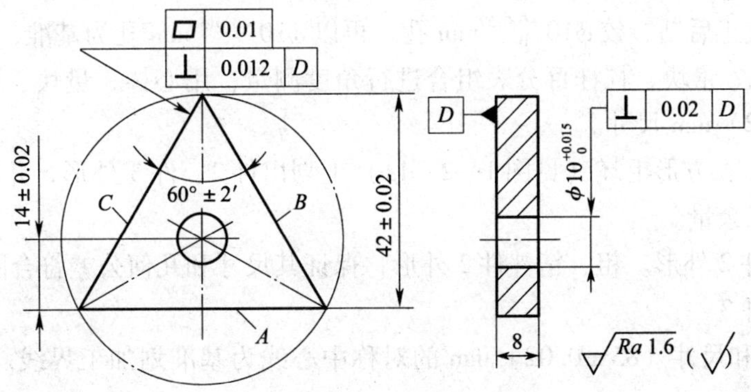

图 1—2—8　三角块（件 1）

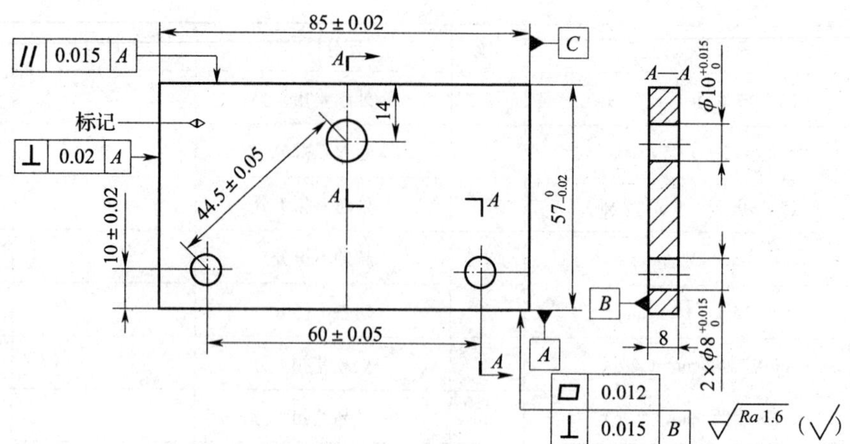

图 1—2—9　底板（件 2）

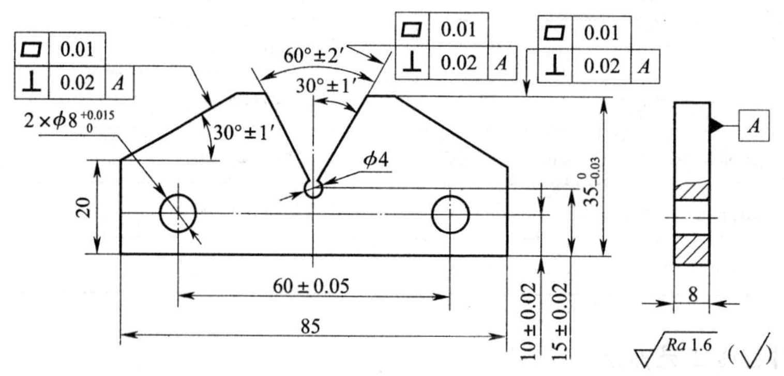

图 1—2—10　V 形板（件 3）

（1）检查毛坯。检查毛坯是否满足图样加工要求。

（2）加工件 1。先将 $\phi56$ mm 圆形毛坯安装在 V 形架上进行划线，划线后在工件的 $\phi10^{+0.015}_{0}$ mm 孔中心打样冲眼，再将工件用三爪自定心卡盘装夹后安放在钻床工作台上，用杠杆百分表找正后钻、铰 $\phi10^{+0.015}_{0}$ mm 孔。再以 $\phi10^{+0.015}_{0}$ mm 孔为基准，依次加工 A、B、C 面，用正弦规、量块、杠杆百分表组合进行角度测量；用心棒、量块、杠杆百分表组合测量（14 ±0.02）mm 尺寸。

（3）划线。在方形毛坯（见图 1—2—11）上划出件 2、件 3 外形，并锯削成两块，保证两块都有加工余量。

（4）加工件 2 外形。粗、精锉件 2 外形，保证其尺寸和几何公差符合图样要求。

（5）加工件 3

1）以底面和尺寸（85 ±0.02）mm 的对称中心线为基准划加工界线。先钻 $\phi4$ mm 工艺孔，再去除余料。

2）粗、精锉外形，保证（85 ±0.02）mm 及 $35^{\ 0}_{-0.03}$ mm 的尺寸精度及各几何精度。

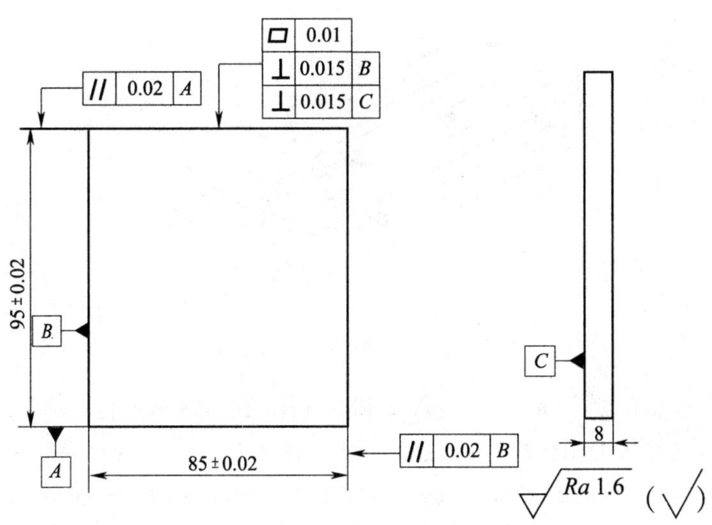

图 1—2—11　件 2、件 3 毛坯

3）粗、精锉（60°±2′）角两面，用正弦规、量块及杠杆百分表组合测量角度，保证角度大小及 V 形槽与中心线对称，同时将 ϕ10 mm 量棒放在槽中测量 V 形槽的位置尺寸（15±0.02）mm，如图 1—2—12 所示。用杠杆百分表测量高度 H，与组合量块比较，得知 H 的大小后，再按下式计算：

$$L = H - M = H - \frac{D}{2}\left(1 + \sec\frac{\alpha}{2}\right)$$

式中　D——量棒直径，mm；

α——V 形槽的实测角度，（°）。

以上两种测量方法同时交叉进行，通过测量高度可判断还有多少加工余量，测量角度和对称度误差可判断需加工哪一面。

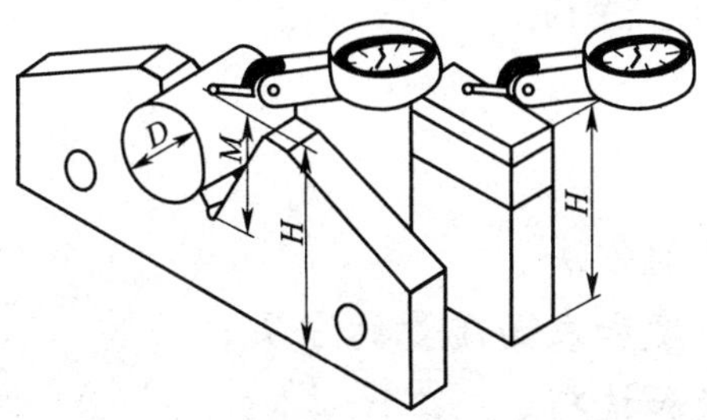

图 1—2—12　测量 V 形槽位置尺寸

（6）钻件 2、件 3 上的 4 个 $\phi8^{+0.015}_{0}$ mm 孔。由于两孔的孔距精度较高，因此不能直接钻出，只有采用量块组合成一定尺寸并进行试钻的方法才可保证加工质量。如图 1—2—13 所示，在钻床工作台上固定两块垂直相交的靠铁，与钻头轴线的距离分别为 72.5 mm（60 mm +12.5 mm）和 20 mm（10 mm +10 mm）。在试件与两块靠铁之间分别放入 60 mm 和 10 mm 的量块，先试钻、铰试件左边孔，并进行测量，不符合要求时调整量块组合，再试钻，直到孔符合要求为止。然后去掉 60 mm 的量块，试钻第二个孔。试钻合格后，就可分别钻、铰件 2 和件 3 上的孔。

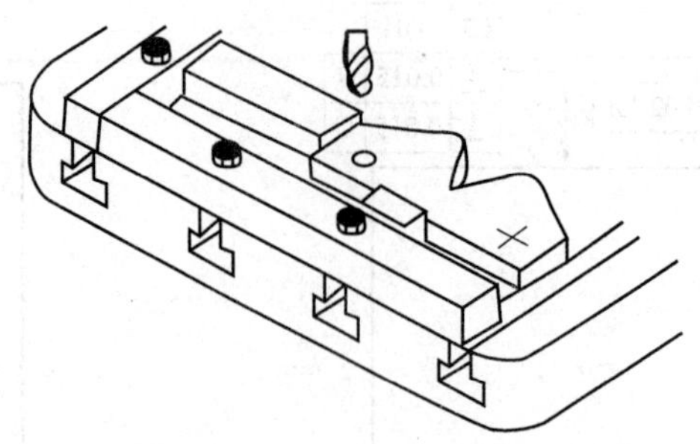

图 1—2—13　钻 V 形板上的孔

（7）钻件 2 上 $\phi10^{+0.015}_{0}$ mm 孔。将件 2 和件 3 用两根 $\phi8$ mm 的心轴装在一起，并将件 1 放入 60°槽内，在平板上用杠杆百分表和量块检验件 1 与件 3 的组合尺寸 57 mm 是否合格。检验件 1 和件 2 上平面的平面度是否符合要求，再将 $\phi10$ mm 量棒插入件 1 的孔中，检验两孔距是否符合要求。以上各项如有不符合要求的，应分析原因并设法解决。当各项均合格后，将组合好的三件一起放入平口钳内找正、夹紧，以件 1 上 $\phi10^{+0.015}_{0}$ mm 的孔定心，钻、铰件 2 上 $\phi10^{+0.015}_{0}$ mm 的孔。

（8）检验。全面检验各件的尺寸以及按要求装配是否合格。最后各锐边倒钝至 $R0.3$ mm。

4．注意事项

（1）在加工件 1 的过程中，角度值和线性值的测量要不断交叉进行，并尽量将尺寸控制在中间公差位置，以保证最后装配时的换向要求。

（2）在试钻孔时，试件应尽量采用与工件相同的材料，且在试钻过程中，应试钻一孔合格后，就在工件上钻相同要求的孔，然后再试钻另一孔及工件上的孔。

子课题 2　曲面的锉削

学习目标

1．熟悉圆弧面的锉削方法。
2．掌握提高锉削精度和表面质量的方法。
3．掌握锉削的技能和技巧。

一、圆弧面的锉削方法

锉削圆弧面的方法是滚锉法。

1．锉削外圆弧面

锉刀除向前运动外，还要沿工件被加工圆弧面摆动，如图 1—2—14a 所示。

2．锉削内圆弧面

锉刀除向前运动外，还要做一定的旋转运动和向左移动，如图 1—2—14b 所示。

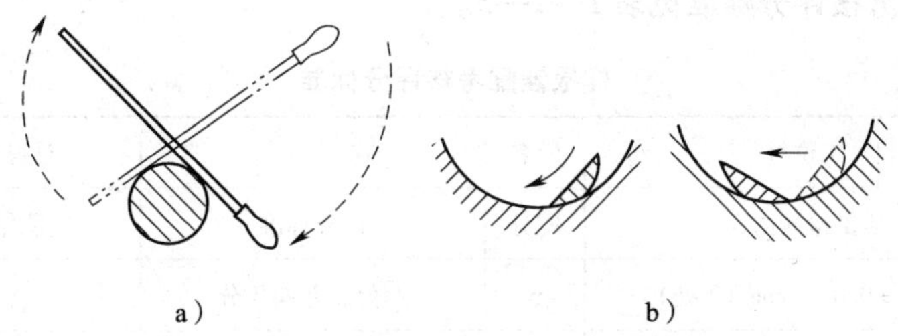

图 1—2—14　锉削圆弧面的方法（滚锉法）

二、提高锉削精度和表面质量的方法

在锉削加工中，工件精度和表面质量经常会出现问题，甚至出现废品。有针对性地采取一些措施就会提高工件的精度及表面质量。具体说明如下：

1. 工件损坏

解决方法：正确夹持工件或适度地控制夹紧力。

2. 工件形状不正确（工件中间凸起、塌边、塌角）

解决方法：正确选择锉刀，正确地掌握操作技能。

3. 尺寸超过规定范围

解决方法：确保划线正确，在操作过程中（特别是在精锉时）要经常检查尺寸的变化。

4. 表面粗糙

解决方法：锉刀选择要得当，抛光方法要正确。

三、样板的锉配

1. 样板（见图 1—2—15）

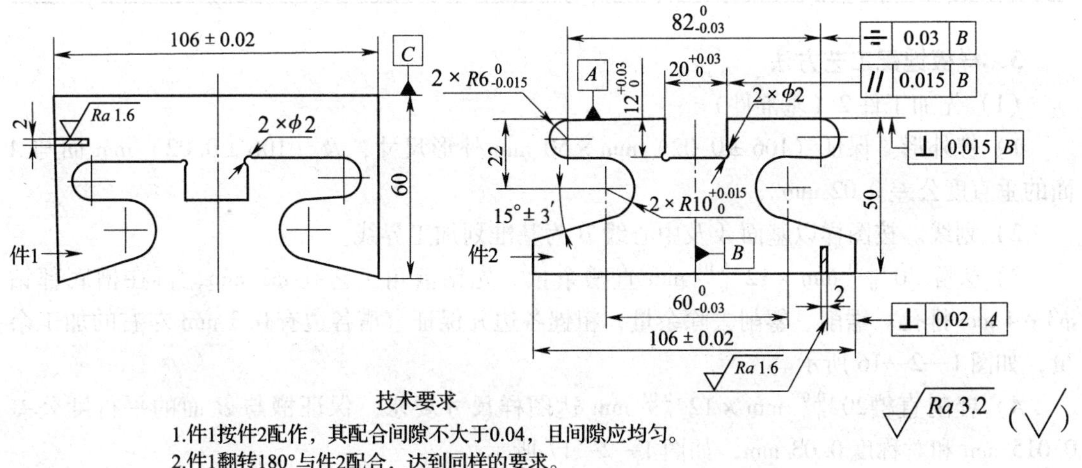

图 1—2—15　样板

2. 样板锉配考核评分标准见表1—2—3。

表1—2—3　　样板锉配考核评分标准

工作号		工位号		姓名		总得分	
项目	质量检测内容			配分	评分标准	实测结果	得分
尺寸	(106 ±0.02) mm (2处)			6	一处超差扣3分		
	$82_{-0.03}^{0}$ mm			4	超差不得分		
	$60_{-0.03}^{0}$ mm			4	超差不得分		
	$20_{0}^{+0.03}$ mm			4	超差不得分		
	$12_{0}^{+0.03}$ mm			4	超差不得分		
	$R6_{-0.015}^{0}$ mm (2处)			6	一处超差扣3分		
	$R10_{0}^{+0.015}$ mm (2处)			6	一处超差扣3分		
	15° ±3′ (2处)			6	一处超差扣3分		
几何精度	⌯ 0.03 B			4	超差不得分		
	⊥ 0.02 A			2	超差不得分		
	⊥ 0.015 B			2	超差不得分		
	// 0.015 B			2	超差不得分		
配合	配合间隙不大于0.04 mm			30	一处超差扣2分		
其他	Ra3.2 μm (各加工面)			8	一处超差扣0.5分		
	自由公差尺寸			2	一处超差扣1分		
安全文明生产				10			

3. 样板锉配工艺方法

(1) 先加工件2 (基准件)

1) 锉外形。保证 (106 ±0.02) mm ×50 mm 外形尺寸,及 (106 ±0.02) mm 面与 *A* 面的垂直度公差0.02 mm。

2) 划线。按图样以基面 *A* 及中心线 *B* 为基准划加工界线。

3) 去除 $20_{0}^{+0.03}$ mm × $12_{0}^{+0.03}$ mm 直槽余量。先钻清角工艺孔 ϕ2 mm,再在槽底部钻 ϕ3 ~4 mm 排孔。锯削、錾削去除余量,粗锉各边并保证直槽各边有0.3 mm 左右的加工余量,如图1—2—16所示。

4) 锉削直槽 $20_{0}^{+0.03}$ mm × $12_{0}^{+0.03}$ mm 达图样尺寸要求。保证槽与 *B* 面的平行度公差0.015 mm 和对称度0.03 mm,如图1—2—17所示。

5) 加工左侧角度圆弧槽。先用锯削、钻削的方法去除左侧角度圆弧槽余料,保证有0.5 mm 左右的加工余量;然后锉削,先加工 $R6_{-0.015}^{0}$ mm 处 $12_{0}^{+0.03}$ mm 的平面,以此平面为

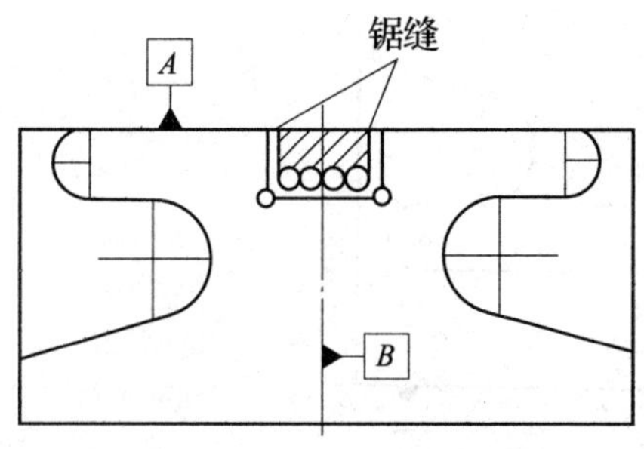

图 1—2—16　划件 2 线，粗加工直槽

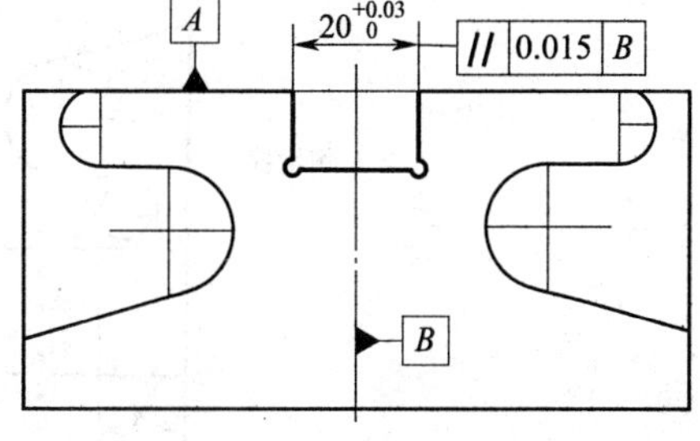

图 1—2—17　锉削件 2 直槽

基准用角度圆弧样板加工（15° ±3′）的角度和 $R10^{+0.015}_{0}$ mm 圆弧，并保证 $60^{0}_{-0.03}$ mm 尺寸对基准 B 的对称度公差0. 03 mm。如图 1—2—18 所示。

6）加工右侧角度圆弧槽。用与锉左侧角度圆弧槽同样的方法加工，并保证各尺寸和几何公差符合图样要求。

7）锯、锉加工左、右两边的圆弧 $R6^{0}_{-0.015}$ mm，用半径样板检测，并保证 $82^{0}_{-0.03}$ mm 尺寸对基准 B 的对称度公差 0. 03 mm，如图 1—2—19 所示。

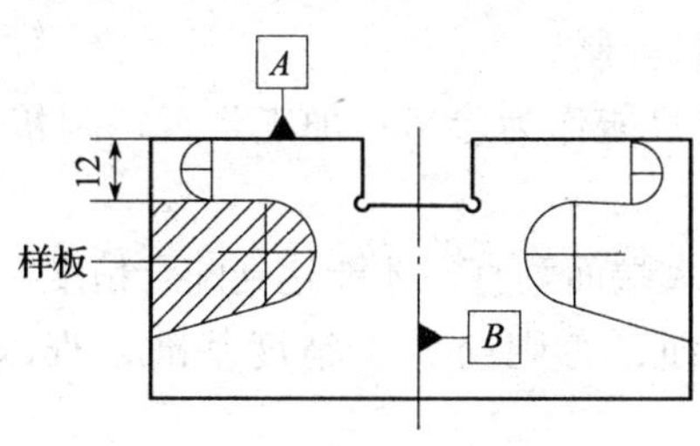

图 1—2—18　加工件 2 圆弧槽

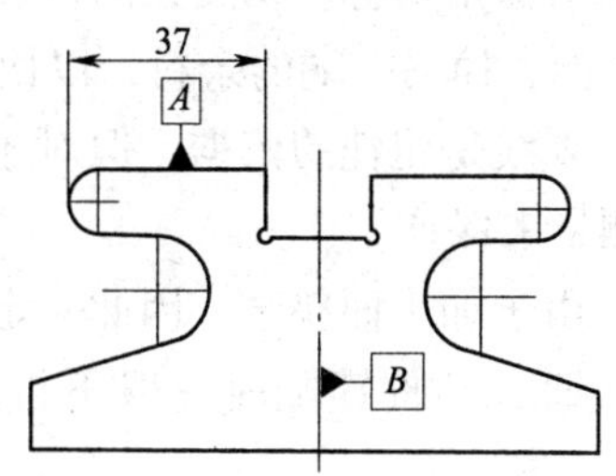

图 1—2—19　加工件 2 圆弧

8）总体检测，精修，倒钝锐边。

（2）加工件 1（配合件）

1）锉基面 C 与两侧面。加工到尺寸（106 ±0. 02）mm，并保证两侧面与基准 C 的垂直度公差 0. 02 mm。

2）划线。以基面 C 及中心线为基准划加工界线。

3）去除型腔中的余料。用 $\phi3$ ~4 mm 的钻头在型腔底部钻排孔和清角工艺孔 $\phi2$ mm，然后锯去型腔中的余料。

4）粗锉型腔。按图线粗锉型腔，各加工面留 0. 2 mm 左右的余量。

5）精锉底面。保证尺寸控制到 21. 84 mm，并保证与基准面 C 的平行度公差 0. 01 mm。

6）精锉 $20^{0}_{-0.02}$ mm 凸台顶部。保证凸台高度 12 mm。

7）精锉 $20^{0}_{-0.02}$ mm 凸台两侧。保证凸台尺寸精度及与基准 B 的对称度公差 0. 03 mm。

8）精锉 $R6$ mm 圆弧。用测量棒间接测量尺寸 A 来保证 $82^{0}_{-0.03}$ mm 尺寸，并与基准 B 的对称度公差为 0. 03 mm，如图 1—2—20 所示。

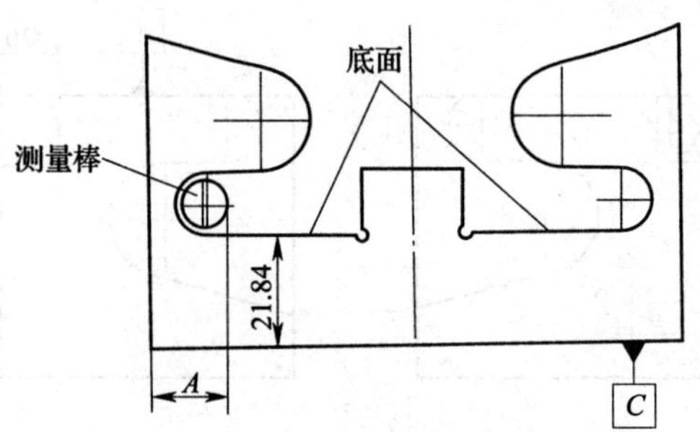

图 1—2—20　加工件 1

9）精锉 $R10^{+0.015}_{0}$ mm 圆弧。保证尺寸 $60^{0}_{-0.03}$ mm，并与基准 B 的对称度公差为 0.03 mm。

（3）锉配。以件 2 为基准精配锉件 1 各面，用透光法和涂色法检查试配并修锉，保证配合间隙不大于 0.04 mm。翻转修整锉配，达到同样的间隙要求。

4. 注意事项

（1）为保证对称度精度，凸件加工中只能先去掉一端的角度圆弧余料，待加工至符合要求后才能去掉另一端的余料，以便于加工时测量控制。

（2）划线是粗锉的依据，但对于细锉和精锉只能作为参考；加工是否达到精度要求，主要靠测量来保证。

（3）由于加工面狭窄，因此一定要锉平并与大端面垂直，才能达到配合精度。

（4）凹、凸件锉配时一般不再加工凸件各面，否则会失去精度基准，难以进行修配。

四、三星转子的锉配

1. 三星转子（见图 1—2—21）

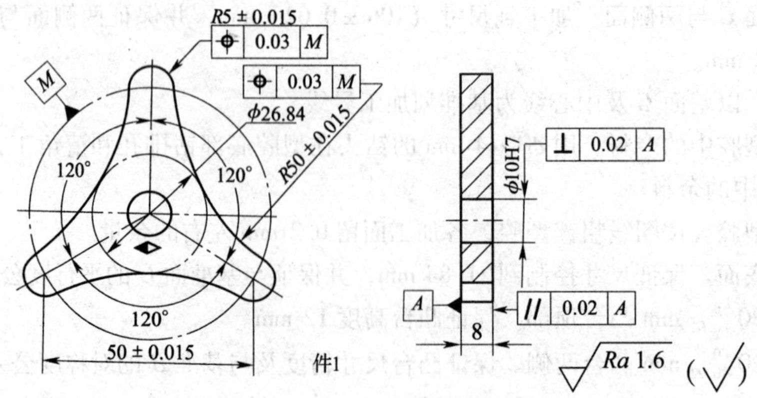

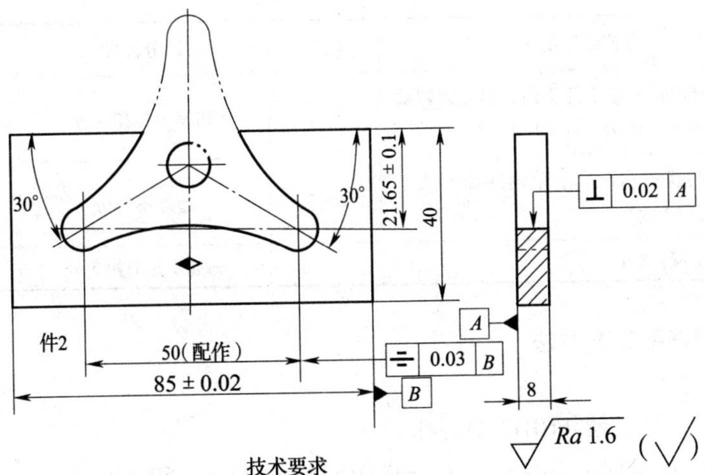

技术要求

1.件1镶嵌于件2内配合，单向间隙不大于0.04。
2.应能转换三次相配，单向间隙不大于0.05。
3.未注公差尺寸的极限偏差按IT14。
4.外形倒钝圆角为R0.3，◆处打标记。

名称：三星转子
材料：45钢
时间定额：8h

图 1—2—21　三星转子

2. 三星转子考核评分标准（见表 1—2—4）

表 1—2—4　　三墨转子考核评分标准

序号	考核技术要求	配分	评分标准	检测工具、结果
	件 1			
1	(50 ±0.015) mm (3 处)	4×3	每超差 0.01 mm 扣 2 分	
2	*R*(5 ±0.015) mm (3 处)	4×3	每超差 0.01 mm 扣 2 分	
3	*R*(50 ±0.015) mm (3 处)	4×3	每超差 0.01 mm 扣 2 分	
4	⌖ 0.03 Ⓜ (6 处)	3×6	每超差 0.01 mm 扣 2 分	
5	ϕ10H7	1	超差不得分	
6	表面粗糙度 *Ra*1.6 mm	4	超差不得分	
7	⊥ 0.02 A	1	超差不得分	
	件 2			
8	40 mm	4	超差不得分	
9	(21.65 ±0.1) mm	4	超差 0.01 mm 扣 2 分	
10	⌯ 0.03 B	4	超差 0.01 mm 扣 2 分	
11	(85 ±0.02) mm	4	超差 0.01 mm 扣 2 分	
12	⊥ 0.02 A (3 处)	1×3	超差 1 处扣 1 分	
	装配			

续表

序号	考核技术要求	配分	评分标准	检测工具、结果
13	按图样将件1镶于件2内，单向间隙要均匀，不大于0.04 mm（3处）	3×3	超差1处扣3分	
14	应能转换三次配合，单向间隙不大于0.05 mm（2次）	6×2	超差不得分	
15	时间定额：8 h		每超1 h倒扣5分	

3. 三星转子锉配工艺方法

（1）件1的加工

1）划中心线，钻、铰 ϕ10H7 中心孔。

2）以 ϕ10H7 孔精划中心线及 R（5±0.015）mm 和 R（50±0.015）mm 的加工线。

3）按 ϕ10H7 孔先将件1加工成与图样外形相切的正三角形，边长为（67.32±0.015）mm（根据图样求得）。边长误差尽量控制在最小且均等。

4）分别将3个 R（50±0.015）mm 圆弧面加工好，并保证尺寸精度要求（利用 ϕ100 mm 圆柱、量块、平板进行检测），如图1—2—22所示。

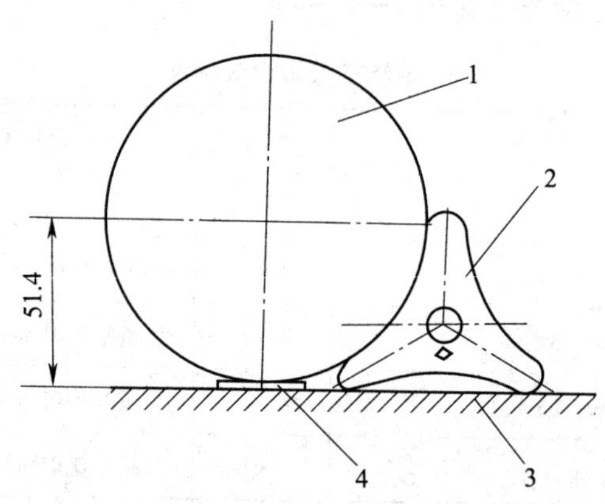

图1—2—22　三星转子的检测

1—圆柱　2—工件　3—平板　4—量块

5）分别将3个 R（5±0.015）mm 圆弧面加工好，并保证尺寸精度要求。

（2）件2的加工（与件1配作）

1）加工直角边。

2）以直角边加工面为基准，划全部加工线。

3）在 R（5±0.015）mm 配合凹槽处钻、扩 ϕ9.5 mm 孔（两处），勿错位，以保证加工余量。

4）钻 ϕ3～4 mm 小排孔或锯割去掉内腔，不得用錾子强錾，以免工件变形。

5）将内腔粗锉到接近加工线，留0.2 mm 的精锉余量。

6）精锉加工外形40 mm×（85±0.02）mm，保证邻边相互垂直、对边相互平行。

7）用件1精锉配件2，直至符合间隙要求。

4. 注意事项

三星转子工件的加工面全部为圆弧面，并有凹、凸曲线相切连接，在粗锉时只能采用推锉或滚锉的方法，或用圆柱体刮刀修刮。应使用 R（50 ±0. 015）mm 的圆柱贴合圆弧面测量。

课题3　孔系加工

子课题1　群钻及其刃磨

学习目标

1. 掌握各种群钻的构造特点、性能及应用。
2. 掌握群钻的刃磨方法和步骤。

群钻是我国工人通过长期的实践研究，针对标准麻花钻的缺点不断变革，在麻花钻的基础上修磨而成的一种高生产率、高加工精度的新型钻头。人们针对加工材料、生产工艺条件的不同，有针对性地对麻花钻进行修磨，形成了一系列钻头形式。

一、标准群钻

标准群钻是针对麻花钻存在的缺点修磨成的特别适用于钻削碳钢、合金钢的钻头。它是应用最广泛的一种群钻，同时也是其他群钻变革的基础。

1. 标准麻花钻在切削过程中存在的主要缺点

（1）横刃较长，横刃上各点前角为负值，在切削过程中处于挤刮状态，使轴向抗力增大，并且定心不好，钻头容易产生抖动。

（2）主切削刃上各点的前角大小不同，近钻心处 $d/3$ 范围内为负值，对切削不利。

（3）棱边较宽，又没有副后角，所以与孔壁的摩擦严重，又因该处速度最高，容易发热磨损。

（4）刀尖角（主、副切削刃的交角）处的前角较大，故刀齿薄弱。该处在切削过程中的速度又最高，所以极易磨损。

（5）主切削刃全宽进行切削，切屑较宽，造成排屑不畅和切削液流入困难。

2. 标准群钻的修磨措施

标准群钻是在麻花钻的基础上采取了以下修磨措施制成的：

（1）在群钻上磨出月牙槽，形成凹形圆弧刃，降低了钻尖高度，使切削省力，也形成了群钻的最大特色，即把主切削刃分成三段：外刃——*AB* 段，圆弧刃——*BC* 段，内刃——*CD* 段，如图1—3—1所示，有利于分屑、断屑和排屑。钻孔时，圆弧刃在孔底切出一道环筋，能限制钻头的摆动，加强了定心作用。由于降低了钻尖的高度，提高了钻尖处的强度，因此，创造了把横刃磨得更锋利的条件。

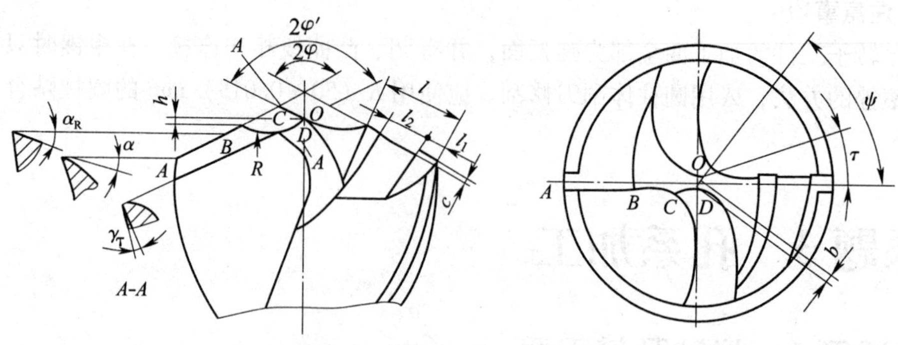

图 1—3—1　标准群钻

（2）修磨横刃，使横刃缩短为原来的 1/7 ~ 1/5，同时使新形成的内刃上的前角也大大增加。钻削时的轴向抗力大为减小，改善了定心作用。

（3）磨出单边分屑槽。即在一条外刃上磨出凹形分屑槽，有利于排屑。

综上所述，标准群钻的形状特点是三尖、七刃、两种槽。三尖是指磨出月牙槽时主切削刃上形成的三个尖，七刃是指两条外刃、两条内刃、两条圆弧刃和一条横刃，两种槽是指月牙槽和单边分屑槽。

标准群钻切削部分的形状和几何参数见表 1—3—1。

表 1—3—1　　**标准群钻切削部分的形状和几何参数**

简　图	钻头直径 d（mm）	尖高 h（mm）	圆弧半径 R（mm）	外刃长 l（mm）	槽距 l_1（mm）	槽宽 l_2（mm）	槽刃长 b（mm）	槽深 c（mm）	槽数 Z	外刃顶角 2φ（°）	内刃顶角 $2\varphi'$（°）	横刃斜角 ψ（°）	内刃前角 γ_τ（°）	内刃斜角 τ（°）	外刃后角 α_o（°）	圆弧后角 α_{oR}（°）
	15 ~ 20	0.55	1.5	5.5	1.4	2.7	0.45	1	1	125	135	65	−15	25	12	15
	20 ~ 25	0.7	2	7	1.8	3.4	0.6									
	25 ~ 30	0.85	2.5	8.5	2.2	4.2	0.75									
	30 ~ 35	1	3	10	2.5	5	0.9									
	35 ~ 40	1.15	3.5	11.5	2.9	5.8	1.05									

续表

简　图	钻头直径 d（mm）	尖高 h（mm）	圆弧半径 R（mm）	外刃长 l（mm）	槽距 l_1（mm）	槽宽 l_2（mm）	槽刃长 b（mm）	槽深 c（mm）	槽数 Z	外刃顶角 2φ（°）	内刃顶角 $2\varphi'$（°）	横刃斜角 ψ（°）	内刃前角 γ_τ（°）	内刃斜角 τ（°）	外刃后角 α_o（°）	圆弧后角 α_{oR}（°）
	40～45	1.3	4	13	2.2	3.25	1.15									
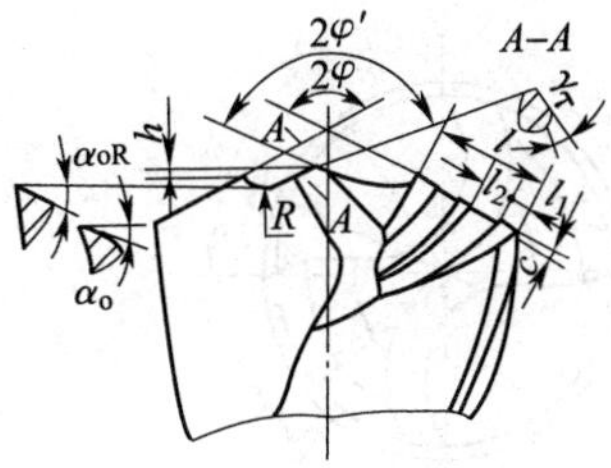	45～50	1.45	4.5	14.5	2.5	3.6	1.3	1.5	2	125	135	65	－15	30	10	12
	50～60	1.65	5	17	2.9	4.25	1.45									
	5～7	0.2	0.75	1.3			0.2									
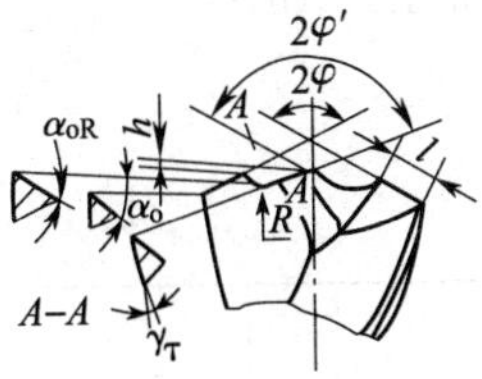	7～10	0.28	1	1.9			0.3			125	135	65	－15	20	15	18
	10～15	0.36	1.5	2.7			0.4									

注：参数按直径范围的中间值来定，允许偏差为±。

二、其他形式的群钻

在标准群钻的基础上，通过不断实践和总结，又进一步发展出钻削各种不同材料的钻头和群钻。

1. 钻削铸铁的钻头和群钻

由于铸铁的性质较脆，切削过程中切屑形成的碎块和粉末不易排出，残留在钻头与所形成孔之间的空间里。随着钻头的推进，钻头与孔壁和孔底面产生摩擦，产生大量的热量而不易散发，造成了钻头的快速磨损，尤其是钻尖部分的磨损更大。

根据铸铁的性能，钻削铸铁的钻头的构造有以下特点：

（1）为了增大刀尖处的面积，以利于散热，磨出了第二锋角，对直径较大的钻头可磨出第三锋角，从而延长钻头的使用寿命。

（2）将后角磨得更大，比钻削钢材的钻头大3°～5°，并可将后面磨去一块（见图1—3—2），即磨出第二重后角而不会影响切削刃强度，但可增大后面与孔底间的容屑空间，有利于切削。

（3）在刀尖处磨出$R0.5$ mm左右的圆角，有利于提高加工精度。

钻削铸铁的群钻（见图1—3—3）是钻削铸铁的钻头和标准群钻的结合，它保留了两者各自的特点。由于钻削铸铁群钻的刀尖高度h比标准群钻更小，因此横刃可磨得更短，为标准麻花钻的1/7～1/5。

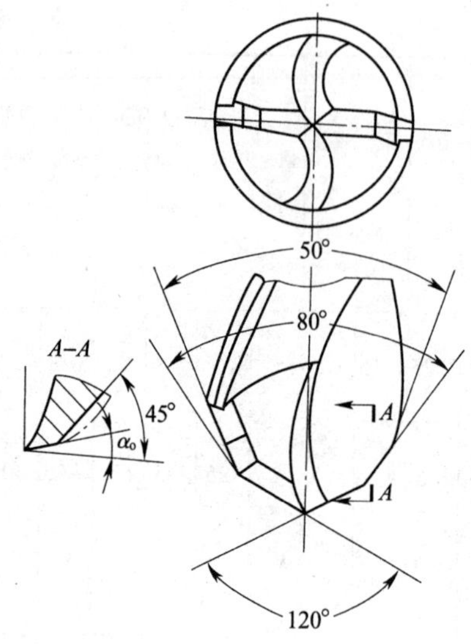

图 1—3—2　钻削铸铁的钻头

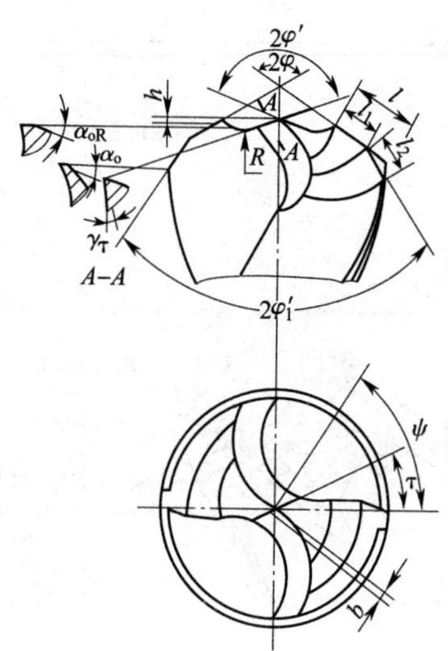

图 1—3—3　钻削铸铁的群钻

表 1—3—2 所列为钻削铸铁群钻切削部分的形状和几何参数。

表 1—3—2　　　钻削铸铁群钻切削部分的形状和几何参数

<table>
<tr><th>简　图</th><th>钻头直径 d（mm）</th><th>尖高 h（mm）</th><th>圆弧半径 R（mm）</th><th>横刃长 b（mm）</th><th>总外刃长 l（mm）</th><th>分外刃长 l_1、l_2（mm）</th><th>外刃顶角 2φ（°）</th><th>第二顶角 $2\varphi_1$（°）</th><th>内刃顶角 $2\varphi'$（°）</th><th>横刃斜角 ψ（°）</th><th>内刃前角 γ_τ（°）</th><th>内刃斜角 τ（°）</th><th>外刃后角 α_o（°）</th><th>圆弧后角 α_{oR}（°）</th></tr>
<tr><td rowspan="10"></td><td>5 ~ 7</td><td>0.11</td><td>0.75</td><td>0.15</td><td>1.9</td><td rowspan="10">$l_1 = l_2$</td><td rowspan="10">120</td><td rowspan="10">70</td><td rowspan="10">135</td><td rowspan="10">65</td><td rowspan="10">-10</td><td rowspan="3">20</td><td rowspan="3">18</td><td rowspan="3">20</td></tr>
<tr><td>7 ~ 10</td><td>0.15</td><td>1.25</td><td>0.2</td><td>2.6</td></tr>
<tr><td>10 ~ 15</td><td>0.2</td><td>1.75</td><td>0.3</td><td>4</td></tr>
<tr><td>15 ~ 20</td><td>0.3</td><td>2.25</td><td>0.4</td><td>5.5</td><td rowspan="5">25</td><td rowspan="5">15</td><td rowspan="5">18</td></tr>
<tr><td>20 ~ 25</td><td>0.4</td><td>2.75</td><td>0.48</td><td>7</td></tr>
<tr><td>25 ~ 30</td><td>0.5</td><td>3.5</td><td>0.55</td><td>8.5</td></tr>
<tr><td>30 ~ 35</td><td>0.6</td><td>4</td><td>0.65</td><td>10</td></tr>
<tr><td>35 ~ 40</td><td>0.7</td><td>4.5</td><td>0.75</td><td>11.5</td></tr>
<tr><td>40 ~ 45</td><td>0.8</td><td>5</td><td>0.85</td><td>13</td><td rowspan="3">30</td><td rowspan="3">13</td><td rowspan="3">15</td></tr>
<tr><td>45 ~ 50</td><td>0.9</td><td>6</td><td>0.95</td><td>14.5</td></tr>
<tr><td>50 ~ 60</td><td>1</td><td>7</td><td>1.1</td><td>17</td></tr>
</table>

2．钻削薄板的群钻

用麻花钻在薄板上钻孔，当钻尖已钻穿工件时，钻削时的轴向阻力会突然减小，此时工件上留有两块应切除但还未切除的部分，起了一个导向作用，使钻头的螺旋槽沿其已形成部分迅速滑下，这就是薄板钻削过程中的“扎刀”现象。

（1）扎刀现象的后果

1）工件随着钻头一起转动，影响操作工人安全。

2）若工件夹持牢固，可能会造成钻头折断。

3）孔形不圆或被拉坏。

（2）钻削薄板群钻的特点。由于上述原因，将钻削薄板群钻的切削部分磨成如图1—3—4所示形状。该钻头又称三尖钻，其主要特点如下：

1）主切削刃外缘磨成锋利的刀尖。

2）外缘刀尖处与钻尖的高度差仅为0.5～1 mm。

这种结构的优点如下：在钻削过程中，钻头尚未钻穿薄板，两切削刃外缘刀尖已在工件上切出一条圆环槽。这不仅起到了良好的定心作用，而且保证了所加工孔的圆整和光滑，并且不会引起“扎刀”现象。

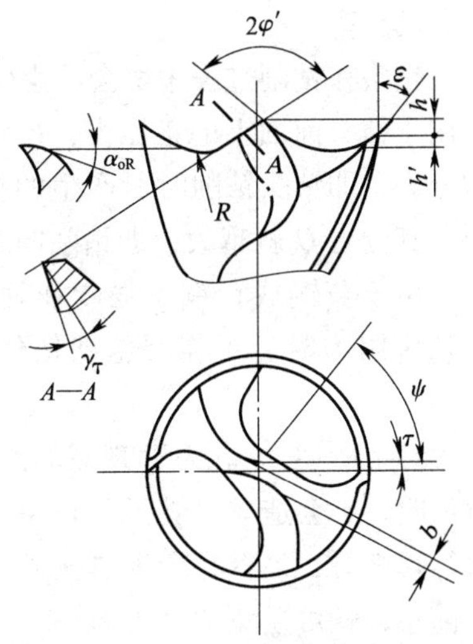

图1—3—4　钻削薄板的群钻

表1—3—3所列为钻削薄板群钻切削部分的形状和几何参数。

表1—3—3　　钻削薄板群钻切削部分的形状和几何参数

简图	钻头直径 d（mm）	横刃长 b（mm）	尖高 h（mm）	圆弧半径 R（mm）	圆弧深度 h'（mm）	内刃顶角 $2\varphi'$（°）	刀尖角 ε（°）	内刃前角 γ_τ（°）	圆弧后角 α_{oR}（°）
	5～7	0.15							
	7～10	0.2	0.5	用单圆弧连接					15
	10～15	0.3							
	15～20	0.4			>（δ+l）	110	40	−10	
	20～25	0.48	1						
	25～30	0.55		用双圆弧连接					12
	30～35	0.65	1.5						
	35～40	0.75							

注：1. δ为材料厚度。

2. 参数按直径范围的中间值来定，允许偏差为±。

3. 钻削黄铜与青铜的钻头和群钻

在钻削黄铜或青铜的过程中，当主切削刃全部进行切削后，会产生钻头突然快速切入工件材料内的现象，这就是“扎刀”现象。

“扎刀”现象会造成不良的后果，轻者使工件报废或钻头折断，严重的可能造成对操作者的伤害。

钻头在钻削过程中都会产生一个向下的拉力，如图1—3—5所示。图中P为工件材料作用于钻头前面上的正压力，F为切屑与前面之间的摩擦力，R为P与F的合力，Q为R的分力，即钻头钻削时所产生的拉力。由图可知，钻头的前角γ_o越大，合力R越向下倾斜，其分力Q就越大，即钻削向下的拉力也越大。

由于黄铜或青铜的强度和硬度较低，结构较疏松，因此切削阻力较小。当拉力大于切削阻力时，不需要施加任何外力，钻头就会自动切入工件材料而造成“扎刀”现象。

综上所述，“扎刀”现象的产生是由于钻头前角过大。钻头近心处$d/3$范围内前角为负值时，不会造成“扎刀”现象。而主切削刃最外缘处前角最大，所以，当主切削刃全部进行切削时，最容易产生“扎刀”现象。只要将钻头外缘处的前面磨去一块，即减小该处的前角，就可避免“扎刀”。

由于黄铜或青铜的强度和硬度较低，钻头的横刃可磨得更短，有利于提高生产效率。钻削黄铜的群钻如图1—3—6所示。

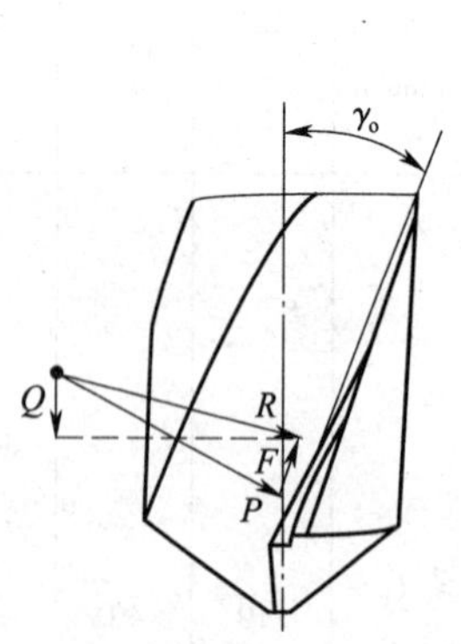

图1—3—5　钻头受力图

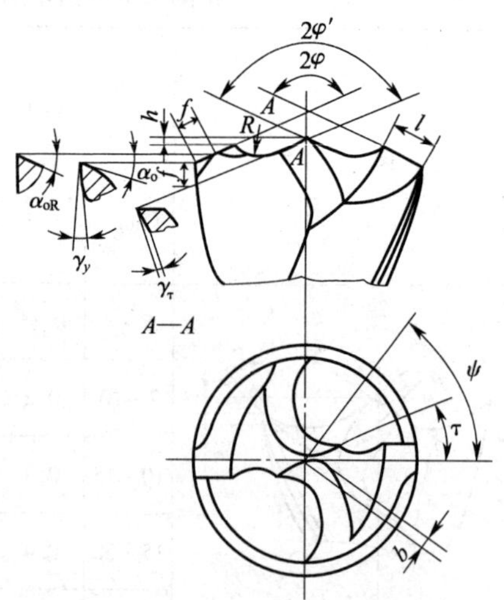

图1—3—6　钻削黄铜的群钻

表1—3—4所列为钻削黄铜群钻切削部分的形状和几何参数。

4. 钻削纯铜的群钻

纯铜有较好的导电性、导热性和耐腐蚀性，因此电气工业常用这种材料，并需要在一些纯铜的导电机件上钻孔。由于使用条件的限制，要求所钻的孔精度要比一般孔高，表面质量要求也较高。

表 1—3—4　　钻削黄铜群钻切削部分的形状和几何参数

<table>
<tr><th>简　图</th><th>钻头直径 d（mm）</th><th>尖高 h（mm）</th><th>圆弧半径 R（mm）</th><th>横刃长 b（mm）</th><th>外刃长 l（mm）</th><th>修磨长度 f（mm）</th><th>外刃顶角 2φ（°）</th><th>内刃顶角 $2\varphi'$（°）</th><th>横刃斜角 ψ（°）</th><th>外刃纵向前角 γ_y（°）</th><th>内刃前角 γ_τ（°）</th><th>内刃斜角 τ（°）</th><th>外刃后角 α_o（°）</th><th>圆弧后角 α_{oR}（°）</th></tr>
<tr><td rowspan="8"></td><td>5 ~ 7</td><td>0.2</td><td>0.75</td><td>0.15</td><td>0.13</td><td rowspan="3">1.5</td><td rowspan="8">125</td><td rowspan="8">135</td><td rowspan="8">65</td><td rowspan="8">8</td><td rowspan="8">-10</td><td rowspan="3">20</td><td rowspan="3">15</td><td rowspan="3">18</td></tr>
<tr><td>7 ~ 10</td><td>0.3</td><td>1</td><td>0.2</td><td>1.9</td></tr>
<tr><td>10 ~ 15</td><td>0.4</td><td>1.5</td><td>0.3</td><td>2.6</td></tr>
<tr><td>15 ~ 20</td><td>0.55</td><td>2</td><td>0.4</td><td>3.8</td><td rowspan="5">3</td><td rowspan="5">25</td><td rowspan="5">12</td><td rowspan="5">15</td></tr>
<tr><td>20 ~ 25</td><td>0.7</td><td>2.5</td><td>0.48</td><td>4.9</td></tr>
<tr><td>25 ~ 30</td><td>0.85</td><td>3</td><td>0.55</td><td>6</td></tr>
<tr><td>30 ~ 35</td><td>1</td><td>3.5</td><td>0.65</td><td>7.1</td></tr>
<tr><td>35 ~ 40</td><td>1.15</td><td>4</td><td>0.75</td><td>8.2</td></tr>
</table>

注：1. 参数按直径范围的中间值来定，允许偏差为 ±。

2. γ_y 指外缘点纵向修磨前角，便于观察控制。

（1）在纯铜上钻孔常遇到的问题

1）孔形不圆，钻出的孔口扩大。

2）孔的表面质量不理想，孔壁有撕痕，有时出现螺旋线挤痕，出口出现毛刺。

3）软纯铜的切屑不易断裂，随钻头甩动不安全，并且阻挡切削液进入孔中。

4）硬纯铜的切屑较碎，造成孔壁不光洁。

5）钻头容易在孔中咬住。

综上所述，在纯铜上钻孔的主要问题是孔形不圆；孔壁表面质量不理想，这与排屑有关；钻头在孔中咬住，这与冷却有关。

（2）钻削纯铜孔时可采取的措施

1）加强定心作用，保证切削平稳。如图 1—3—7 所示为钻削纯铜的群钻。根据纯铜的性能，钻心部分尖一些，钻尖高度稍大些，这样就加强了钳制力，定心好，振动轻且不打抖，可保证孔形圆度。

2）外刃锋角要适当，以利于排屑和改善孔的表面质量，一般 $2\varphi = 118° \sim 122°$ 较好。当钻孔较深而表面质量要求不高时，应加大外刃锋角，改善排屑。

3）钻削软纯铜时应选用较大的进给量，以改善出屑情况，也可在钻头前面上磨出负前角的断屑面。钻削硬纯铜时应增大外刃锋角，以改善排屑情况，或先将工件进行退火。

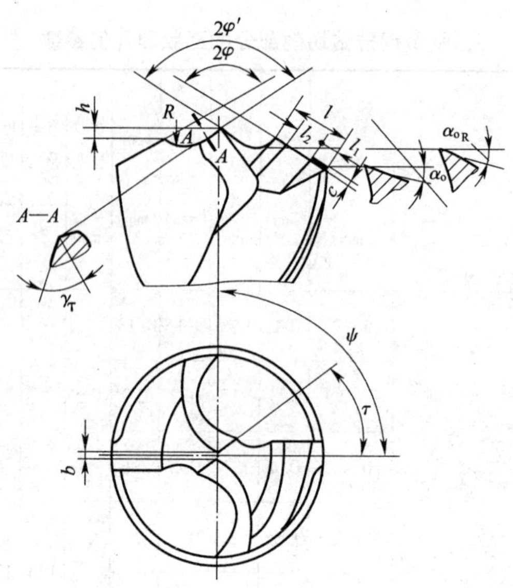

图 1—3—7　钻削纯铜的群钻

4）将钻头外缘刀尖处磨出倒角或圆弧刃，钻孔时采用高转速和小进给量的方法，使孔壁的表面质量得以改善。

5）钻孔过程中应保证充足的切削液供应，以避免孔收缩而咬住钻头。

表 1—3—5 所列为钻削纯铜群钻切削部分的形状和几何参数。

表 1—3—5　　钻削纯铜群钻切削部分的形状和几何参数

简图	钻头直径 d (mm)	尖高 h (mm)	圆弧半径 R (mm)	横刃长 b (mm)	外刃长 l (mm)	槽距 l_1 (mm)	槽宽 l_2 (mm)	槽数 Z	外刃顶角 2φ (°)	内刃顶角 $2\varphi'$ (°)	横刃斜角 φ (°)	内刃前角 γ_τ (°)	内刃斜角 τ (°)	外刃后角 α_o (°)	圆弧后角 α_{oR} (°)
	5～7	0.35	1.25	0.15	1.3	—	—	1	120	115	90	−25	30	15	12
	7～10	0.5	1.75	0.2	1.9	—	—								
	10～15	0.8	2.25	0.3	2.6	—	—								
	15～20	1.1	3	0.4	3.8	—	—								
	20～25	1.4	4	0.48	4.9	—	—								
	25～30	1.7	4	0.55	8.5	2.2	4.2						35	12	10
	30～35	2	4.5	0.65	10	2.5	5								
	35～40	2.3	5	0.75	11.5	2.9	5.8								

注：参数按直径范围的中间值来定，允许偏差为 ±。

5. 钻削铝合金的群钻

铝合金的强度和硬度较低，导热性好，但熔点较低，钻孔时切屑容易熔黏在切削刃和前面上，形成积屑瘤，使排屑时的摩擦力增大，对孔壁的表面质量产生不利的影响，有时甚至因切屑挤塞于钻头螺旋槽内而使钻头折断。

除纯铝外，一般铝合金的塑性和延展性都较小，所以切屑较碎，不易排出，尤其是钻深孔时更为突出。

由此可见，铝合金钻孔需要避免积屑瘤的产生和保证切屑能顺利排出。

钻削铝合金可采用标准群钻，将横刃修磨得更短（$b=0.02d$），锋角 2φ 磨得更大一些，以利于排屑。可磨出第二重后角，以增大容屑空间。在粗加工时可选用较浓的乳化切削液，在精加工时可选用煤油或煤油与机油的混合液，这样可减小切屑与前面的摩擦，避免产生严重的积屑瘤。

如图 1—3—8 所示为钻削铝合金深孔的群钻。用该钻头钻削铝合金时，钻头直径 $d=15$ mm，孔深 $h=170$ mm。采用转速 $n=1\ 200\sim1\ 700$ r/min，进给量 $f=0.32\sim0.4$ mm/r，排屑很顺利。

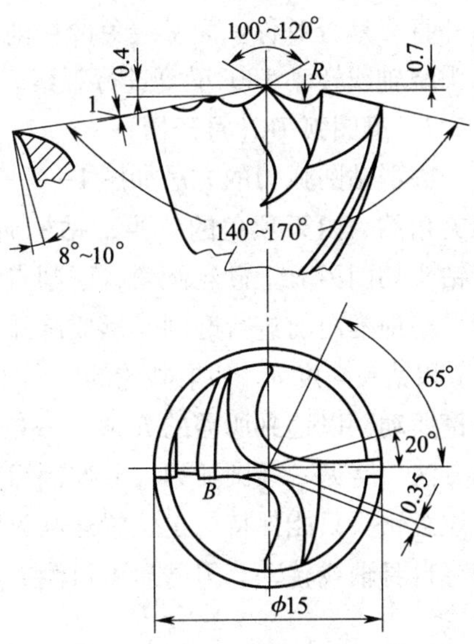

图 1—3—8　钻削铝合金深孔的群钻

三、标准群钻的刃磨方法和步骤

1. 磨外直刃

群钻外直刃的刃磨方法如图 1—3—9 所示，右手握钻头前端，控制钻头绕轴线的转动和刃磨时的压力，左手握住钻头的柄部做上下摆动。磨削时，将钻头主切削刃放平，并轻靠在砂轮圆周的水平中心平面上。钻头的轴线在水平面内与砂轮轴线的夹角等于顶角（2φ）的一半。开始刃磨时压力要轻，随着钻柄向下摆动和钻头绕轴线转动，压力逐渐增大；反向时压力要逐渐减小，钻柄摆动的角度大致与钻头的后角相等。

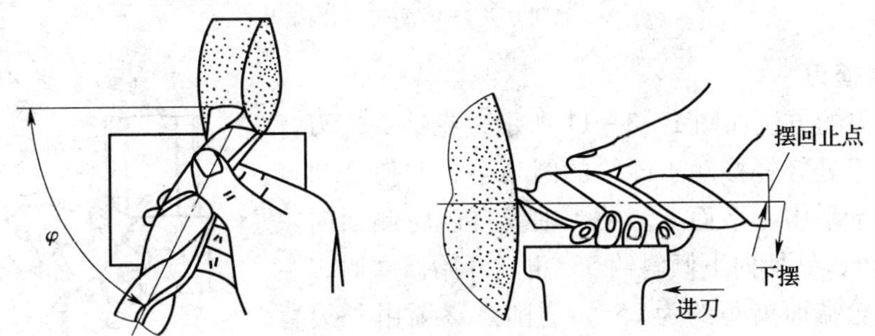

图 1—3—9　群钻外直刃的刃磨方法

必须注意不要使钻尾的高度超过切削刃，否则会出现负后角，使钻头无法进行钻削。刃磨时，如果钻头的主切削刃先接触砂轮，就在钻头绕轴线转动时将钻柄向下摆动；如果钻头后面的下方先接触砂轮，就在钻头绕轴线转动时将钻柄向上摆动。这两种方式均可采用，但在最后精磨时应由切削刃向后磨，切不可反向磨削，否则易产生毛刺或使切削刃退火。

刃磨过程中应经常检查刃磨质量。检查时，把钻头切削刃朝上竖立，两眼平视，观察两外直刃是否对称。为了避免两切削刃一前一后产生视差，造成判断错误，观察时，应将钻头绕轴线转动 180°反复进行观察。

2. 磨圆弧刃（月牙槽）

磨群钻圆弧刃的方法如图 1—3—10 所示，将钻头切削刃水平安放，钻头轴线与砂轮侧面夹角约为内刃顶角的一半，钻柄向下与水平面的夹角约等于圆弧刃后角 15°。刃磨时，将钻头切削刃靠上砂轮圆角，磨削点位置大致与砂轮水平中心平面等高，然后将钻头缓慢而平稳地推向前进行磨削，形成圆弧刃。磨出的圆弧刃应保证要求的圆弧半径 R、外刃长度 l 和钻头高度 h。如果砂轮的圆角半径小于要求的圆弧半径，就还要将钻头在水平面内做微量摆动，以达到所需的 R 值。一条圆弧刃磨好后，将钻头翻转 180°，仍按原来位置和操作方法刃磨另一条圆弧刃，要控制刃磨深度和形状与上一条圆弧刃保持一致。刃磨时，必须注意钻头只能保持一定位置逐渐靠向砂轮的圆角，不可像磨外直刃时那样上下摆动钻柄和绕自身轴线转动。刃磨后可目测或用钢直尺、半径样板等量具来检查各部分的形状和尺寸。

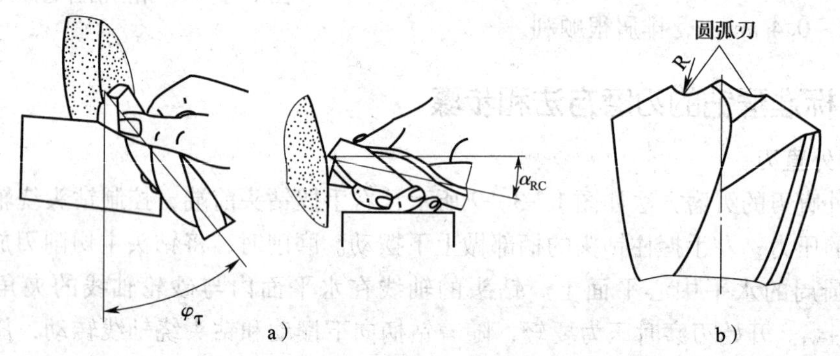

图 1—3—10　磨群钻的圆弧刃方法

a）磨削方法　b）磨削后的圆弧刃

3. 修磨横刃

修磨横刃的方法如图 1—3—11 所示，将钻头外刃背靠砂轮，横刃处轻轻接触于砂轮的圆角上，并使磨削点位于砂轮的水平中心平面上。钻头轴线自砂轮侧面向左倾斜约 15°角，钻柄向下倾斜约 55°角。开始修磨时，主切削刃与砂轮端面夹角约为 25°，磨削点逐渐由外刃背向钻心移动，磨出内直刃的前面，可绕轴线稍做旋转，以形成较大的前角。修磨完一面后，将钻头翻转 180°修磨另一面。

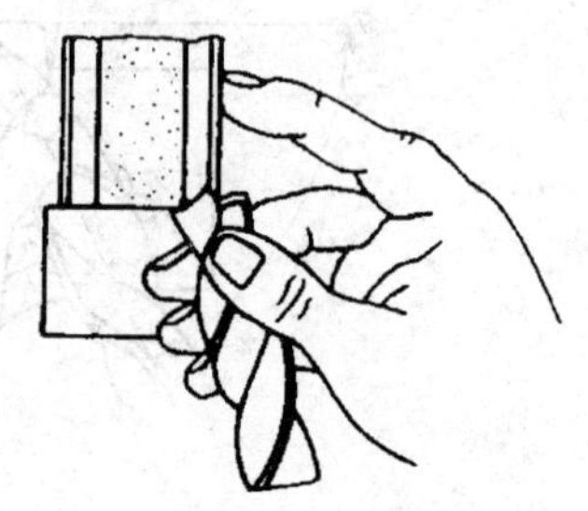

图 1—3—11　修磨群钻横刃的方法

修磨横刃时，选择的砂轮圆角半径要小，砂轮直径也不宜过大，否则难以修磨好横刃，而且容易磨掉相邻部位。两面的修磨量要均匀、对称，两角大小一致，钻心不能磨得太薄。

修磨后，应检查内直刃的对称性和斜角是否一致。如图 1—3—12 所示为从钻头顶面检查两内直刃斜角的一致性。

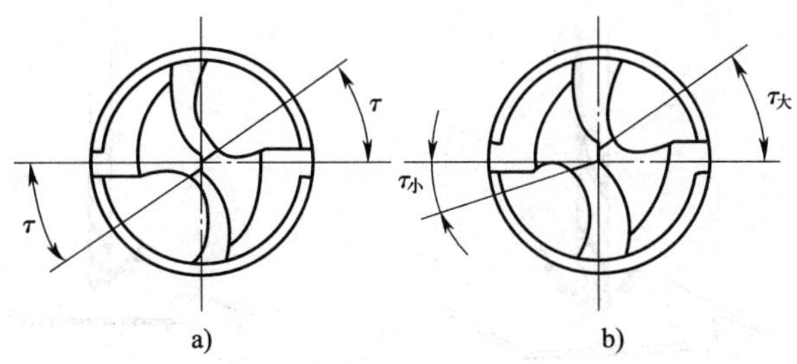

图 1—3—12　从钻头顶面检查两内直刃斜角的一致性

a）一致　b）不一致

4. 修磨分屑槽

在钻头的后面上磨出分屑槽，一般适用于直径大于 15 mm 的钻头。可选用小型片状砂轮，砂轮的圆角要修得小一些。修磨时，使钻头的外直刃与砂轮侧面相垂直，磨削点位置大致与砂轮水平中心高度相等，分屑槽开在外直刃的中间，用右手食指在砂轮机罩壳侧面定位。修磨分屑槽的方法与磨削外直刃基本相同，要随时注意观察，控制分屑槽的槽距、槽宽和槽深。

四、钻削薄板群钻的刃磨方法和步骤

钻削薄板群钻的几何形状特点非常明显，它的两切削刃外缘磨成锋利的刀尖，比钻尖稍低，形成三个尖端，故又称三尖钻。三尖钻中间的主切削刃磨成圆弧刃，深度比薄板厚度大 1 mm，横刃部分修磨得很窄，形成钻尖。钻孔时，钻尖先切入工件，起定心作用，当钻心尚未钻穿时，两外刃刀尖已切入工件形成圆环槽，并迅速地切出所要求的孔。

1. 磨圆弧刃

先将砂轮一侧修成较大的圆角，钻头的圆弧刃即在圆角处进行修磨，如图 1—3—13 所示。刃磨时，双手的操作方法与磨钻头外直刃时基本相同，只是还要以右手作为支点，左手绕砂轮圆角在水平方向做来回摆动，逐步由浅入深形成一定的圆弧，直至将外刃磨尖，并控制一定的深度。一条圆弧刃磨好后，将钻头翻转 180° 再刃磨另一条，要注意两条圆弧刃必须对称，外尖要等高，中心钻尖略高于外尖。

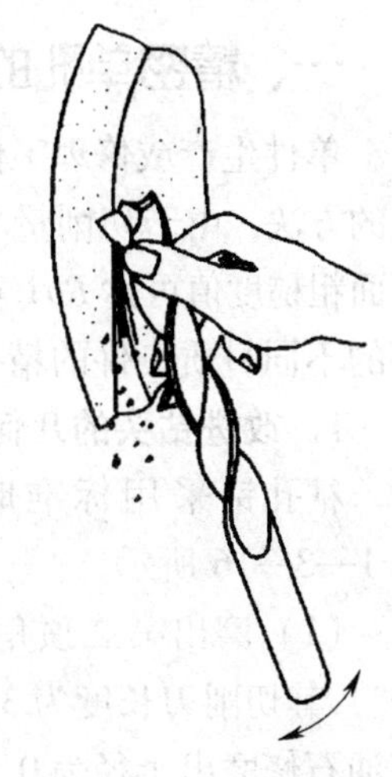

图 1—3—13　磨圆弧刃

2. 修磨横刃

修磨横刃的方法也与标准群钻相同，只是修磨得更窄、更尖。由于磨削量较大，因此必须分几次修磨，防止钻尖过热，产生退火。修磨时可两面交替进行，两面的修磨量要相等，使钻尖处于钻头中心位置，不可偏移，否则影响定心效果。

钻削薄板群钻刃磨后，先进行试钻，主要检查刃磨后钻尖是否在钻心处，两外尖刃是否等高，如图1—3—14所示。如果刃磨正确，那么钻尖中心位置不变，两外尖刃同时切入工件（见图1—3—14a）。如果只有一处尖刃切入工件（见图1—3—14b），那么应认准位置，将该尖刃稍微磨低些，再进行试钻，直至达到要求。

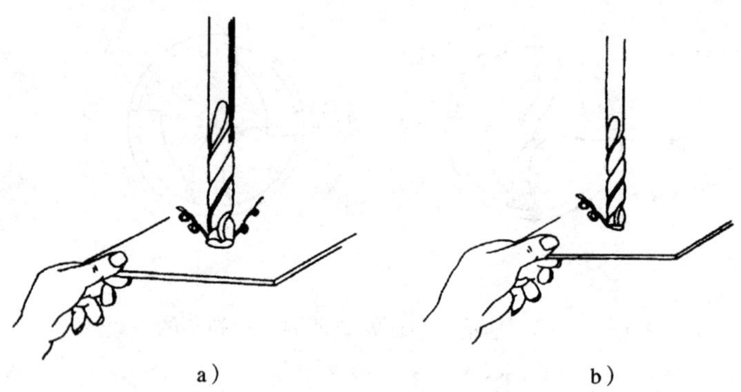

图1—3—14　钻削薄板群钻刃磨后的试钻
a）两尖刃同时切入工件　b）只有一处尖刃切入工件

子课题2　精密孔的钻铰

1. 熟悉精密孔钻、铰的特点。
2. 掌握工件精密孔钻、铰的方法。

精密孔是指对孔或孔系的尺寸精度、几何精度（包括孔中心距精度）及孔壁表面质量要求都较高的单孔或孔系。

一、精密单孔的钻、铰

单件生产或修理工作中，在缺少定尺寸铰刀或其他形式的精加工条件件时，可采用精钻扩孔的方法，由于切削量小，产生热量小，工件不易变形，其扩孔精度可达0.02～0.04 mm，表面粗糙度值可达 $Ra1.6\sim0.8$ μm。这种扩孔方法操作简便，容易掌握，适用于各种未淬硬的不同材质工件的精孔加工，且钻头磨损较小，使用寿命也较长。

1. 改进钻头的几何角度

精孔钻采用标准麻花钻修磨而成，改进后的精孔钻的几何角度如图1—3—15、图1—3—16所示。

（1）磨出第二顶角 $2\varphi_1$，扩铸铁精孔钻 $2\varphi_1=75°$，扩钢材（中碳钢）精孔钻 $2\varphi_1=50°$，其切削刃长度为3～4 mm且对称。为降低孔壁表面粗糙度值，在其外缘刀尖角处用细油石修磨出半径为0.2～0.5 mm、表面粗糙度值为 $Ra0.4$ μm的对称圆弧刃，并适当减小外缘处的后角。

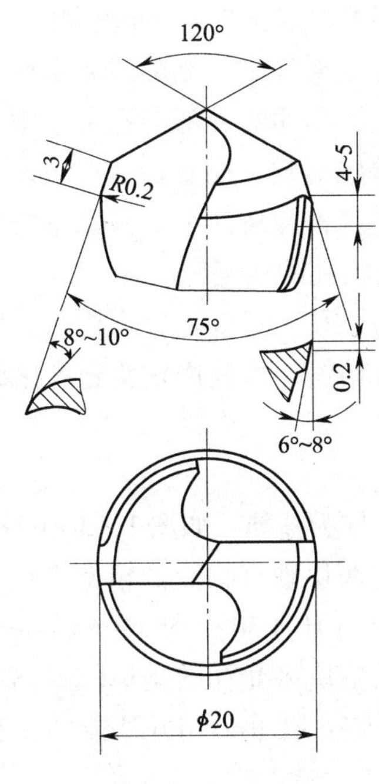

图 1—3—15　扩铸铁精孔钻

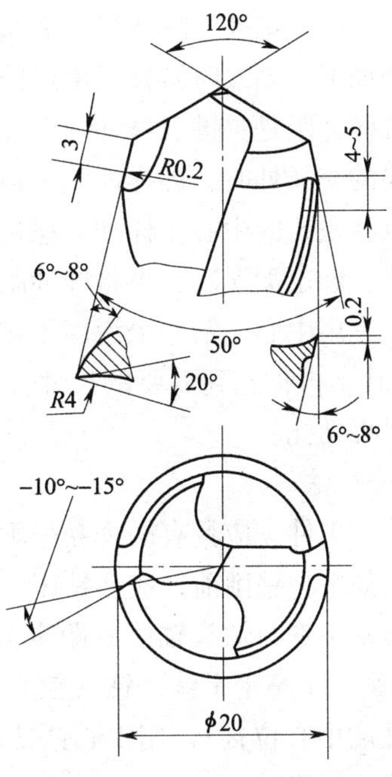

图 1—3—16　扩钢材精孔钻

（2）扩铸铁精孔钻后角一般磨成 $\alpha_1 = 8° \sim 10°$，扩钢材（中碳钢）精孔钻后角一般磨成 $\alpha_1 = 6° \sim 8°$，以免产生振动。

（3）为减小摩擦，在韧带 4～5 mm 长度上磨出副后角 $\alpha_f = 6° \sim 8°$并保留 0.1～0.2 mm 的刃宽度。

（4）扩钢材（中碳钢）精孔钻需修磨前面，形成 $-15° \sim -10°$的刃倾角和 20°的前角。

（5）切削刃处的前面、后面用较细油石研磨，使表面粗糙度值达 Ra0.4 μm，并在外缘处研磨出半径为 0.2 mm 的小圆角，在钻精孔时能起到修光孔壁的作用。

2．选用精度较高的立钻或采用浮动夹头装夹钻头

先用普通麻花钻按划线钻底孔，留有 0.5～1 mm 的余量，再用修磨好的精孔钻头扩孔。扩孔时的进给量应控制为 0.08～0.15 mm/r。进给量过大，表面粗糙度值增大；进给量过小，刃口不能平稳地切入，同时会引起振动。扩孔时还要选用主要起润滑作用的切削液，如菜油、猪油等，以降低切削温度和表面粗糙度值。

对于孔轴线与工件的基准表面（或基准轴线）有较高的位置精度要求的单孔，也可以在普通钻床上增加一些工艺装备，运用划线找正法采用精孔钻来完成加工。

二、精密孔系的钻、铰

在批量生产中，用钻床加工孔距要求较高的孔都是由合格的钻模来保证的。但在单件、小批量生产中不可能都采用钻模，而又由于生产设备等方面的原因，必须由钳工钻（铰）孔来保证。下面介绍几种钻（铰）有孔距要求的孔的常用方法。

1．提高划线精度

划线钻孔的孔距误差一般在 0.2 mm 以上，孔距越大，误差也越大。如果提高划线精度，样冲眼冲得准，钻孔方法适当，那么可将孔距误差控制在0.1 mm范围内。

具体方法如下：划线时游标高度尺的划线刃口一定要锋利，划的线要细而清楚，尺寸要读准确，打样冲眼是关键。样冲一定要磨得圆而尖，样冲的尖部沿孔十字中心线的一条线走向十字线的交叉处时，握样冲的手指有明显的停顿感觉，反复走两次，走到此处均有感觉时，此点就是孔的中心。样冲要保持垂直，先轻打，并从几个方向观察样冲眼是否偏离中心十字线，确定无误后，再将样冲眼加大，并划出孔的找正线。

钻孔时，先用中心钻钻一个深度不超过2 mm的小孔，测量孔距合格后，用中心钻加工成60°的锥孔，再扩孔到需要的尺寸。如果发现孔钻偏，可改用钻头锪孔来纠正，恢复到中心位置时再钻孔。

2. 移动坐标法

采用此法的工件，应具有两个互相垂直的加工面作为基准，如图1—3—17所示。

具体方法如下：钻削前，应在钻床工作台上固定两块垂直相交的精密平铁，用直角尺进行校正，精密平铁与钻头轴线的距离分别为40 mm（10 + 30）和30 mm（10 + 20），将零件A、B面紧贴于精密平铁，钻（铰）孔Ⅰ，再用量块将Ⅱ孔的坐标位置移至钻床主轴中心（即Ⅰ孔的中心位置），用中心钻钻孔后，钻（铰）孔Ⅱ，用此法能钻出孔距要求相当高的孔，缺点是费时。

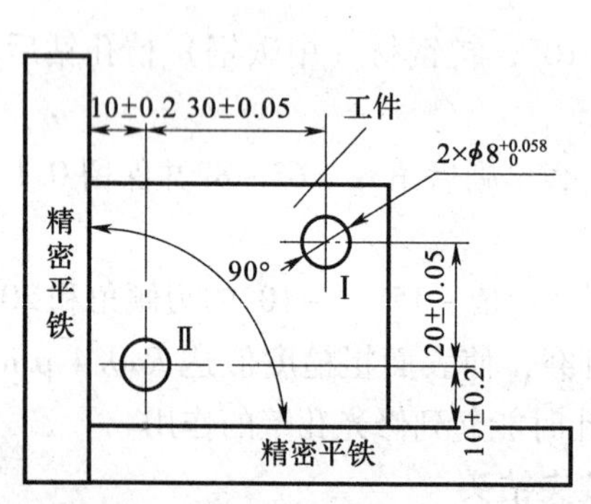

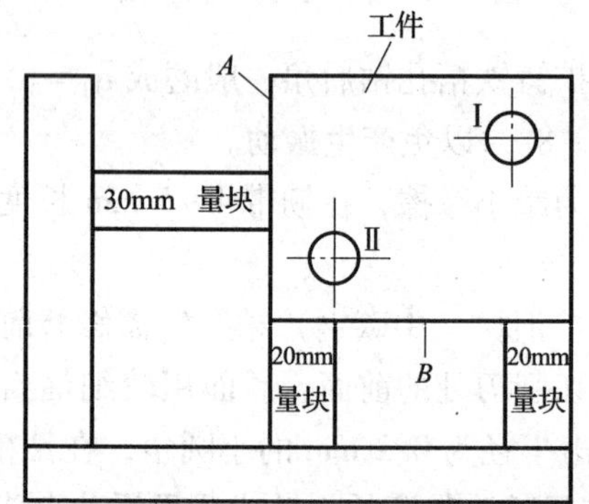

图1—3—17 用移动坐标法钻孔

3. 用心轴控制孔距的方法

如图1—3—18所示，该工件采用此法钻孔可保证孔距的要求。

具体方法如下：将已经划好线并打好样冲眼的工件先钻（铰）孔1，并配好心轴，然后任取一根心轴装夹在钻床主轴上，用千分尺控制距离L_1，同时控制两个孔中心距边A的距离基本相等，将工件固定后钻（铰）孔2。

用同样方法钻（铰）第3孔和第4孔，确定它们的位置时，不但要控制垂直方向的距离，还要通过测量控制对角斜边上的距离，才能确保四个孔相互之间孔距的要求，孔距控制方法如图1—3—19所示。

三、用移动坐标法钻孔

如图1—3—20所示为所需钻孔的工件，4个ϕ8H7孔的孔距分别为（30 ± 0.03）mm和（50 ± 0.03）mm，工件材料为45钢。

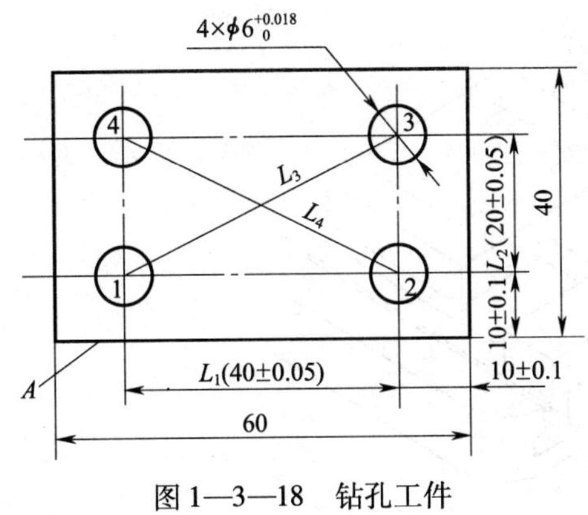

图 1—3—18　钻孔工件

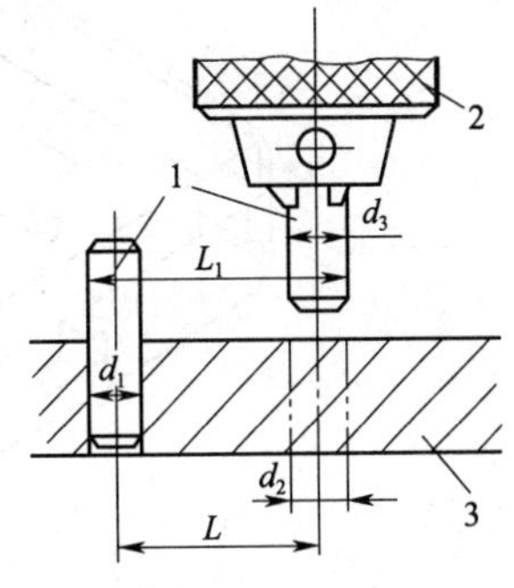

图 1—3—19　用心轴控制孔距的方法

1—测量圆销　2—钻夹头　3—工件

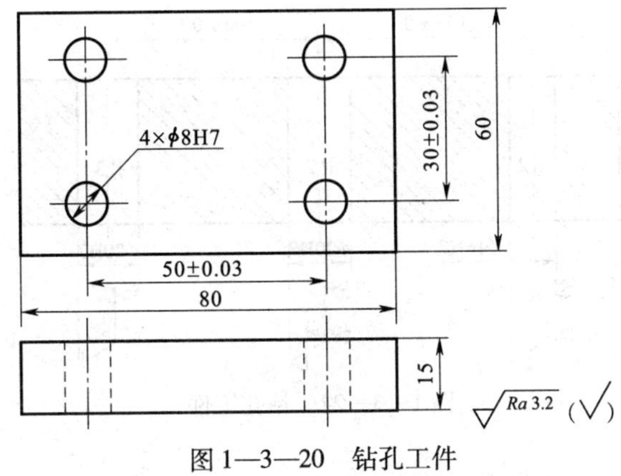

图 1—3—20　钻孔工件

1. 钻削前，在钻床工作台上固定精密平铁，用直角尺进行校正，精密平铁与钻头轴线的距离分别为 65 mm（50 + 15）和 45 mm（30 + 15）。

2. 选取一块与工件形状、尺寸和材料完全相同的试钻件进行试钻。试钻件与两块靠铁之间分别放入 50 mm 和 30 mm 的量块，如图 1—3—21 所示。先用 ϕ7. 8 mm 的钻头钻出左下方孔，钻孔后即用 ϕ8H7 铰刀铰孔。再取出左边 50 mm 量块钻、铰右下方孔，然后取出 30 mm 量块钻、铰右上方孔，最后再垫入左边 50 mm 量块钻、铰左上方孔。钻削时必须用手将试钻件紧贴量块和靠铁，不得有所松动。若发现用手不能保证紧贴时，则必须用压板压紧试钻件，才能保证尺寸精度。

3. 检验钻、铰后试钻件孔距精度的方法如下：将 ϕ8 mm 量棒装入试钻件孔中，量棒与孔的配合稍微紧一些，不可有较大的间隙，然后放在平板上直立，用百分表和组合量块通过比较法进行测量。若测量结果超差，则可根据所测得的误差调整组合量块的尺寸后再经试钻检测，直至符合要求。

4. 试钻件检验合格后才能进行工件的加工。

四、用心轴控制孔距方法钻孔

所需加工的工件如图 1—3—22 所示，采用心轴控制孔距法进行加工，装夹方法如图 1—3—23 所示。

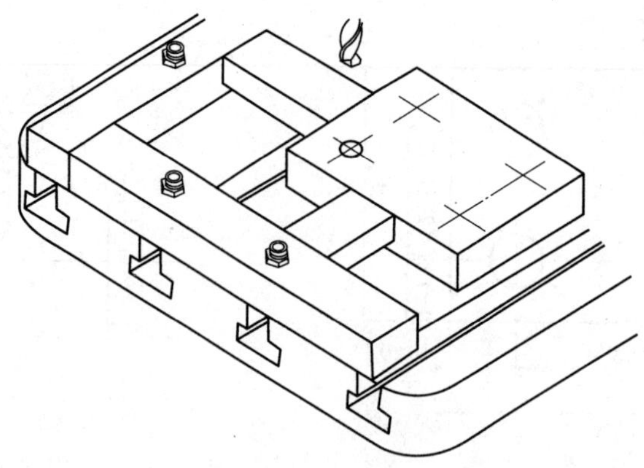

图 1—3—21　用量块控制孔位

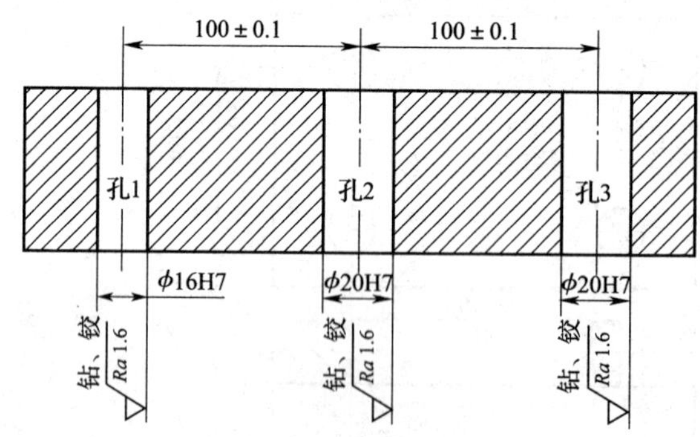

图 1—3—22　钻孔工件

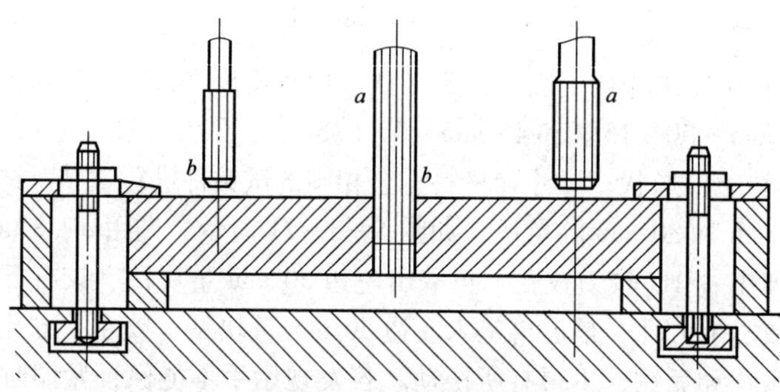

图 1—3—23　装夹方法

1. 按图 1—3—22 所示划出十字线和 1、2、3 孔的圆周线。

2. 在选好的摇臂钻床上先把孔 2 钻（铰）成 ϕ20H7。

3. 将装有 ϕ20H7 铰刀的摇臂钻床主轴移至孔 3 的位置，在孔 2 内也插入一把 ϕ20H7 的手铰刀（或心轴），用量具测量 a 处的距离为 120 mm。

4. 卸下铰刀，换上中心钻，在孔 3 的位置钻中心孔，卸下中心钻，换上 ϕ19.8 mm 的钻头将孔钻通，再换上 ϕ20H7 的机铰刀铰孔 3 至相应尺寸。

5. 将钻床主轴移至孔 1 的位置，在主轴锥孔中装上 ϕ16H7 的铰刀（或心轴），用量具测量 b 处的距离为 118 mm，依照上述程序将孔 1 钻、铰至 ϕ16H7。

课题4　刮削和研磨

子课题1　提高刮削精度的方法

学习目标

1. 掌握保证刮削精度的措施。
2. 掌握提高刮削精度的工艺方法。

一、保证刮削精度的措施

1. 设计和制造专用校准工具

校准工具是用于校准工件刮削后表面接触精度或显示研点数的重要工具。通用校准工具（如标准平板等）大家都已用过，但有时候勉强使用通用校准工具可能无法保证刮削精度，而必须采用专用校准工具，专用校准工具应根据被刮削工件的形状和精度要求来设计及制造。

2. 正确选择刮削基面

当工件有两个以上的被刮削面且有位置精度要求时，应正确选择其中一个面作为刮削基面，并首先刮好该基面，其他各刮削面均按已确定的基面进行误差修整。刮削基面在刮完后，必须先进行单独的精度检测，这是保证以后刮削面加工质量的前提。

3. 有合理的支承方式

刮削时工件的支承是否合理，将关系到在刮削中工件的受力和变形情况以及刮削精度的稳定性。因此，合理支承好的被刮工件必须平稳，在刮削时无摇动现象，工件不因支承而受到附加应力，在研点时要保证被刮表面同时受到压力，而且还要考虑到被刮面位置的高低必须适合操作者的身高（一般发力点近腰部上下），以便操作者发力。

二、提高刮削精度的工艺方法

1. 获得高加工精度的原则

（1）微量切除原则。工件要获得高精度，加工的关键是在最后一道工序能够从被加工表面微量切除与要求精度相适应的表面层，该表面层越薄，则加工精度越高。

（2）稳定加工原则。加工时必须排除来自工艺系统及其他外界因素（如工作环境的温度、振动、空气净化等）的干扰，才能稳定进行加工并提高加工精度。

（3）测量技术装置的精度高于加工精度的原则。一定精度的加工必须有高于加工精度的测量技术装置（如精密量具、量仪等）和测量手段方能实现。

（4）创造性加工原则。创造性加工就是在缺少精加工设备的条件下，利用精度低于加工精度的设备，借助于各种工艺手段和辅助装置来完成加工。

2. 刮削精度补偿法

提高刮削加工质量，不仅要达到当前图样规定的各项精度要求，有经验的钳工还应考虑到零部件经过组合、总装，会受到气温变化、载荷、磨损、切削力等各种因素的影响，应预先在刮削中引起注意，并采取误差补偿、局部载荷补偿等措施加以弥补。

（1）误差补偿法。误差补偿就是根据零部件精度变化规律和较长时间内收集到的经验数据，或事先测得的实际误差值，按需要在刮削精度上给予一个补偿值，并合理规定工件的误差方向或增减公差值，以消除误差本身的影响。这是提高加工精度的一个重要的技术举措。

例如，机床的横梁，因受磨头、铣头等的重力影响，会在导轨上产生中间凹的弯曲变形，刮削时，应在导轨垂直面直线度中增加中间凸起的特殊要求。

（2）局部载荷补偿法。零件装配后，局部承受较大的载荷会造成相邻结合部位精度的变化，刮削时可采取局部载荷补偿法，把与部件质量接近的配重物装在被刮工件上作预先补偿。

3. 刮削面缺陷分析

工件被刮削表面的常见缺陷特征及产生原因见表1—4—1。

表1—4—1　　刮削面缺陷特征及产生原因

缺陷形式	特　征	产 生 原 因
深凹痕	刮削面研点局部稀少或刀迹与显示研点高低相差太多	1. 粗刮时用力不均匀，局部落刀太重或多次刀迹重叠 2. 切削刃弧形磨得过大
撕痕	刮削面上有粗糙的条状刮痕，比正常刀迹深	1. 切削刃不光滑或不锋利 2. 切削刃有缺口或裂纹
振痕	刮削面上出现有规则的波纹	多次同向刮削，刀迹没有交叉
划道	刮削面上划出深浅不一的直线	研点时夹有沙粒、切屑等杂质，或显示剂不清洁
刮削面精密度不准确	显点情况无规律地改变	1. 推磨研点的压力不均匀；研具伸出工件太多；按出现的假点刮削后造成误差 2. 研具本身不准确

子课题2　平板的刮削及精度检测

1. 掌握刮削平板的方法。
2. 掌握平板的检测方法。

平板是进行划线及测量一些零件尺寸和几何公差所必需的工具。要使划线精度和测量精度都达到良好的效果，就必须使平板具有很高的平面精度，同时也要具备良好的耐磨性和可靠的润滑性。要达到这样的性能，平板须经刮削而成。

一、刮削平板的方法

刮削平板的方法有两种，即标准平板研点刮削法和正研（互研互刮）加对角研修正法。

1. 标准平板研点刮削法

用精度不低于被刮平板精度、规格不小于被刮平板规格的标准平板，放在涂有很薄的一层显示剂的被刮平板上进行研点，然后进行刮削。不断地提高被刮平板的精度，直至被刮平板工作面的任何部位在每 25 mm×25 mm 范围内的研点数达到规定的数值，即表示被刮平板达到了要求的精度。这种方法常用于旧平板的修理。

2. 正研加对角研修正法

正研刮削主要是采用循环刮削的方法进行，一般用在原始平板的刮削上，其方法如图 1—4—1 所示，当三块平板在 25 mm×25 mm 方框内所显示的研点数达到 12 点左右时，正研结束。

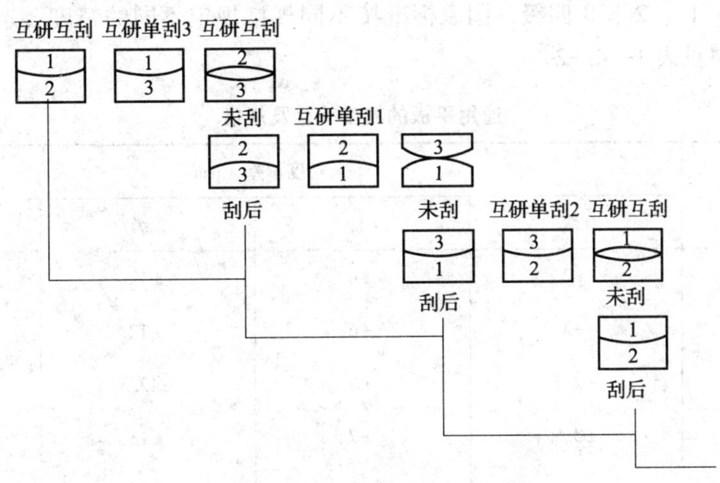

图 1—4—1　平板循环刮削法

在正研过程中，往往会在平板对角部位上产生如图 1—4—2a 所示的平面扭曲现象，即 *AB* 对角高，而 *CD* 对角低，而且三块平板高低位置相同，即同向扭曲。这种现象的产生是由于在正研中平板的高处（+）正好与平板的低处（-）重合（见图 1—4—2b）。要了解是否存在扭曲现象，可采用如图 1—4—2c 所示的对角研的方法来检查（对角研只限于正方形或长宽尺寸相差不大的平板，长条形的平板则不适合），经合研后，研点会明显地显示出来（见图 1—4—2d）。根据研点修刮，直至研点分布均匀并消除扭曲现象，且三块平板相互之间，无论是直研、掉头研和对角研，研点情况完全相同，研点数符合要求为止。

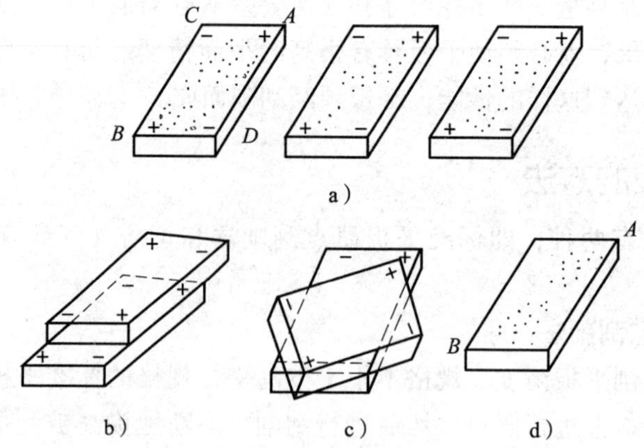

图1—4—2　平板的扭曲现象

a）平面扭曲现象　b）平面扭曲的原因　c）对角研　d）研点显示出来

二、平板的检测

1．单块平板刮削时一般使用标准平板研磨显点刮削，当显点数大小均匀且在25 mm×25 mm方框内显点数符合该平板等级数时，该平板精度符合要求，刮削结束。目前通用平板的精度为0、1、2、3四级，国家标准按不同规格规定不同的精度要求。通用平板的精度等级及规格见表1—4—2。

表1—4—2　　通用平板的精度等级及规格

平板尺寸（mm）	精度偏差（μm）			
	0级	1级	2级	3级
100×200	±3	±6	±12	±30
200×200	±3	±6	±12	±30
200×300	±3.5	±7	±12.5	±35
300×300	±3.5	±7	±13	±35
300×400	±3.5	±7	±14	±35
400×400	±3.5	±7	±14	±40
450×600	±4	±8	±16	±40
500×800	±4	±8	±18	±45
750×1 000	±5	±10	±20	±50
1 000×1 500	±6	±12	±25	±60
研点数（25 mm×25mm）	≥25	≥25	≥20	≥12

2. 对于正研加对角研修正法刮削（原始平板使用）也采用上述单块平板检测方法（即显点检测）检测平板，检测结果符合表1—4—2中的等级点数时，该平板符合精度要求。

3. 大面积平板的检测可用水平仪来配合测量（见图1—4—3），检查平板各个部位在垂直面内的精度误差大小是否符合要求，可参照表1—4—2来进行对比。

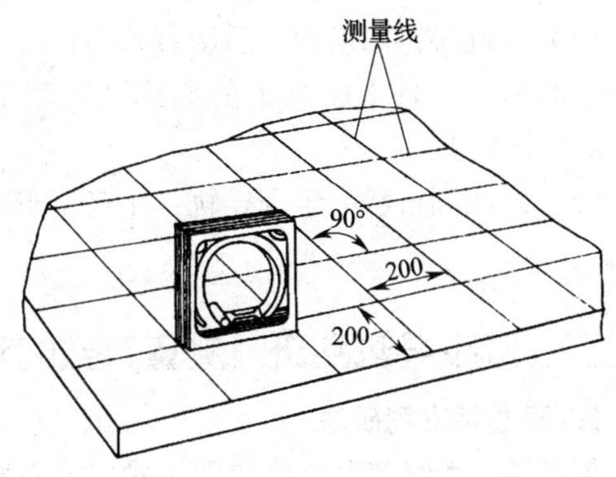

图1—4—3 用水平仪检查平面度

子课题3 机床导轨的刮削

学习目标

1. 熟悉导轨刮研的要求。
2. 掌握各种导轨的刮削工艺。

一、导轨刮研的要求和步骤

1. 导轨刮研的要求

（1）刮研的工作环境。要求工作场地洁净，周围没有严重振源的干扰，避免阳光的照射，精密机床需在恒温室内进行刮研，避免因温差变化造成床身导轨变形。

（2）机床床身的安装水平。要求床身导轨在刮研前用可调整的机床垫铁垫平，使床身导轨尽可能地在自由状态下保持最好的水平位置，垫铁的数量和位置应与机床在基础上的安装位置相一致，避免因安装位置不同而引起床身的变形。

（3）机床床身的预加负荷。在机床导轨刮研时，应将影响导轨变形的部件预先装上，或采用相当于该部件质量的物体作为预加负荷来代替。如在刮研磨床床身导轨时，要将液压操纵箱装上；刮研齿轮磨床时要装上齿轮箱。

（4）测量机床部件质量对导轨变形量的影响。大型机床的部件质量对导轨精度影响较大，如龙门刨床的导轨精度随立柱的装卸有所变动，立柱的垂直度也受到横梁和侧刀架质量的影响。横梁也会随刀架质量影响而产生微量变形。因此，在拆卸前必须预先测定，记录数据。拆卸后再次测定，比较前后两次的数据，掌握并控制变形量，可以避免刮研后返工。

2. 导轨刮研的步骤

（1）先刮形状复杂的导轨（如V形导轨），后刮简单的导轨（如平导轨）。

（2）先刮长的或面积大的导轨，后刮短的或面积小的导轨。这样可以减少刮削工作量，较快达到精度要求。

（3）先刮难刮的表面，后刮容易的，这样容易保证精度。

（4）应以工件上已加工的面或孔为基准来刮削导轨面，这样可保证导轨的位置精度。

（5）对相同形状的组合导轨，如双 V 形导轨、双平面导轨等，应先刮磨损较少的一条导轨。

二、减少导轨刮研时测量次数的方法

1．预选基准刮研法

根据导轨直线度误差曲线图，找出导轨磨损的最低位置。将该处作为刮研的基准点，从这点开始，每隔一定距离用等高垫块和平行平尺垫起。以起点为基准用光学平直仪或水平仪测出该点的坐标值，并用较短的研具将这一段导轨刮低到与基准点的坐标值相同。然后以这一段导轨作为基准，再向外延伸测量后也刮低到相同坐标值，使整个导轨面上分段刮研几小块到相同坐标值形成预选基准，如图 1—4—4 所示。在各基准处涂一薄层蓝油，再用平尺粗刮整个导轨，在粗刮过程中不需再进行测量。当各基准处与平尺接触时导轨已初步刮直，然后进行精刮，直至整个导轨符合要求为止。

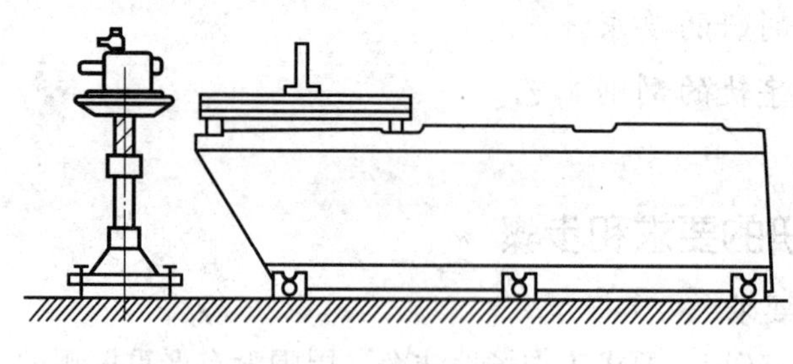

a）

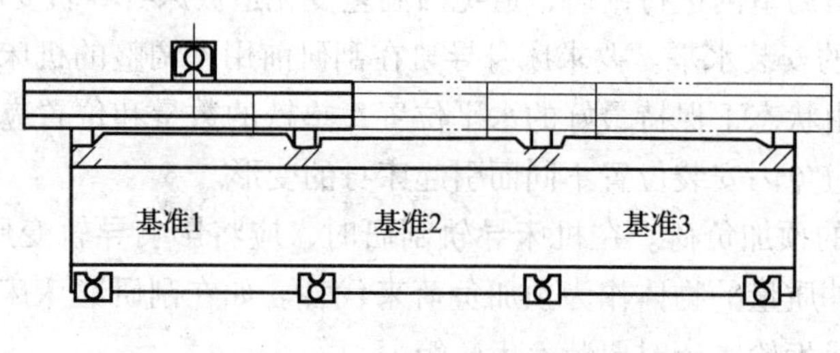

b）

图 1—4—4　预选基准刮研法

a）用光学平直仪测量　b）用水平仪确定定位基准

2．平行导轨三点刮研法

平行导轨三点刮研法的原理与预选基准刮研法相同，只是导轨长度较短。刮出三点作为预选基准，再刮平整个平行导轨，具体刮研过程如图 1—4—5 所示。先将导轨面 1 按工作台中央 T 形槽刮平行（见图 1—4—5a），再以导轨面 1 为基准在导轨面 2 的两端和中央刮研 a、b、c 三点，每处长度约为 50 mm。用百分表控制这三点与导轨面 1 的平行度误差（见图 1—4—5b）。再用平尺粗刮整个导轨面 2，待三点显示出研点后，精刮至要求精度。

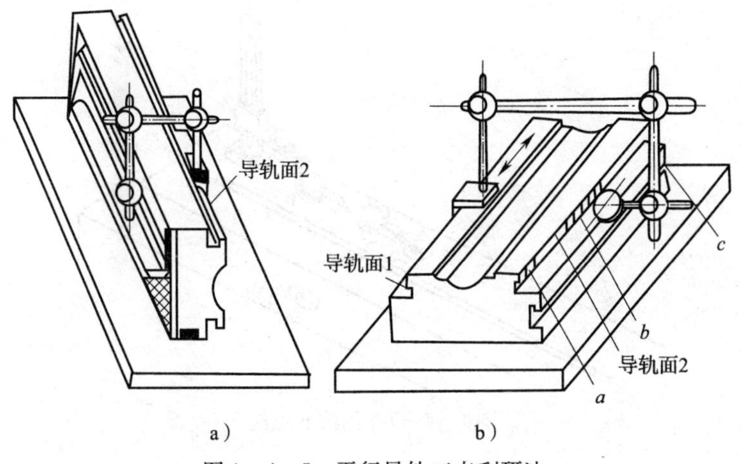

图 1—4—5　平行导轨三点刮研法

3. 导轨平面分段刮研法

当刮研导轨平面时，要使其与另一导轨面或孔平行或垂直，如果相差较多，可用此法分段粗刮，以减少测量次数，提高刮削效率。

如图 1—4—6 所示为刮削尾座底平面，要求与套筒锥孔轴线平行。先在工作台上用测量心轴装在套筒锥孔内，用百分表测量上母线（见图 1—4—6a）。如果两端读数相差较多，就按比例算出底平面最高处的刮削量，然后在刮研面上划分为几段（估计需要刮几遍才能刮平，就划分几段）。如图 1—4—6b 所示，先刮第 1 段，再刮 1 ~ 2 段，依次逐步扩大，直至刮到最后一段。这样已初步使底平面与锥孔轴线平行，再通过测量修刮后，就能进一步研点精刮。

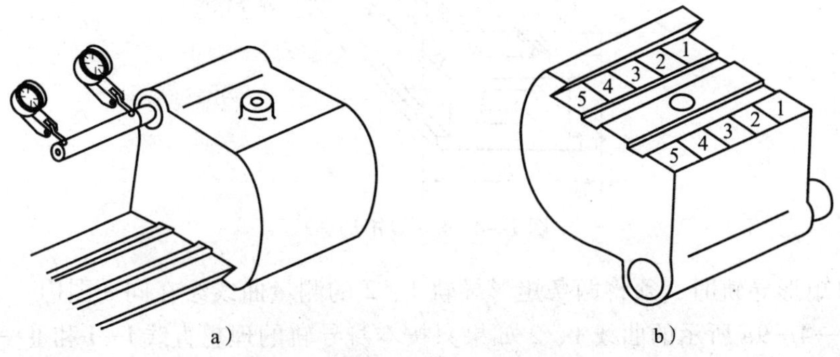

图 1—4—6　导轨平面分段刮研法

4. 刮坑显点法

当确定刮削面需均匀刮去较多余量时，如刮削车床主轴箱主轴中心线和尾座顶尖中心线等，可采用如图 1—4—7 所示的刮坑显点法。若确定该面需刮去 0. 20 mm 余量，可在前后选择两处（已有较多显示点或显示面）。如果面积较大可选分布在四角的四点，刮低 0. 18 mm、长宽各 20 mm 左右的坑，坑底面应平整，不可有沟槽，并用百分表控制刮削深度，然后进行粗刮，直至两坑底面显点时为止，再经过测量确定余量不多时，最后研点精刮。

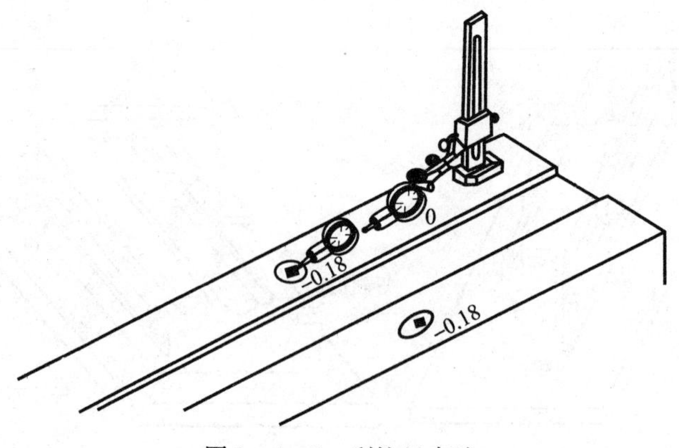

图 1—4—7　刮坑显点法

三、双矩形导轨的刮削工艺

双矩形导轨如图 1—4—8 所示。刮削时，应选择尺寸合适的平板来配研显点。平板的宽度可等于或略小于床身宽度 b，长度则最好大于或等于导轨长度 L。

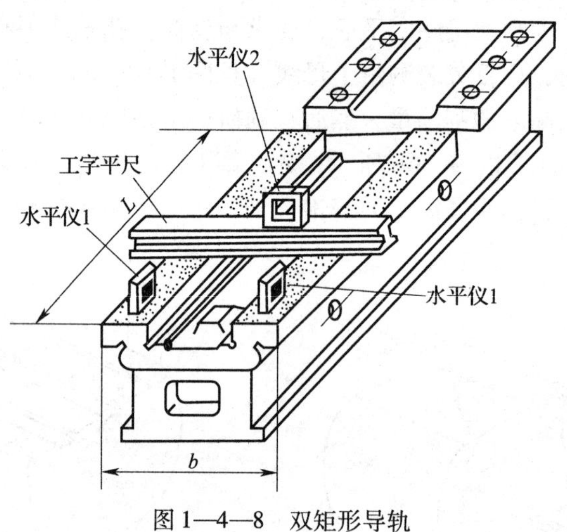

图 1—4—8　双矩形导轨

刮削双矩形导轨时，须将两条矩形导轨 1、2 的测量曲线绘在同一图内，先做比较分析。如图 1—4—9a 所示的曲线 1、2 如果只按本身导轨的理想直线 I—I 和Ⅱ—Ⅱ来刮削，就会使两条平行导轨之间形成夹角 α，即出现对角扭曲的现象。因此，刮削时应按图 1—4—9b 所示的 A—A 直线先进行粗刮，导轨 2 在 200 ~ 400 mm 处应轻刮、800 ~ 1 400 mm 处应重刮、1 600 mm 处可不刮。导轨 1 在 0 ~ 400 mm、800 ~ 1 200mm、1 400 ~ 1 600 mm 处均应重刮，400 ~ 800 mm 处应轻刮，但 600 mm 处可不刮。当粗刮一定次数后，显点较均匀时，再测量导轨 1、2 的误差曲线。按上述方法分析后，若与理想直线相差不多，则可转入精刮阶段。若仍相差较多，则应分轻重有目的地进行粗刮。当精刮至刮削点数符合要求时，再按图 1—4—8 所示的方法测量单矩形导轨的直线度误差，并用水平仪和平行平尺测量两导轨间的平行度误差（扭曲），直到这三项精度均符合要求为止。

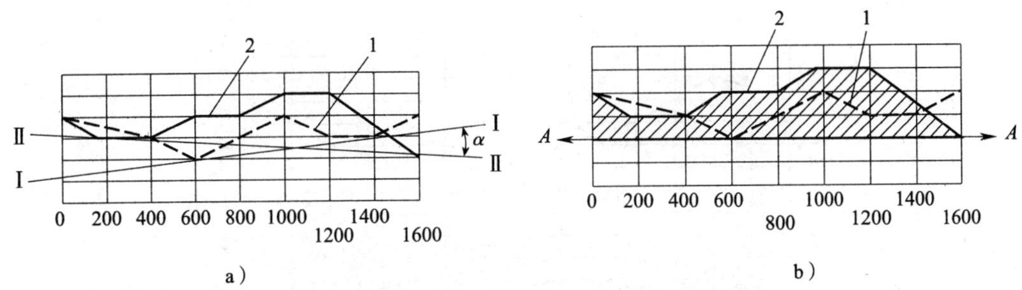

图 1—4—9 双矩形导轨测量曲线

a）单条矩形导轨测量曲线 b）双矩形导轨的理想直线

四、V 形导轨与矩形导轨副的刮削工艺

刮削 V 形导轨与矩形导轨时，除了可利用与它本身相配的工作台来配研显点外，还可用如图 1—4—10 所示的研具和角度直尺来研点。前一种方法用于修理时配研，待床身导轨刮削合格后，再以床身导轨为基准来配研工作台导轨面。后一种方法用于制造时作为标准刮研工具。先用角度直尺刮研 V 形导轨，再以 V 形导轨为基准用研具配研来刮削平导轨。

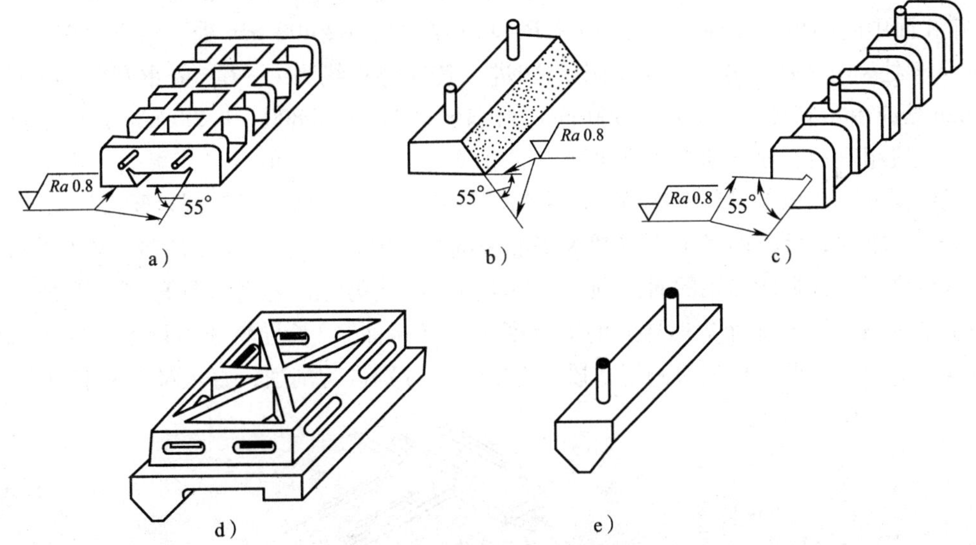

图 1—4—10 研具和角度直尺

a）刮削凸燕尾导轨用研具 b）刮削 55°单燕尾凹导轨用研具

c）刮削 55°单燕尾凸导轨用研具 d）刮削 V 形与平面组合导轨用研具

e）刮削单条 V 形导轨用研具

由于 V 形导轨存在着垂直面内和水平面内两种不同方向的误差，因此 V 形导轨的综合误差较为复杂，刮削时不能见点就刮，应该用光学平直仪测量出 V 形导轨在垂直面和水平平面内的误差曲线。分析判断后，确定哪段哪一面该重刮，哪段哪一面该轻刮，如图 1—4—11 所示为测得 V 形导轨两个方向的误差曲线。曲线 1 表示垂直平面内的直线度误差，曲线 2 表示水平平面内的直线度误差。

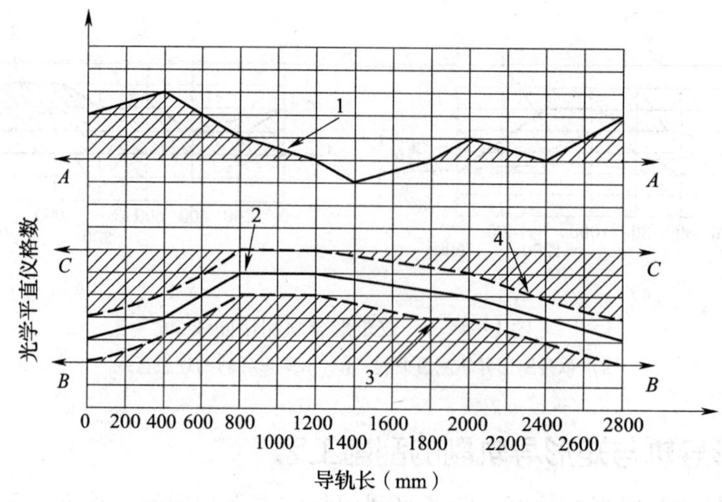

图 1—4—11　V 形导轨两个方向的误差曲线

刮削时先根据曲线 1 将垂直平面内的直线度误差刮至理想直线 *A—A*。分析曲线 1 可知，导轨 *A*、*B* 两面在 0 ~ 800 mm 处要重刮，800 ~ 1 200 mm 和 1 800 ~ 2 400 mm 处要轻刮，2 400 ~ 2 800 mm 处则应由轻到重刮，1 200 ~ 1 800 mm 处不能刮，粗刮导轨直至符合理想直线 *A—A* 为止。再根据曲线 2 相应绘出 V 形导轨 *A*、*B* 两面的曲线 3 和 4。分析曲线 3 可知 *A* 面中间凸出，其理想直线为 *B—B*，应重刮 400 ~ 2 400 mm 处，特别要多刮 600 ~ 1 800 mm 处。分析曲线 4 可知 *B* 面中间凹进，其理想直线为 *C—C*，应重刮两端，即 0 ~ 800 mm 处应由重到轻，1 400 ~ 2 800 mm 处由轻到重，中间 800 ~ 1 200 mm 处应不刮。经过这样分段粗刮后，使导轨在水平平面内的直线度达到要求，但有可能影响到垂直平面内的直线度误差，所以要进行多次测量和刮削，待精度基本合格后再精刮至要求的精度。

V 形导轨刮好后，再以 V 形导轨为基准来刮削平导轨。此时用图 1—4—10d 所示的研具来进行研配，根据所显示的研点刮削。当研点分布均匀时，需用如图 1—4—12 所示的桥板和水平仪测量平导轨对 V 形导轨的平行度误差（扭曲），长导轨还需用水平仪测量平导轨本身的直线度误差。根据所测得各段误差的读数分别进行刮削，直至符合要求为止。

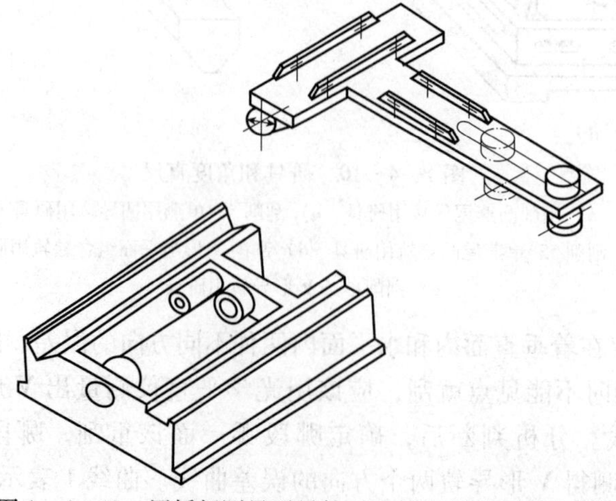

图 1—4—12　用桥板测量平导轨对 V 形导轨的平行度误差

五、双 V 形导轨的刮削工艺

刮削双 V 形导轨时，一般需准备一副凹、凸双 V 形研具。研具的长度应大于导轨的跨度，如图 1—4—13 所示。研具还可用作测量工具，它的上平面用来安装水平仪，所以必须与双 V 形导轨平行，其平行度误差可用如图 1—4—14 所示的方法进行测量。用研具研点可同时刮削两条 V 形导轨，并可利用它测量导轨在垂直平面与水平平面的直线度误差和两导轨的平行度误差。

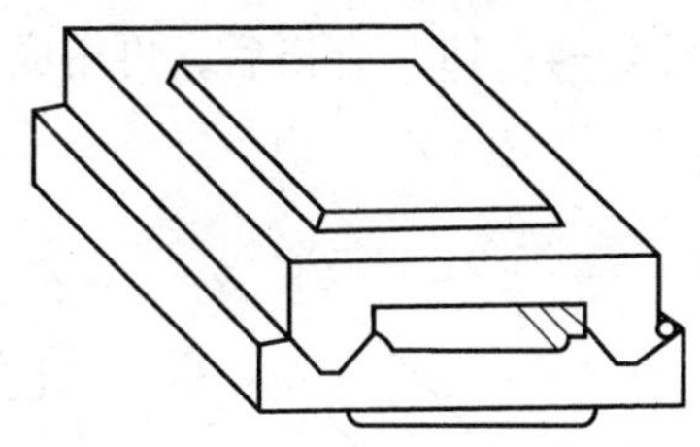

图 1—4—13　双 V 形导轨研具

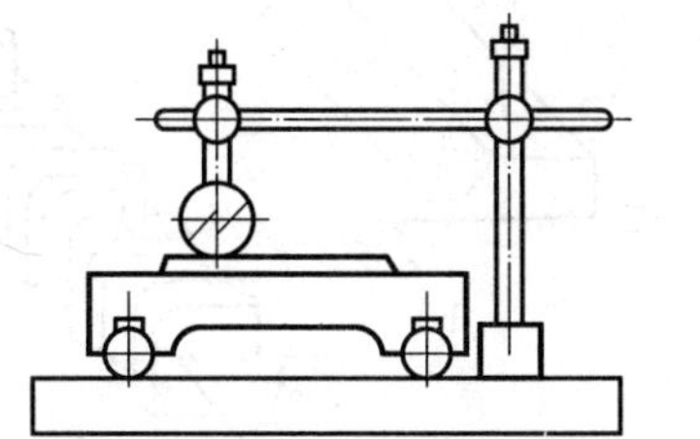

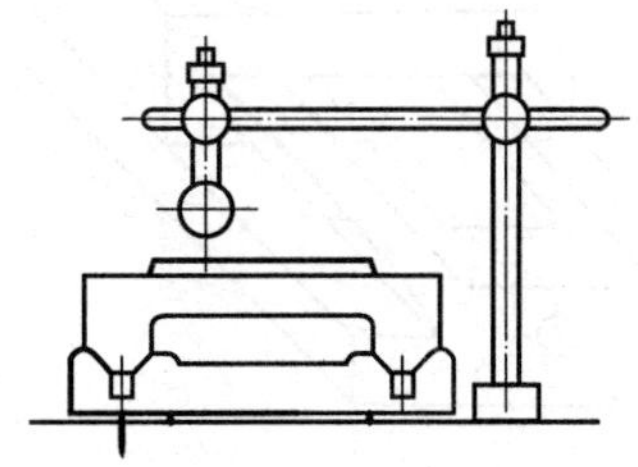

图 1—4—14　双 V 形导轨平行度误差的测量

如果没有专用研具，那么可用角度直尺先将床身一条 V 形导轨刮研至要求精度，以此导轨作为基准，用角度直尺作为研具，用桥板和水平仪作为测量工具，如图 1—4—15 所示。先刮削另一条 V 形导轨的内侧面，当此面与基准导轨的平行度刮至要求精度后，用同样方法测量和刮研外侧斜面。当两个斜面都刮研好，经测量基本上达到要求精度后，研配并同时刮削两条工作台面 V 形导轨。当工作台面导轨上的研点已合格后，再用工作台面导轨与床身导轨合研，以检查床身导轨全长内的接触质量。

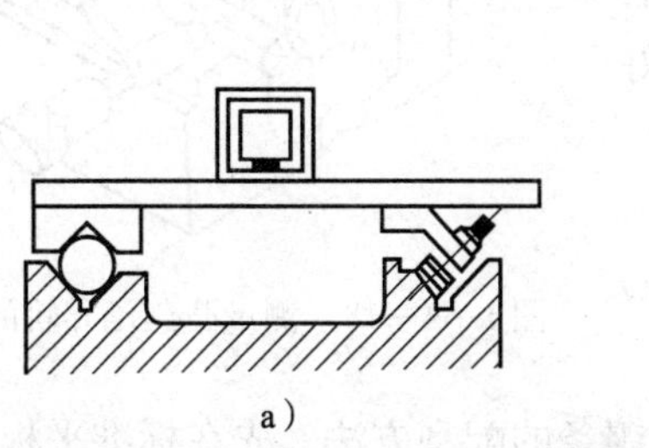

a）

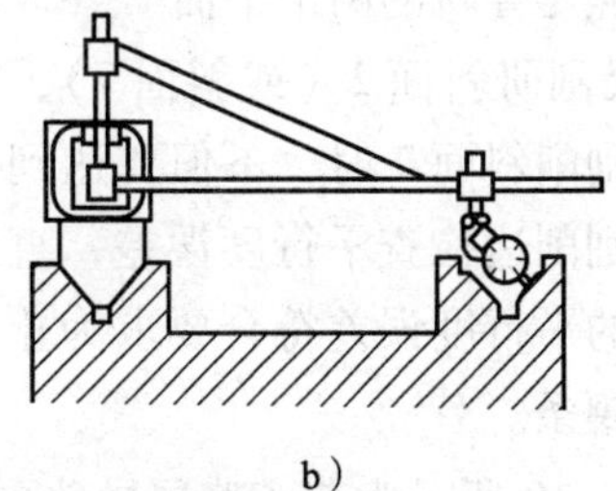

b）

图 1—4—15　用桥板和水平仪作为测量工具

在修理中、小型机床时，可利用工作台作为研具，对床身双 V 形导轨进行研点。但在刮削时，主要还是按测量后作出的运动曲线作为依据，研点作为参考。当刮削床身双 V 形导轨至研点均匀时，测量导轨在水平平面与垂直平面内的直线度误差和两导轨的平行度误差均合格后，就配刮工作台导轨，直至研点符合要求，再对床身进行精刮。

六、燕尾形导轨的刮削工艺

燕尾形导轨如图1—4—16所示，由凸燕尾A和凹燕尾B两部分组成。制造时为了提高刮削效率，需准备如图1—4—17所示的三种研具。图1—4—17a所示的研具用来刮研凸燕尾导轨的两个平面1、8和两个燕尾面2、7。图1—4—17b所示的研具是以凸燕尾导轨平面1、8为基准，分别刮研燕尾面2、7。图1—4—17c所示的研具是以凹燕尾导轨的两平面3、6为基准，分别刮研燕尾面4、5。当凹、凸燕尾导轨研点达到要求，并用千分尺和圆柱量棒测量凸燕尾导轨的平行度误差（见图1—4—18）合格后，再用成对凹、凸燕尾导轨进行配刮。

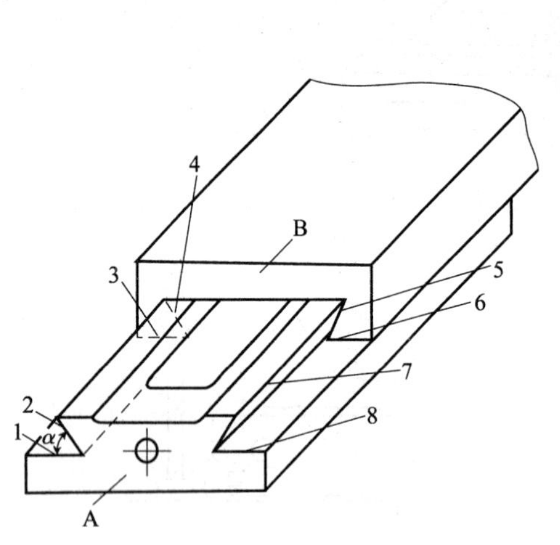

图1—4—16 燕尾形导轨

A—凸燕尾 B—凹燕尾

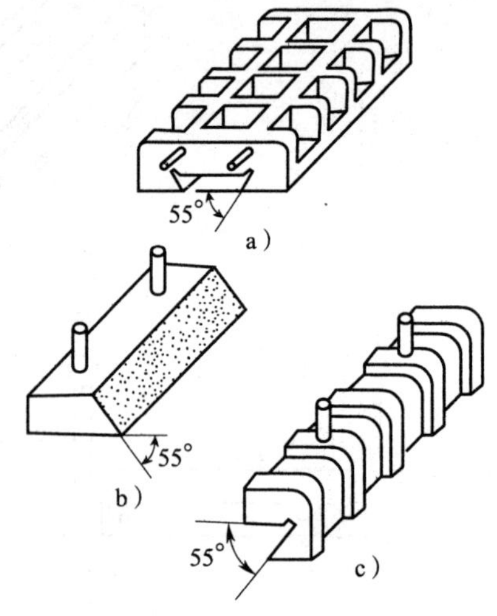

图1—4—17 研具

如果只有如图1—4—17b所示的角度直尺，那么也可以采用成对交替配研的方法进行，先将凹燕尾导轨B的两个平面3、6按标准平板刮研达到要求的精度，再以这两个平面为基准刮研凸燕尾导轨的两个平面1、8。然后用55°角度直尺刮研斜面2（或斜面7），刮好斜面2后，在刮削斜面7时，不但要达到接触精度，还要边刮削边检查平行度误差，直到斜面7与斜面2的平行度误差符合要求为止。最后需配刮楔形镶条。

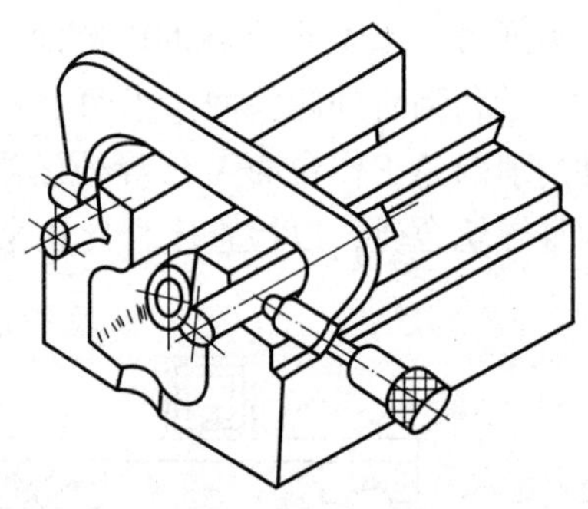

图1—4—18 测量凸燕尾导轨的平行度误差

如图1—4—19所示为车床燕尾导轨副中镶条的配刮方法。先在标准平板上着色粗刮楔形镶条的基准面3。刮削时，要放在平整的平板或钳台上，在四周钉木条围住，须在自由状态下进行，不能加压，以防止变形。基准面刮好后，将镶条塞入燕尾导轨内（见图1—4—19b）。根据显点刮削滑动面4，逐步使镶条的斜度与凹燕尾导轨面1的斜度相吻合，在刮研过程中，要多次将镶条滑动面4大端的凸起部分（见图1—4—19d）在标准平板上着色刮去。因为在配刮时这部分尚未进入导轨内，显不出研点而未被刮去。应注意粗刮时必须给精刮留有足够余量，因此镶条大端应露出一定长度，不能全部进入导轨内。当镶条滑动面4显点均匀后，将镶条划线切槽（见图1—4—19d）。用调节螺钉嵌在槽内装入燕尾导轨中，并在中滑板顶面装上手柄，如图1—4—20所示。调节螺钉收紧镶条配合间隙，并用力推拉中滑板带动镶条研点。仔细精刮燕尾与镶条拖研面的磨亮点，直到在导轨全长上感觉轻重均匀、推拉灵活，并且保持镶条与导轨面有0.02～0.04 mm的间隙时为止。

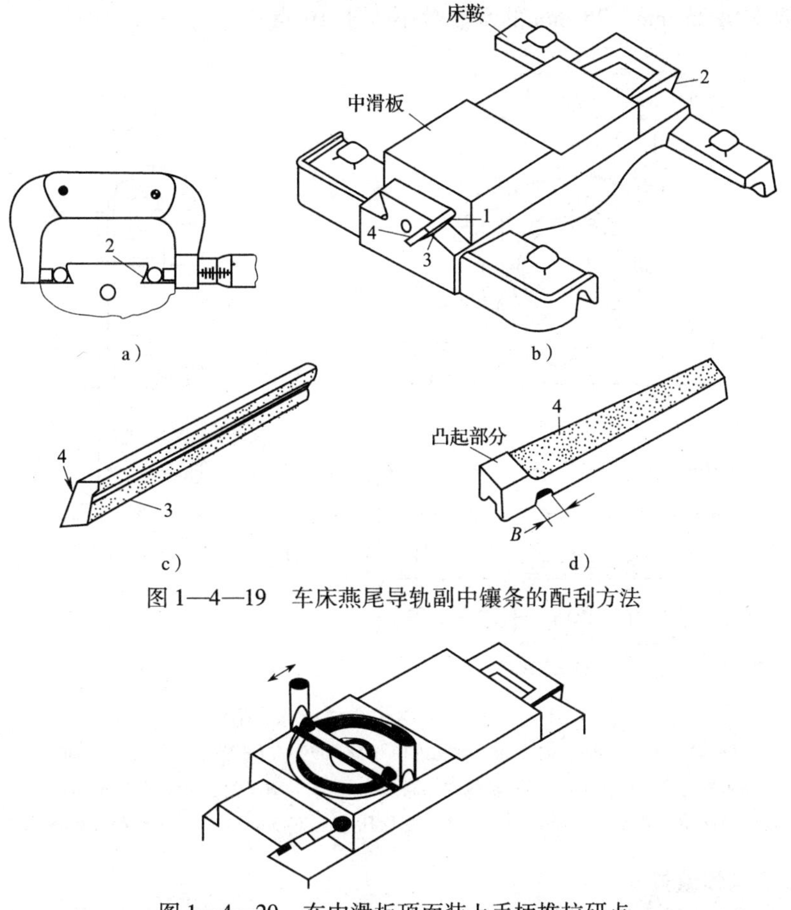

图1—4—19　车床燕尾导轨副中镶条的配刮方法

图1—4—20　在中滑板顶面装上手柄推拉研点

子课题4　剖分式滑动轴承轴瓦的刮削

1. 熟悉对多支承分离式滑动轴承的技术要求分析。
2. 掌握其刮削工艺方法、精度检验等。

一、工艺准备要点

1. 对多支承分离式滑动轴承的技术要求分析

多支承轴承是指至少有两组以上轴承座支承转轴回转的轴承。为了保证转轴的正常运转，各轴承孔的轴线必须有严格的同轴度要求；否则，将使轴与各轴承的间隙不均匀，局部产生摩擦，从而降低轴承的承载能力。如图 1—4—21 所示为分离式滑动轴承的结构，其轴承盖与轴承座沿轴线对合面剖开，用 M20 双头螺柱连接。剖分的轴瓦由铸造锡青铜 ZCuSn10Pb1 制成，其外径 D 为 ϕ95 mm，已与轴承座孔保持良好配合，并装配在一起镗孔，轴瓦内径 d 为 ϕ80H9，在刮削前加工至最小极限尺寸，其公差值 0. 074 mm 留作内孔刮削余量，要求每 25 mm×25 mm 的刮点数不少于 16 点。

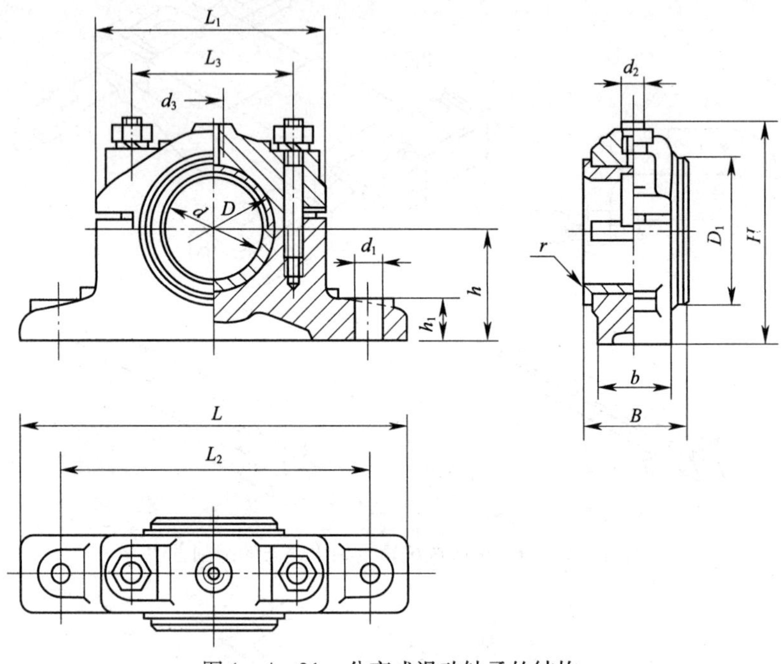

图 1—4—21　分离式滑动轴承的结构

D—轴瓦外径（ϕ95 m）　d—轴瓦内径（ϕ80H9）　L—轴承座长（290 mm）
B—轴瓦宽（95 mm）　h—轴线中心高（80 mm）　H—轴承座总高（140 mm）
L_3—螺柱 M20 中心距（140 mm）　d_1—螺栓孔直径（22 mm）　L_2—孔距（240 mm）

2. 选择工具和量具

制作研点用的工艺轴一根，其外径与零件轴颈尺寸相同（ϕ80g8），长度取轴瓦宽 B = 95 mm 的 2 ~ 3 倍（取 250 mm），相配的零件轴一根，准备好圆孔刮刀或三角刮刀、显示剂（普鲁士蓝和红丹粉），所选定的精度检验方法所需的测量工具，拆开轴承盖、轴承座的螺柱、螺母，使其处于待装配状态。

二、刮削工艺方法

1. 粗刮各组滑动轴承轴瓦

每组轴瓦通常先配刮下轴瓦，再配刮上轴瓦。如图 1—4—22 所示，研点时，将工艺轴用铜皮衬垫紧固在台虎钳上，在轴瓦表面薄而均匀地涂色后，再将轴瓦放在工艺轴上转动研点；也可反过来装夹，即如图 1—4—23 所示，把轴瓦紧固在台虎钳上，而将工艺轴放在轴瓦上转动研点，转动角度都应小于 60°。显点后，用三角刮刀刮去高点，反复研点修刮，使研点分布逐渐均匀（见图 1—4—24a ~ d）。

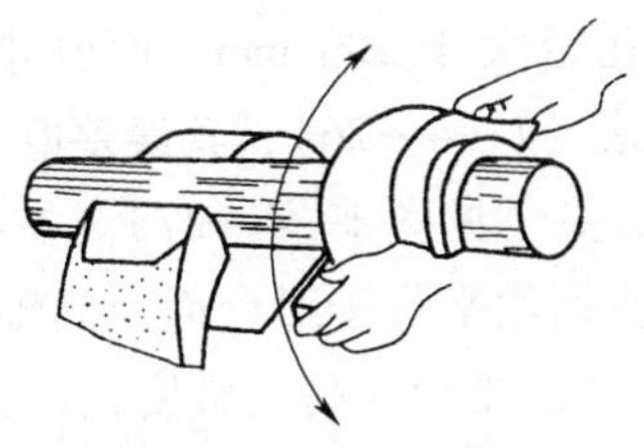
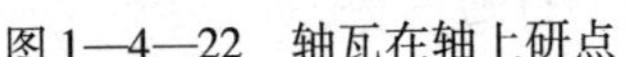

图 1—4—22　轴瓦在轴上研点

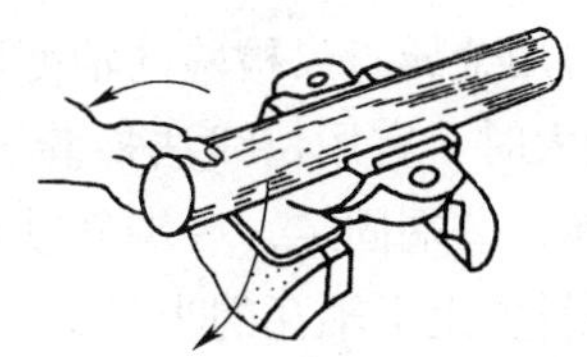

图 1—4—23　轴在轴瓦上研点

2. 细刮和精刮轴瓦

将每组上、下轴瓦分别装配好，并将各组轴承座装上机架，调整对合面之间的垫片厚度，即调整轴与轴瓦的配合间隙（一般应为 0.001～0.003d）。在轴瓦上涂上薄而均匀的显示剂，将零件轴穿入各组轴承中研点，再根据显点进行细刮和精刮。要注意各组轴瓦必须同时刮研，最好先修刮各组下轴瓦，待其显点基本符合要求时，压紧轴承盖研点，再配刮各组上轴瓦，同时进一步修刮下轴瓦。配研轴的松紧要求可随刮研的次数和调整垫片的不同厚度来实现，直至松紧适当，且轴瓦表面的显点逐步细密而均匀（见图 1—4—24e～h）。这样，不仅纠正了轴瓦孔的圆度误差，使表面粗糙度值变小，增加了对轴的支承面积，而且也消除了各轴承组轴瓦的同轴度误差，使轴与轴承受压均匀，运转平稳、正常，不易发热。

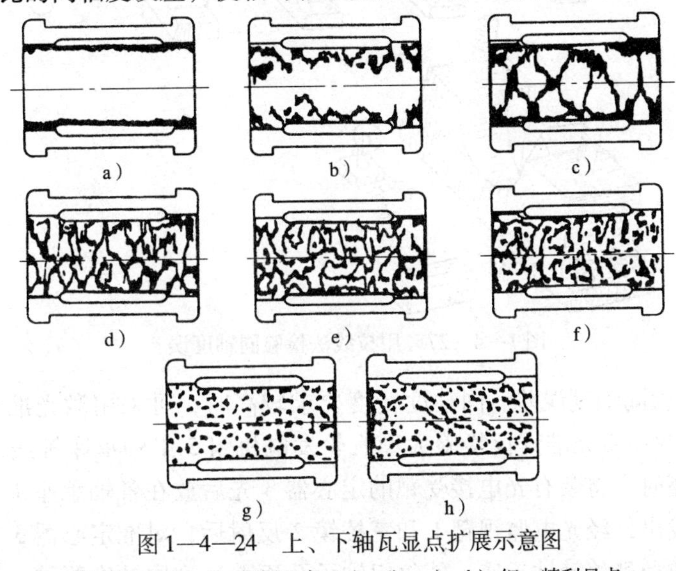

图 1—4—24　上、下轴瓦显点扩展示意图

a）、b）、c）、d）粗刮显点　e）、f）、g）、h）细、精刮显点

3. 精度检验

轴承孔的精度检验应在装配好的条件下进行，它是提高内孔刮削精度的重要手段。

（1）检验各组轴承孔的同轴度。多支承轴承组同轴度误差的检验有以下几种方法供选用：

1）用专用量规检验同轴度并配合涂色法判定同轴度误差，如图 1—4—25 所示。

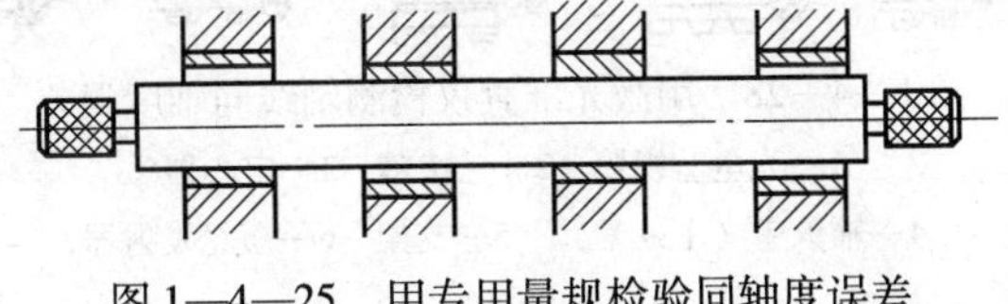

图 1—4—25　用专用量规检验同轴度误差

2）用金属直尺或拉线法检验同轴度。当孔径大于 200 mm，而轴承组间跨距较小（1 m 内）时，可用金属直尺检验同轴度误差（见图 1—4—26），其误差值用塞尺测定；当轴承组间跨距较大时，宜用拉线法检验同轴度误差（见图 1—4—27）。拉线法是用 0.2 ~ 0.5 mm 粗的钢丝，一端固定，一端悬以重锤，使钢丝平行于对合面，当轴线位置调好后，用内径千分尺测量各组下轴瓦的半径 R，为了测量方便和提高灵敏度，可安装电路信号装置，使得当内径千分尺与钢丝接触时，电路接通，灯泡点亮。

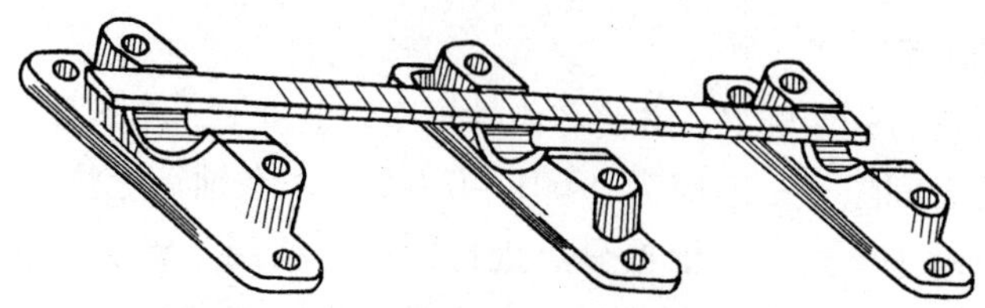

图 1—4—26　用金属直尺检验同轴度误差

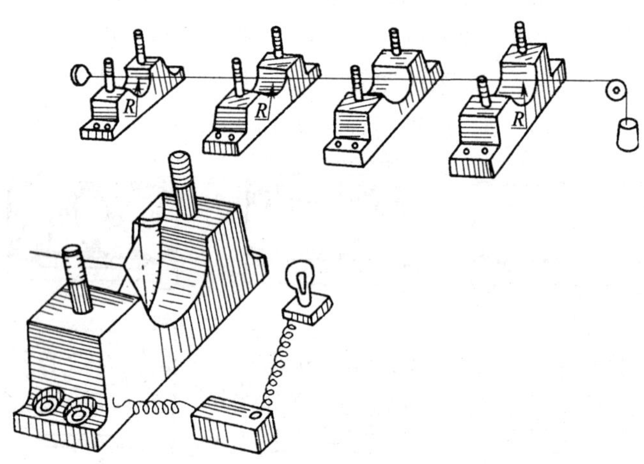

图 1—4—27　用拉线法检验同轴度误差

3）用激光检验同轴度误差。同轴度精度要求较高时，可采用激光准直仪来检验。如图 1—4—28 所示为用激光准直仪检验大型汽轮发电机组 5 组轴承座轴线同轴度误差的实例。校正各轴承座时，将装有光电接受靶的定心器 3 先后放在各轴承座 Ⅰ ~ Ⅴ上，激光束从激光发射器 6 发出，经光电监视靶 1 和三棱镜 2 反射后，对准定心器 3 时，据此来调整同轴度。调垫铁或稍稍移动轴承座，使每组轴承孔逐个达到同轴度要求。调整后的同轴度误差应小于 0.02 mm，角度误差在 ±1″以内。

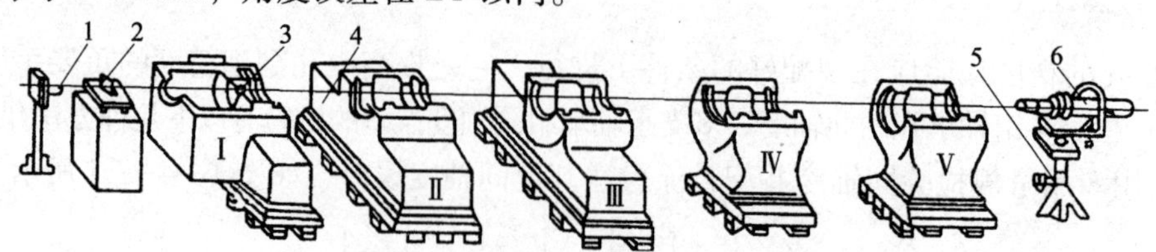

图 1—4—28　用激光准直仪检测轴线同轴度误差

1—光电监视靶　2—三棱镜　3—定心器

4—轴承座（Ⅰ ~ Ⅴ）　5—支架　6—激光发射器

（2）检验刮点分布密度。用刮点检验板目测每 25 mm×25 mm 的点数，注意显点时轴瓦两端稍硬、中间稍软。

（3）用内径千分尺测量各轴承孔的孔径（比较测量法）和各孔的圆度误差。

子课题 5　提高研磨质量的方法

学习目标

1. 熟悉研磨的缺陷形式、产生原因及预防方法。
2. 掌握影响研磨精度的因素。

一、研磨缺陷分析

工件研磨质量的好坏，除了与研磨剂的选择及研磨方法是否正确有关外，与能否注意研磨时的清洁工作也有直接关系。研磨时常见缺陷形式、产生原因及预防方法见表 1—4—3。

表 1—4—3　研磨时常见缺陷分析

缺陷形式	产生原因	预防方法
研磨表面不光洁	1. 磨料太粗 2. 研磨液选用不当 3. 研磨剂涂得太薄或不匀 4. 研磨时忽视清洁工作，研磨剂中混入杂质，工件及研具擦洗不干净	正确选用磨料和研磨液；研磨剂涂抹要适当；做好清洁工作
平面呈凸形	1. 研磨时压力过大，运动轨迹没有错开 2. 研磨剂涂得太厚，工件边缘挤出的研磨剂没有及时擦去，仍继续研磨 3. 研磨平板选用不当	选择适当的研磨轨迹；研磨剂涂抹要适当；及时擦除挤出的研磨剂
孔呈椭圆形或圆柱有锥度	1. 研磨时没有随时更换方向或及时掉头 2. 工件材料硬度不均匀或研磨前加工质量差 3. 研磨棒本身的制造精度低	研磨时应变换方向，工件要掉头研；选择精度高和研具
孔口扩大	1. 研磨时孔口挤出的研磨剂未及时擦去，仍继续研磨 2. 研磨棒伸出孔口过长 3. 研磨剂涂抹不匀 4. 研磨棒与工件孔之间的间隙太大，研磨时研具相对于工件孔的径向摆动太大 5. 工件内孔或研磨棒有锥度	研磨剂涂抹要均匀；及时擦除挤出的研磨剂；研磨棒伸出长度要适当；调整研磨棒与工件内孔的配合间隙
薄形工件发生拱曲变形	1. 工件发热后仍继续研磨 2. 工件装夹不正确引起变形	研磨时一般不使工件温度超过 50℃，发热后应暂停研磨；工件装夹要稳定，不能夹得过紧

二、影响研磨精度的因素

研磨是对工件的一种精密加工，往往是零件加工的最后一道工序，为了保证工件的研磨质量，除了掌握正确的研磨方法以及合理地选用研具、研磨剂外，高精度工件的研磨还应注意以下因素：

1. 工艺参数因素

工艺参数主要是指研磨压力和速度。研磨过程中，压力是一个变值，开始研磨时，工件表面粗糙度值高，形状误差大，被研表面与研具的接触面积较小。随着研磨的进行，实际接触面积逐渐增大，研磨压力也要随之降低。若压力过小，则研磨效率显著下降；若压力过大，则研具不均匀磨损加快，被研表面粗糙度值增大，研磨效率反而下降。

研磨速度也对加工精度有重要影响。在一定范围内，研磨作用随研磨速度的提高而增加，但过高的研磨速度会造成工件的发热现象，甚至烧伤被研表面，使研磨剂飞溅流失，运动平稳性降低，研具急剧磨损，直接影响加工精度。一般研磨都采用较高压力、较低速度进行粗研，然后采用较低压力、较高速度进行精研，这样既可提高工效，又可保证表面质量的要求。

2. 加工环境因素

为保证研磨质量，高精度工件研磨对温度、湿度、尘埃、振动等工作环境有具体的要求。

（1）温度。精密研磨对场地温度有一定要求，因为温度对工件尺寸精度有直接影响。

1）工件长度（或直径）公差为 0.005 ~ 0.01 mm 时，研磨室内温度应控制在（20 ± 5）℃；如条件有限，精度要求不很高的工件也可在常温下研磨。

2）工件长度（或直径）公差为 0.002 ~ 0.005 mm 时，研磨室内温度应控制在（20 ± 3）℃。

3）精度要求更高的工件，研磨室内温度应控制在（20 ± 1）℃或更小的范围内。

（2）湿度。研磨场地要求干燥，一般相对湿度为 40% ~ 60%，避免湿度大而引起工件表面锈蚀。

（3）尘埃。尘埃对研磨表面质量影响很大，研磨场地一定要保持清洁、防尘。

（4）振动。研磨工件的场地应避免振动，防止由于振动而影响加工和精度测量。因此，精密研磨场地应选择在远离震源的坚实、防振基础上。

除此以外，精密研磨的加工质量还与研磨设备的精度、检验仪器的精度以及操作者的责任心和技术水平有着密切关系。

子课题 6　V 形滚动导轨体的研磨

1. 掌握 V 形滚动导轨体的种类和要求。
2. 掌握滚动导轨体 V 形槽的研磨和测量方法。

一、V 形滚动导轨体的种类和要求

V 形滚动导轨用于精密机床上的往复直线传动中，如数控机床刀架的进给机构、磨床砂轮修整器等，其常用形状有单面 V 形和双面 V 形两种。如图 1—4—29 所示为单面 V 形滚动导轨体的形状和各方面的要求，其材料为 40Cr 钢，经淬火硬度达 61HRC，基面 *A* 和 *B*

的直线度误差要求在 4 μm 内，B 对 A 的垂直度误差在 5 μm 内。V 形槽对基面 A 和 B 的平行度误差均在 4 μm 内，表面粗糙度值应在 Ra0. 2 μm 内。

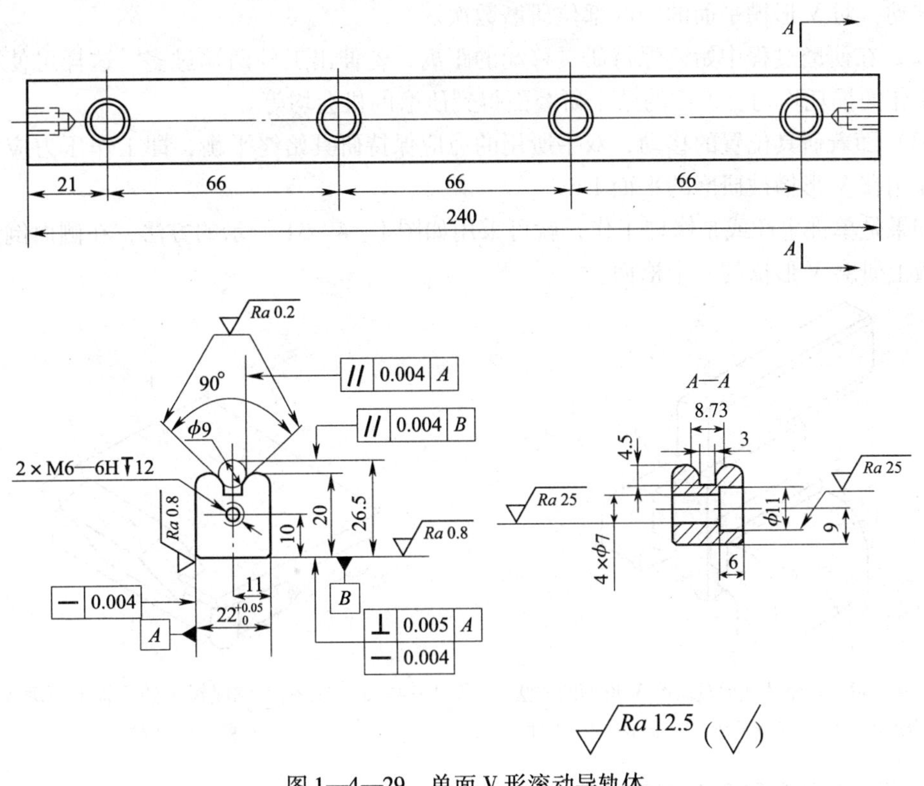

图 1—4—29　单面 V 形滚动导轨体

二、V 形槽的研磨

1. 研具

研磨 V 形槽工件时，常使用整体式的 V 形槽研具，也可将研磨平板侧面倒成锐角作为研具，有时为工件制造专用的研具。研具的工作长度大于工件长度的 1/3 ~ 1/2，宽度比 V 形槽宽度约宽 1/4，厚度是 V 形槽深度的 2 ~ 3 倍。这样可保持足够的强度，不致产生变形且便于操作。研磨材料一般用灰铸铁，要求组织结构细致、均匀，硬度为 120 ~ 180HBW。

2. 研磨前的准备工作

由于 V 形滚动导轨体在研磨前都经磨削加工，容易残留磁性，因此必须经过退磁处理，否则研磨后易引起变形。研磨时虽在 20℃的恒温条件下进行，但刚进入恒温室的工件须进行等温 2 h 以上，才能进行研磨。

研磨时，根据工件的几何形状和技术要求，首先将 V 形槽侧面或底面研磨平直，作为测量基准，以便在研磨过程中能够准确地检验精度。

3. 用整体式研具研磨 V 形槽

用整体式研具研磨 V 形槽的方法如图 1—4—30 所示。在工件两侧垫上皮革或毛毡，夹持在台虎钳上，根据以侧平面为基准所测得的误差，有侧重地施加工作压力，一个槽面一个槽面地进行研磨。由于研具不易掌握平稳，因此往往会产生中凸现象。这种缺陷可以通过以下几种方法来进行纠正：

（1）有意识地将研具中间部位稍微研得凸些，或在研具中间部位涂敷研磨剂，并以短距离移动，对 V 形槽平面的中间部位研磨数次。

（2）在研磨过程中始终保持研具移动的距离，勿伸出工件两端过多。这样可使研具的整个工作面损耗均匀，工件的整个研磨面得到研磨的机会均等。

（3）随着研具位置的移动，双手所用的力应保持研具始终平衡，即工作压力应始终均衡地作用在 V 形槽被研磨的平面上。

如果是单件生产或是修理工作，就可采用如图 1—4—31 所示的方法，在侧面倒成锐角的平板上研磨 V 形槽的一个槽面。

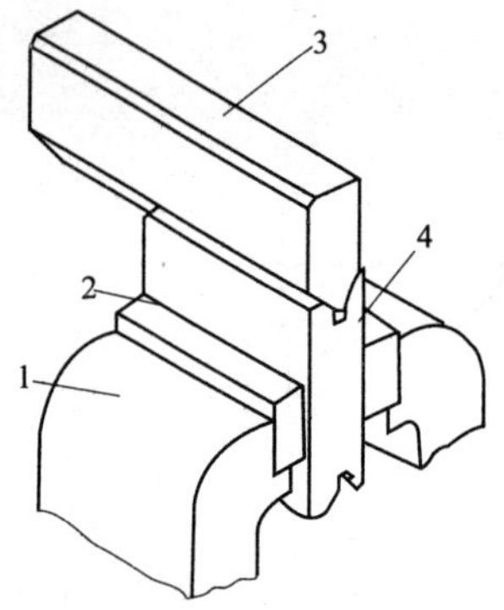

图 1—4—30 用整体式研具研磨 V 形槽的方法
1—台虎钳 2—皮革或毛毡 3—研具 4—工件

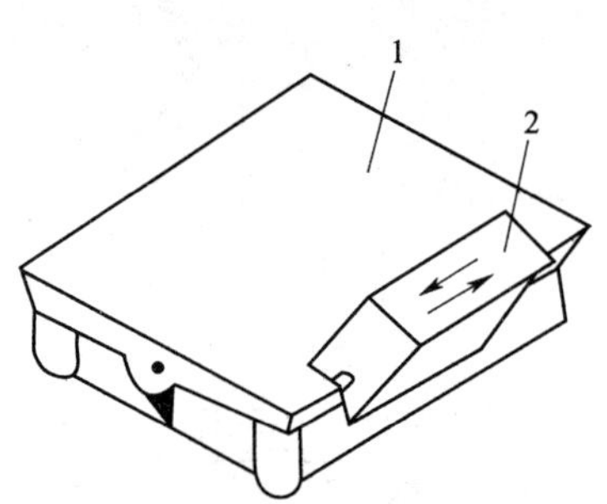

图 1—4—31 在侧面倒成锐角的平板上研磨 V 形槽
1—平板 2—工件

4. 用专用研具研磨 V 形槽

如图 1—4—32 所示，专用研具用来研磨在同一中心平面上，而且要求相互平行并与基面等高的双面 V 形槽。研磨时，把两块与 V 形槽角度相等的研具用螺钉装在平板上，调整好所需要的距离和高度，然后拧紧螺钉，即可用手推动工件进行研磨。研磨时，同样以侧平面为基准所测得的误差为依据，施加工作压力，做往复直线研磨运动。这种方法常用于成批生产中。

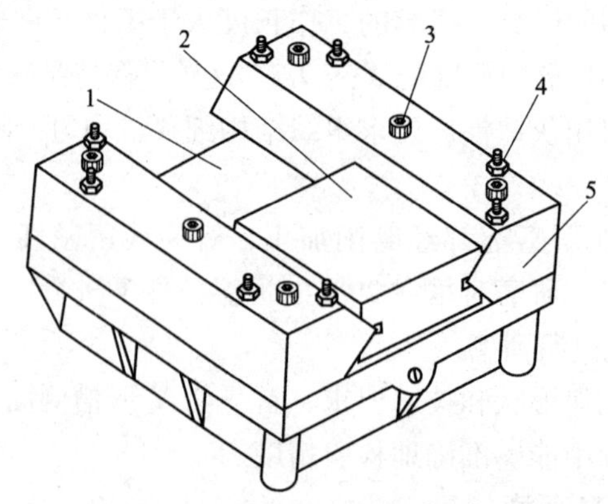

图 1—4—32 用专用研具研磨 V 形槽
1—平板 2—工件 3—紧固螺钉 4—调整螺钉 5—专用研具

三、V 形槽工件的检验

在研磨 V 形槽工件时要边研磨边检验，否则不能随时掌握研磨过程中工件的精度，有时会使工件产生难以修复的缺陷，甚至造成废品。

检验时，一般先用刀口形直尺检验 V 形槽各槽面的平面度误差。当符合要求后，再将精密圆柱放在 V 形槽内做滚动和几次轴向往复推移，使其接触良好，然后进行测量。测量 V 形槽工件的方法如图 1—4—33 所示。当检验 V 形槽与侧平面的平行度误差时，将工件侧平面放置在测量平板上，右手把圆柱放在 V 形槽内，并捏紧在一起。左手移动表座，用千分表测量圆柱素线各段的最高点（见图 1—4—33a），应在图样要求的 V 形槽中心平面与侧面的平行度允差范围内。当检验两 V 形槽的平行度误差时，须在工件上、下 V 形槽内各放置精密圆柱。将工件按图 1—4—33b 所示紧靠在方箱侧面，移动表座，同样用千分表测量上圆柱素线各段的最高点，应在工件所要求的平行度允差范围内。

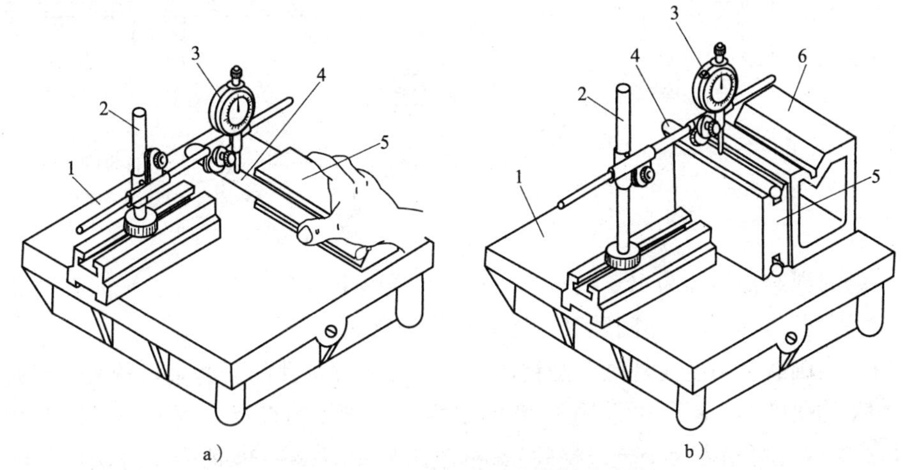

图 1—4—33　测量 V 形槽工件的方法

a）检验 V 形槽与侧平面的平行度误差　b）检验两 V 形槽的平行度误差

1—检验平板　2—表座　3—千分表

4—精密小圆柱　5—工件　6—方箱

子课题 7　精密孔的研磨

学习目标

1. 掌握圆柱孔的研磨方法。
2. 掌握圆锥孔的研磨方法。

一、圆柱孔的研磨

如图 1—4—34 所示的工件技术要求如下：$\phi50^{+0.009}_{0}$ mm 孔的圆度和圆柱度误差均不大于 0.009 mm，表面粗糙度为 Ra0.05 μm，材料为 GMn 钢，淬火后硬度为 63 ~65HRC。

研磨方法如下:

1. 将可调研磨棒装夹在主轴径向圆跳动误差很小的机床上，用测微计校正它的回转中心，机床主轴的径向圆跳动误差应不超过工件的允差。

2. 研磨时，必须使工件的重力保持平衡，如图 1—4—35 所示。用右手或双手捏住工件外圆的中间部位，平稳而有序地沿研具做轴向往复移动，同时绕轴线往复做约 20°的转动，并在每次重复上述动作前，先使工件绕研磨棒反向转动一个角度，以防止由于工件自重而引起的圆度误差。

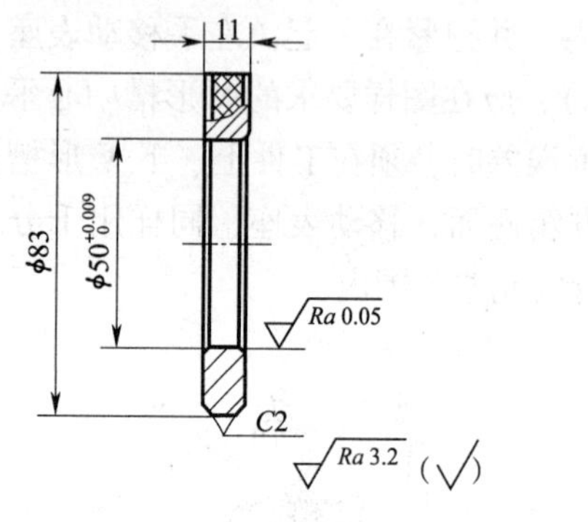

图 1—4—34 工件零件图

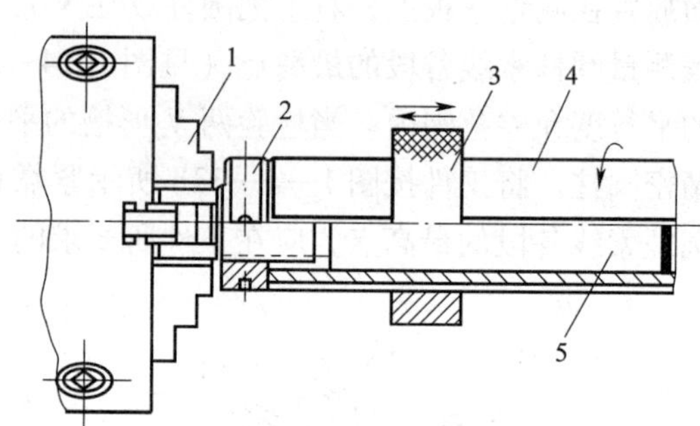

图 1—4—35 工件的研磨

1—卡盘 2—调节螺母 3—工件

4—研套 5—锥度心轴

3. 研磨时研磨棒转速为 100 ~ 200 r/min，并在整个研磨过程中保持被研孔与研具之间良好的松紧程度，以既无径向间隙又能运动自如为宜。

4. 由于内圆磨削精度比外圆磨削精度低，因此工件内孔的研磨余量较大，粗研可采用 W20 或 W14 的研磨剂，精研可采用 W10 的研磨剂。当孔的直径、圆度和圆柱度经过研磨达到基本要求后（可用内径千分尺检验），可改用如图 1—4—36 所示的方法进行纯手工研磨，进一步提高工件的精度。研磨剂采用纯度比较高的、粒度为 W1. 5 ~ W2 的微粉，与煤油、汽油混合并加少量硬脂酸调成稀糊状。

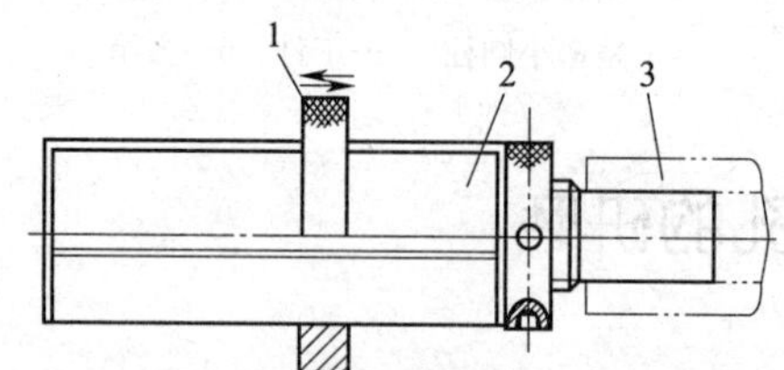

图 1—4—36 用纯手工研磨法改善工件的精度和表面质量

1—工件 2—研具 3—夹固器（台虎钳等）

为了防止工件在研磨过程中因热变形而影响研磨质量，在研磨中要注意等温，即采用间歇研磨法。

5. 研磨结束后，将工件及研具取下，并将两者表面擦拭干净。

二、圆锥孔的研磨

相配的圆锥体零件一般多采用磨削加工，但配合精度高或密封性要求高的零件要采用精密研磨法来研磨。

1. 内、外圆锥配对研磨

配对研磨又称对研，它是当一对相配零件中添加研磨剂对研时提高配合精度的一种研磨工艺。如图 1—4—37 所示为阀座孔与阀配对研磨的实例，它的研磨工艺如下：

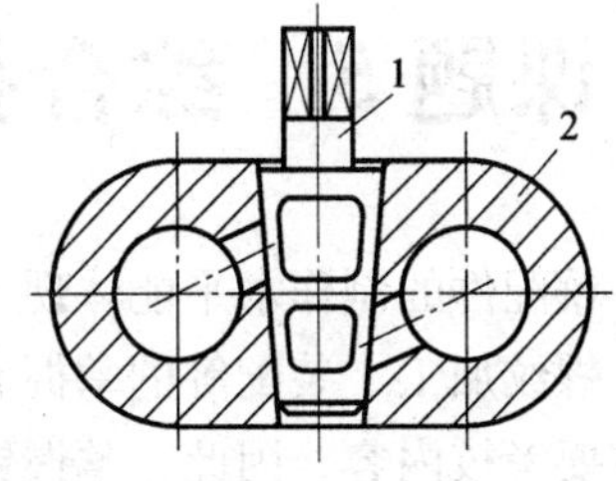

图 1—4—37 阀座孔与阀配对研磨

1—阀 2—阀座

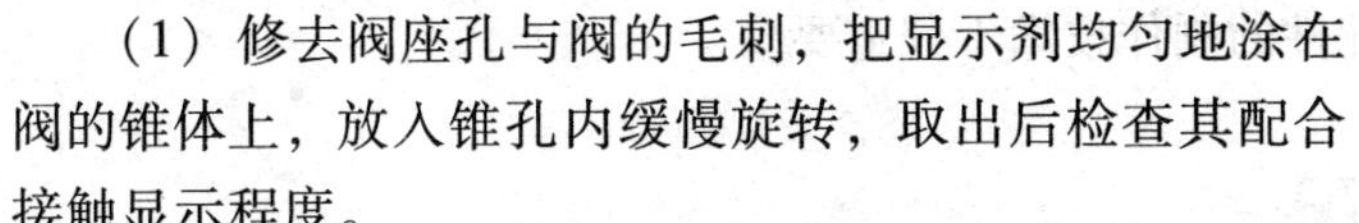

（1）修去阀座孔与阀的毛刺，把显示剂均匀地涂在阀的锥体上，放入锥孔内缓慢旋转，取出后检查其配合接触显示程度。

（2）若配合接触良好，则在两锥体间均匀涂上研磨剂进行研磨。研磨时锥孔轴线应处于垂直位置，因为轴线处于水平位置会受到重力影响，将造成研磨压力不均匀，而立式研磨定心也较好。在研磨过程中还要不断检查配合质量及注意及时调换研磨剂。

（3）若配合接触显示不良，则应先将圆锥孔用圆孔刮刀修刮，以改善显点，待显点均布后方可研磨。如果锥体有较大的圆度误差和素线直线度误差，也应先进行修刮后再研磨。

2. 用研具研磨锥孔

如图 1—4—38a 所示为用纯手工研磨锥孔的实例，研具用卡盘固定，工件用夹具夹持（夹紧力不宜过大），用手缓慢转动夹具，加适当压力进行研磨。此法的优点是研磨速度和质量可任意控制，缺点是效率低。锥孔也可在车床上进行半机械化研磨（见图 1—4—38b），研具固定在主轴锥孔内或装夹在卡盘上，用千分表校正研具轴线与车床主轴轴线的同轴度和径向圆跳动，利用主轴旋转，使锥孔在研具上研磨。若准备好三根压砂研具互相交替使用则更为理想。此法虽然工效较高，但不如前一种方法能保证研磨质量。

锥孔研磨后用锥度塞规着色或用特制记号笔画 3 条素线检验，既要保证接触面分布均匀，又要保证锥度与表面质量达标。

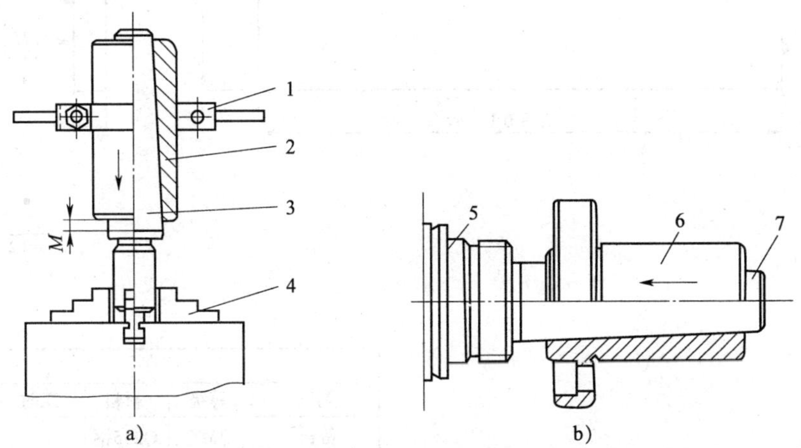

图 1—4—38 纯手工研磨和半机械化研磨锥孔

a）用卡盘固定研具 b）用车床主轴固定研具

1—夹具 2、6—工件 3—研具 4—卡盘 5—机床主轴 7—研磨棒

课题5　综合技能训练（一）

镶配件的制作水平能体现出钳工对基本操作课题，如划线、錾削、锯削、锉削、孔加工、螺纹加工、装配等的掌握和熟练程度。在考工定级、各种竞赛中经常以制作镶配件作为主要考核内容，因此，掌握镶配件的制作技术十分重要。

子课题1　矩形燕尾配

一、矩形燕尾配备料（见图1—5—1）

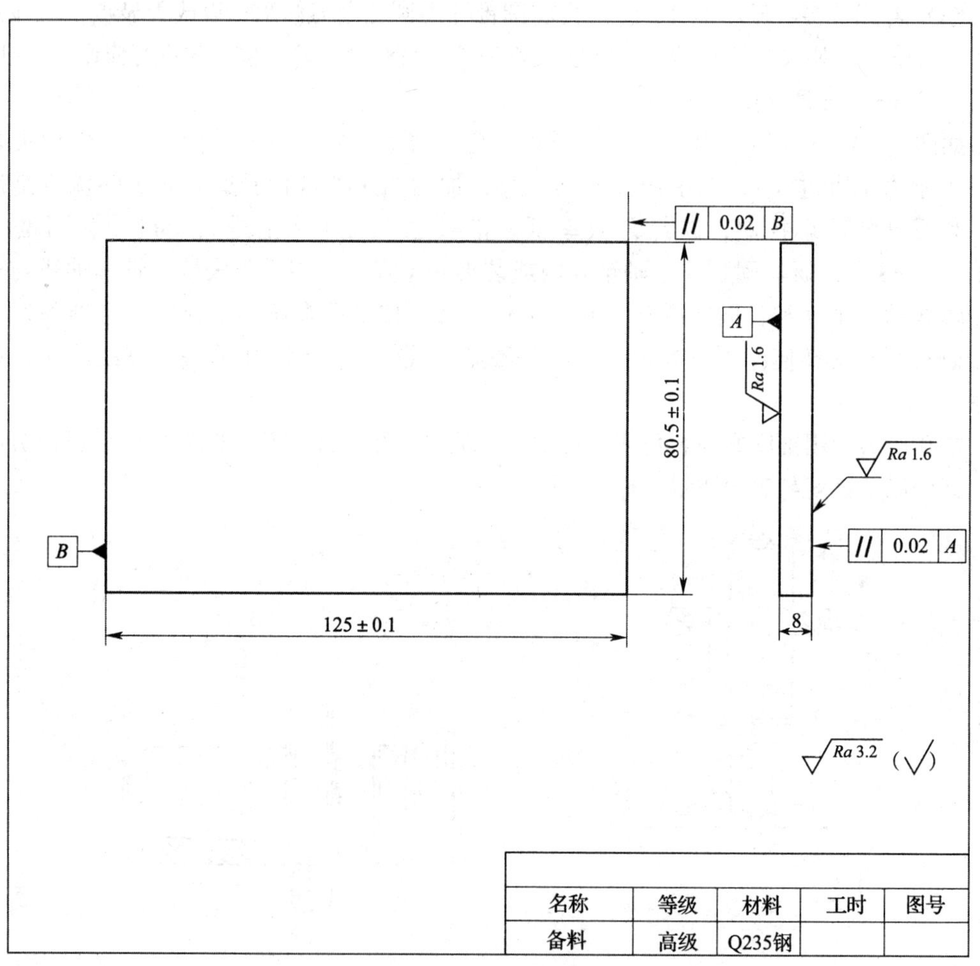

名称	等级	材料	工时	图号
备料	高级	Q235钢		

图1—5—1　矩形燕尾配备料图

二、矩形燕尾配（见图 1—5—2）

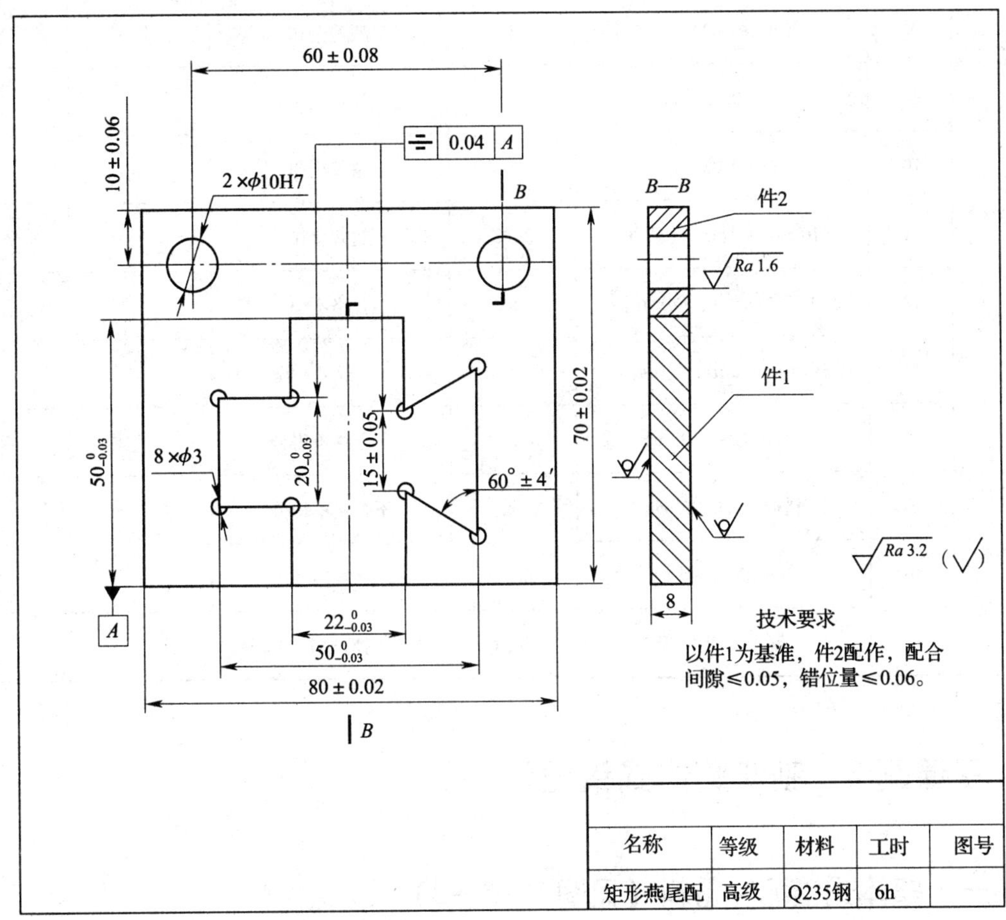

图 1—5—2　矩形燕尾配

三、矩形燕尾配评分标准（见表 1—5—1）

表 1—5—1　　　　**矩形燕尾配评分标准**

时限	6 h	开始时间		结束时间		实作时间	
要素	序号	技术要求	配分	评分标准		检测记录	得分
件 1（37%）	1	$50_{-0.03}^{0}$ mm（两处）	3×2	超差全扣			
	2	$22_{-0.03}^{0}$ mm（两处）	3×2	超差全扣			
	3	(15 ±0.05) mm	4	超差全扣			
	4	$20_{-0.03}^{0}$ mm	3	超差全扣			
	5	60° ±4′（两处）	3×2	超差全扣			
	6	⌯ 0.04 A（两处）	3×2	超差全扣			
	7	锉面 Ra3.2 μm（12 处）	0.5×12	不合格不得分			

续表

要素	序号	技术要求	配分	评分标准	检测记录	得分
件 2（27%）	8	（70 ±0.02）mm	3	超差全扣		
	9	（80 ±0.02）mm	3	超差全扣		
	10	（60 ±0.08）mm	3	超差全扣		
	11	（10 ±0.06）mm（两处）	2×2	超差全扣		
	12	ϕ10H7（两处）、Ra1.6 μm	3×2	不合格不得分		
	13	锉面 Ra3.2 μm（16 处）	0.5×16	不合格不得分		
配合（36%）	14	配合间隙≤0.05 mm	3×11	不合格不得分		
	15	错位量≤0.06 mm	3	不合格不得分		
其他	16	毛刺、缺陷	倒扣	每处扣 1～5 分		
	17	安全文明生产	倒扣	违者酌情扣 1～10 分		

子课题 2　制作整体式镶配件

一、整体式镶配件备料（见图 1—5—3）

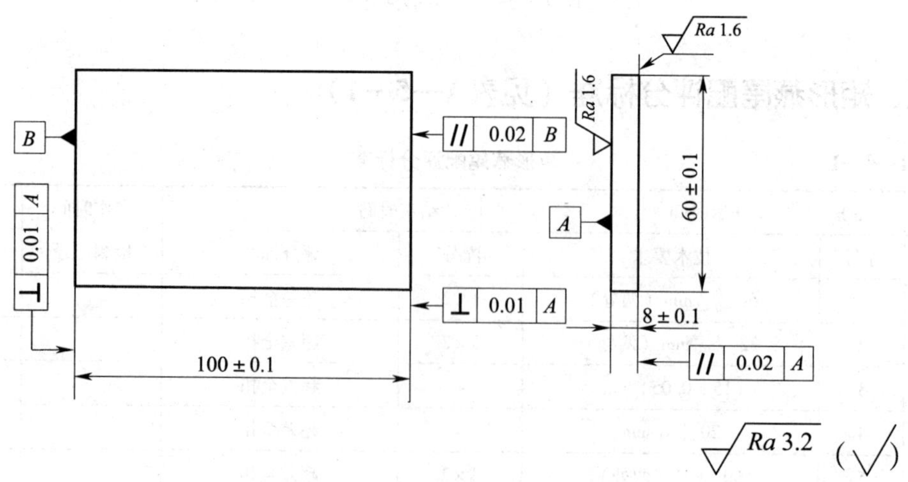

图 1—5—3　整体式镶配件备料图

二、整体式镶配件（见图 1—5—4）

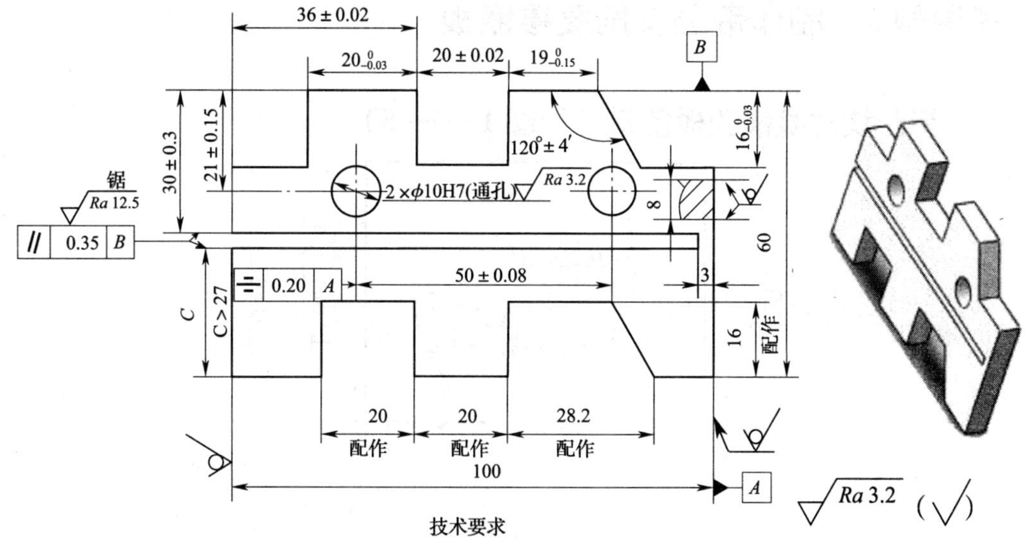

技术要求

1.以凸件（上）为基准，凹件（下）配作，配合间隙≤0.05（检测时将此件锯断）。
2.配合后两端面的错位量≤0.06。

图 1—5—4　整体式镶配件

三、整体式镶配件评分标准（见表 1—5—2）

表 1—5—2　　**整体式镶配件评分标准**

时限	6 h	开始时间		结束时间		实作时间
要素	序号	技术要求	配分	评分标准	检测记录	得分
锉削（36%）	1	20$^{0}_{-0.03}$ mm	6	超差全扣		
	2	(20 ±0. 02) mm	6	超差全扣		
	3	(36 ±0. 02) mm	5	超差全扣		
	4	16$^{0}_{-0.03}$ mm	4	超差全扣		
	5	120° ±4′	6	超差全扣		
	6	锉面 *Ra*3. 2 μm	0. 5 ×18	不合格不得分		
铰削（23%）	7	2 ×ϕ10H7	2 ×2	不合格不得分		
	8	(50 ±0. 08) mm	5	超差全扣		
	9	(21 ±0. 15) mm	3 ×2	超差全扣		
	10	⌯ 0.20 A	4	超差全扣		
	11	*Ra*1. 6μm	2 ×2	不合格不得分		
锯削（10%）	12	(30 ±0. 30) mm	6	超差全扣		
	13	// 0.35 B	4	不合格不得分		
配合（31%）	14	配合间隙≤0. 05	3 ×9	不合格不得分		
	15	错位量≤0. 06	4	不合格不得分		
其他	16	毛刺、缺陷	倒扣	每处扣 1 ~5 分		
	17	安全文明生产	倒扣	违者酌情扣 1 ~10 分		

子课题 3　制作带凸块角度镶嵌板

一、带凸块角度镶嵌板备料（见图 1—5—5）

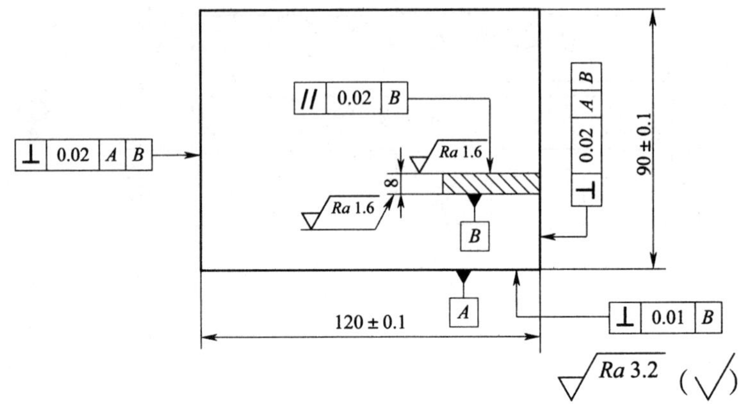

图 1—5—5　带凸块角度镶嵌板备料图

二、带凸块角度镶嵌板（见图 1—5—6）

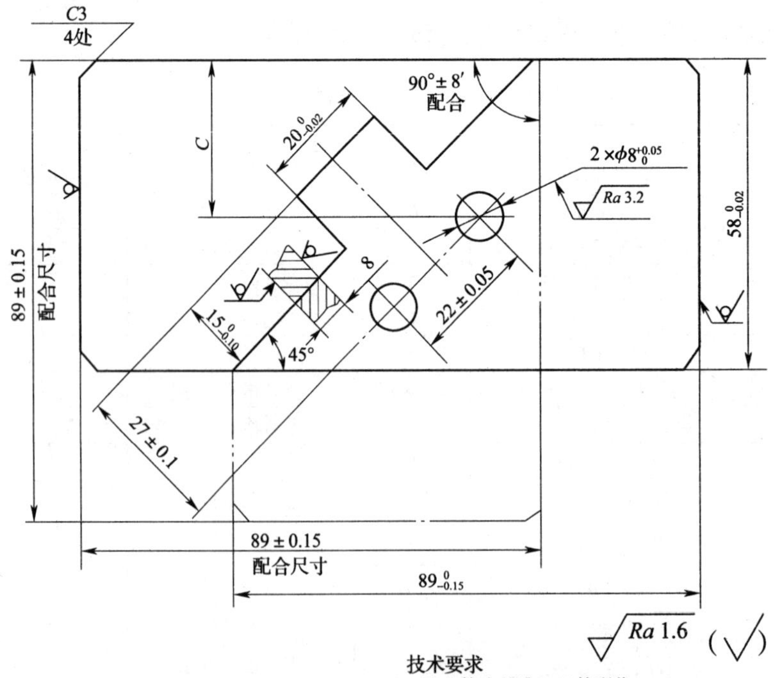

技术要求

1.以凸件为基准，凹件配作。

2.图中所示情况下配合外侧面错位量≤0.06。

3.配合间隙（包括右件翻转180°，图中细双点画线）检测两次，均应小于等于0.03。

4.两孔分别对凹件长边的距离变化量ΔC≤0.30。

图 1—5—6　带凸块角度镶嵌板

三、带凸块角度镶嵌板评分标准（见表1—5—3）

表1—5—3　　带凸块角度镶嵌板评分标准

时限	6h	开始时间		结束时间		实作时间	
要素	序号	技术要求		配分	评分标准	检测记录	得分
凸件（30%）	1	$20_{-0.02}^{0}$ mm		6	超差全扣		
	2	$58_{-0.02}^{0}$ mm		6	超差全扣		
	3	$15_{-0.10}^{0}$ mm		4	超差全扣		
	4	（22 ±0.05） mm		6	超差全扣		
	5	$\phi8_{0}^{+0.05}$（两处）、*Ra*3.2 μm（两处）		2 ×2	超差全扣		
	6	锉面 *Ra*1.6 μm（8 处）		0.5 ×8	不合格不得分		
凹件（18%）	7	$58_{-0.02}^{0}$ mm		6	超差全扣		
	8	*C*3 mm（4 处）		2 ×4	超差全扣		
	9	锉面 *Ra*1.6 μm（8 处）		0.5 ×8	不合格不得分		
配合（52%）	10	配合间隙≤0.03 mm（5 处）		2 ×5	不合格不得分		
	11	互换间隙≤0.03 mm（5 处）		2 ×5	不合格不得分		
	12	错位量≤0.06 mm（两处）		4 ×2	不合格不得分		
	13	（89 ±0.15） mm（两处）		5 ×2	超差全扣		
	14	90° ±8′		6	超差全扣		
	15	变化量 Δ*C*≤0.30 mm（两处）		4 ×2	超差全扣		
其他	16	毛刺、缺陷		倒扣	每处扣 1 ~5 分		
	17	安全文明生产		倒扣	违者酌情扣 1 ~10 分		

子课题4　制作方孔镶配件

一、方孔镶配件备料（见图1—5—7）

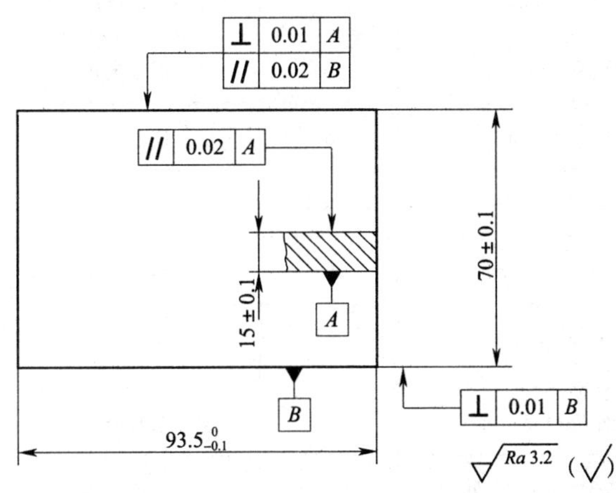

图1—5—7　方孔镶配件备料图

二、方孔镶配件（见图 1—5—8）

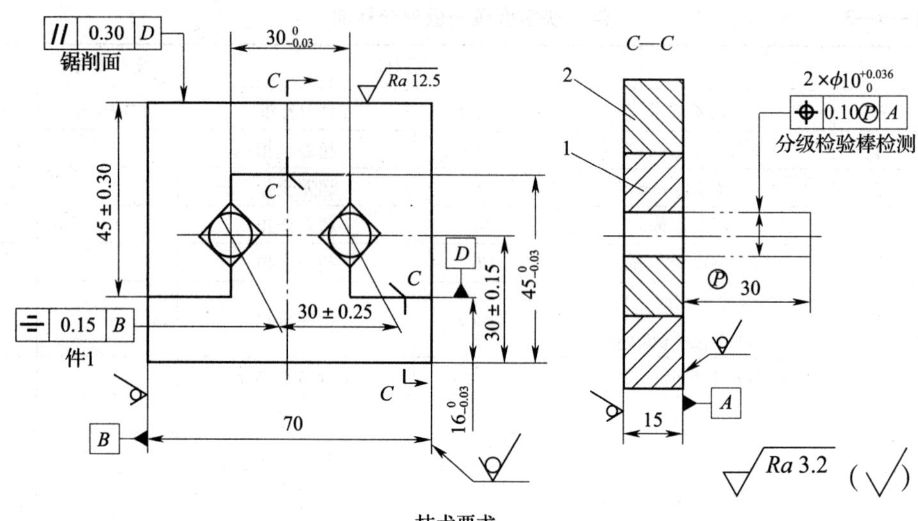

图 1—5—8　方孔镶配件

三、方孔镶配件评分标准（见表 1—5—4）

表 1—5—4　　**方孔镶配件评分标准**

时限	6 h	开始时间		结束时间		实作时间	
要素	序号	技术要求	配分	评分标准	检测记录	得分	
凸件（42%）	1	$16_{-0.03}^{0}$ mm（两处）	6×2	超差全扣			
	2	$30_{-0.03}^{0}$ mm	8	超差全扣			
	3	（30±0.15）mm	6	超差全扣			
	4	$45_{-0.03}^{0}$ mm	8	超差全扣			
	5	锉面 Ra3.2 μm（8 处）	1×8	不合格不得分			
凹件（18%）	6	（45±0.30）mm	6	超差全扣			
	7	// 0.30 D	4	超差全扣			
	8	锯面 Ra12.5 μm	1	超差全扣			
	9	锉面 Ra3.2 μm（7 处）	1×7	超差全扣			

续表

要素	序号	技术要求	配分	评分标准	检测记录	得分
配合（40%）	10	配合间隙≤0.03 mm（5处）	4×5	不合格不得分		
	11	错位量≤0.06 mm（两处）	5×2	不合格不得分		
	12	⌯ 0.15 B	5	不合格不得分		
	13	⌖ 0.10Ⓟ A	5	不合格不得分		
其他	14	毛刺、缺陷	倒扣	每处扣1~5分		
	15	安全文明生产	倒扣	违者酌情扣1~10分		

子课题5　五方转位组合配

一、五方转位组合配备料（见图1—5—9）

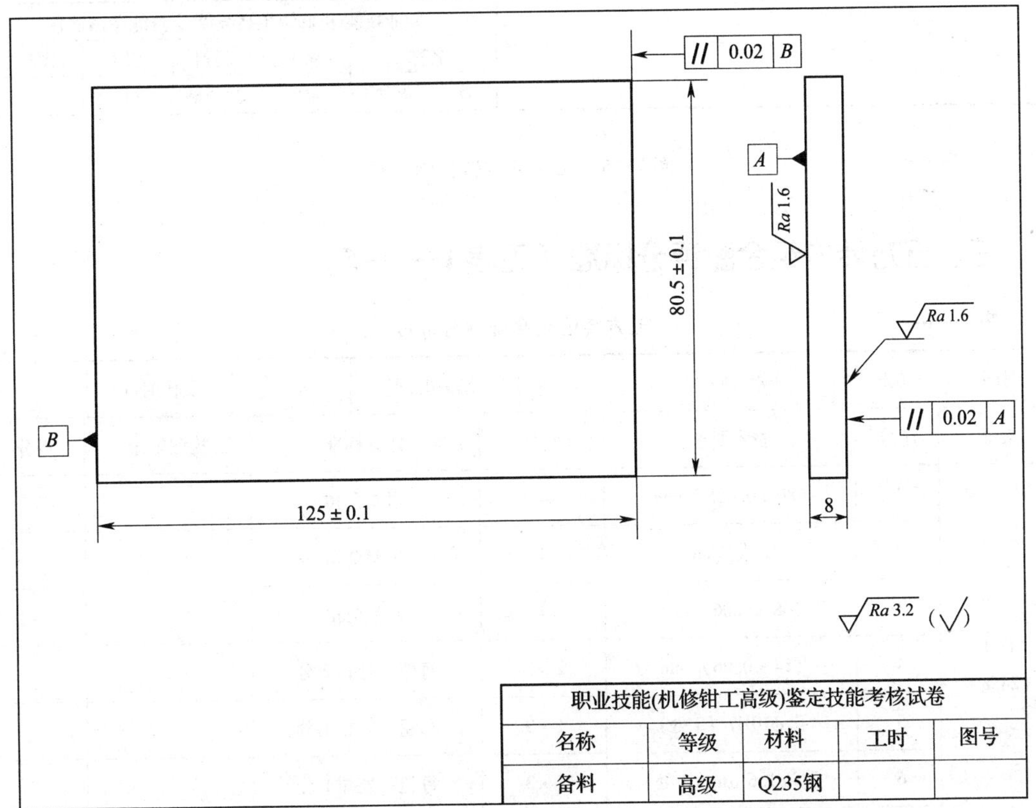

图1—5—9　五方转位组合配备料图

二、五方转位组合配（见图 1—5—10）

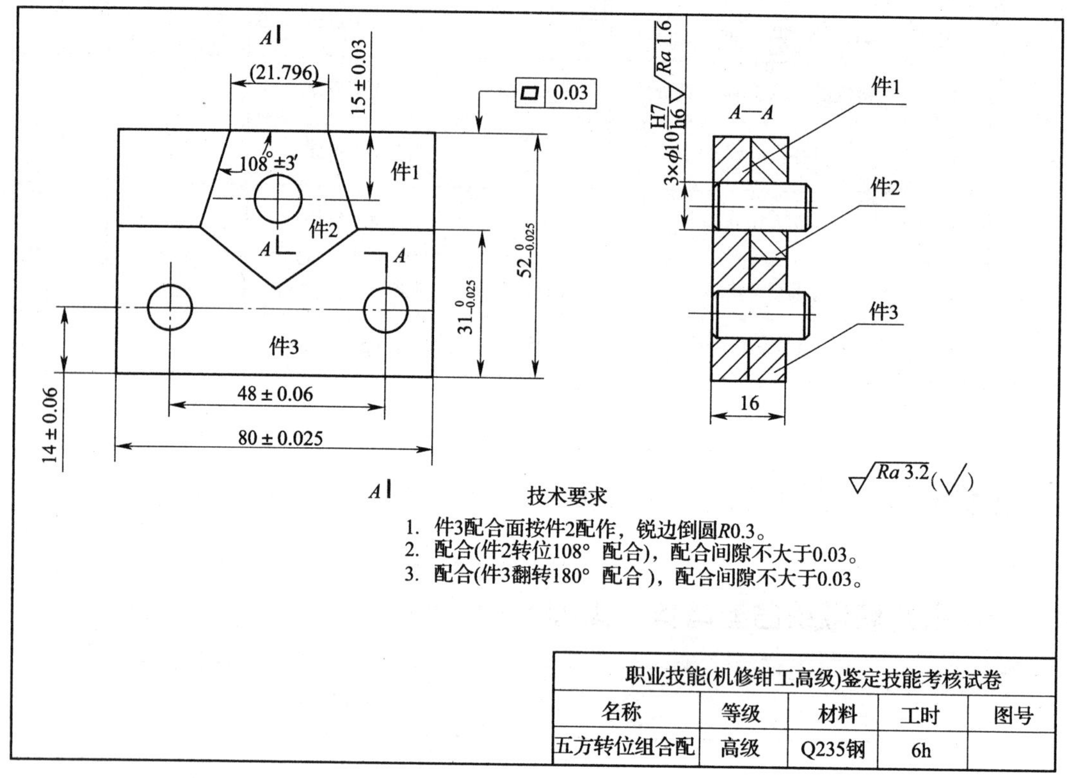

图 1—5—10　五方转位组合配

三、五方转位组合配评分标准（见表 1—5—5）

表 1—5—5　　**五方转位组合配评分标准**

时限	6 h	开始时间		结束时间		实作时间	
要素	序号	技术要求	配分	评分标准	检测记录	得分	
件 1（24%）	1	(80 ±0.025) mm	4	超差全扣			
	2	$52\ _{-0.025}^{\ 0}$ mm	4	超差全扣			
	3	(48 ±0.06) mm	4	超差全扣			
	4	(14 ±0.06) mm	2 ×2	每超一处扣 2 分			
	5	孔 φ10H7 (3 处)	1 ×3	每超一处扣 1 分			
	6	孔 *Ra*1.6 μm (3 处)	1 ×3	每超一处扣 1 分			
	7	锉面 *Ra*3.2 μm (4 处)	0.5 ×4	每超一处扣 0.5 分			

续表

要素	序号	技术要求	配分	评分标准	检测记录	得分
件2（25.5%）	8	（15 ±0.03） mm（5 处）	2 ×5	每超一处扣 2 分		
	9	108° ±3′（5 处）	2 ×5	每超一处扣 2 分		
	10	孔 ϕ10H7	2	超差全扣		
	11	孔 *Ra*1.6 μm	1	超差全扣		
	12	锉面 *Ra*3.2 μm（5 处）	0.5 ×5	每超一处扣 0.5 分		
件3（25.5%）	13	（80 ±0.025） mm	4	超差全扣		
	14	$31_{-0.025}^{0}$ mm	4	超差全扣		
	15	（48 ±0.06） mm	4	超差全扣		
	16	（14 ±0.06） mm（两处）	2 ×2	每超一处扣 2 分		
	17	孔 ϕ10H7（两处）	2 ×2	每超一处扣 2 分		
	18	孔 *Ra*1.6 μm（两处）	1 ×2	每超一处扣 1 分		
	19	锉面 *Ra*3.2 μm（7 处）	0.5 ×7	每超一处扣 0.5 分		
配合（25%）	20	技术要求 2（5 处）	2 ×5	每超一处扣 2 分		
	21	技术要求 3（5 处）	2 ×5	每超一处扣 2 分		
	22	▱ 0.03 （5 处）	1 ×5	每超一处扣 1 分		
其他	23	毛刺、缺陷	倒扣	每处扣 1 ~5 分		
	24	安全文明生产	倒扣	违者酌情扣 1 ~10 分		

模块二 机械设备安装与调试

课题 1　设备安装要求

子课题 1　设备安装基础

1. 熟悉精密、大型设备安装基础的要求。
2. 熟悉恒温及恒湿环境控制及设备的安装环境要求。

一、精密、大型设备安装基础的要求

1. 用木屑吸干基础的油腻并清理干净，去除表面松软部分直到出现坚硬、无油质的水泥层为止。放置设备调整垫铁的部位应平整、清洁和坚硬。

2. 用热碱水刷洗基础表面并擦干，然后重新浇灌符合规定要求的水泥浆。

3. 水泥浆处于半固态时放置好调整垫铁，并使其表面与水泥基础表面完全接触，同时用水平尺 1 和检验平尺 2 找正调整垫铁 3 的上平面，如图 2—1—1 所示，应满足以下要求：调整垫铁纵向和横向水平度允差为 0. 2 mm/1 000 mm，两面相邻调整垫铁在同一平面内的允差为 0. 3 mm/1 000 mm。如图 2—1—2 所示为修整前后的床身基础。

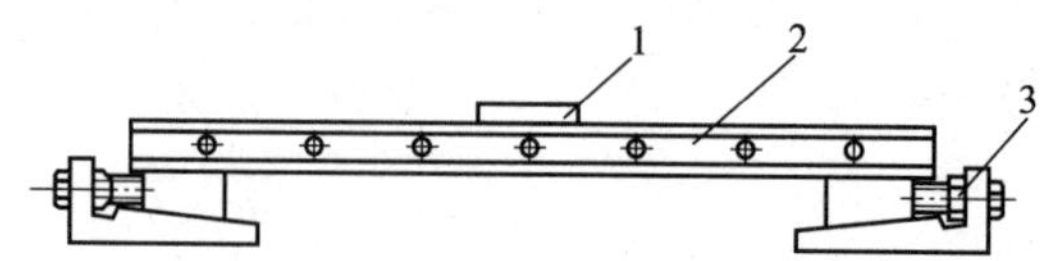

图 2—1—1　调整垫铁的找正

1—水平尺　2—检验平尺　3—调整垫铁

二、恒温及恒湿环境控制要求

室内空气通过制冷系统的蒸发器进行降温、降湿，空气中的含湿量减小（凝结在蒸发器上）。降温处理后的空气再通过电加热器升温，直至达到恒定的干球温度和湿球温度，从而达到恒温、恒湿的效果。

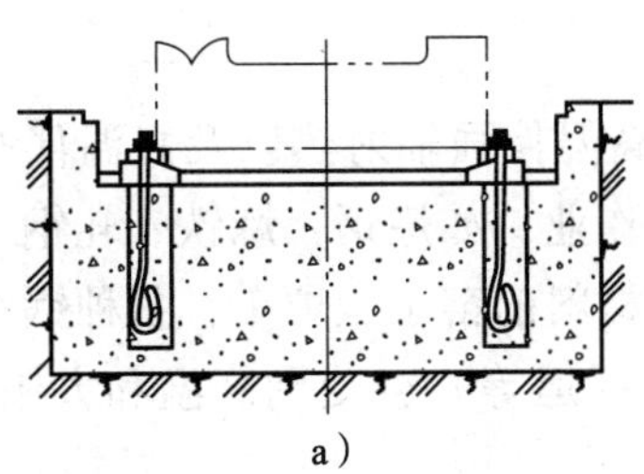
a）

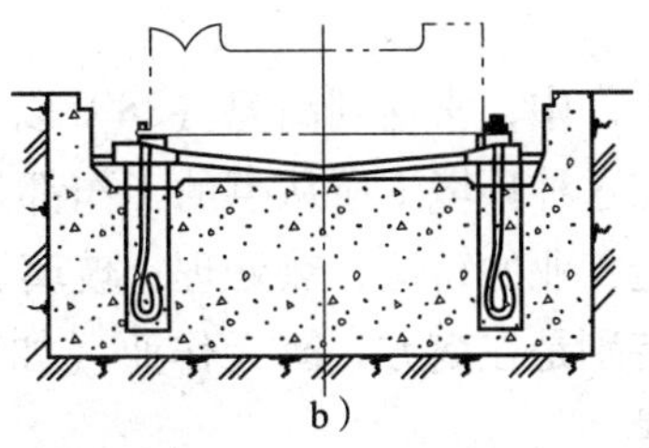
b）

图 2—1—2 修整前后的床身基础
a）修整前 b）修整后

恒温与恒湿环境控制的要求如下：试验室、计量室、生产车间、恒温和恒湿的储藏室等，需要建立具有特定的恒定温度与相对湿度条件的人工气候室。温度范围为 20～25℃，控制精度最大误差为 ±1℃；相对湿度为 50%～70%，控制精度最大误差为 ±10%。

三、设备的安装环境要求

1. 高处

凡在坠落高度基准面 2 m 以上（含 2 m）有可能坠落的高处进行的作业，均称为高处作业。

高处作业分为 4 个级别，2～5 m 为一级高处作业，5～15 m 为二级高处作业，15～30 m 为三级高处作业，30 m 以上为特级高处作业。高处作业还可分为一般高处作业和特殊高处作业两类。特殊高处作业又可分为强风、异温、雪天、雨天、夜间、带电、悬空、抢救高处作业 8 种。一般高处作业是指特殊高处作业以外的高处作业。

高处作业时要系好安全带，戴好安全帽，正确使用个人防护用品，不准投掷工具和材料。接近高压线或裸导线排，或距离低压线小于 2.5 m 时，必须停电并在电闸上挂“有人工作，严禁合闸”的警告牌。登高梯子要符合安全要求，梯脚要防滑，上、下端要放置牢靠，与地面夹角应不大于 60°。脚手板单人行道宽度不得小于 0.6 m，上、下坡度不得大于 1:3，板面要钉防滑条及安装防护栏杆。板材要经过检查，保证强度足够。使用安全网要张挺，注意质量。

2. 水下或潮湿

进入水下或潮湿环境工作的危险性更大，如水下焊割时要查明工件的性质和结构特点，查明作业区的水文、气象特点及周围环境。水面风力超过 6 级、作业区的水流速度超过 0.1 m/s 时，禁止进行水下焊割作业。潜水焊割不能悬浮在水中作业，可事先安装操作平台，或在构件上选择一个安全的位置作为工作平台。潜水焊割工与水面支持人员之间要有通信装置，在焊割前向支持人员报告一切准备工作就绪，确保安全并取得允许后才能作业。同时，对所有的使用器具进行严格检查，焊炬、割炬要进行绝缘性、水的密封性和工艺性能检查。氧气管要用 1.5 倍工作压力的蒸汽或热水清洗，胶管内外不得黏附油脂。气管与电缆每隔 0.5 m 捆扎牢固，特别是入水后要整理好供气管、电缆、设备、工具、信号绳等，使其处于安全位置。在任何情况下都不允许让熔渣溅落在潜水用具上，以免损坏这些装备和工具。

3. 高温

在工业生产中，常遇到高温（38℃以上）、高温伴强辐射热以及高温伴有高湿的异常气象条件，在这种环境下所从事的工作都是高温作业，如炼钢、炼铁、轧钢、有色金属冶炼，机械制造工业的铸造、热处理，玻璃、耐火材料的窑工、炉工，各种锅炉房等。在炎热的夏季，特别是在南方，露天作业（如建筑、搬运等）会受到高温和太阳辐射的影响，容易引起中暑。

改善高温作业劳动条件，对保护劳动者的健康、促进生产发展具有重要意义。高温作业按夏季室外通风设计计算温度可分为两类，每类按劳动时间和室内外温差又可分为 4 级，高温作业分级标准是劳动保护工作的管理标准。

4. 粉尘或有害、有毒物

有毒物是指进入人体血液后能导致疾病或死亡的一切物质。在工业生产过程中，有毒物常以固体、液体、气体形态存在于作业环境中。

（1）气体。是指常温、常压下呈气态的物质，如氯气、氨气、一氧化碳、二氧化硫等。

（2）蒸气。由固体升华或液体蒸发时形成，如碘蒸气、苯蒸气、水银蒸气、丙酮蒸气等。

（3）雾。是指混悬于空气中的液体微粒，如硫酸、铬酸、氰化物、盐酸雾等。

（4）烟。是指直径小于 0.1 μm 的悬浮于空气中的固体微粒，如熔融金属的汽化物，燃料及有机物不完全燃烧时产生的氧化锌、氯化铵、氧化铜等烟尘，电焊时产生的金属烟尘等。

5. 低温

冷处理的常用温度为 -80 ~ -60℃，特殊情况下冷处理温度甚至达 -120℃。冷处理的主要设备有两类：一类是机械式冷冻机，温度一般可达 -80 ~ -60℃，用氨制冷时要防止管路泄漏，否则其刺激性气味将污染工作环境，机房内禁止抽烟，以免引起燃烧和爆炸；另一类为绝热箱，直接用冷却剂汽化来获得低温，用干冰（固体二氧化碳）汽化时可获得 -75 ~ -65℃的低温，用液态空气蒸发可获得的低温为 -183℃。冷处理时首先应将工件仔细清洗和去油，再进行烘干，因为油和水有可能与冷却剂（特别是液氧）发生激烈的化学反应，甚至引起爆炸。搬运或倾倒冷却剂时不能用手接触，要穿戴好防护用品，防止冷却剂溅出对皮肤造成伤害（其症状与烫伤一样）。使用绝热箱时应严格遵守绝热箱冷处理操作规程，防止发生事故。

6. 噪声

声音是由物体的振动而产生的，不论是什么状态的物体在周期性位置变化时都可以发声，振动的固体、液体或气体称为声源。一般企业发声的机械设备都称为噪声源。下列范围内的噪声不会对人体造成危害：频率小于 300 Hz 的低频噪声，允许强度为 90 ~ 100 dB（A）；频率为 300 ~ 800 Hz 的中频噪声，允许强度为 85 ~ 90 dB（A）；频率大于 800 Hz 的高频噪声，允许强度为 75 ~ 85 dB（A）。噪声超过上述范围后将对人体造成伤害。这表明噪声对人体的危害程度与频率及强度有关，噪声频率越高，强度越大，对人体造成的危害也越大。

在很强的噪声中工作或常在噪声环境中工作，会引起听觉障碍，甚至耳聋。此外，噪声对中枢神经系统和血管系统也有不良影响，能引起血压升高、心跳过速，使人厌倦、烦躁等。

子课题2　磨床的安装精度检测项目与要求

熟悉磨床床身纵向导轨、头架、尾座、砂轮架、内圆磨头、支架等部件的安装精度检测项目与要求。

以外圆磨床为例，磨床的安装精度检测项目与要求如下：

一、床身纵向导轨的直线度

1. 在垂直平面内

(1) 在1 000 mm内，公差值为0.02 mm。

(2) 每增加1 000 mm，公差值增加0.015 mm。

(3) 最大公差值为0.05 mm。

(4) 在任意250 mm测量长度上，公差值为0.006 mm。

2. 在水平平面内

同1。

二、床身纵向导轨在垂直平面内的平行度

1. 最大磨削长度≤500 mm时，公差值为0.02 mm/1 000 mm。
2. 最大磨削长度>500 mm时，公差值为0.04 mm/1 000 mm。

三、头架、尾座移置导轨对工作台移动的平行度

1. 在1 000 mm内，公差值为0.01 mm。
2. 每增加1 000 mm，公差值增加0.01 mm。
3. 最大公差值为0.03 mm。
4. 最大磨削直径≤320 mm时，在任意300 mm测量长度上公差值为0.005 mm；最大磨削直径>320 mm时，在任意300 mm测量长度上公差值为0.007 mm。

四、头架主轴端部的圆跳动

1. 主轴定位轴颈的径向圆跳动，公差值为0.005 mm。
2. 主轴的轴向窜动，公差值为0.005 mm。
3. 主轴定位轴肩的轴向圆跳动，公差值为0.01 mm。

五、头架主轴锥孔轴线的径向圆跳动

1. 靠近主轴端部，公差值为0.005 mm。

2. 距离主轴端部 L 处：

（1）当 $L=75$ mm 时，公差值为 0.008 mm。

（2）当 $L=150$ mm 时，公差值为 0.01 mm。

（3）当 $L=200$ mm 时，公差值为 0.012 mm。

（4）当 $L=300$ mm 时，公差值为 0.015 mm。

六、头架主轴轴线对工作台移动的平行度

1. 在垂直平面内

（1）在 300 mm 测量长度上，主轴不可回转为 0.025 mm。

（2）在 300 mm 测量长度上，主轴可回转为 0.01 mm。

注意：检验棒自由端均只许向砂轮和向上偏。

2. 在水平平面内

同 1。

七、头架回转时主轴轴线的同轴度

1. 当最大磨削直径≤200 mm 时，公差值为 0.015 mm。
2. 当 200 mm < 最大磨削直径≤320 mm 时，公差值为 0.02 mm。
3. 当最大磨削直径 > 320 mm 时，公差值为 0.03 mm。

八、尾座套筒锥孔轴线对工作台移动的平行度

1. 在垂直平面内

在 300 mm 测量长度上，公差值为 0.015 mm（检验棒自由端只许向砂轮和向上偏）。

2. 在水平平面内

同 1。

九、头架、尾座顶尖中心连线对工作台移动的平行度

1. 在垂直平面内

公差值为 0.02 mm（只许尾座高）。

2. 在水平平面内

同 1。

3. 工作台移动在水平平面内的直线度（磨削长度大于 1 500 mm 机床的增检项目）

公差值为 0.03 mm。

十、砂轮架主轴端部的圆跳动

1. 主轴定心锥面的径向圆跳动

公差值为 0.005 mm（两处）。

2. 主轴的轴向窜动

公差值为0.005 mm。

十一、砂轮架主轴轴线对工作台移动的平行度

1. 在垂直平面内

在100 mm测量长度上，公差值为0.01 mm（检验套筒自由端只许向上偏）。

2. 在水平平面内

同1。

十二、砂轮架移动对工作台移动的垂直度

1. 当行程长度≤100 mm时，公差值为0.01 mm。
2. 当100 mm<行程长度≤200 mm时，公差值为0.015 mm。
3. 当行程长度>200 mm时，公差值为0.02 mm。

十三、砂轮架主轴轴线与头架主轴轴线的同轴度

公差值为0.3 mm。

十四、内圆磨头支架孔轴线对工作台移动的平行度

1. 在垂直平面内

在100 mm测量长度上，公差值为0.015 mm（检验棒自由端只许向上偏）。

2. 在水平平面内

同1。

十五、内圆磨头支架孔轴线对头架主轴轴线的同轴度

公差值为0.02 mm。

十六、砂轮架快速引进重复定位精度

1. 当最大磨削直径≤320 mm时，公差值为0.002 mm。
2. 当320 mm<最大磨削直径≤500 mm时，公差值为0.003 mm。
3. 当最大磨削直径>500 mm时，公差值为0.004 mm。

子课题3　镗床的安装精度检测项目与要求

学习目标

熟悉镗床工作台、主轴箱、主轴、平旋盘、后立柱导轨等部件的安装精度检测项目与要求。

以卧式镗床为例，镗床的安装精度检测项目与要求如下：

一、工作台移动在垂直平面内的直线度

1. 工作台纵向移动

（1）在工作台每 1 m 行程上，公差值为 0.01 mm。

（2）在工作台全部行程上

1）当工作台行程≤2 m 时，公差值为 0.03 mm。

2）当工作台行程≤3 m 时，公差值为 0.04 mm。

3）当工作台行程≤4 m 时，公差值为 0.04 mm。

4）当工作台行程≤6 m 时，公差值为 0.06 mm。

2. 工作台横向移动

（1）在工作台每 1 m 行程上，公差值为 0.02 mm。

（2）在工作台全部行程上，当工作台行程≤2 m 时，公差值为 0.05 mm。

二、工作台移动时的倾斜度

（1）在工作台每 1 m 行程上，公差值为 0.02 mm。

（2）在工作台全部行程上

1）当工作台行程≤3 m 时，公差值为 0.03 mm。

2）当工作台行程≤4 m 时，公差值为 0.04 mm。

3）当工作台行程≤6 m 时，公差值为 0.06 mm。

三、工作台移动在水平平面内的直线度

1. 工作台纵向移动

（1）在工作台每 1 m 行程上，公差值为 0.02 mm。

（2）在工作台全部行程上

1）当工作台行程≤2 m 时，公差值为 0.03 mm。

2）当工作台行程≤3 m 时，公差值为 0.04 mm。

3）当工作台行程≤4 m 时，公差值为 0.05 mm。

4）当工作台行程≤6 m 时，公差值为 0.06 mm。

2. 工作台横向移动

（1）在工作台每 1 m 行程上，公差值为 0.04 mm。

（2）在工作台全部行程上，当工作台行程≤2 m 时，公差值为 0.05 mm。

四、工作台面的平面度

1. 当主轴直径≤100 mm 时，在每 1 m 测量长度上，公差值为 0.03 mm。

2. 当 100 mm < 主轴直径≤160 mm 时，在每 1 m 测量长度上，公差值为 0.04 mm。

3. 当主轴直径 > 160 mm 时，在每 1 m 测量长度上，公差值为 0.05 mm。

上述三种情况，工作台面都只许凹。

五、主轴箱垂直移动的直线度

1. 工作台面纵向

（1）当主轴直径≤100 mm，主轴箱行程≤1.5 m 时，在主轴箱每 1 m 行程上，公差值为 0.03 mm。

（2）100 mm < 主轴直径≤160 mm

1）当主轴箱行程≤1.5 m 时，主轴箱每 1 m 行程上，公差值为 0.04 mm。

2）当主轴箱行程≤2 m 时，主轴箱每 1 m 行程上，公差值为 0.05 mm。

3）当主轴箱行程≤3 m 时，主轴箱每 1 m 行程上，公差值为 0.06 mm。

4）当主轴箱行程≤5 m 时，主轴箱每 1 m 行程上，公差值为 0.10 mm。

（3）主轴直径 > 160 mm

1）当主轴箱行程≤1.5 m 时，主轴箱每 1 m 行程上，公差值为 0.05 mm。

2）当主轴箱行程≤2 m 时，主轴箱每 1 m 行程上，公差值为 0.06 mm。

3）当主轴箱行程≤3 m 时，主轴箱每 1 m 行程上，公差值为 0.08 mm。

4）当主轴箱行程≤5 m 时，主轴箱每 1 m 行程上，公差值为 0.10 mm。

2. 工作台面横向

同 1。

六、主轴箱垂直移动对工作台面的垂直度

1. 工作台面纵向

（1）当主轴直径≤100 mm 时

1）在主轴箱每 1 m 行程上，公差值为 0.03 mm。

2）立柱上端只许向工作台偏，公差值为 0.03 mm。

（2）当 100 mm < 主轴直径≤160 mm 时

1）在主轴箱每 1 m 行程上，公差值为 0.05 mm。

2）立柱上端只许向工作台偏，公差值为 0.05 mm。

2. 工作台面横向

同 1。

七、主轴旋转中心线对前立柱导轨的垂直度

1. 当测量长度为 1 m 时，公差值为 0.03 mm。

2. 当测量长度为 2 m 时，公差值为 0.04 mm。

八、主轴移动的直线度

1. 在垂直平面内

（1）当主轴直径≤100 mm 时，在 50 mm 测量长度上，公差值为 0.03 mm。

（2）当 100 mm < 主轴直径≤160 mm 时，在 50 mm 测量长度上，公差值为 0.04 mm。

（3）当主轴直径 > 160 mm 时，在 50 mm 测量长度上，公差值为 0.05 mm。

2. 在水平平面内

（1）当主轴直径≤100 mm 时，在主轴全部行程上，公差值为 0.02 mm。

（2）当 100 mm < 主轴直径≤160 mm 时，在主轴全部行程上，公差值为 0.03 mm。

（3）当主轴直径 > 160 mm 时，在主轴全部行程上，公差值为 0.05 mm。

九、工作台面对工作台移动的平行度

1. 工作台纵向移动

（1）当主轴直径≤100 mm 时，在工作台每 1 m 行程上，公差值为 0.03 mm。

（2）当主轴 100 mm < 直径≤160 mm 时，在工作台每 1 m 行程上，公差值为 0.04 mm。

2. 工作台横向移动

同 1。

十、工作台纵向移动对横向移动的垂直度

在 500 mm 测量长度上，公差值为 0.02 mm。

十一、工作台转动后工作台面的水平度

1. 当主轴直径≤100 mm 时，公差值为 0.02 mm/1 000 mm。
2. 当 100 mm < 主轴直径≤160 mm 时，公差值为 0.03 mm/1 000 mm。

十二、主轴的径向圆跳动

1. 当主轴直径≤100 mm 时，在 300 mm 测量长度上，公差值为 0.025 mm。
2. 当 100 mm < 主轴直径≤160 mm 时，在 400 mm 测量长度上，公差值为 0.03 mm。
3. 当主轴直径 > 160 mm 时，在 600 mm 测量长度上，公差值为 0.04 mm。

十三、主轴锥孔的径向圆跳动

1. 单独回转主轴

（1）当主轴直径≤100 mm 时

1）靠近主轴端部，公差值为 0.02 mm。

2）距离主轴端部 300 mm，公差值为 0.04 mm。

（2）当 100 mm < 主轴直径≤160 mm 时

1）靠近主轴端部，公差值为 0.025 mm。

2）距离主轴端部 300 mm，公差值为 0.05 mm。

（3）当主轴直径 > 160 mm 时

1）靠近主轴端部，公差值为 0.03 mm。

2）距离主轴端部300 mm，公差值为0.06 mm。

2. 主轴与平旋盘同时回转

（1）当主轴直径≤100 mm时

1）靠近主轴端部，公差值为0.02 mm。

2）距离主轴端部300 mm，公差值为0.04 mm。

（2）当100 mm < 主轴直径≤160 mm时

1）靠近主轴端部，公差值为0.03 mm。

2）距离主轴端部300 mm，公差值为0.05 mm。

（3）当主轴直径 > 160 mm时

1）靠近主轴端部，公差值为0.04 mm。

2）距离主轴端部300 mm，公差值为0.06 mm。

十四、主轴的轴向窜动

1. 当主轴直径≤100 mm时，公差值为0.015 mm。

2. 当100 mm < 主轴直径≤160 mm时，公差值为0.02 mm。

3. 当主轴直径 > 160 mm时，公差值为0.03 mm。

十五、平旋盘的圆跳动

1. 平旋盘端面的圆跳动

（1）当主轴直径≤100 mm时，公差值为0.02 mm。

（2）当100 mm < 主轴直径≤160 mm时，公差值为0.025 mm。

（3）当主轴直径 > 160 mm时，公差值为0.035 mm。

2. 平旋盘定位凸轮的圆跳动

（1）当主轴直径≤100 mm时，公差值为0.02 mm。

（2）当100 mm < 主轴直径≤160 mm时，公差值为0.025 mm。

（3）当主轴直径 > 160 mm时，公差值为0.035 mm。

十六、工作台面对主轴中心线的平行度

1. 当主轴直径≤100 mm时，在5倍主轴直径的测量长度上，公差值为0.03 mm。

2. 当100 mm < 主轴直径≤160 mm时，在5倍主轴直径的测量长度上，公差值为0.04 mm。

3. 当主轴直径 > 160 mm时，在5倍主轴直径的测量长度上，公差值为0.05 mm。

上述三种情况，主轴自由端都只许向上偏。

十七、工作台横向移动对主轴中心线的垂直度

1. 当测量长度为1 m时，公差值为0.03 mm。

2. 当测量长度为2 m时，公差值为0.04 mm。

十八、平旋盘径向刀架移动对主轴中心线的垂直度

当主轴直径≤100 mm 时，在 5 倍主轴直径的测量长度上：

1. 在 100 mm 测量长度上，公差值为 0.015 mm。
2. 在 300 mm 测量长度上，公差值为 0.02 mm。
3. 在 500 mm 测量长度上，公差值为 0.03 mm。

上述三种情况，刀架移向中心时都只许向主轴箱偏。

十九、工作台在 0°和 180°位置时中央 T 形槽对主轴中心线的垂直度以及工作台在 90°和 270°位置时中央 T 形槽对工作台移动方向的平行度

在 1 m 测量长度上，公差值为 0.04 mm。

二十、后立柱导轨对前立柱导轨的平行度

1. 在纵向直立平面内

（1）当主轴直径≤100 mm 时，公差值为 0.05 mm/1 000 mm。

（2）当 100 mm < 主轴直径≤160 mm 时，公差值为 0.07 mm/1 000 mm。

（3）当主轴直径 > 160 mm 时，公差值为 0.10 mm/1 000 mm。

2. 在横向直立平面内

（1）当主轴直径≤100 mm 时，公差值为 0.03 mm/1 000 mm。

（2）当 100 mm < 主轴直径≤160 mm 时，公差值为 0.04 mm/1 000 mm。

（3）当主轴直径 > 160 mm 时，公差值为 0.05 mm/1 000 mm。

二十一、后立柱支架轴承孔中心线和主轴中心线的重合度

1. 当主轴直径≤100 mm 时，公差值为 0.03 mm。
2. 当 100 mm < 主轴直径≤160 mm 时，公差值为 0.04 mm。
3. 当主轴直径 > 160 mm 时，公差值为 0.05 mm。

子课题 4　龙门铣床的安装精度检测项目与要求

熟悉龙门铣床工作台、铣头、横梁、中央或基准 T 形槽、主轴等部件的安装精度检测项目与要求。

以固定式龙门铣床为例，龙门铣床的安装精度检测项目与要求如下：

一、工作台移动（*X* 轴线）在 *XY* 水平平面内的直线度

1. 在 200 mm 测量长度内，公差值为 0.02 mm。

2. 测量长度每增加 1 000 mm，公差值增加 0. 01 mm。
3. 最大公差值为 0. 10 mm。
4. 在任意 1 000 mm 测量长度内，公差值为 0. 01 mm。

二、工作台移动（*X* 轴线）的角度偏差

1. 在 *ZX* 垂直平面内（*EBX*：俯仰）

（1）当 $X \leqslant 4\,000$ mm 时，公差值为 0. 04 mm/1 000 mm。
（2）当 $X > 4\,000$ mm 时，公差值为 0. 06 mm/1 000 mm。

2. 在 *YZ* 垂直平面内（*EAX*：倾斜）

（1）当 $X \leqslant 4\,000$ mm 时，公差值为 0. 02 mm/1 000 mm。
（2）当 $X > 4\,000$ mm 时，公差值为 0. 04 mm/1 000 mm。

3. 在 *XY* 水平平面内（*ECX*：偏摆）

（1）当 $X \leqslant 4\,000$ mm 时，公差值为 0. 04 mm/1 000 mm。
（2）当 $X > 4\,000$ mm 时，公差值为 0. 06 mm/1 000 mm。

三、铣头水平移动（*Y* 轴线）的直线度

1. 在 *XY* 水平平面内（*EXY*）

（1）在 1 000 mm 测量长度内，公差值为 0. 02 mm。
（2）测量长度每增加 1 000 mm，公差值增加 0. 01 mm。
（3）最大公差值为 0. 04 mm。
（4）在任意 500 mm 测量长度内，公差值为 0. 01 mm。

2. 在 *YZ* 垂直平面内（*EZY*）

同 1。

四、铣头水平移动（*Y* 轴线）的角度偏差

1. 在 *YZ* 垂直平面内（*EAY*：俯仰）

（1）公差值为 0. 04 mm/1 000 mm。
（2）在任意 300 mm 测量长度内，公差值为 0. 02 mm/1 000 mm。

2. 在 *ZX* 垂直平面内（*EBY*：倾斜）

同 1。

3. 在 *XY* 水平平面内（*ECY*：偏摆）

同 1。

五、铣头水平移动（*Y* 轴线）对工作台移动（*X* 轴线）的垂直度

1. 当工作台宽度 $\leqslant 3\,000$ mm 时，在测量长度内，公差值为 0. 03 mm。
2. 当工作台宽度 $> 3\,000$ mm 时，公差值由供应商、制造商和用户协商规定。

六、铣头垂向移动（*Z* 轴线）对工作台移动（*X* 轴线）的垂直度和对铣头水平移动（*Y* 轴线）的垂直度

在 300 mm 测量长度内，公差值为 0. 02 mm。

七、横梁垂向移动（*W* 轴线或 *R* 轴线）对工作台移动（*X* 轴线）的垂直度和对铣头水平移动（*Y* 轴线）的垂直度

在 500 mm 测量长度内，公差值为 0. 02 mm。

八、横梁在 *YX* 垂直平面内沿 *W* 轴线或 *R* 轴线移动的角度变化

1. 在较低位置，公差值为 0. 02 mm/1 000 mm。
2. 在中间位置，公差值为 0. 02 mm/1 000 mm。
3. 在较高位置，公差值为 0. 02 mm/1 000 mm。

九、工作台面的平面度

当 $Y \leqslant 3\ 000$ mm 和 $X \leqslant 10\ 000$ mm 时：

1. 在 1 000 mm 测量长度内，公差值为 0. 02 mm。
2. 测量长度每增加 1 000 mm，公差值增加 0. 01 mm。
3. 最大公差值为 0. 10 mm。

十、工作台面对工作台移动（*X* 轴线）的平行度和对铣头移动（*Y* 轴线）的平行度

1. 在 2 000 mm 测量长度内，公差值为 0. 02 mm。
2. 测量长度每增加 1 000 mm，公差值增加 0. 005 mm。
3. 最大公差值为 0. 05 mm。

十一、中央或基准 T 形槽对工作台移动（*X* 轴线）的平行度

1. 在 2 000 mm 测量长度内，公差值为 0. 03 mm。
2. 测量长度每增加 1 000 mm，公差值增加 0. 01 mm。
3. 最大公差值为 0. 10 mm。
4. 在任意 1 000 mm 测量长度内，公差值为 0. 02 mm。

十二、主轴锥孔的径向圆跳动

1. 在主轴端部

（1）当定心轴颈的直径≤200 mm 时，公差值为 0. 010 mm。

（2）当定心轴颈的直径 >200 mm 时，公差值为 0. 015 mm。

2. 距主轴端部 300 mm 处

（1）当定心轴颈的直径≤200 mm 时，公差值为 0. 020 mm。

（2）当定心轴颈的直径＞200 mm时，公差值为0.030 mm。

十三、主轴定心轴颈的径向圆跳动、轴向圆跳动及周期性轴向窜动

1. 定心轴颈的径向圆跳动

（1）当定心轴颈的直径≤200 mm时，公差值为0.010 mm。

（2）当定心轴颈的直径＞200 mm时，公差值为0.015 mm。

2. 轴向圆跳动（包括周期性轴向窜动）

（1）当定心轴颈的直径≤200 mm时，公差值为0.015 mm。

（2）当定心轴颈的直径＞200 mm时，公差值为0.020 mm。

3. 周期性轴向窜动

（1）当定心轴颈的直径≤200 mm时，公差值为0.010 mm。

（2）当定心轴颈的直径＞200 mm时，公差值为0.015 mm。

十四、垂直铣头主轴旋转轴线对工作台沿 *X* 轴线移动的垂直度和对铣头沿 *Y* 轴线移动的垂直度

公差值为0.04 mm/1 000 mm。

十五、回转铣头回转轴线对工作台移动（*X* 轴线）的平行度

将指示表放在距铣头回转轴线500 mm处。

1. 当倾斜角≤10°时，公差值为0.02 mm。
2. 当10°＜倾斜角≤20°时，公差值为0.03 mm。
3. 当倾斜角＞20°时，公差值为0.04 mm。

十六、水平铣头在立柱上垂直移动（*W* 轴线）对垂直铣头移动（*Y* 轴线）的垂直度和对工作台移动（*X* 轴线）的垂直度

在500 mm测量长度内，公差值为0.03 mm。

十七、水平铣头主轴旋转轴线对垂直铣头水平移动（*Y* 轴线）的平行度

1. 在 *YZ* 垂直平面内

在300 mm测量长度内，公差值为0.03 mm。

2. 在 *XY* 水平平面内

在300 mm测量长度内，公差值为0.03 mm。

十八、水平铣头主轴旋转轴线对工作台移动（*X* 轴线）的垂直度

公差值为0.04 mm/1 000 mm。

课题2　设备调试

子课题1　磨床、镗床、龙门铣床的调试安全规程

熟悉磨床、镗床、龙门铣床的调试安全规程。

一、磨床的调试安全规程

1. 操作者必须熟悉本机床的性能、结构。
2. 按机床润滑部位的要求，在各处加注规定的润滑油（脂）。
3. 床身油池内，按油标指示高度加满油液。
4. 检查各润滑油路装置是否正确，油路是否畅通。
5. 手动检查机床全部机构的动作情况，保证没有不正常现象。
6. 严格检查砂轮及其运转情况，发现不平稳时要及时调整，如有裂纹及破损应立即更换。
7. 将操纵手柄置于关闭位置，特别是将磨头快速进刀的操纵手柄置于退出位置，调节速度手柄应放在最低速位置。
8. 启动液压泵电动机，注意运转方向是否正确。
9. 开动砂轮时，应将液压传动开关手柄放在“停止”位置。
10. 液压系统中的管接头不得有泄漏现象。
11. 紧固工作台的换向撞块，以防止各运动部件在动作范围内相碰。
12. 操作时应先开动砂轮，后打开总液压控制阀，将砂轮座快速液压手柄缓慢移至向前位置，待砂轮座前移稳定后约离工件5 mm时，再转动主轴，用手动进给逐渐使砂轮与工件接触发生火花后，再开始工作。
13. 装卸和测量工件时，必须将砂轮退离工件并停车。
14. 发现机床运转不正常和润滑不良时，应立即停止使用并检查。
15. 调试完毕，应将各手柄放在非工作位置，切断电源，清理机床，保持清洁。

二、镗床的调试安全规程

1. 操作者必须熟悉本机床的性能、结构。
2. 按机床润滑部位的要求，在各处加注规定的润滑油（脂）。
3. 主轴箱的润滑油必须清洁、无酸性，不允许使用含水分和杂质的润滑油，润滑油加至油位标示处。
4. 检查各润滑油路装置是否正确，油路是否畅通。
5. 用0.03 mm塞尺检查各固定结合面的密合程度，要求塞尺插不进去。
6. 用0.04 mm塞尺检查各滑动导轨的端面，其插入深度应小于20 mm。

7. 检查各操纵手柄是否都在非工作位置，并要求转动、操作轻便，定位正确。

8. 各运动部件手柄拉力应符合下列要求：

（1）主轴箱移动手柄拉力≤160 N。

（2）下滑座移动手柄拉力≤160 N。

（3）上滑座移动手柄拉力≤80 N。

（4）主轴移动手柄拉力≤120 N。

（5）平旋盘滑块移动手柄拉力≤100 N。

（6）后立柱滑座移动手柄拉力≤160 N。

9. 电气设备的启动、停止、反向、制动和调速要求安全、可靠、平稳。

10. 调试过程中，一旦发现不正常现象应立即停止工作，并进行检查、排除。

11. 调试完毕，应将各手柄放在非工作位置，切断电源，清理机床，保持清洁。

三、龙门铣床的调试安全规程

1. 操作者必须熟悉本机床的性能、结构。

2. 按机床润滑部位的要求，在各处加注规定的润滑油（脂）。

3. 检查各润滑油路装置是否正确，油路是否畅通。

4. 启动前各操纵手柄都应处于零位（或停止位置）。

5. 用0.03 mm塞尺检查各滑动导轨的端部，其插入深度应小于20 mm；用0.03 mm塞尺检查各固定结合面的密合程度，要求塞尺插不进去。

6. 工作台行程换向开关经过试验后，工作完全可靠时才可试运转。

7. 用手柄及手轮操作横梁上铣头的水平移动，或侧铣头的垂向移动，主轴滑枕或套筒的垂向移动，垂直移动横梁（如果有）沿立柱上的垂直导轨上下移动，观察各方向运动是否灵活。

8. 检验各移动部件在极限位置时触及限位开关的工作可靠性。

9. 检验各联锁装置的工作可靠性。

10. 横梁在升降前夹紧装置应自动松开，升降完成后则自动夹紧，横梁升降应平稳，无阻滞，没有冲击现象和“尖叫”声。

11. 电气设备的启动、停止、反向、制动和调速要求安全、可靠、平稳。

12. 调试过程，若发现不正常现象应立即停止工作，并进行检查、排除。

13. 调试完毕，应将各手柄放在非工作位置，切断电源，清理机床，保持清洁。

子课题2　磨床的安装精度调整

学习目标

熟悉磨床床身纵向导轨、头架、尾座、砂轮架、内圆磨头、支架等部件的安装精度调整方法。

以外圆磨床为例，磨床的安装精度调整如下：

一、床身纵向导轨的直线度

床身纵向导轨直线度检验简图如图 2—2—1 所示。

1. 检验方法及误差值的确定

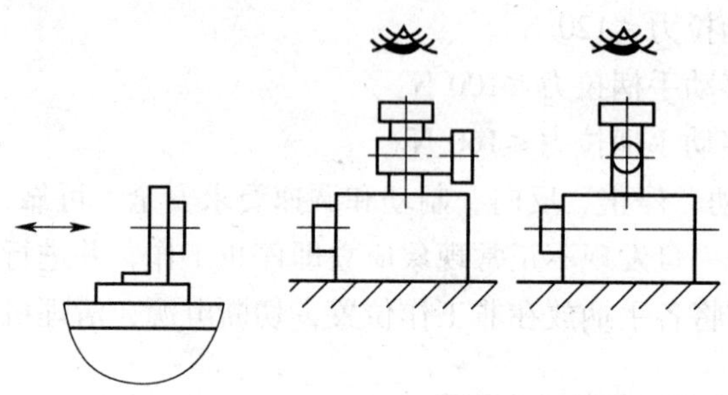

图 2—2—1 床身纵向导轨直线度检验简图

（1）在垂直平面内

1）将光学平直仪的反射镜放置在床身纵向导轨的专用检具上，平行光管放在床身的外面。

2）移动检具，每隔一个检具长度记录一次读数，并画出导轨的误差曲线。

3）误差曲线对其两端点连线间坐标值的最大代数差值即为全长误差。

4）相邻两点相对误差曲线两端点连线坐标差的最大值即为局部误差。

（2）在水平平面内。将光学平直仪平行光管的目镜回转 90°，按上述方法再检验一次。

2. 超差调整

对比两条曲线的阴影区，修刮垂直和水平两个方向有余量的部分导轨面，修刮到水平、垂直两个方向导轨直线度误差均有所减小后，再用上述检验方法测量一次导轨的直线度误差，依据测量结果综合分析后，确定修刮部位。这就是逐渐趋近要求精度的修复方法。

二、床身纵向导轨在垂直平面内的平行度

床身纵向导轨在垂直平面内的平行度检验简图如图 2—2—2 所示。

1. 检验方法及误差值的确定

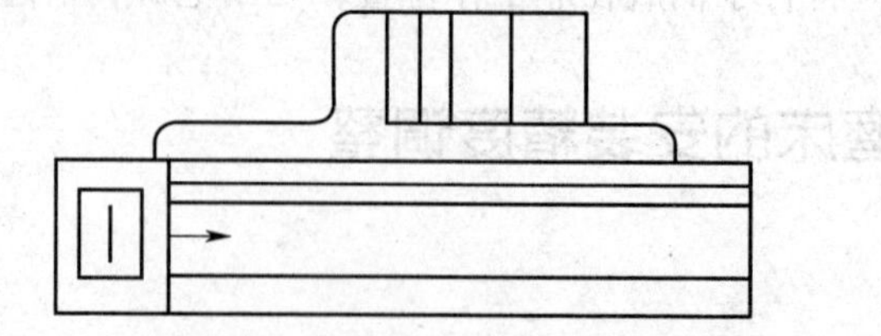

图 2—2—2 床身纵向导轨在垂直平面内的平行度检验简图

（1）在床身纵向导轨的专用检具上垂直检具移动方向放置水平仪，移动检具进行检验。

（2）水平仪读数的最大代数差值即为检验误差。

2. 超差调整

修刮导轨至要求。先刮 V 形导轨，达到要求后再刮研平导轨至与 V 形导轨平行。

三、头架、尾座移置导轨对工作台移动的平行度

头架、尾座移置导轨对工作台移动的平行度检验简图如图 2—2—3 所示。

1. 检验方法及误差值的确定

（1）固定磁力表架，使指示表的测头触及头架、尾座移置导轨的各表面。

（2）移动工作台依次进行检验。

（3）指示表在任意 300 mm 长度内读数的最大代数差值即为局部误差；指示表在全长上读数的最大代数差值即为全长误差。

2. 超差调整

修刮下工作台的顶面，若仍然超差，则修刮上工作台的顶面至要求。

四、头架主轴端部的圆跳动

主轴定位轴颈的径向圆跳动、主轴的轴向窜动、主轴定位轴肩的轴向圆跳动的检验简图如图 2—2—4 所示。

1. 主轴定位轴颈的径向圆跳动

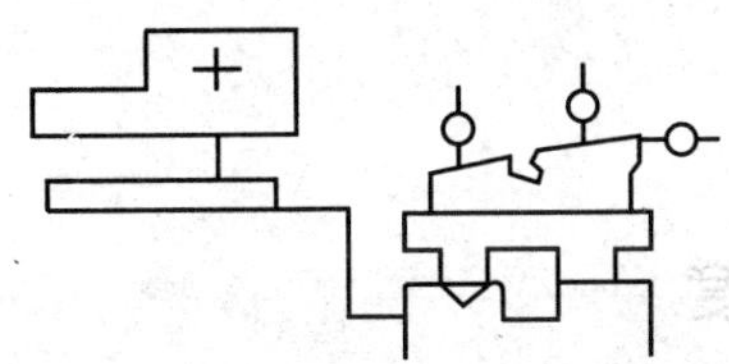

图 2—2—3 头架、尾座移置导轨对工作台移动的平行度检验简图

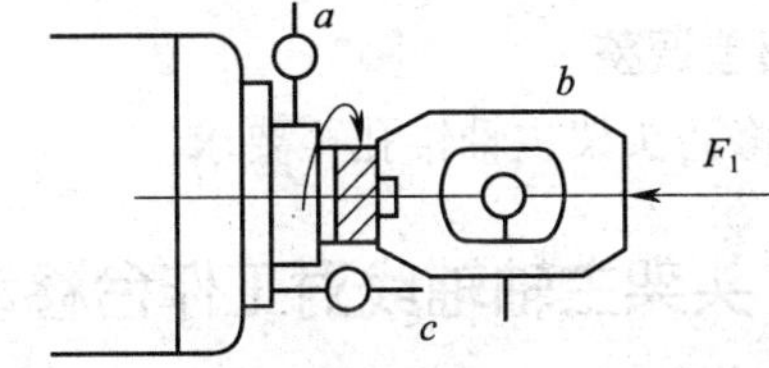

图 2—2—4 主轴定位轴颈的径向圆跳动、主轴的轴向窜动、主轴定位轴肩的轴向圆跳动的检验简图

（1）检验方法及误差值的确定

1）固定指示表，使其测头触及主轴定位轴颈表面。

2）转动主轴进行检验，指示表读数的最大代数差值即为主轴定位轴颈的径向圆跳动误差。

（2）超差调整。对主轴前后四个轴承内、外圈的振摆进行测量，并将测出的最高点做好标记，然后采用定向装配法将轴承定向装配至要求。

2. 主轴的轴向窜动

（1）检验方法及误差值的确定

1）将专用检验棒插入主轴锥孔中。

2）固定指示表，使其测头触及专用检验棒的端面中心处。

3）转动主轴进行检验，指示表读数的最大代数差值即为主轴轴向窜动误差。

（2）超差调整。调整后轴承盖或调整圈的厚度至要求。

3．主轴定位轴肩的轴向圆跳动

（1）检验方法及误差值的确定

1）固定指示表，使其测头触及主轴轴肩支承面靠近边缘处。

2）转动主轴进行检验，指示表读数的最大代数差值即为主轴定位轴肩的轴向圆跳动误差。

（2）超差调整。同 1 中的（2）。

五、头架主轴锥孔轴线的径向圆跳动

头架主轴锥孔轴线的径向圆跳动检验简图如图 2—2—5 所示。

1．检验方法及误差值的确定

（1）在头架主轴锥孔中插入检验棒。

（2）固定指示表，使其测头触及靠近主轴端部的检验棒表面。

（3）转动主轴进行检验，记下指示表读数的最大代数差值。

（4）再使指示表测头触及距离主轴 l 处的检验棒表面。

（5）转动主轴进行检验，记下指示表读数的最大代数差值。

（6）拔出检验棒，相对主轴锥孔转 90°，再重新插入检验棒，如上进行检验，重复进行 4 次，指示表 4 次读数的平均值即为头架主轴锥孔轴线靠近主轴端部和距离主轴端部 l 处的径向圆跳动误差。

2．超差调整

重新修磨头架主轴锥孔至要求。

六、头架主轴轴线对工作台移动的平行度

头架主轴轴线对工作台移动的平行度检验简图如图 2—2—6 所示。

1．检验方法及误差值的确定

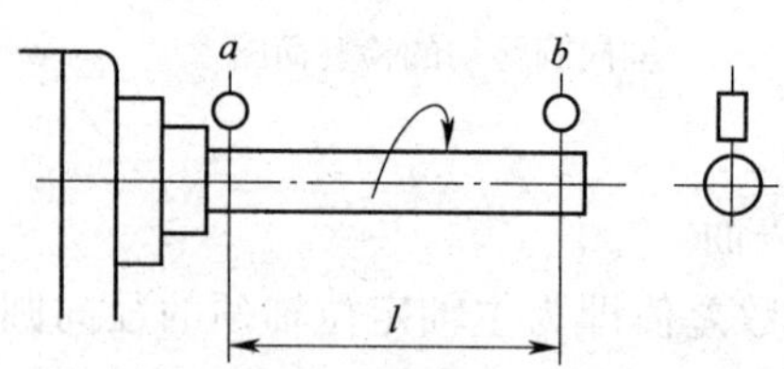

图 2—2—5　头架主轴锥孔轴线的径向圆跳动检验简图

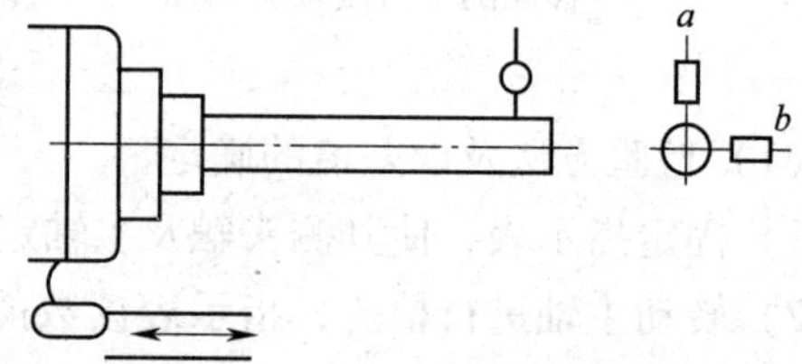

图 2—2—6　头架主轴轴线对工作台移动的平行度检验简图

（1）在头架主轴锥孔中插入检验棒。

（2）固定指示表，使其测头依次分别触及在垂直平面内和水平平面内的检验棒表面。

（3）移动工作台分别进行检验，并分别记下指示表读数的最大代数差值。

（4）拔出检验棒，相对主轴锥孔转 180°，重新插入锥孔中，如上再检验一次。

（5）指示表两次读数代数和的一半即为头架主轴轴线对工作台移动的平行度误差（在

垂直平面内和水平平面内要分别计算)。

2. 超差调整

修刮头架底面或底盘上平面至要求。

七、头架回转时主轴轴线的同轴度

头架回转时主轴轴线的同轴度检验简图如图 2—2—7 所示。

1. 检验方法及误差值的确定

(1) 在头架主轴锥孔中插入专用检验棒。

(2) 将指示表固定在砂轮架上，使其测头触及检验棒表面，并记下读数。

(3) 然后使头架回转 45°，移动工作台和砂轮架使测头再次触及检验棒表面的原测点，并再次记下读数。

(4) 指示表两次读数的代数差即为头架回转时主轴轴线的同轴度误差。

2. 超差调整

修刮头架底座与上工作台的连接面至要求。

八、尾座套筒锥孔轴线对工作台移动的平行度

尾座套筒锥孔轴线对工作台移动的平行度检验简图如图 2—2—8 所示。

1. 检验方法及误差值的确定

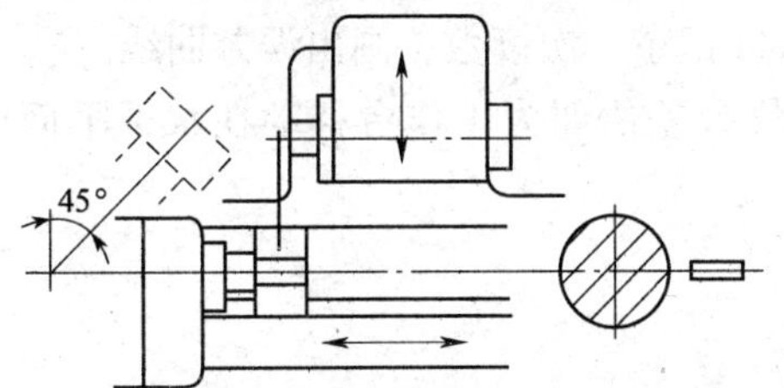

图 2—2—7 头架回转时主轴轴线的同轴度检验简图

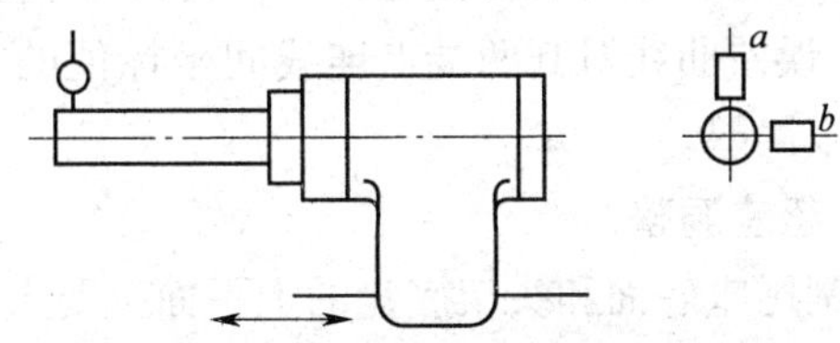

图 2—2—8 尾座套筒锥孔轴线对工作台移动的平行度检验简图

(1) 将尾座紧固在距主轴顶尖 0.8 倍最大磨削长度处。

(2) 在尾座套筒锥孔中插入检验棒。

(3) 固定指示表，使其测头依次分别触及在垂直平面内和水平平面内的检验棒表面。

(4) 移动工作台分别进行检验，并分别记下指示表读数的最大差值。

(5) 拔出检验棒，相对套筒锥孔转 180°，再重新插入锥孔中，如上再检验一次。

(6) 指示表两次读数代数和的一半即为尾座套筒锥孔轴线对工作台移动的平行度误差(在垂直平面内和水平平面内要分别计算)。

2. 超差调整

在垂直平面内超差，可修刮尾座体底平面至要求。

在水平平面内超差，可修刮尾座底面的侧平面至要求。

注：在垂直平面内和水平平面内同时超差或一方面超差时，应兼顾修刮尾座体底平面和底面的侧平面才能达到要求。

九、头架、尾座顶尖中心连线对工作台移动的平行度

头架、尾座顶尖中心连线对工作台移动的平行度检验简图如图 2—2—9 所示。

1. 检验方法及误差值的确定

（1）在头架、尾座顶尖间顶一个长度为最大磨削长度 0.8 倍的检验棒，但不大于 1 200 mm。

（2）固定指示表，使其测头依次分别触及垂直平面内和水平平面内的检验棒表面。

（3）移动工作台，分别进行检验，指示表读数的最大代数差值即为头架、尾座顶尖中心连线在垂直平面内和水平平面内对工作台移动的平行度误差。

（4）对磨削长度大于 1 500 mm 的机床还应增加一个检验项目，即工作台移动在水平平面内的直线度，其检验方法及误差值的确定如下：

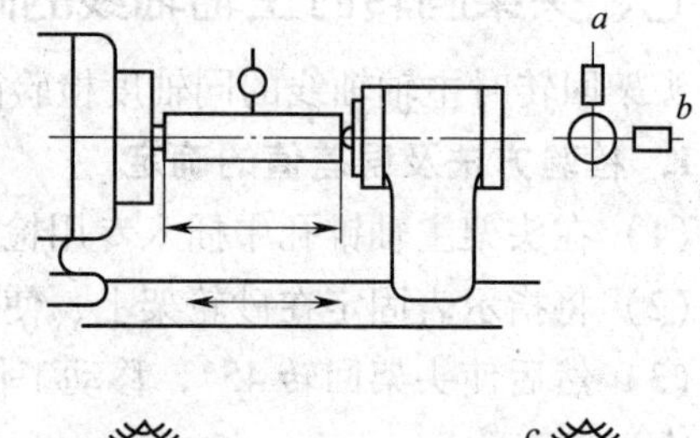

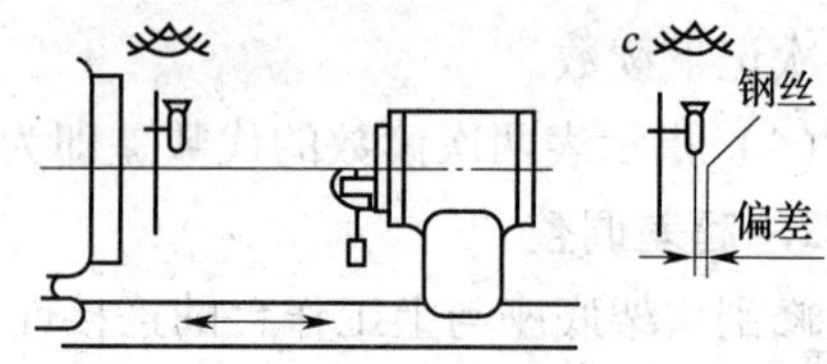

图 2—2—9 头架、尾座顶尖中心连线对工作台移动的平行度检验简图

1）在头架、尾座间紧绷一根直径为 0.10 mm 的钢丝，钢丝的轴线与头架、尾座主轴轴线的连线同轴并垂直于固定显微镜。

2）移动工作台进行检验，工作台每移动 280 mm 记录一次读数，画出误差曲线。

3）误差曲线对其两端点连线间坐标值的最大代数差值即为工作台移动在水平平面内的直线度误差。

2. 超差调整

修刮尾座底面和头架底盘的上平面至要求。

十、砂轮架主轴端部的圆跳动

砂轮架主轴端部的圆跳动检验简图如图 2—2—10 所示。

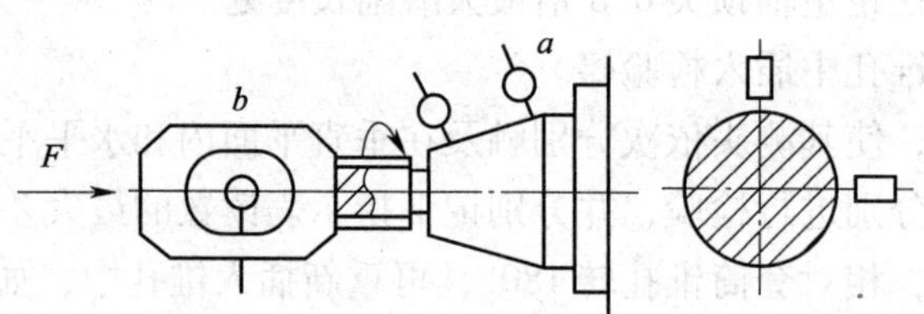

图 2—2—10 砂轮架主轴端部的圆跳动检验简图

1. 主轴定心锥面的径向圆跳动

（1）检验方法及误差值的确定

1）固定指示表，使其测头依次分别垂直触及主轴锥面的两极限位置。

2）转动主轴进行检验，指示表读数的最大代数差值即为主轴定心锥面的径向圆跳动误差。

（2）超差调整。拆开砂轮架主轴副，检查并修复轴瓦或主轴颈，再按一定的步骤重新装配、调整至要求。

2. 主轴的轴向窜动

（1）检验方法及误差值的确定

1）固定指示表，使其测头垂直触及主轴中心孔内的钢球表面。

2）转动主轴进行检验，指示表读数的最大代数差值即为主轴的轴向窜动。

（2）超差调整。同 1 中的（2）。

十一、砂轮架主轴轴线对工作台移动的平行度

砂轮架主轴轴线对工作台移动的平行度检验简图如图 2—2—11 所示。

1. 检验方法及误差值的确定

（1）在砂轮架主轴定心锥面上装一个检验套筒。

（2）固定指示表，使其测头依次分别触及垂直平面内和水平平面内的套筒表面。

（3）移动工作台分别进行检验，并分别记下指示表的读数。

（4）将主轴转 180°，如上再检验一次。

（5）指示表两次读数代数和的一半即为砂轮架主轴轴线在垂直平面内和水平平面内对工作台移动的平行度误差。

2. 超差调整

修刮磨头底面至要求。

十二、砂轮架移动对工作台移动的垂直度

砂轮架移动对工作台移动的垂直度检验简图如图 2—2—12 所示。

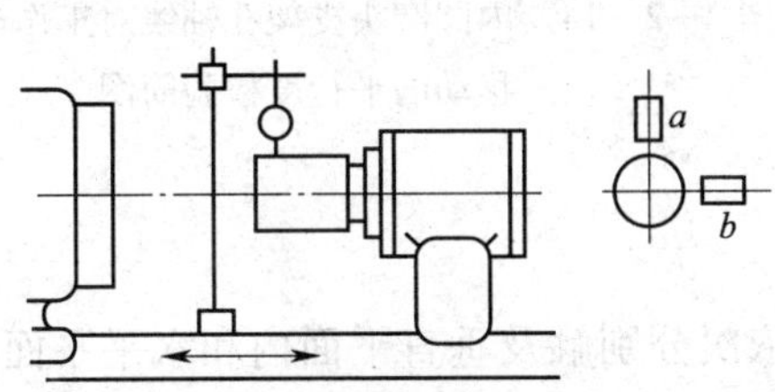

图 2—2—11　砂轮架主轴轴线对工作台移动的平行度检验简图

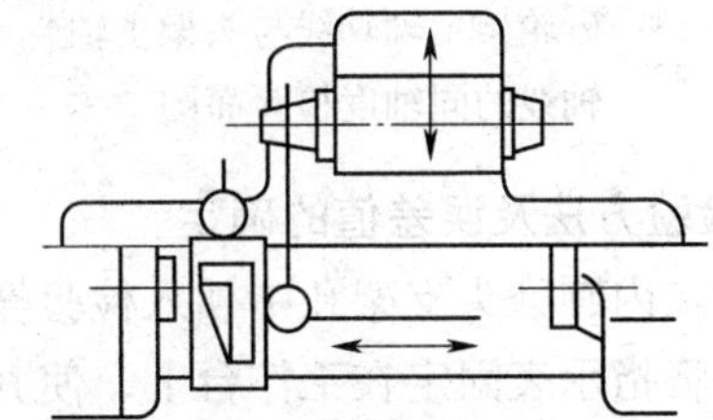

图 2—2—12　砂轮架移动对工作台移动的垂直度检验简图

1. 检验方法及误差值的确定

（1）在工作台的专用检具上放一个直角尺，调整直角尺，使其一边与工作台移动方向平行。

（2）将指示表固定在砂轮架上，使其测头触及直角尺的另一边。

（3）移动砂轮架在全行程上进行检验，指示表读数的最大代数差值即为砂轮架移动对工作台移动的垂直度误差。

2. 超差调整

调整砂轮架下方的滑鞍座与床身的相对安装位置至要求。

十三、砂轮架主轴轴线与头架主轴轴线的同轴度

砂轮架主轴轴线与头架主轴轴线的同轴度检验简图如图 2—2—13 所示。

1. 检验方法及误差值的确定

（1）在砂轮架主轴定心锥面上装一个检验套筒。

（2）在头架主轴锥孔中插入一个与检验套筒直径相等的检验棒。

（3）在工作台的桥板上放一个指示表，移动指示表，使其测头分别触及两个圆柱表面进行检验，指示表读数的代数差值即为砂轮架主轴轴线与头架主轴轴线的同轴度误差。

2. 超差调整

（1）若头架主轴中心线高于砂轮架主轴中心线，则可在平面磨床上修磨掉上工作台的下底面（即与下工作台的连接面）超差值。

（2）若砂轮架主轴中心线高于头架主轴中心线，则可修磨掉砂轮架下方的滑鞍座与床身超差值。

十四、内圆磨头支架孔轴线对工作台移动的平行度

内圆磨头支架孔轴线对工作台移动的平行度检验简图如图 2—2—14 所示。

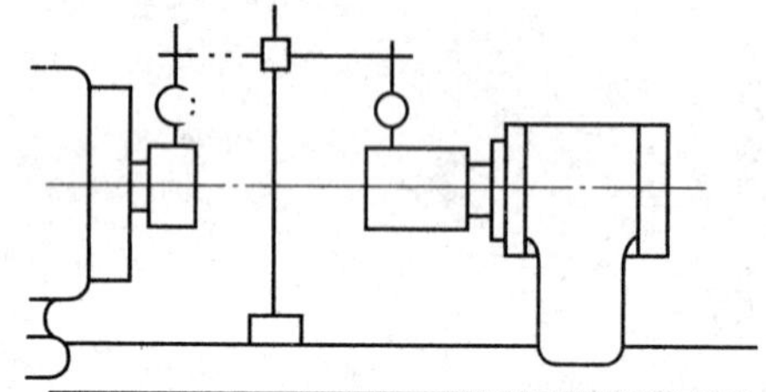

图 2—2—13　砂轮架主轴轴线与头架主轴轴线的同轴度检验简图

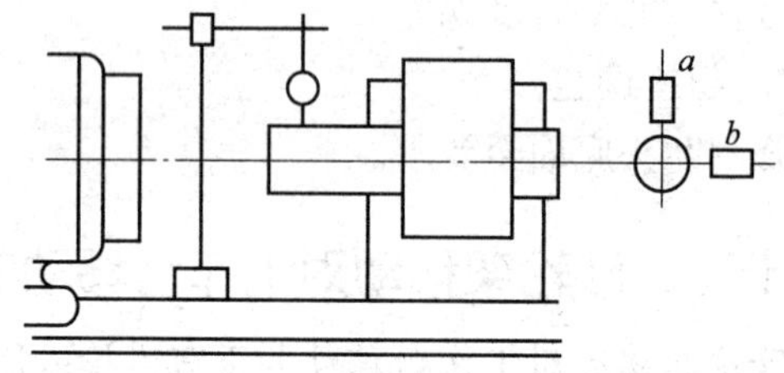

图 2—2—14　内圆磨头支架孔轴线对工作台移动的平行度检验简图

1. 检验方法及误差值的确定

（1）在内圆磨头支架孔中插入检验棒。

（2）将指示表固定在工作台上，使其测头依次分别触及垂直平面内和水平平面内的检验棒表面。

（3）移动工作台分别进行检验，并分别记下指示表的读数。

（4）将检验棒转 180°，如上再检验一次。

（5）指示表两次读数代数和的一半即为内圆磨头支架孔轴线对工作台移动的平行度误差（在垂直平面内和水平平面内要分别计算）。

2. 超差调整

若在垂直平面内超差，则可将内圆磨具支架座相对于砂轮头架的支座安装面偏转一个微小的角度；若在水平平面内超差，则修刮内圆磨具支架座的安装基面。

十五、内圆磨头支架孔轴线对头架主轴轴线的同轴度

内圆磨头支架孔轴线对头架主轴轴线的同轴度检验简图如图 2—2—15 所示。

1. 检验方法及误差值的确定

（1）在内圆磨头支架孔中装一个检验棒。

（2）在头架主轴锥孔中插入一个直径相等的检验棒。

（3）将指示表放在工作台的桥板上，移动指示表，使其测头分别触及两个检验棒的圆柱面进行检验，指示表读数的代数差值即为内圆磨头支架孔轴线对头架主轴轴线的同轴度误差。

2. 超差调整

松开用来紧固内圆磨具支架底座和支架体壳的螺钉，再将其两侧的螺钉拧下，同时取下两个垫圈，再用旋具调节其里面的球头螺钉，直至同轴度精度合格为止。

十六、砂轮架快速引进重复定位精度

砂轮架快速引进重复定位精度检验简图如图 2—2—16 所示。

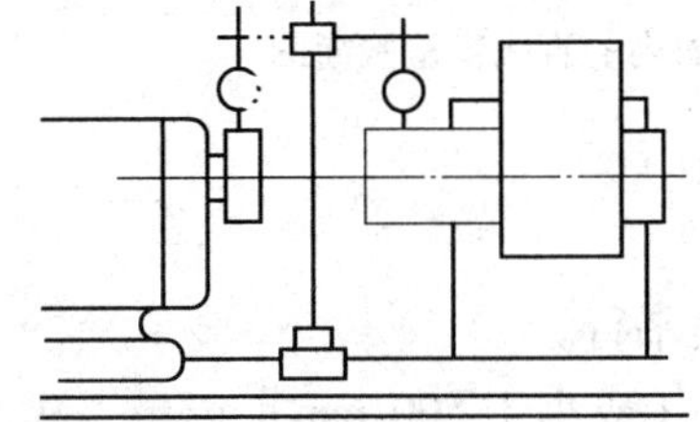

图 2—2—15　内圆磨头支架孔轴线对头架主轴轴线的同轴度检验简图

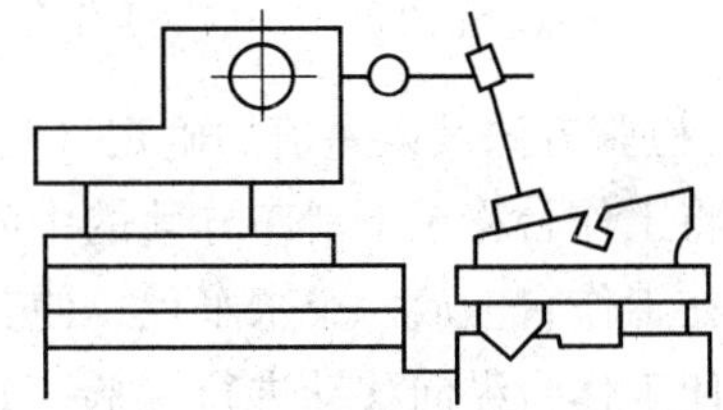

图 2—2—16　砂轮架快速引进重复定位精度检验简图

1. 检验方法及误差值的确定

（1）固定指示表，使其测头触及砂轮架壳体上，测头轴线应与砂轮架主轴轴线在同一水平面内。

（2）砂轮架快速引进，连续进行六次检验，指示表读数的最大代数差值即为砂轮架快速引进重复定位误差。

2. 超差调整

（1）若快速引进机构装配精度不高，则应将快速引进机构拆下，重新检查、装配至要求精度。

（2）若砂轮架导轨的直线度、平行度未达到要求，砂轮架导轨扭曲，则重新检查导轨接触质量，对精度超差部位进行修复至要求。

（3）若进给液压缸或进给丝杠轴线与砂轮架移动方向不平行，则应用检验棒重新找正支承孔（座）的位置，使其与导轨母线平行。

子课题 3　镗床的安装精度调整

学习目标

熟悉镗床工作台、主轴箱、主轴、平旋盘、中央 T 形槽、后立柱导轨等部件的安装精度调整方法。

一、工作台移动在垂直平面内的直线度

工作台移动在垂直平面内的直线度检验简图如图 2—2—17 所示。

1. 工作台的纵向移动

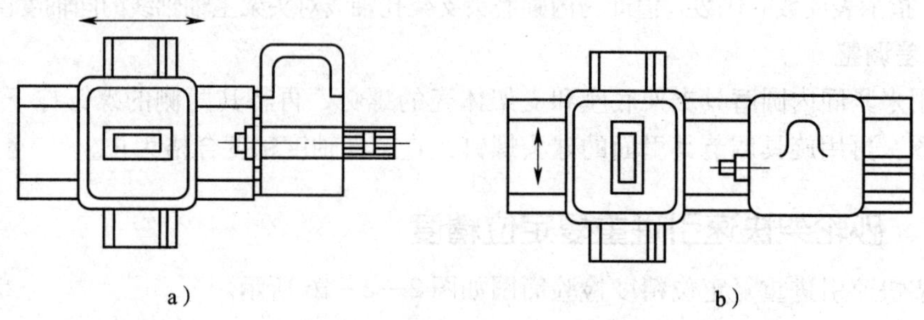

图 2—2—17　工作台移动在垂直平面内的直线度检验简图

(1) 检验方法及误差值的确定（见图 2—2—17a）

1) 将工作台移至下滑座导轨的中间位置上。

2) 在工作台上放一个水平仪，使其与床身导轨平行。

3) 使工作台纵向移动进行检验，每隔 500 mm（或小于 500 mm）记录一次水平仪读数，在工作台的全部行程上至少记录 8 个读数。

4) 将水平仪读数依次排列，画出工作台纵向的运动曲线。

5) 在每 1 m 行程上运动曲线和它的两端点连线间的最大坐标值，即为 1 m 行程上的直线度误差。

6) 在全部行程上运动曲线和它的两端点连线间的最大坐标值，即为全部行程上的直线度误差。

(2) 超差调整。修刮下滑座下导轨面底平面至要求。

2. 工作台的横向移动

(1) 检验方法及误差值的确定（见图 2—2—17b）

1) 将下滑座夹紧在床身导轨的中间位置。

2) 移动工作台，使工作台位于床身导轨的中间位置。

3) 在工作台上放一水平仪使其与床身导轨垂直。

4) 横向移动工作台，每隔 500 mm（或小于 500 mm）记录一次水平仪读数，在工作台的全部行程至少记录 3 个读数。

5) 将水平仪读数依次排列，画出工作台横向的运动曲线。

6) 在每 1 m 行程上运动曲线和它的两个端点连线间的最大坐标值，就是 1 m 行程上的直线度误差。

7) 在全部行程上运动曲线和它的两端点连线间的最大坐标值，即为全部行程上的直线度误差。

(2) 超差调整。修刮上滑座下导轨面底平面至要求。

二、工作台移动时的倾斜度

工作台移动时的倾斜度检验简图如图2—2—18所示。

1. 工作台的纵向移动

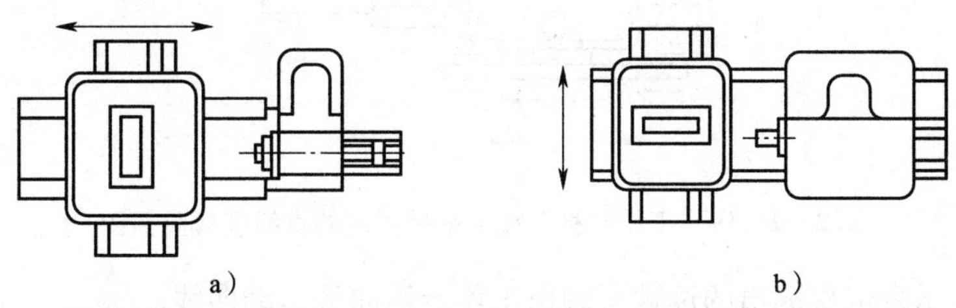

图2—2—18 工作台移动时的倾斜度检验简图

(1) 检验方法及误差值的确定（见图2—2—18a）

1）在工作台纵向移动在垂直平面内的直线度检验合格后，将水平仪原位转动90°。

2）纵向移动工作台，每隔500 mm（或小于500 mm）记录一次水平仪的读数，在全部行程上至少记录8个读数。

3）水平仪在每1 m行程上读数的最大代数差即为1 m行程上的倾斜度误差；水平仪在全部行程上读数的最大代数差即为全部行程上的倾斜度误差。

(2) 超差调整。修刮下滑座下导轨面底平面至要求（兼顾工作台纵向移动在垂直平面内的直线度）。

2. 工作台的横向移动

(1) 检验方法及误差值的确定（见图2—2—18b）

1）在工作台横向移动在垂直平面内的直线度检验合格后，将水平仪原位转动90°。

2）横向移动工作台，每隔500 mm（或小于500 mm）记录一次水平仪读数，在全部行程内至少记录3个读数。

3）水平仪在每1 m行程上读数的最大代数差即为1 m行程上的倾斜度误差；水平仪在全部行程上读数的最大代数差即为全部行程上的倾斜度误差。

(2) 超差调整。修刮上滑座下导轨面底平面至要求（兼顾工作台横向移动在垂直平面内的直线度）。

三、工作台移动在水平平面内的直线度

工作台移动在水平平面内的直线度检验简图如图2—2—19所示。

1. 工作台的纵向移动

(1) 检验方法及误差值的确定（见图2—2—19中a方向）

1）在工作台旁放一根平尺，使其与床身导轨平行。

2）将指示表固定在工作台上，并使指示表测头顶在平尺检验面上，移动滑座或工作台调整平尺，使工作台纵向移动至平尺两端的读数相等。

3）纵向移动工作台，在全部行程上进行检验，依次记录指示表在测量位置上的读数。

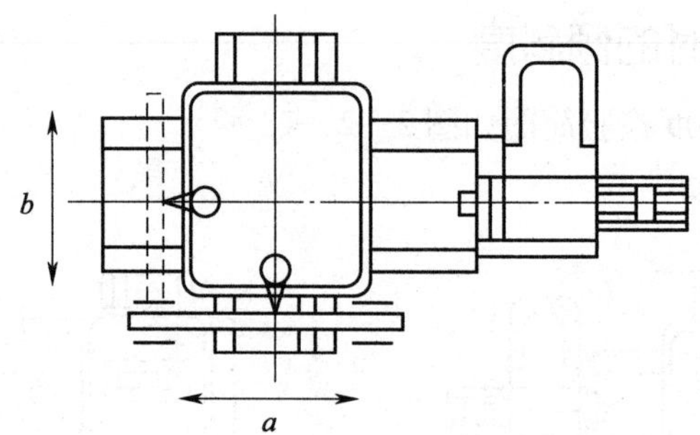

图 2—2—19　工作台移动在水平平面内的直线度检验简图

4）依据指示表依次测出的读数，画出工作台纵向的运动曲线。

5）每 1 m 行程上运动曲线和它的两端点连线间的最大坐标值，即为每 1 m 行程上的直线度误差；作相互平行的直线夹住运动曲线，距离最小的两条平行线间的坐标值即为全部行程上的直线度误差。

（2）超差调整。修刮下滑座下导轨面底面的导向定位侧面至要求。

2．工作台的横向移动

（1）检验方法及误差值的确定（见图 2—2—19 中 b 方向）

1）将下滑座夹紧在床身导轨中间。

2）在工作台旁放一根平尺，使其与上滑座下导轨（即下滑座的上导轨）平行。

3）将指示表固定在工作台上，并使指示表测头顶在平尺检验面上，移动滑座调整平尺，使工作台横向移动至平尺两端的读数相等。

4）横向移动工作台，在全部行程上进行检验，依次记录指示表在测量位置上的读数。

5）依据指示表依次测出的读数，画出工作台横向的运动曲线。

6）每 1 m 行程上运动曲线和它的两端点连线间的最大坐标值，即为每 1 m 行程上的直线度误差；作相互平行的直线夹住运动曲线，距离最小的两条平行线间的坐标值即为全部行程上的直线度误差。

（2）超差调整。修刮上滑座下导轨面底面的导向定位侧面至要求。

注：当行程大于 2 m 时，改用装在工作台上的显微镜和沿移动方向绷紧的钢丝（直径≤0.3 mm）来检验。方法基本相同，故略去。

四、工作台面的平面度

工作台面的平面度检验简图如图 2—2—20 所示。

1．检验方法及误差值的确定

（1）在工作台面上按图 2—2—20 所示的方向放两个高度相等的量块，在它们的上面再放一根平尺。

（2）用量块和塞尺检验工作台面与平尺检验面的间隙，即可检验出工作台面的平面度误差。

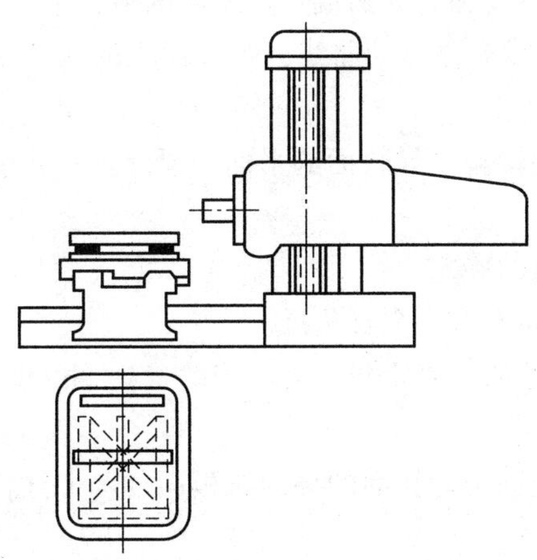

图 2—2—20　工作台面的平面度检验简图

2. 超差调整

视平面度超差情况，可先精刨或修磨导轨，再精刮工作台上表面至要求，或直接精刮工作台上表面至要求。

五、主轴箱垂直移动的直线度

主轴箱垂直移动的直线度检验简图如图 2—2—21 所示。

1. 工作台面的纵向

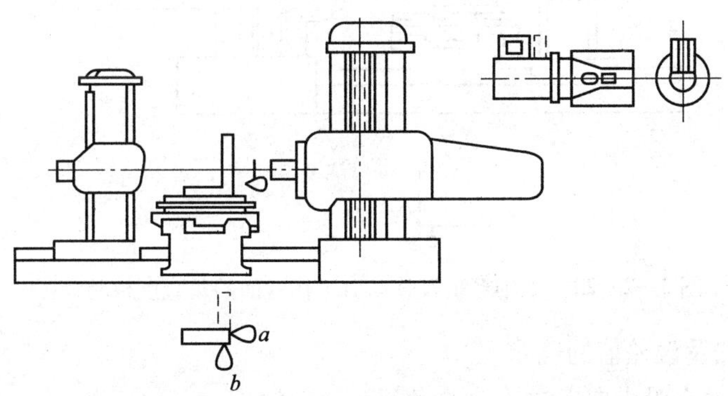

图 2—2—21　主轴箱垂直移动的直线度检验简图

（1）检验方法及误差值的确定

1）在工作台面上沿纵向 *a* 放一个直角尺。

2）将指示表固定在主轴箱上，使其测头顶在直角尺检验面上。

3）移动主轴箱，调整直角尺，使主轴箱在行程两端时，指示表在直角尺检验面上的读数相等。

4）移动主轴箱在其直立平面内进行检验，每隔 500 mm（或小于 500 mm）记录一次水平仪读数，在主轴箱全部行程上至少要记录 5 个读数。

5）将指示表读数依次排列，画出主轴箱纵向直立平面内的运动曲线。

6）每 1 m 行程上运动曲线和它的两端点连线间的最大坐标值，即为每 1 m 行程上的直线度误差；作互相平行的直线夹住运动曲线，距离最小的两条平行线间的坐标值即为全部行程上的直线度误差。

（2）超差调整。修刮主轴箱平导轨面的平面至要求。

2. 工作台面的横向

（1）检验方法及误差值的确定

1）在工作台面上沿横向 b 放一个直角尺。

2）其余检验方法及误差值的确定与上述 1 中的（1）相同，只不过是在主轴箱横向直立平面内进行检验。

（2）超差调整。修刮主轴箱导轨面的导向压板面（与上述修刮主轴箱平导轨面的平面要兼顾）至要求。

六、主轴箱垂直移动对工作台面的垂直度

主轴箱垂直移动对工作台面的垂直度检验简图如图 2—2—22 所示。

1. 工作台面的纵向

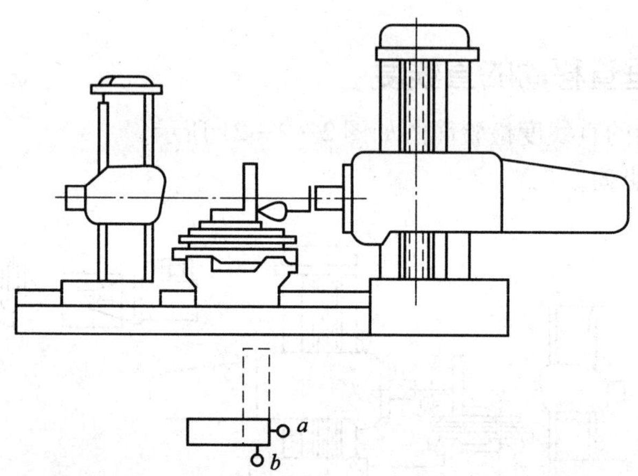

图 2—2—22　主轴箱垂直移动对工作台面的垂直度检验简图

（1）检验方法及误差值的确定

1）在工作台面上沿纵向 a 放一个直角尺。

2）将指示表固定在主轴箱上，使其测头顶在直角尺检验面上。

3）移动主轴箱进行检验，指示表读数的最大代数差值即为垂直度误差。

（2）超差调整。调整主轴箱导轨镶条或修刮其导轨面至要求。

2. 工作台面的横向

（1）检验方法及误差值的确定

1）在工作台面上沿横向 b 放一个直角尺。

2）其余检验方法及误差值的确定与上述 1 中的（1）相同，只不过是在横向直立平面内进行检验。

（2）超差调整。调整主轴箱导轨镶条或修刮其导轨面至要求。

七、主轴旋转中心线对前立柱导轨的垂直度

主轴旋转中心线对前立柱导轨的垂直度检验简图如图 2—2—23 所示。

1. 检验方法及误差值的确定

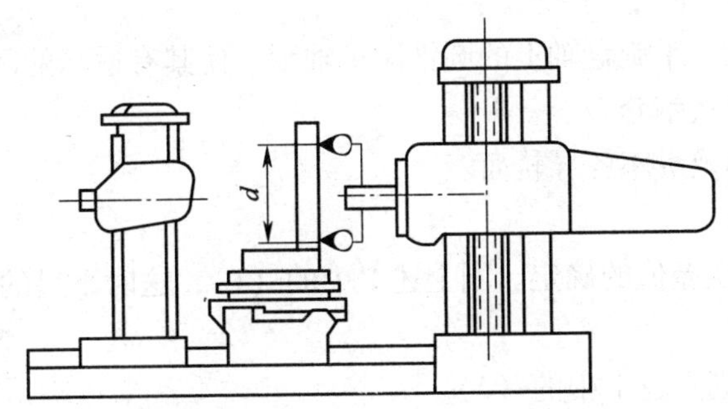

图 2—2—23　主轴旋转中心线对前立柱导轨的垂直度检验简图

（1）将主轴箱夹紧在前立柱导轨的中间位置，然后使主轴伸出 5 倍主轴直径的长度 L。

（2）在工作台上放一个直角尺，使直角尺检验面与横向直立平面平行。

（3）将装有指示表的角形表杆固定在主轴上，并使指示表的测头顶在直角尺检验面上。

（4）移动主轴箱，调整直角尺，使直角尺检验面与立柱导轨平行。

（5）将主轴旋转 180°进行检验，指示表读数的最大代数差值即为垂直度误差。

2. 超差调整

调整主轴箱导轨镶条或修刮其导轨面至要求。

八、主轴移动的直线度

主轴移动的直线度检验简图如图 2—2—24 所示。

1. 在垂直平面内

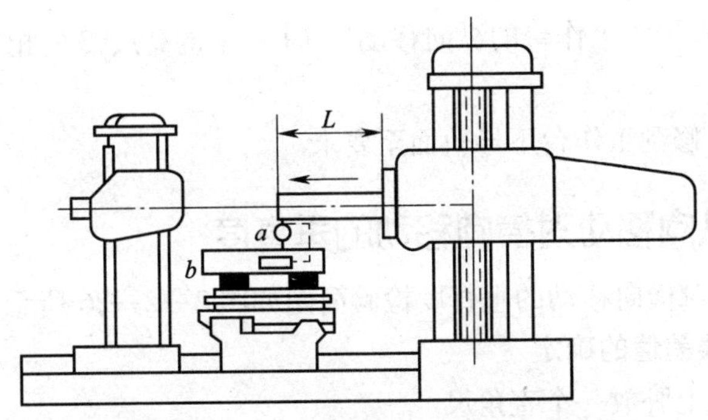

图 2—2—24　主轴移动的直线度检验简图

（1）检验方法及误差值的确定

1）在工作台面上放一根专用平尺，使其检验面位于垂直平面内 a 处。

2）将指示表固定在主轴上，使其测头顶在平尺检验面上，移动主轴，使平尺检验面

在垂直平面内与主轴移动方向平行。

3）移动主轴，记录指示表读数的最大代数差值。

4）将主轴旋转180°，如上再检验一次。

5）两次测量结果代数和的一半即为直线度误差。

（2）超差调整。有下列几种方法：

1）调整空心主轴、平旋盘轴上的圆锥滚子轴承，使其有适当的间隙。

2）修复主轴，更换钢套。

3）修刮尾部箱体及滑座各导轨面。

2. 在水平平面内

（1）检验方法及误差值的确定。同上述1中的（1），这时平尺的检验面应位于水平平面内。

（2）超差调整。同上述1中的（2）。

九、工作台面对工作台移动的平行度

工作台面对工作台移动的平行度检验简图如图2—2—25所示。

1. 工作台的纵向移动

（1）检验方法及误差值的确定

1）在工作台面上沿纵向 a 放一根平尺。

2）将指示表固定在机床上，使指示表测头顶在平尺的检验面上。

3）移动滑座或工作台，在纵向直立平面内进行检验，指示表读数的最大代数差值即为平行度误差。

（2）超差调整。修刮下滑座下导轨面至要求。

2. 工作台的横向运动

（1）检验方法及误差值的确定

1）将下滑座夹紧在床身导轨中间。

2）在工作台面上沿横向 b 放一个平尺。

3）具体检验方法与“工作台的纵向移动”（1）中的2）、3）相同，只是应在横向直立平面内进行检验。

（2）超差调整。修刮工作台下导轨面至要求。

十、工作台纵向移动对横向移动的垂直度

工作台纵向移动对横向移动的垂直度检验简图如图2—2—26所示。

1. 检验方法及误差值的确定

（1）在工作台面上卧放一个直角尺。

（2）将指示表固定在机床上，使其测头顶在直角尺的一个检验面上，移动滑座，调整直角尺，使直角尺的这个检验面与滑座移动方向平行。

（3）变动指示表的位置，使其测头顶在直角尺的另一个检验面上。

（4）移动工作台进行检验，百分表读数的最大代数差值即为垂直度误差。

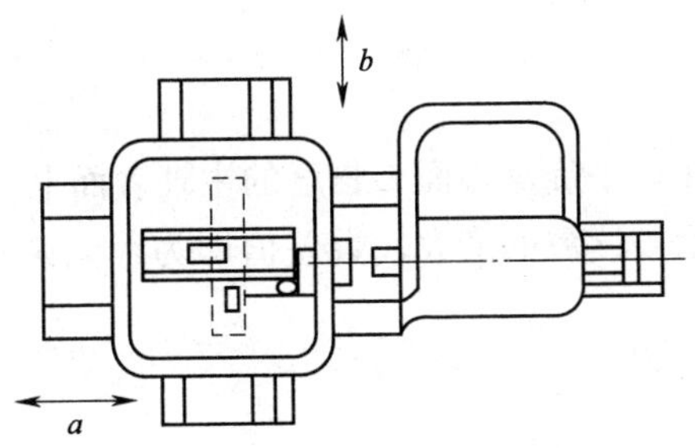

图 2—2—25　工作台面对工作台移动的平行度检验简图

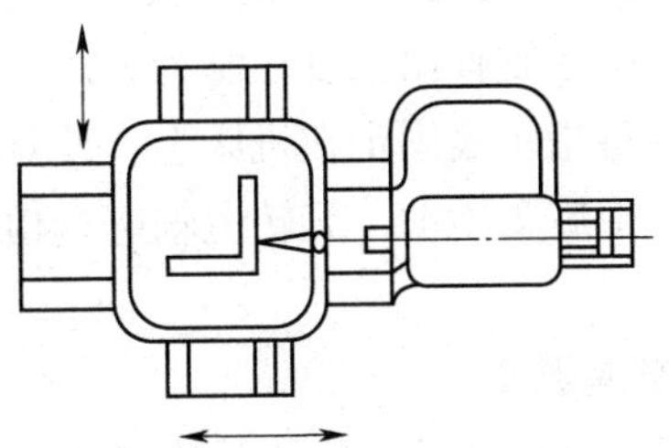

图 2—2—26　工作台纵向移动对横向移动的垂直度检验简图

2. 超差调整

修刮下滑座的下导轨面和上导轨面至要求。

十一、工作台转动后工作台面的水平度

工作台转动后工作台面的水平度检验简图如图 2—2—27 所示。

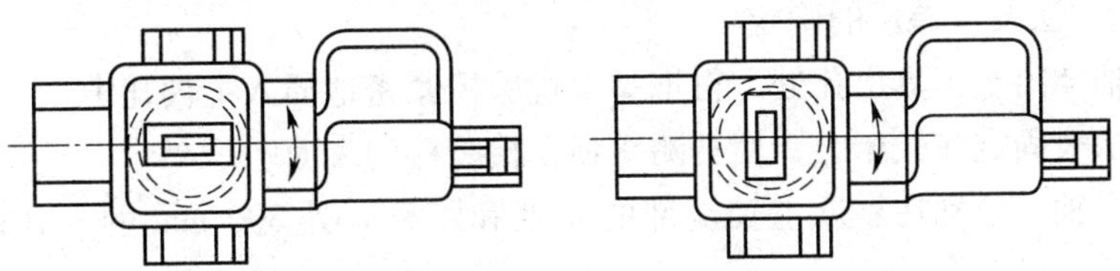

图 2—2—27　工作台转动后工作台面的水平度检验简图

1. 检验方法及误差值的确定

（1）将滑座夹紧在床身导轨的中间。

（2）在工作台面上放一个水平仪，使其与床身导轨平行。

（3）工作台依次回转 90°、180°、270°及 360°，分别夹紧后记录水平仪的读数，水平仪读数的最大代数差值即为水平度误差。

2. 超差调整

修刮上滑座上面的圆形导轨面至要求。

十二、主轴的径向圆跳动

主轴的径向圆跳动检验简图如图 2—2—28 所示。

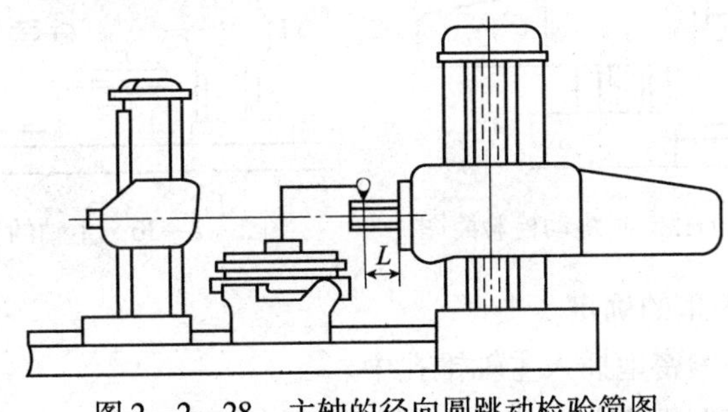

图 2—2—28　主轴的径向圆跳动检验简图

1. 检验方法及误差值的确定

（1）把主轴伸出长度控制为 L。

（2）将指示表固定在机床上，使其测头顶在距平旋盘端面 L 长度的主轴表面上。

（3）平旋盘不动，旋转主轴进行检验，指示表读数的最大代数差值即为径向圆跳动误差。

2. 超差调整

视超差大小有以下几种调整方法：

（1）调整空心主轴前端的圆锥滚子轴承间隙。

（2）调整平旋盘的圆锥滚子轴承间隙。

（3）更换支承主轴的三个钢套。

十三、主轴锥孔的径向圆跳动

主轴锥孔的径向圆跳动检验简图如图 2—2—29 所示。

1. 单独回转主轴

（1）检验方法及误差值的确定

1）将主轴伸出至工具出孔处，再把一根检验棒紧密地插入主轴孔中。

2）将指示表固定在机床上，使其测头顶在检验棒的表面上。

3）旋转主轴，分别在靠近主轴端部的 a 处和距离 a 处 300 mm 的 b 处检验径向圆跳动。

4）a、b 的误差分别计算。指示表读数的最大代数差值即为径向圆跳动误差。

（2）超差调整。同十二中的 2。

2. 主轴与平旋盘同时回转

（1）检验方法及误差值的确定。同上述 1 中的（1）。

（2）超差调整。同上述 1 中的（2）。

十四、主轴的轴向窜动

主轴的轴向窜动检验简图如图 2—2—30 所示。

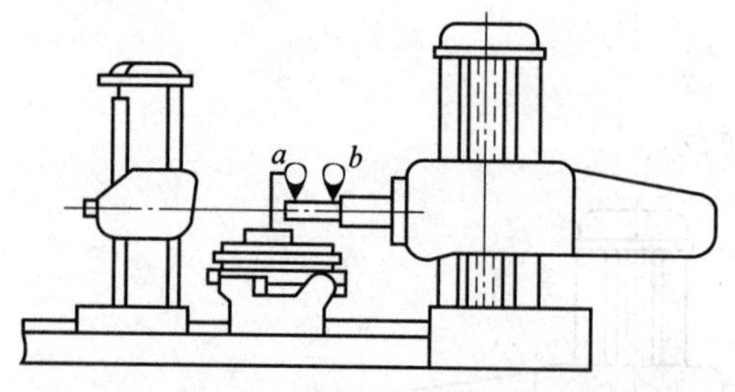

图 2—2—29　主轴锥孔的径向圆跳动检验简图

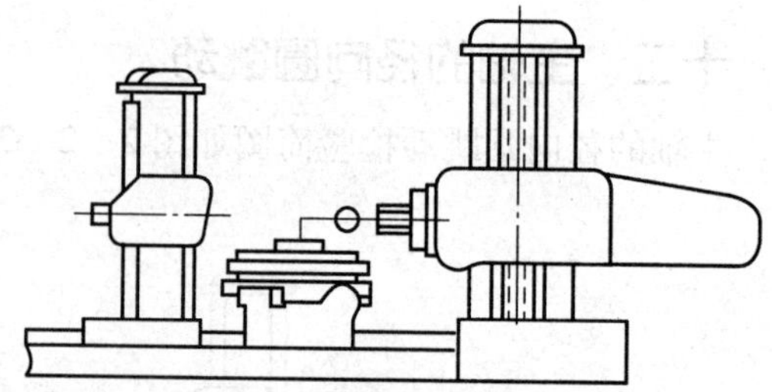
图 2—2—30　主轴的轴向窜动检验简图

1. 检验方法及误差值的确定

（1）把一根检验棒紧密地插入主轴锥孔中。

（2）将指示表固定在机床上，使其测头顶在检验棒的端面靠近中心的地方（或顶在放入检验棒顶尖孔的钢球表面上），旋转主轴进行检验，指示表读数的最大代数差值即为轴向窜动误差。

2. 超差调整

视超差大小有以下几种调整方法：

（1）调整空心主轴的圆锥滚子轴承间隙。

（2）调整平旋盘的圆锥滚子轴承间隙。

十五、平旋盘的圆跳动

平旋盘的圆跳动检验简图如图 2—2—31 所示。

1. 平旋盘端面的圆跳动

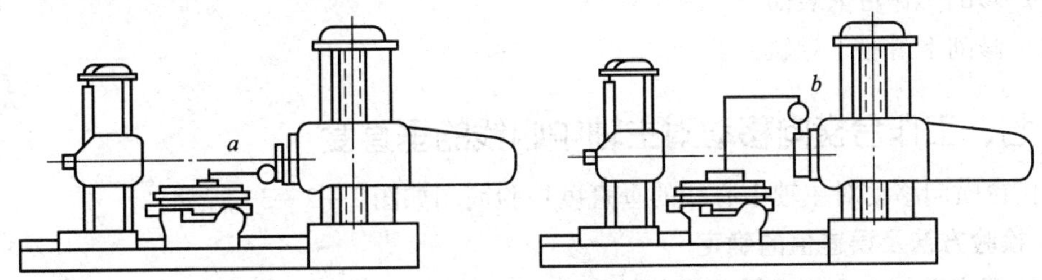

图 2—2—31　平旋盘的圆跳动检验简图

（1）检验方法及误差值的确定

1）将指示表固定在机床上，使其测头顶在平旋盘端面上。

2）旋转平旋盘进行检验，指示表读数的最大代数差值即为圆跳动误差。

（2）超差调整。视超差大小有下列几种调整方法：

1）调整空心主轴前端圆锥滚子轴承的间隙。

2）调整平旋盘的圆锥滚子轴承间隙。

2. 平旋盘定位凸台的圆跳动

（1）检验方法及误差值的确定。同上述 1 中（1）。

（2）超差调整。同上述 1 中（2）。

十六、工作台面对主轴中心线的平行度

工作台面对主轴中心线的平行度检验简图如图 2—2—32 所示。

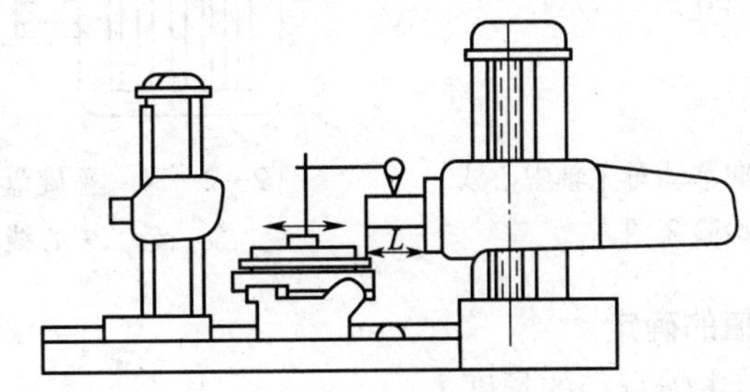

图 2—2—32　工作台面对主轴中心线的平行度检验简图

1．检验方法及误差值的确定

（1）把主轴伸出 5 倍主轴直径的长度 L。

（2）在工作台面上放一根平尺，使其与主轴中心线平行。

（3）在平尺上放一个指示表座，使指示表测头顶在主轴的上母线处。

（4）移动指示表座，在主轴端部和靠近平旋盘的地方进行检验，记录下指示表读数的最大代数差值。

（5）然后将主轴回转 180°，再如上检验一次。

（6）两次测量结果代数和的一半即为平行度误差。

2．超差调整

视超差大小有以下几种调整方法：

（1）修刮工作台上表面。

（2）修刮下滑座下导轨面。

十七、工作台横向移动对主轴中心线的垂直度

工作台横向移动对主轴中心线的垂直度检验简图如图 2—2—33 所示。

1．检验方法及误差值的确定

（1）把主轴伸出 5 倍主轴直径的长度 L。

（2）将滑座夹紧在床身导轨的中间位置，主轴箱夹紧在立柱导轨的中间位置。

（3）先在工作台上放一根平尺，然后再将一个角形表杆装在主轴上，把指示表固定在角形表杆上，使其测头顶在平尺的检验面上，调整平尺，使其与工作台横向移动方向平行。

（4）将主轴旋转 180°进行检验，指示表读数的最大代数差值即为垂直度误差。

2．超差调整

修刮工作台下导轨面至要求。

十八、平旋盘径向刀架移动对主轴中心线的垂直度

平旋盘径向刀架移动对主轴中心线的垂直度检验简图如图 2—2—34 所示。

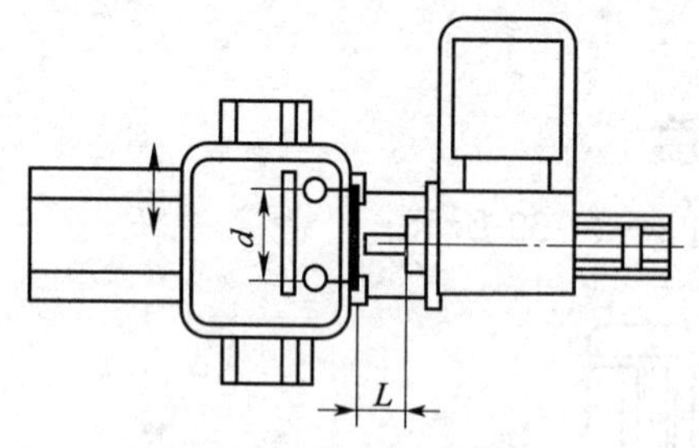

图 2—2—33　工作台横向移动对主轴中心线的垂直度检验简图

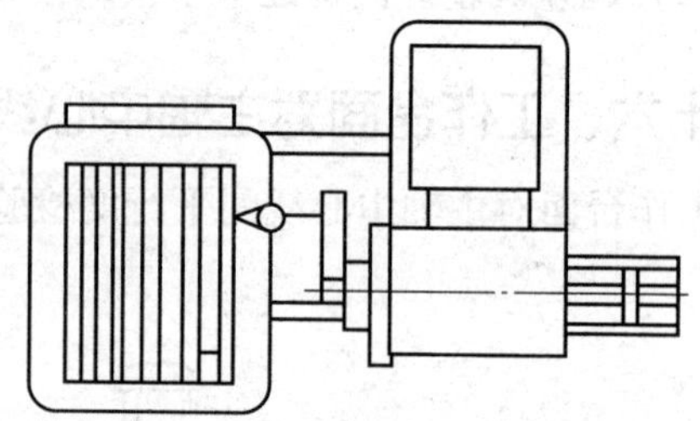

图 2—2—34　平旋盘径向刀架移动对主轴中心线的垂直度检验简图

1．检验方法及误差值的确定

（1）把主轴伸出 5 倍主轴直径的长度 L。

（2）将滑座夹紧在床身导轨的中间位置，主轴箱夹紧在立柱导轨的中间位置。

（3）先在工作台上放一根平尺，然后再将一个角形表杆装在主轴上，把指示表固定在角形表杆上，使其测头顶在平尺的检验面上，旋转主轴，调整平尺，使其与主轴中心线垂直。

（4）拆下角形表杆，把指示表固定在径向刀架上，使其测头顶在平尺检验面上，移动径向刀架进行检验，指示表读数的最大代数差值即为垂直度误差。

2. 超差调整

视超差大小有以下几种调整方法：

（1）调整平旋盘平镶条。

（2）修刮平旋盘座的滑动导轨面。

十九、中央T形槽对主轴中心线的垂直度及对工作台移动方向的平行度

中央T形槽对主轴中心线的垂直度及对工作台移动方向的平行度检验简图如图2—2—35所示。

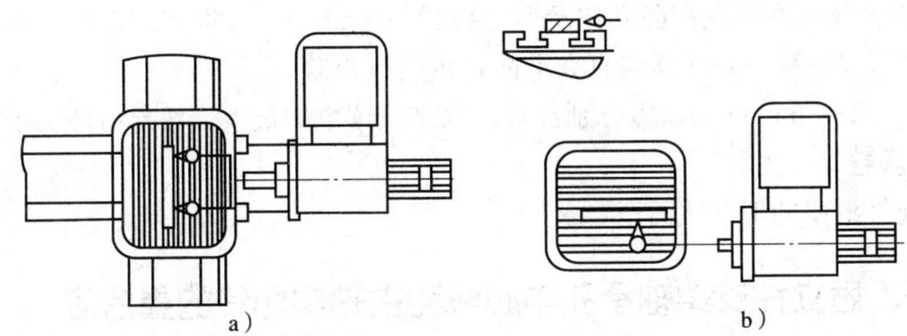

图2—2—35　中央T形槽对主轴中心线的垂直度及对工作台移动方向的平行度检验简图

1. 工作台在0°和180°位置时，中央T形槽对主轴中心线的垂直度

（1）检验方法及误差值的确定（见图2—2—35a）

1）将滑座夹紧在床身导轨中间位置，把工作台固定在0°和180°的位置。

2）将一根平尺放在工作台上，使其凸缘紧靠中央T形槽的同一侧面，把一个角形表杆装在主轴上，使固定其上的指示表测头顶在平尺检验面上。

3）将主轴旋转180°进行检验，指示表读数的最大代数差值即为垂直度误差。

（2）超差调整。修刮T形槽侧面至要求。

2. 工作台在90°和270°位置时，中央T形槽对工作台移动方向的平行度

（1）检验方法及误差值的确定（见图2—2—35b）

1）中央T形槽对主轴中心线的垂直度检验合格后，将工作台回转90°，并分别固定在90°和270°的位置上。

2）使指示表测头重新顶在平尺检验面上，移动下滑座进行检验，指示表读数的最大代数差值即为平行度误差。

（2）超差调整。修刮下滑座下导轨面至要求。

二十、后立柱导轨对前立柱导轨的平行度

后立柱导轨对前立柱导轨的平行度检验简图如图2—2—36所示。

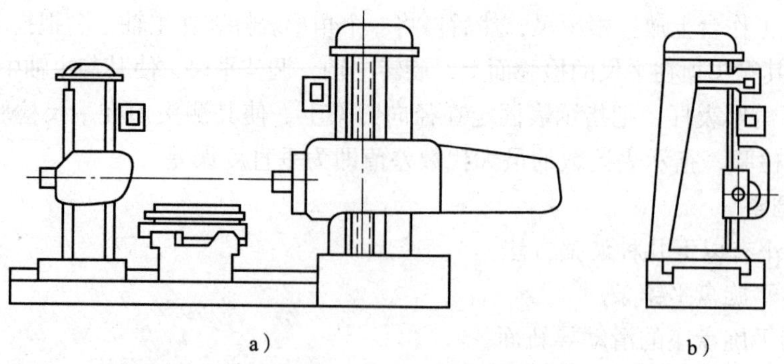

图 2—2—36　后立柱导轨对前立柱导轨的平行度检验简图

1. 检验方法及误差值的确定

（1）将后立柱夹紧在导轨中间位置。

（2）把主轴箱调至升程的 1/4 高度处。

（3）将水平仪依次靠置在前立柱及后立柱导轨上部处，分别在图 2—2—36a（纵向直立平面）内和图 2—2—36b（横向直立平面）内进行检验。

（4）图 2—2—36a、b 的误差分别计算，水平仪读数的最大代数差值即为平行度误差。

2. 超差调整

修刮后立柱滑座的下导轨面至要求。

二十一、后立柱支架轴承孔中心线和主轴中心线的重合度

后立柱支架轴承孔中心线和主轴中心线的重合度如图 2—2—37 所示。

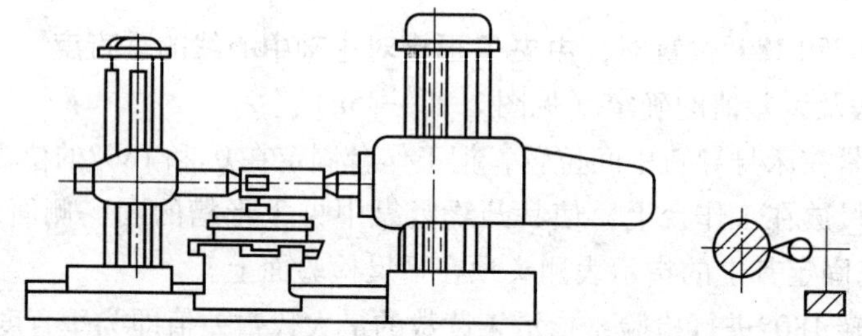
图 2—2—37　后立柱支架轴承孔中心线和主轴中心线的重合度检验简图

1. 检验方法及误差值的确定

（1）将后立柱夹紧在导轨中间位置，把主轴箱和后立柱支架调整到相同高度。

（2）在主轴和支架间顶紧一根检验棒，将指示表固定在工作台上，使其测头顶在检验棒的上母线处，移动工作台，调整支架或主轴箱，使指示表在检验棒两端读数相等。

（3）变动指示表的位置，使指示表测头顶在检验棒侧面线上，夹紧支架和主轴箱，移动工作台在检验棒的两端进行检验，指示表读数的最大代数差值即为重合度误差。

2. 超差调整

视超差大小有以下几种调整方法：

（1）修刮刀杆支架底面。

（2）重镗刀杆支承孔。

子课题 4　龙门铣床的安装精度调整

熟悉龙门铣床工作台、铣头、横梁、中央或基准 T 形槽、主轴等部件的安装精度调整方法。

一、工作台移动（*X* 轴线）在 *XY* 水平平面内的直线度

1. 检验方法及误差值的确定（见图 2—2—38）

（1）将钢丝固定在工作台的两端之间，使其平行于工作台 *X* 轴线运动方向。

（2）将显微镜安置在主轴箱上，工作台沿 *X* 轴移动，测取读数。

2. 超差调整

修刮工作台下导轨面底面的导向定位侧面至要求。

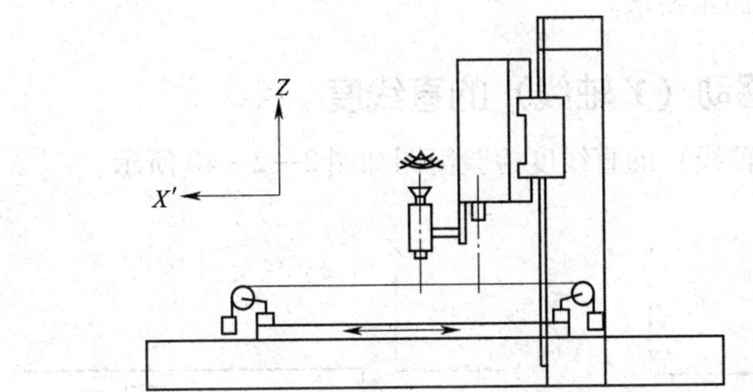

图 2—2—38　工作台移动（*X* 轴线）在 *XY* 水平面内的直线度检验简图

二、工作台移动（*X* 轴线）的角度偏差

工作台移动（*X* 轴线）的角度偏差检验简图如图 2—2—39 所示。

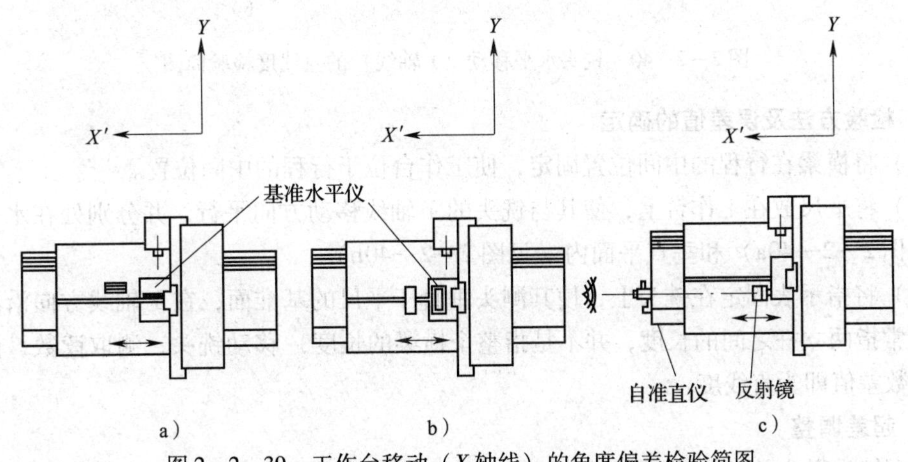

图 2—2—39　工作台移动（*X* 轴线）的角度偏差检验简图

1. 检验方法及误差值的确定

(1) 将水平仪或光学测量装置放在工作台上，其中：

图 2—2—39a（*EBX*：俯仰）表示在 *ZX* 垂直平面内沿 *X* 轴线方向垂直放置。

图 2—2—39b（*EAX*：倾斜）表示在 *YZ* 垂直平面内沿 *Y* 轴线方向垂直放置。

图 2—2—39c（*ECX*：偏摆）表示在 *XY* 水平平面内沿 *Z* 轴线方向，自准直仪水平放置。

(2) 当 *X* 轴线运动引起主轴箱和工作台同时产生角度偏差时，这两种角度偏差应分别测量并加以标明。

(3) 分别测量时，基准水平仪应放置在主轴箱上，且主轴箱应位于行程的中间位置。

(4) 应至少在全行程中的五个等距离的位置上进行测量，而且要在每个位置上的两个运动方向测取读数。

(5) 在任意 1 m 行程上测取读数的最大代数差值即为任意 1 m 行程上的角度偏差；在全部行程上测取读数的最大代数差值即为全部行程上的角度偏差。

2. 超差调整

修刮工作台下导轨面至要求。

三、铣头水平移动（*Y* 轴线）的直线度

铣头水平移动（*Y* 轴线）的直线度检验简图如图 2—2—40 所示。

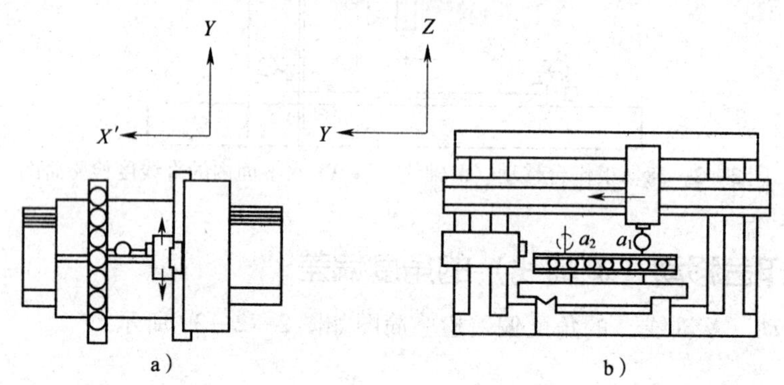

图 2—2—40　铣头水平移动（*Y* 轴线）的直线度检验简图

1. 检验方法及误差值的确定

(1) 将横梁在行程的中间位置固定，使工作台位于行程的中间位置。

(2) 将平尺放在工作台上，使其与铣头的 *Y* 轴线移动方向平行，并分别处在水平平面内（见图 2—2—40a）和垂直平面内（见图 2—2—40b）。

(3) 将指示表固定在铣头上，使其测头垂直于平尺的基准面，在 *Y* 轴线方向沿测量长度（通常指两立柱之间的长度，并不是指整个横梁的长度）移动铣头，测取读数，读数的最大代数差值即为直线度。

2. 超差调整

修刮铣头滑座的下导轨面至要求。

四、铣头水平移动（Y 轴线）的角度偏差

铣头水平移动（Y 轴线）的角度偏差检验简图如图 2—2—41 所示。

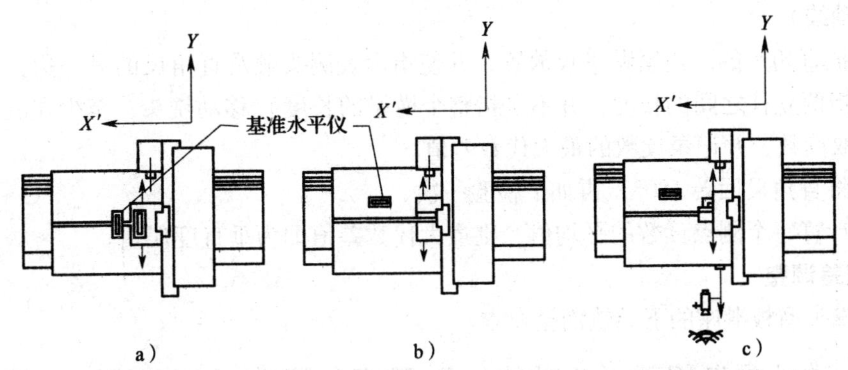

图 2—2—41　铣头水平移动（Y 轴线）的角度偏差检验简图

1. 检验方法及误差值的确定

（1）将水平仪或光学测量装置放在铣头上，其中：

图 2—2—41a（*EAY*：俯仰）表示在 *YZ* 垂直平面内沿 *Y* 轴线方向垂直放置。

图 2—2—41b（*EBY*：倾斜）表示在 *ZX* 垂直平面内沿 *X* 轴线方向垂直放置。

图 2—2—41c（*ECY*：偏摆）表示在 *XY* 水平平面内沿 *Z* 轴线方向，自准直仪水平放置。

（2）当 *Y* 轴线运动引起主轴箱和工作台同时产生角度偏差时，这两种角度偏差应分别测量并加以标明。

（3）分别测量时，基准水平仪应放置在工作台上，且工作台应位于行程的中间位置。

（4）应至少在全行程中的五个等距离的位置上进行测量，而且要在每个位置上的两个运动方向测取读数。

（5）在任意 300 mm 行程上测取读数的最大代数差值即为任意 300 mm 行程上的角度偏差；在全部行程上测取读数的最大代数差值即为全部行程上的角度偏差。

2. 超差调整

修刮铣头溜板滑座的下导轨面至要求。

五、铣头水平移动（Y 轴线）对工作台移动（X 轴线）的垂直度

铣头水平移动（Y 轴线）对工作台移动（X 轴线）的垂直度检验简图如图 2—2—42 所示。

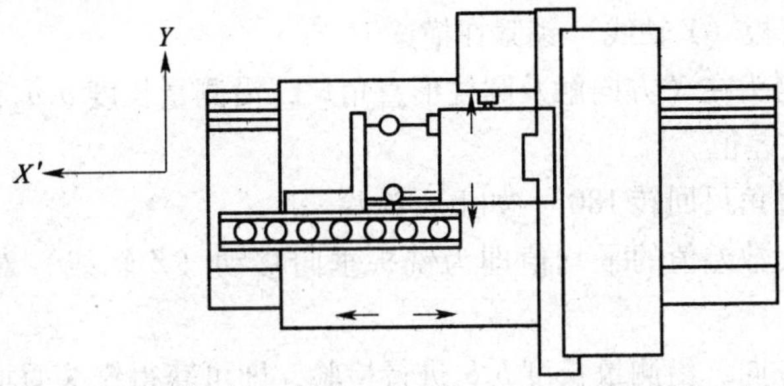

图 2—2—42　铣头水平移动（Y 轴线）对工作台移动（X 轴线）的垂直度检验简图

1. 检验方法及误差值的确定

（1）将横梁锁紧在其行程的中间位置。

（2）把指示表安置在铣头上，再把平尺水平放在工作台上，并使其平行于工作台移动方向（X 轴线）。

（3）把直角尺的一边紧贴平尺放置，并使指示表测头触及直角尺的另一边，沿测量长度（通常指两立柱之间的长度，并不是指整个横梁的长度）移动铣头，至少在五个等距离的位置测取读数，并记录读数的最大代数差值。

（4）将直角尺回转 180°，再如上检验一次。

（5）计算每个测点读数的平均值，则最大代数差值即为垂直度误差。

2. 超差调整

修刮铣头溜板滑座的下导轨面至要求。

六、铣头垂向移动（Z 轴线）对工作台移动（X 轴线）的垂直度和对铣头水平移动（Y 轴线）的垂直度

铣头垂向移动（Z 轴线）对工作台移动（X 轴线）的垂直度和对铣头水平移动（Y 轴线）的垂直度检验简图如图 2—2—43 所示。

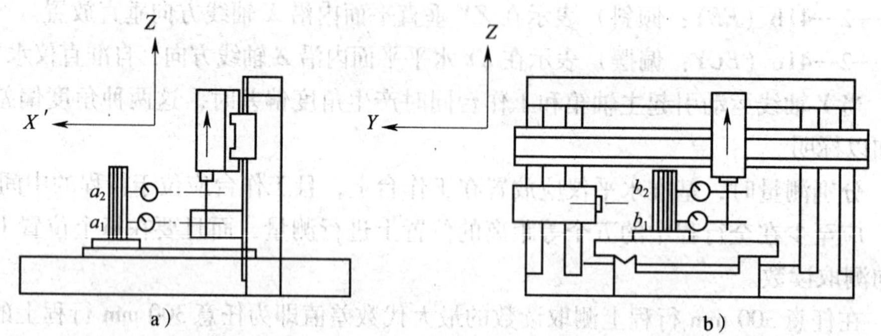

图 2—2—43 铣头垂向移动（Z 轴线）对工作台移动（X 轴线）的垂直度和对铣头水平移动（Y 轴线）的垂直度检验简图

1. 检验方法及误差值的确定

（1）把平板放置在工作台面上，并使其上平面与 X 轴线和 Y 轴线平行，再将圆柱形直角尺安置在平板上。

（2）将指示表放置在主轴上（主轴能够锁紧的情况下），否则就放置在铣头上且靠近主轴处，再把铣头溜板（Y 轴线）锁紧在横梁上。

（3）将指示表测头在 X 方向触及圆柱形直角尺，沿测量长度 a_1a_2 移动铣头，并记录指示表读数的最大代数差值。

（4）将圆柱形直角尺回转 180°，如上再检验一次。

（5）两次最大代数差值的平均值即为铣头垂向移动（Z 轴线）对工作台移动（X 轴线）的垂直度误差。

（6）同样在 Y 方向，沿测量长度 b_1b_2 进行检验，即可获得铣头垂向移动（Z 轴线）对铣头水平移动（Y 轴线）的垂直度误差。

2. 超差调整

修刮铣头溜板滑动导轨面至要求。

七、横梁垂向移动（*W* 轴线或 *R* 轴线）对工作台移动（*X* 轴线）的垂直度和对铣头水平移动（*Y* 轴线）的垂直度

横梁垂向移动（*W* 轴线或 *R* 轴线）对工作台移动（*X* 轴线）的垂直度和对铣头水平移动（*Y* 轴线）的垂直度检验简图如图 2—2—44 所示。

1. 检验方法及误差值的确定

基本与上述“六”中的 1 相同。

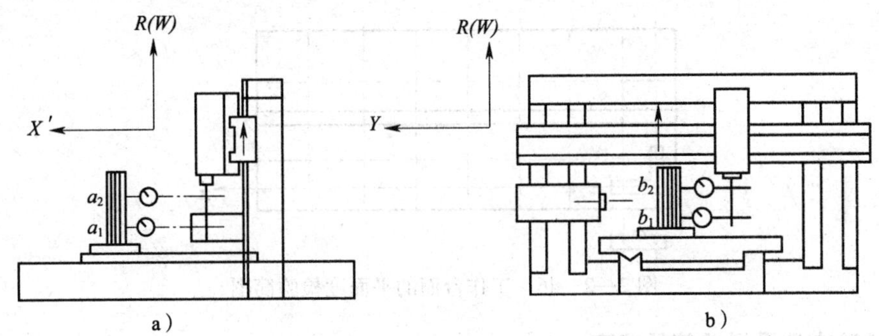

图 2—2—44　横梁垂向移动（*W* 轴线或 *R* 轴线）对工作台移动（*X* 轴线）的垂直度和对铣头水平移动（*Y* 轴线）的垂直度检验简图

2. 超差调整

修刮横梁下导轨面（即与两个立柱相滑动的面）至要求。

八、横梁在 *XY* 垂直平面内沿 *W* 轴线或 *R* 轴线移动的角度变化

横梁在 *XY* 垂直平面内沿 *W* 轴线或 *R* 轴线移动的角度变化检验简图如图 2—2—45 所示。

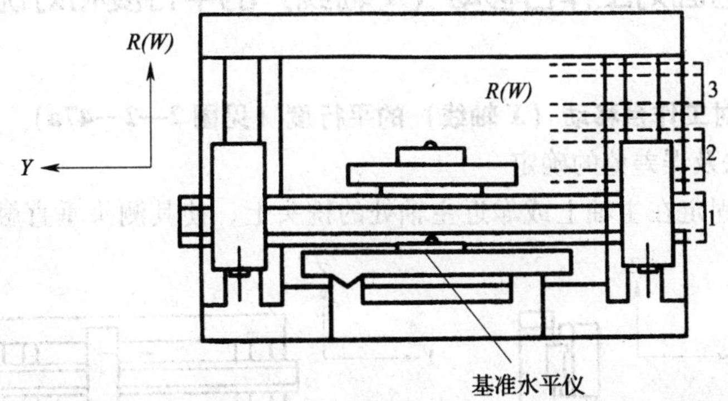

图 2—2—45　横梁在 *XY* 垂直平面内沿 *W* 轴线或 *R* 轴线移动的角度变化检验简图

1. 检验方法及误差值的确定

（1）将水平仪放置在横梁上平面的中间位置，在低、中、高三个位置测取读数。

（2）当 *W* 轴线或 *R* 轴线运动引起横梁和工作台同时产生角度偏差时，这两种角度偏差应分别测量并予以标注。

（3）分别测量时，应将基准水平仪放置在工作台上，且工作台应位于行程的中间位置。

（4）横梁上若有两个垂直铣头，则应与工作台对称放置；若只有一个垂直铣头，则应位于横梁中间位置。

（5）测量时，横梁在低、中、高各位置均应锁紧。

2. 超差调整

修刮横梁下导轨面（即与两个立柱相滑动的面）至要求。

九、工作台面的平面度

工作台面的平面度检验简图如图2—2—46所示。

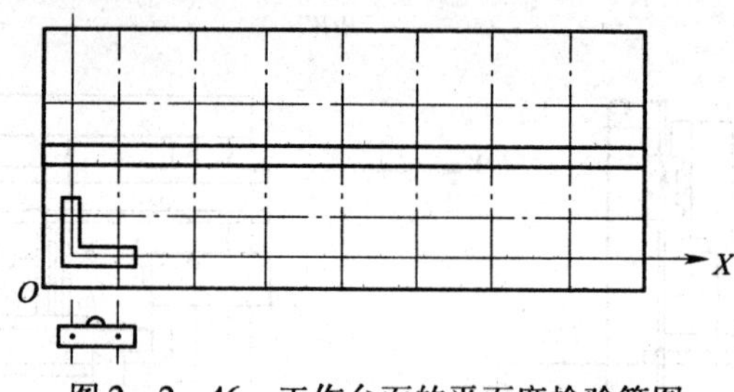

图2—2—46 工作台面的平面度检验简图

1. 检验方法及误差值的确定

（1）使工作台位于行程的中间位置。

（2）把精密水平仪和桥板放置在工作台上，沿 *O*—*X* 和 *O*—*Y* 两个方向，在间距为500 mm的不同位置进行测量，并测取读数，进而得出工作台面的平面度误差。

2. 超差调整

视平面度超差情况，可先精刨或修磨导轨，再精刨工作台表面至要求，或直接精刨工作台表面至要求。

十、工作台面对工作台移动（*X* 轴线）的平行度和对铣头移动（*Y* 轴线）的平行度

1. 工作台面对工作台移动（*X* 轴线）的平行度（见图2—2—47a）

（1）检验方法及误差值的确定

1）将指示表固定在主轴上或靠近主轴处的铣头上，使其测头垂直触及工作台面或量

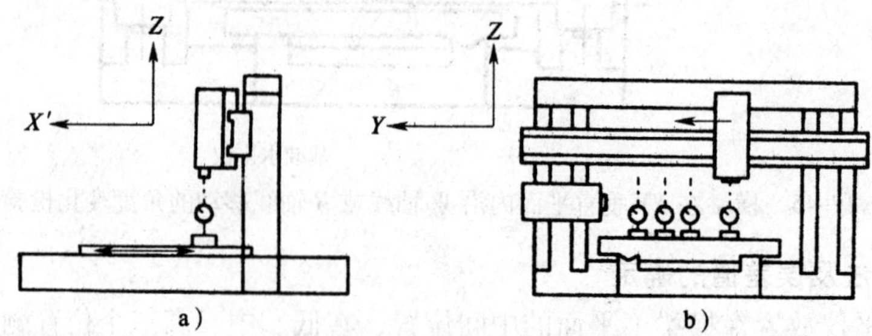

图2—2—47 工作台面对工作台移动（*X* 轴线）的平行度和对铣头移动（*Y* 轴线）的平行度检验简图

块表面。

2）将横梁锁紧在行程的中间位置，使铣头位于 Y 向行程的中间位置。

3）沿 X 方向移动工作台，并记录下指示表读数的最大代数差值。

4）把铣头放在与中间位置相对称的其他两个位置（即靠近工作台两侧边缘处），分别再如上各检验一次，并记录下指示表读数的最大代数差值。

5）以上述三个最大代数差值中的最大值作为平行度误差。

（2）超差调整。修刮工作台下导轨面至要求。

2. 工作台面对铣头移动（Y 轴线）的平行度（见图 2—2—47b）

（1）检验方法及误差值的确定

1）将指示表固定在主轴上或靠近主轴处的铣头上，使其测头垂直触及工作台面或量块表面。

2）将横梁锁紧在行程的中间位置，使工作台位于行程的中间位置。

3）沿 Y 方向移动铣头，并记录下指示表读数的最大代数差值。

4）将工作台置于与中间位置相对称的其他两个位置，分别再如上各检验一次，并记录下指示表读数的最大代数差值。

5）以上述三个最大代数差值中的最大值作为平行度误差。

（2）超差调整。修刮铣头溜板滑座下导轨面的水平导向面至要求。

十一、中央或基准 T 形槽对工作台移动（X 轴线）的平行度

中央或基准 T 形槽对工作台移动（X 轴线）的平行度检验简图如图 2—2—48 所示。

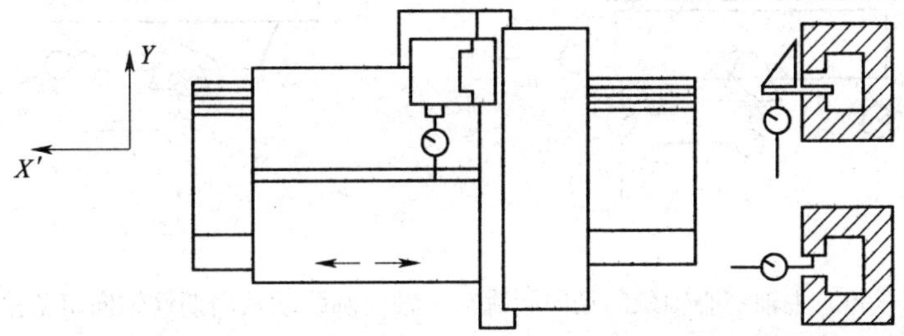

图 2—2—48　中央或基准 T 形槽对工作台移动（X 轴线）的平行度检验简图

1. 检验方法及误差值的确定

（1）把指示表安置在机床一固定部件上，使其测头触及基准 T 形槽测量面或 T 形角尺检验面。

（2）移动工作台进行检验，指示表读数的最大代数差值即为平行度误差。

2. 超差调整

修刮工作台下导轨面至要求。

十二、主轴锥孔的径向圆跳动

主轴锥孔的径向圆跳动检验简图如图 2—2—49 所示。

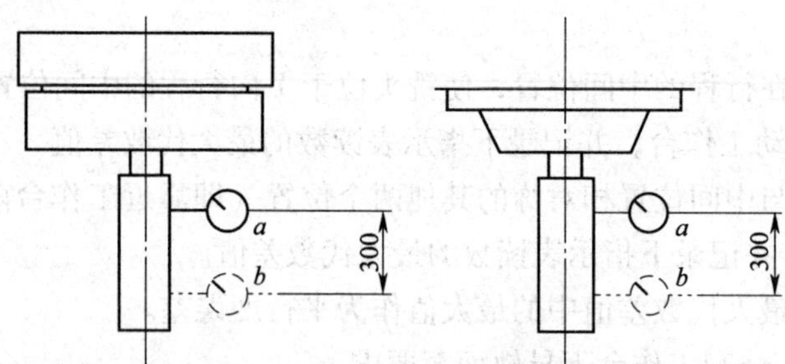

图 2—2—49　主轴锥孔的径向圆跳动检验简图

1. 检验方法及误差值的确定

（1）将指示表固定在铣头上，把检验棒插入主轴锥孔中。

（2）使指示表测头触及尽可能靠近主轴端部（*a* 处）的检验棒的表面上，旋转主轴进行检验，指示表读数的最大代数差值即为在主轴端部主轴锥孔的径向圆跳动误差。

（3）在距主轴端部 300 mm 处（*b* 处）如上再检验一次，即可得出距主轴端部 300 mm 处主轴锥孔的径向圆跳动误差。

2. 超差调整

调整主轴前轴承的间隙至要求。

十三、主轴定心轴颈的径向圆跳动、轴向圆跳动及周期性轴向窜动

主轴定心轴颈的径向圆跳动，轴向圆跳动及周期性轴向窜动检验简图如图 2—2—50 所示。

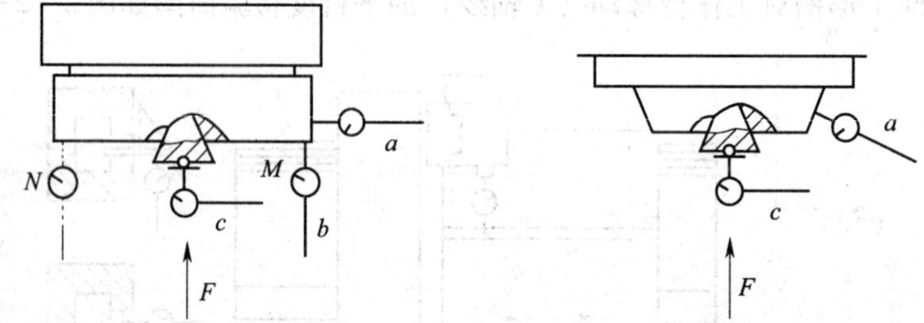

图 2—2—50　主轴定心轴颈的径向圆跳动、轴向圆跳动及周期性轴向窜动检验简图

1. 检验方法及误差值的确定

（1）将指示表测头垂直触及主轴轴颈母线（*a* 处），旋转主轴进行检验，指示表读数的最大代数差值即为径向圆跳动误差。

（2）将指示表测头触及尽可能靠近主轴端面的外边缘 *M* 处（*b* 处），旋转主轴进行检验，记录下指示表读数的最大代数差值。

（3）将指示表测头移至 *N* 处，如上再检验一次，并记录下指示表读数的最大代数差值。

（4）两次最大代数差值的平均值即为轴向圆跳动误差。

（5）将一钢球放入主轴中心孔内，使指示表测头触及钢球表面（*c* 处），旋转主轴进行检验，指示表读数的最大代数差值即为周期性轴向窜动误差。

2. 超差调整

调整主轴前轴承和后轴承的间隙至要求。

十四、垂直铣头主轴旋转轴线对工作台沿 *X* 轴线移动的垂直度和对铣头沿 *Y* 轴线移动的垂直度

1. 垂直铣头主轴旋转轴线对工作台沿 *X* 轴线移动的垂直度（见图 2—2—51a）

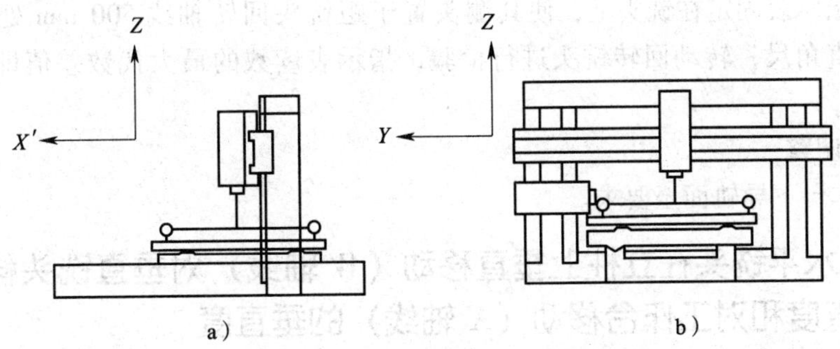

图 2—2—51 垂直铣头主轴旋转轴线对工作台沿 *X* 轴线移动的垂直度和对铣头沿 *Y* 轴线移动的垂直度检验简图

（1）检验方法及误差值的确定

1）在工作台上放置一平尺，使其在垂直平面内且与 *X* 轴线移动方向平行。

2）将工作台和横梁均锁紧在各自行程的中间位置，使套筒或滑枕从铣头伸出 1/3 行程。

3）将指示表固定在铣头上面，使其测头触及平尺检验面，记录下指示表的读数。

4）将主轴回转 180°，再记录下指示表的读数，将两次读数的代数差值除以两测点间的距离即为垂直度误差。

（2）超差调整。修刮工作台下导轨面至要求。

2. 垂直铣头主轴旋转轴线对铣头沿 *Y* 轴线移动的垂直度（见图 2—2—51b）

（1）检验方法及误差值的确定。将平尺平行于 *Y* 轴线移动方向放置，如上再进行一次检验，即可获得垂直度误差。

（2）超差调整。修刮铣头溜板滑座的下导轨面的水平导向面至要求。

十五、回转铣头回转轴线对工作台移动（*X* 轴线）的平行度

回转铣头回转轴线对工作台移动（*X* 轴线）的平行度检验简图如图 2—2—52 所示。

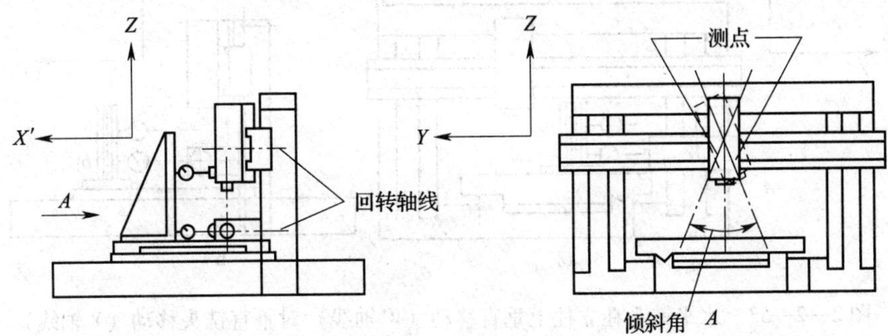

图 2—2—52 回转铣头回转轴线对工作台移动（*X* 轴线）的平行度检验简图

1. 检验方法及误差值的确定

（1）将平板放在工作台面上，使其上面与 X 轴线和 Y 轴线移动方向均平行。

（2）将直角尺放在平板上，使其垂直面平行于 Y 轴线移动方向。

（3）将横梁和铣头溜板均锁紧在各自行程的中间位置。

（4）把指示表固定在铣头上，使其测头置于距铣头回转轴线 500 mm 处，并在 X 轴线方向触及直角尺，转动回转铣头进行检验，指示表读数的最大代数差值即为平行度误差。

2. 超差调整

修刮工作台下导轨面至要求。

十六、水平铣头在立柱上垂直移动（W 轴线）对垂直铣头移动（Y 轴线）的垂直度和对工作台移动（X 轴线）的垂直度

1. 水平铣头在立柱上垂直移动（W 轴线）对垂直铣头移动（Y 轴线）的垂直度（见图 2—2—53a）

（1）检验方法及误差值的确定

1）将一平板放在工作台面上，使其上面与 X 轴线和 Y 轴线移动方向平行。

2）把圆柱形直角尺放置在平板上。

3）将指示表固定在铣头 A 上，使其测头在 Y 方向触及圆柱形直角尺检验面，沿测量长度 a_1a_2 移动铣头进行检验，记录指示表读数的最大代数差值。

4）将圆柱形直角尺回转 180°，如上再检验一次，记录指示表读数的最大代数差值，两次最大代数差值的平均值即为垂直度误差。

（2）超差调整。修刮水平铣头溜板滑座下导轨面至要求。

2. 水平铣头在立柱上垂直移动（W 轴线）对工作台移动（X 轴线）的垂直度（见图 2—2—53b）

（1）检验方法及误差值的确定。同样在 X 方向上，沿测量长度 b_1b_2 进行检验，即可得出垂直度误差。

（2）超差调整。修刮水平铣头溜板滑座下导轨面至要求。

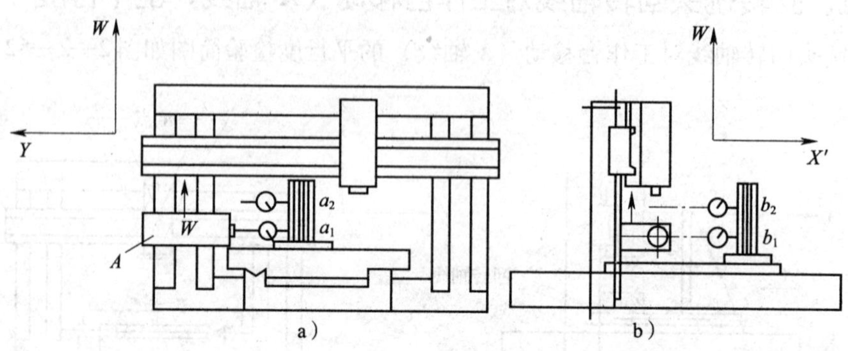

图 2—2—53　水平铣头在立柱上垂直移动（W 轴线）对垂直铣头移动（Y 轴线）的垂直度和对工作台移动（X 轴线）的垂直度检验简图

十七、水平铣头主轴旋转轴线对垂直铣头水平移动（*Y* 轴线）的平行度

水平铣头主轴旋转轴线对垂直铣头水平移动（*Y* 轴线）的平行度检验简图如图 2—2—54 所示。

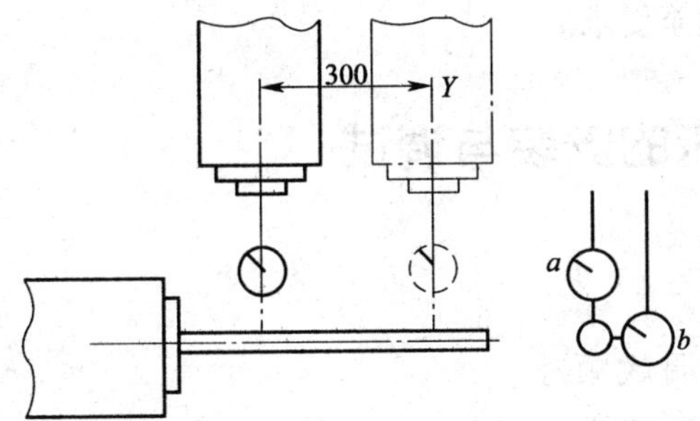

图 2—2—54　水平铣头主轴旋转轴线对垂直铣头水平移动（*Y* 轴线）的平行度检验简图

1. 检验方法及误差值的确定

（1）将水平铣头锁紧在其行程的较低位置，将横梁锁紧在其行程的中间位置。

（2）把指示表固定在垂直铣头上，使其测头触及插入水平主轴锥孔内的检验棒表面，*a* 在垂直平面内，*b* 在水平平面内，应尽可能靠近主轴端部进行检验。

（3）沿测量长度移动垂直铣头进行检验，分别记录在垂直平面内 *a* 处和水平平面内 *b* 处指示表读数的最大代数差值。

（4）将水平主轴回转 180°，如上再检验一次，并记录在垂直平面内 *a* 处和水平平面内 *b* 处指示表读数的最大代数差值，两次最大差值的平均值即为在垂直平面内 *a* 处和水平平面内 *b* 处的平行度误差。

2. 超差调整

修刮垂直铣头溜板滑座下导轨面的水平导向面至要求。

十八、水平铣头主轴旋转轴线对工作台移动（*X* 轴线）的垂直度

水平铣头主轴旋转轴线对工作台移动（*X* 轴线）的垂直度检验简图如图 2—2—55 所示。

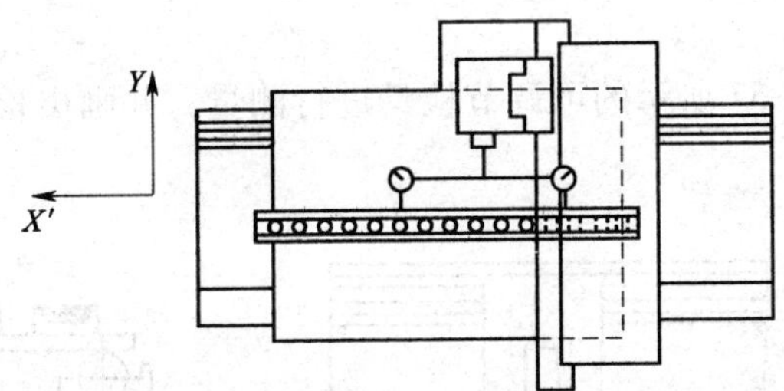

图 2—2—55　水平铣头主轴旋转轴线对工作台移动（*X* 轴线）的垂直度检验简图

1. 检验方法及误差值的确定

（1）将平尺水平放置在工作台中心位置，且应与工作台移动方向（*X* 轴线）平行，并且将工作台锁紧在其行程的中间位置。

（2）将水平铣头锁紧在其行程的较低位置。

（3）将指示表固定在水平主轴上，使其测头触及平尺检验面，测取读数，然后使主轴回转180°，再测取读数，用两次读数的代数差值除以两点间的距离即为垂直度误差。

2. 超差调整

修刮工作台下导轨面至要求。

子课题5　磨床的安装与调试

学习目标

1. 熟悉磨床安装调试顺序。
2. 熟悉磨床安装调试步骤及方法。

以M1432A型外圆磨床为例进行介绍。

一、安装调试顺序

安装水平的调整──→试运行检查。

二、安装调试步骤及方法

1. 安装水平的初步调整

（1）如图2—2—56所示，在床身底部放置三块垫铁。

（2）将工作台和砂轮架卸去，然后在床身和砂轮架的平导轨中央平行于导轨方向安放一个水平仪，依据水平仪的读数调整三块垫铁，直到合格为止。

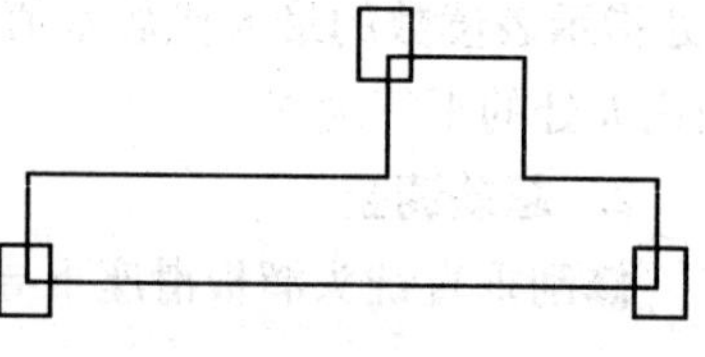

图2—2—56　垫铁分布图

2. 安装水平的精确调整

在床身底部再放置几块辅助垫铁。

（1）纵向安装水平的调整。调整辅助垫铁，测量床身导轨在垂直平面内的直线度误差，其方法如下：

1）采用如图2—2—57所示的可调节检具进行测量，并画出检具运动曲线，如图2—2—58所示。

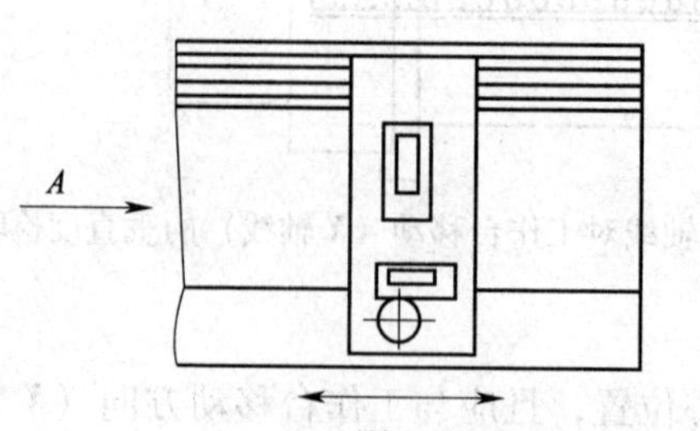

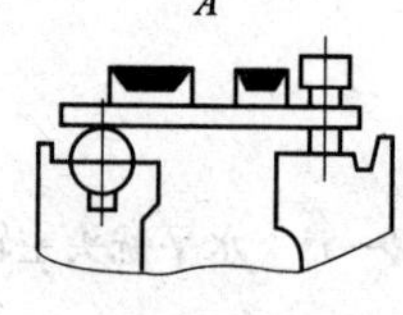

图2—2—57　可调节检具

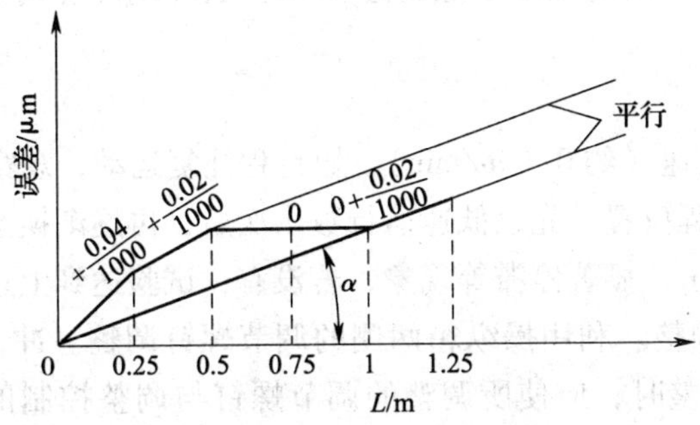

图 2—2—58　检具运动曲线

2）作一组相距最近的平行直线，将运动曲线夹住，此时，平行线与横坐标线的夹角的正切值即为纵向安装水平度，其要求是：运动曲线在任意 1 m 长度上两端点连线的坐标值不超过 0. 01 mm。

（2）横向安装水平的调整

1）在砂轮架平导轨的中间可调节检具的上面垂直于导轨方向放置一个水平仪，如图 2—2—57 所示。

2）依据水平仪读数调整垫铁，直到合格为止。

3. 试运行检查

金属切削机床一般在主传动部件装配完毕后，应先进行空运转试验。组装后，再空运转由于部件装配无法试验的主要部件，以观察整体运转状态。

（1）空运转试验前的准备

1）将各部件及油池中的污物清除，再用煤油或汽油清洗干净。

2）手动操作检查机床各个机构的动作情况，确保无异常现象发生。

3）对各润滑油路装置是否正常、油路是否畅通、油管是否变形进行检查，如发现异常，应立即解决。

4）按机床对各润滑部位的要求，相应地加注规定的润滑油（脂）。

5）往床身油池内加注油液至油标指示高度。油液为纯净中和矿物油，即 L—AN32 或 L—AN46 全损耗系统用油。

6）断开各操纵手柄，特别是磨头快速进刀操纵手柄应处于退出位置。紧固工作台的换向撞块，以防各运动部件相碰。

7）启动液压泵电动机，观察运转方向是否正确，按说明书规定将各油路的压力调至要求。

8）确保液压系统中的各管接头无泄漏，特别是低压区尤为重要。

（2）空运转试验

1）工作台往复换向运动试验

①要求

a. 在各级速度下（最低 0. 07 m/min）不应有振动、显著的冲击和停滞现象。

b. 左右行程的速度差不得超过较低速度的 10%。

c. 液压系统工作时，油池温度不能超过60℃，当环境温度高于或等于38℃时，油温不能超过70℃。

②试验方法

a. 方法。先进行低速（约0.1 m/min）、短行程往复运动，观察换向是否正常。之后，将工作台调整至最大行程位置。先以低速运行数十次后，再逐渐换至最高速运行。运行中，仔细观察换向是否有撞击、显著停滞等现象，若没有，试验达到上述各要求为止。

b. 冲击或停滞的调整。利用操纵箱两侧的调节螺钉调整。冲击时应将螺钉拧入，停滞时应将螺钉拧出。调整时，应使所调整的调节螺钉与调整控制的一端相一致。调整完毕后，应将调节螺钉锁紧，再观察变动情况。按此调整直到无冲击、无显著停滞现象为止。

2）磨头快进重复、定位精度试验

①要求

a. 重复定位精度不能超过0.003 mm。

b. 自动进给量误差不能超过刻度值的10%。

②试验方法

慢速移动工作台，把左右两边的换向撞块紧固在适当的位置上，然后快速引进磨头进行试验，直到达到上述要求为止。

检查磨削内孔时，磨头快速进给的安全联锁装置是否可靠。

3）磨头空运转试验

①要求

a. 空运转时间不得少于1 h。

b. 磨头及头架的轴承温升不能超过20℃；内圆磨具的轴承温升不能超过15℃。

②试验方法

启动磨头电动机，将电动机转向校正正确后，装上传动带。先点动启动磨头电动机，待磨头轴承油膜形成后，再正式启动磨头电动机，直到磨头空运转试验合格为止。

子课题6　镗床的安装与调试

学习目标

1. 熟悉镗床的安装调试顺序。
2. 熟悉镗床的安装调试步骤及方法。

以TP619型卧式镗床为例介绍。

一、安装调试顺序

主要部件的装配→调整后立柱刀杆支座与主轴的重合度→总装精度调整→空运转试验→机床负荷试验。

二、安装调试步骤及方法

1. 主要部件的装配

（1）床身上装齿条（共有三根）。将齿条放在平板上，测量齿条中径与齿条底面的平行度，修刮使其等高。然后依照床身上的螺孔尺寸装配，应确保两齿条接缝处齿距相等。

（2）工作台部件装配

1）调整啮合间隙。把连接下滑座、传动件及光杠的齿轮套吊在床身上进行装配，使斜齿轮对准床身上的斜齿条。当两者间隙小于 1 mm 时，调整斜齿轮的固定法兰至要求；当间隙大于 1 mm 时，在齿条底面与齿条水平方向之间加垫片（钢板），调整垫片厚度至要求。

2）校正光杠对床身导轨的平行度误差。先将下滑座移至床身中段，然后如图 2—2—59 所示检查两光杠的安装平行度，通过调整后支架使光杠两端平行。

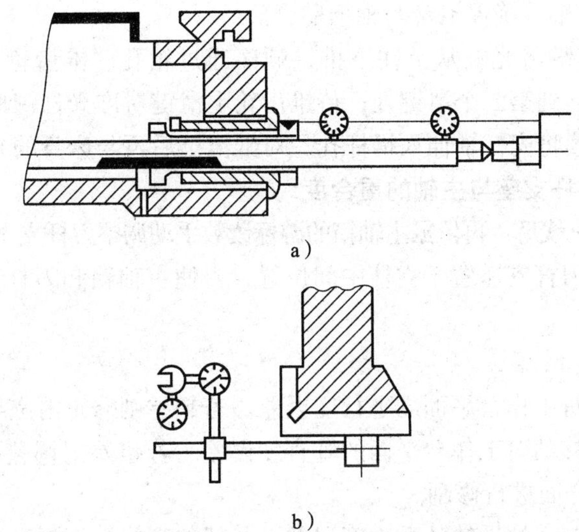

图 2—2—59 校正光杠对床身导轨的平行度误差

3）安装调整镶条和压板。将镶条、压板分别装入导轨间和相应的部位，通过调整镶条螺钉使滑座移动，在摇动丝杠手柄时，应感到灵活、轻松，无负重感。

（3）装下滑座夹紧装置。按左右两侧夹紧轴螺钉的旋向，装好四块压板，达到四块压板能同时夹紧和松开，且转动压紧摇手要轻松自如。要求在压板与导轨间插入塞尺时，不得塞入 25 mm。为此，夹紧、塞入塞尺要逐次调整。调整完毕后拧紧防松螺母。

（4）装前立柱

1）方法。对准锥形定位孔，将前立柱装上床身，并将螺钉插入锥形定位孔，初步定位。然后涂全损耗系统用油于 $\phi16$ mm × 80 mm 的锥销上，用手将其压入锥孔内；同时用木锤轻轻敲击立柱底边的法兰边缘，使锥销自由滑入孔内，此时锥销外露约 10 mm。最后用纯铜棒敲实。

2）检验前立柱对床身导轨的垂直度误差。先将前立柱法兰边四角的螺钉紧固，再记下床身水平读数和前立柱垂直方向的水平仪读数。若不符合要求，则依据读数，通过刮研床身与前立柱结合面至合格为止。

（5）装回转工作台。先将钢环工作台装上上滑座，然后在工作台上加 2 000 kg 的配重，再使用千分尺测量工作台圆环和上滑座圆导轨之间的平行度误差及其尺寸，然后按这个尺寸配磨钢环至要求并装上钢环。装中间定位轴承时，轴承内环不得过分被压紧，间隙尽可能小。

（6）装主轴箱

1）把主轴箱吊上前立柱，并装上压板。

2）在主轴箱底面放上千斤顶或木垫，此时应使主轴箱与前立柱导轨从上至下紧密贴合。

3）使滑轮架上的钢丝绳两端分别与主轴箱顶部的吊环和重锤吊孔相连接，装入丝杠螺母，并将其固定；再把主轴箱升至最高位置，配作丝杠上的支架固定螺孔及定位销孔，装入锥销。

4）装上主镶条，调整适当后，拧紧制动螺母。

5）装上主轴箱的夹紧机构。

（7）装垂直光杠

1）装上垂直花键轴，确保滑键与轴槽贴合。

2）装光杠轴：缓缓将光杠从上往下推，顺序通过箱孔、锥齿轮孔；转动光杠，找出第一个滑键，再推光杠到第二个滑键处；待锥齿轮上滑键对准光杠键槽后，继续下推光杠，降至第三个键槽；继续将光杠轴伸入蜗杆孔，对准滑键后再与床身的光杠接套连接。

2. 调整后立柱刀杆支座与主轴的重合度

（1）游标尺对准刻线后，再依据主轴箱的游标读数手动调整刀杆支座，使读数与之相同。

（2）将主轴箱和刀杆支座置于立柱中间位置，再使主轴箱和刀杆支座同时上升，以校正重合度。

3. 总装精度调整

（1）工作台移动对工作台平面的平行度误差。若超差则修正滑座导轨。

（2）主轴箱垂直移动对工作台平面的垂直度误差。若超差则调整床身垫铁，可能还需要对床身与立柱的结合面进行修刮。

（3）主轴轴线对前立柱导轨的垂直度误差。若超差则修刮压板和镶条。

（4）工作台移动对主轴侧素线的平行度误差。若超差则修磨工作台调整垫铁，并调整与主轴侧素线的平行度误差达要求。

（5）工作台分度精度和角度重复定位精度。若超差则修磨工作台四个定位点的调整垫铁。

4. 空运转试验

（1）从低速开始到高速，机床主传动机构依次运转，其每级速度运转时间不能少于 2 min。其中最高速运转时，当主轴轴承达到稳定温度时，其运转时间不能少于 0.5 h。

（2）以最高速度运转时，主轴应能稳定温度。滑动轴承温升不超过 35℃，滚动轴承温升小于 40℃，其他结构温升不超过 30℃。

（3）进给机构要做低、中、高速的空运转试验。

（4）快速机构要做快速空运转试验 20 min。

（5）在低、中、高速下，工作机构应保持正常、平稳、无冲击，且噪声要小。

5. 机床负荷试验

试件材料为铸铁（150 ~ 180HBW）。

（1）最大切削抗力试验。用标准高速钢钻头钻孔，见表 2—2—1。

表 2—2—1　　最大切削抗力试验

<table>
<tr><th>进给部件</th><th>钻孔直径 d（mm）</th><th>主轴转速 n（r/min）</th><th>进给量 f（mm/r）</th><th>钻头长度 L（mm）</th><th>切削抗力 F（N）</th><th>离合器工作情况</th></tr>
<tr><td>主轴</td><td rowspan="4">ϕ50</td><td rowspan="4">50</td><td>0.37</td><td rowspan="2">大于
100</td><td rowspan="2">小于
13 000</td><td rowspan="2">正常</td></tr>
<tr><td>工作台</td><td>0.37</td></tr>
<tr><td>主轴</td><td>1.03</td><td rowspan="2">不规定</td><td rowspan="2">大于
20 000</td><td rowspan="2">脱开</td></tr>
<tr><td>工作台</td><td>1.03</td></tr>
</table>

（2）主轴最大转矩和最大功率试验。用主轴铣削，刀具为硬质合金六刃面铣刀，采用莫氏 5 号锥柄，见表 2—2—2。

表 2—2—2　　主轴最大转矩和最大功率试验

<table>
<tr><th>进给部件</th><th>铣刀直径 d（mm）</th><th>侧吃刀量 a_w（mm）</th><th>背吃刀量 a_p（mm）</th><th>主轴转速 n（r/min）</th><th>进给量 f（mm/r）</th><th>铣削长度 L（mm）</th><th>主轴转矩 M（N·m）</th><th>功率 P（kW）</th></tr>
<tr><td>主轴箱</td><td rowspan="2">ϕ200</td><td rowspan="2">180</td><td rowspan="2">10</td><td rowspan="2">64</td><td rowspan="2">2</td><td rowspan="2">300</td><td rowspan="2">1 100</td><td rowspan="2">7.75</td></tr>
<tr><td>工作台</td></tr>
</table>

子课题 7　龙门铣床的安装与调试

学习目标

1. 熟悉龙门铣床安装调试顺序。
2. 熟悉龙门铣床安装调试步骤及方法。

一、安装调试顺序

安放垫铁→安装床身→安装立柱和横梁→安装刀架→安装电动机→调整床身的水平和立柱的垂直度→试运转。

二、安装调试步骤及方法

1. 安放垫铁

按照说明书的要求，在每一地脚螺栓处安放一组垫铁（垫铁是随机带来的）。

2. 安装床身

安装步骤及要点如下：

（1）安放地脚螺栓。先在预留孔内安放地脚螺栓，然后将床身移至安装位置上，并检查安装方向、位置是否与平面相符。

（2）初平。位置找正后，进行初平，其纵向和横向公差值不得超过 0.04 mm/1 000 mm。

（3）二次灌浆。初平后进行二次灌浆。

（4）拧紧地脚螺栓。当混凝土强度达到要求后，拧紧地脚螺栓。

3. 安装立柱和横梁

（1）安装右立柱。吊装右立柱前，先将右立柱卧倒，将平衡锤推入立柱内，用钢丝绳绑扎牢固；吊装右立柱时，要注意对准定位销孔，然后打入定位销，并拧紧连接螺钉。

（2）安装左立柱。右立柱装好后，再将左立柱同样吊起，并在立柱底部垫以滚杠，以方便移动。

（3）吊装横梁。当左立柱与床身接触面相距 10 mm 时，即可吊装横梁；横梁要吊平，左右方向要对准，以便安装连接螺钉和补偿垫片；打入定位销时，要边拧紧螺钉边打定位销；拧螺钉时要均匀、对称地拧，拧到一定程度时，将横梁两端的连接螺钉全部拧松一点，再打紧定位销，然后再拧紧连接螺钉。

4. 安装刀架

安装步骤及要点如下：

（1）垫好方木。在导轨上垫好方木，并一边垫方木，一边放千斤顶。

（2）吊放横刀架。把横刀架吊放到上面，放上压板，拧好螺钉，用千斤顶调整水平。

（3）安装升降螺杆、横轴和齿轮箱。

（4）调横刀架水平。利用升降螺杆顶端的螺母来调整横刀架的水平。

（5）安装侧刀架。安装侧刀架时，其位置不宜装得太高，只要和平衡锤的钢丝绳连接上即可。

（6）连接平衡锤钢丝绳。侧刀架安装好后，即可将平衡锤钢丝绳连接上，将临时的绑扎钢丝绳抽去。

5. 安装电动机

安装主轴电动机时，应对准联轴器的嵌合部分，并检查两轴的同轴度；电动机的接线方向要正确。

6. 调整床身的水平和立柱的垂直度

根据说明书的要求调整床身的水平和立柱的垂直度，并拧紧地脚螺栓。

7. 试运转

机床安装完毕并经全面检查合格后，即可进行试运转。

其步骤及要点如下：

（1）低速。先用低速，以后由慢而快，逐渐增加速度至高速运转。

（2）铣头主轴试运转。由低速到高速，并且当转速达到最高时，要特别注意检查主轴端面的发热情况。

（3）全面试运转。各局部试运转后，进行全部试运转，直到合格为止。

模块三

机械设备维修

课题 1　磨床、镗床、龙门铣床常见故障诊断

子课题 1　光学测量仪器的使用

熟悉常用光学测量仪器的用途、组成和工作原理。

一、光学平直仪

光学平直仪也称为自准直仪，如图 3—1—1 所示为 HYQ－03 光学平直仪。

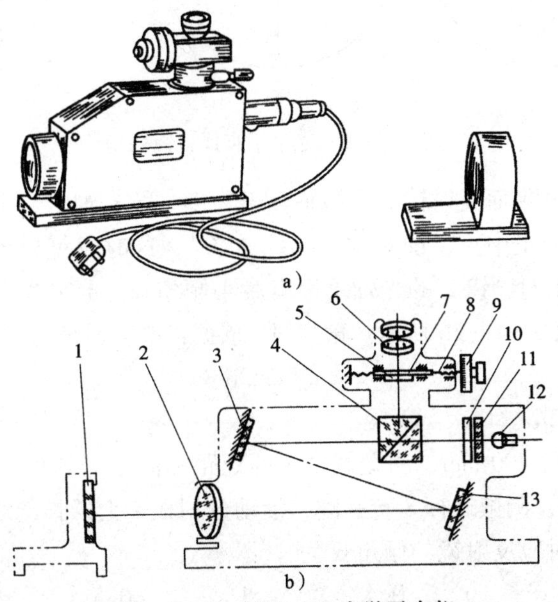

图 3—1—1　HYQ－03 光学平直仪

a）外形　b）系统结构原理

1—体外平面反射镜　2—物镜　3、13—体内平面反射镜　4—立方棱镜

5—固定分划板　6—目镜组　7—活动分划板　8—测微螺杆　9—测微鼓轮

10—透明十字线分划板　11—绿色滤光片　12—光源

1. 用途

光学平直仪在机床制造和修理中，用来检查床身导轨在水平平面内和垂直平面内的直线度误差，并可检查检验用平板的平面度误差。光学平直仪的测量精度较高，操作也较简便，是当前导轨直线度误差测量仪器中较先进的一种。

2. 组成

光学平直仪由平行光管、测微机构和读数放大镜组成的本体及体外平面反射镜组合而成。

3. 工作原理

（1）光源 12 发出的光的传播路径。光源 12 发出的光，经绿色滤光片 11 过滤后透过透明十字线分划板 10，经立方棱镜 4、体内平面反射镜 3 和 13 反射到物镜 2，再经物镜 2 折射形成平行光束射出，碰到体外平面反射镜 1 后反射回来，再经物镜 2、体内平面反射镜 13 和 3、立方棱镜 4 成像于固定分划板 5 和活动分划板 7 上。

活动分划板 7 和固定分划板 5 的构造如下：活动分划板 7 的正中央有一条长刻线，如图 3—1—2 所示。转动测微鼓轮 9，通过测微螺杆 8 可使活动分划板 7 平移。固定分划板 5 上有等分线和字标，其中字标“10”为中心线。两块分划板的刻线间距小于 0. 1 mm，从目镜中看不出视差。

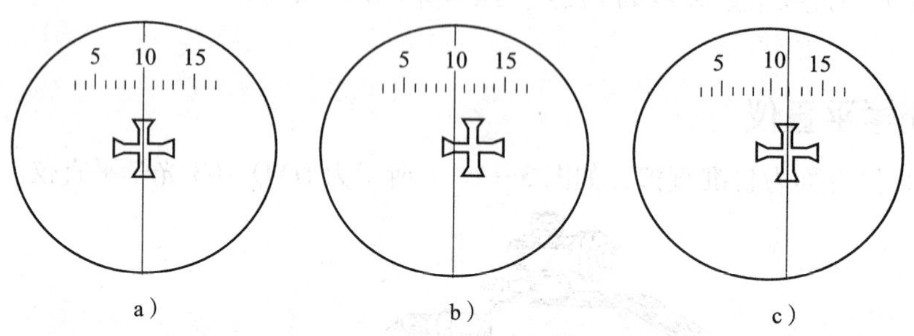

图 3—1—2　光学平直仪目镜视场

（2）观测。当体外平面反射镜 1 严格垂直于物镜 2 的光轴时，十字线成像在固定分划板 5 和活动分划板 7 的正中央，即对称于字标“10”，这时目镜视场如图 3—1—2a 所示；假如体外平面反射镜 1 对物镜 2 的光轴垂面有微小倾角 α，十字线像就会偏离固定分划板上的字标“10”，如图 3—1—2b 所示。偏离量 t 依据自准直原理可求得，即：

$$t = f\tan 2\alpha$$

当 α 很小时，$t \approx 2f\alpha$。

仪器的物镜焦距 $f = 400$ mm，测微螺杆 8 的螺距和固定分划板 5 上的刻线分度间隔均为 0. 4 mm。这就是说，测微螺杆 8 转一圈，活动分划板 7 上的长刻线就在固定分划板 5 的刻度上移动 1 格，其对应反射镜的倾角 α 为：

$$\alpha = \frac{t}{2f} = \frac{0.4}{2\times 400}\ \text{rad} = \frac{1}{2\ 000}\ \text{rad} = \frac{0.5}{1\ 000}\ \text{rad}$$

测微鼓轮 9 上有 100 格圆周刻度，故其每格代表反射镜的倾角 α'，即：

$$\alpha' = \frac{1}{2\ 000}\times\frac{1}{100} = \frac{0.005}{1\ 000}\ \text{rad}$$

当从目镜视场中观测出十字线像偏离刻度“10”时，可转动测微鼓轮 9，使活动分划板上的长刻线夹在十字线像的正中央，如图 3—1—2c 所示。十字线像的偏离量就可以从目镜视场中的刻度（每格 0. 5/1 000 rad）和测微鼓轮 9 的圆周刻度（每格 0. 005/1 000 rad）读出。

二、光学计

光学计是光学测量仪中最常用的一种，也称为光学比较仪。

1. 用途

光学计主要用于比较测量，具体应用如下。

（1）测量零件的外径和长度尺寸。

（2）测量外螺纹的中径（必须使用三针附件）。

（3）将光学计管装在其他设备上，用于精密调整、检验和控制尺寸。

（4）作为长度量值传递仪器，用来检定 5 等、6 等量块及量规等。

2. 组成

以立式光学计为例进行介绍，如图 3—1—3 所示。

（1）底座 1。光学计的全部机件都安置在底座 1 上。

（2）立柱 5。横臂 3 组件安装在立柱 5 上，并通过粗调螺母 2 可使其沿立柱 5 上下移动。

（3）横臂 3。微调螺钉 6、偏心手轮 7、光学计管 9、测杆提升器 10、测杆 11 等均安装在横臂 3 上，并随着横臂 3 一起沿着立柱 5 上下移动。

（4）光学计管 9。光学计管 9 的上下粗调借助粗调螺母 2 来实现，并可用锁紧螺钉 4 锁紧；光学计管 9 的上下细调借助偏心手轮 7 来实现，其调整量为 2 mm，调好后可用锁紧螺钉 8 锁紧；光学计管 9 的上下精确调整借助微调螺钉 6 来实现，最终使仪器对零。

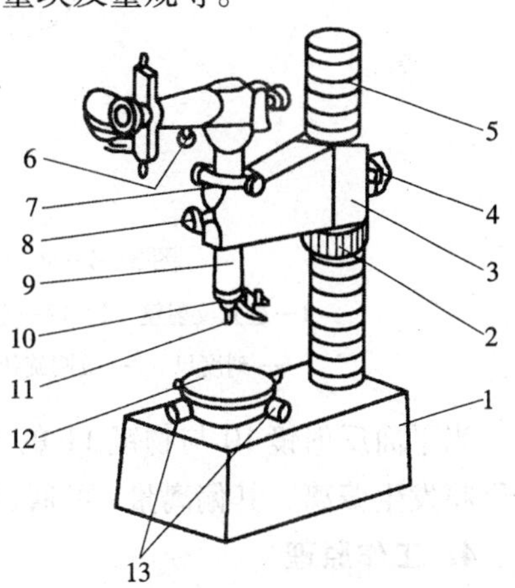

图 3—1—3　立式光学计
1—底座　2—粗调螺母　3—横臂
4、8—锁紧螺钉　5—立柱　6—微调螺钉
7—偏心手轮　9—光学计管　10—测杆提升器
11—测杆　12—工作台
13—工作台调节螺钉（4 个）

（5）工作台 12。工作台 12 有平面工作台、筋形工作台、球面工作台等几种，在它们的侧面均有 4 个工作台调节螺钉 13，借助它们可调整工作台工作面对测杆 11 的垂直度。

3. 光学计管的光学系统和正切杠杆机构

光学计管的光学系统和正切杠杆机构如图 3—1—4 所示。光线的传播路径如下：光线经进光反射镜 1 反射后进入光学计管中，通过全反射棱镜 2 转折 90°照亮分划板 4 左半部的刻度尺 6，从刻度尺 6 刻线中透出的光经全反射棱镜 12 转折 90°，透过物镜 11 变成平行光射向平面反光镜 10，反射回来的光再经物镜 11、全反射棱镜 12 成像在分划板 4 右半部的刻度尺成像面 5 上。

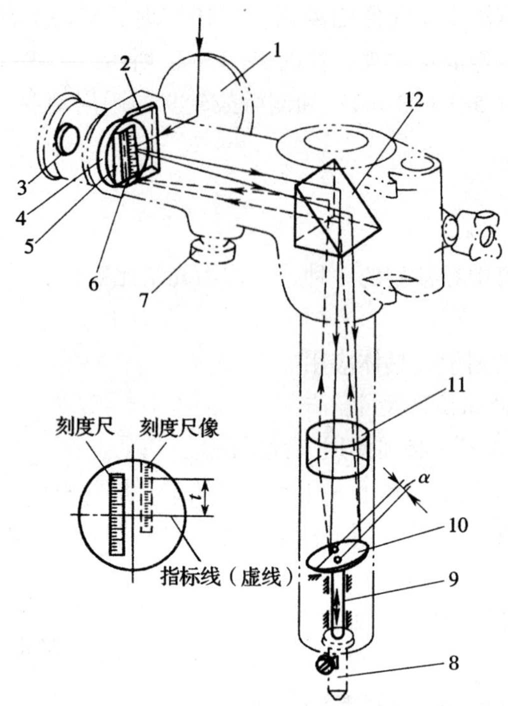

图 3—1—4　光学计管的光学系统和正切杠杆机构

1—进光反射镜　2、12—全反射棱镜　3—目镜　4—分划板　5—刻度尺成像面
6—刻度尺　7—微调旋钮　8—测帽　9—测杆　10—平面反光镜　11—物镜

当平面反射镜 10 与物镜 11 的光轴垂直时，刻度尺 6 所成的像相对于指标虚线对称，否则将发生偏离，其偏离量 t 可通过目镜 3 进行读数。

4. 工作原理

光学计管主要采用两个原理进行工作，即自准直原理和机械正切杠杆原理，如图 3—1—5 所示。

（1）自准直原理。依前述的自准直原理得出：

$$t = f\tan 2\alpha$$

式中　t——像的偏离距离；

α——反射镜的反射平面与光轴间的倾角。

（2）机械正切杠杆原理。如图 3—1—5a 所示，在平面反光镜 5 的 M 处装一摆动轴，在平面反射镜 5 的背面沿光轴方向装置一测杆 6，当测杆 6 水平移动时，势必推动平面反射镜 5 绕 M 处的轴线（垂直于纸面）摆动。从图 3—1—5a 中不难看出，测杆 6 的移动量 S 与测杆轴线和平面反射镜摆动轴线间的距离（称为臂长）a 成正切关系，故称之为杠杆正切原理，其关系式如下：

$$S = a\tan\alpha$$

像的移动量 t 与测杆的水平移动量 S 的比值称为光学杠杆放大比，用 K 表示，即：

$$K = \frac{t}{S} = \frac{f\tan 2\alpha}{a\tan\alpha} \approx \frac{2f}{a}$$

若光学计管物镜 4 的焦距 $f=203.5$ mm，臂长 $a=5.089$ mm，则光学杠杆放大比为：

$$K=\frac{2f}{a}=\frac{2\times 203.5\ \text{mm}}{5.089\ \text{mm}}\approx 80$$

这就是说测杆移动 1 μm 时，像就移动 80 μm。

（3）观测出像的移动量 t。光学计管采用了阿贝型自准直光路，如图 3—1—5b 所示。

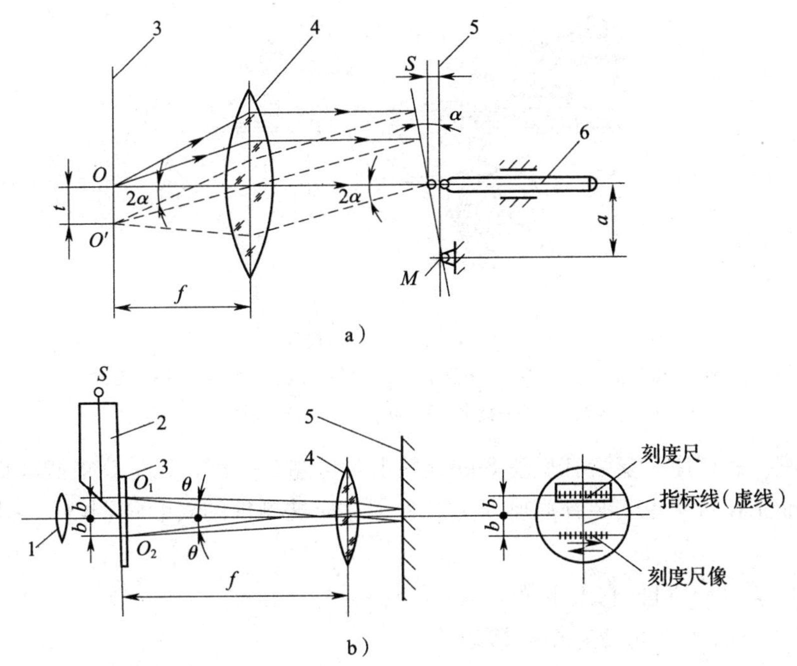

图 3—1—5　光学计管的工作原理

1—目镜　2—反射棱镜　3—分划板　4—物镜　5—平面反射镜　6—测杆

1）分划板 3 的构造。分划板 3 被分成两部分，在其上半部即与物镜 4 的光轴相距为 b 的 O_1 处刻一刻度尺，共有 ±100 个分度，其分度值为 1 μm，故其示值范围为 ±0.1 mm；在分划板 3 的下半部刻一条指标虚线。

2）阿贝型自准直光路。如图 3—1—5b 所示，光源 S 通过反射棱镜 2 照亮分划板 3，从刻度尺刻线中透射的光线经物镜 4 折射后，是一束与光轴成 θ 角的平行光线，经垂直于光轴的平面反射镜 5 反射后，又经物镜 4 折射，成像于分划板 3 的下半部，即与光轴相距为 b 的 O_2 处。

从图 3—1—5b 中不难看出，由于平面反射镜 5 只能绕垂直于刻度尺的轴线摆动，故距离 b 和指标虚线不会改变，这样在目镜 1 的视场中看到（只能看到）分划板的下半部分（即刻度尺的像和指标虚线）时，刻度尺在分划板上所成的像正好偏离 1 格，即 1 μm × 80 = 80 μm = 0.08 mm，就可观测出像的移动量 t。

三、卧式测长仪

1. 用途

卧式测长仪主要用于测量平行平面的长度、球和圆柱体的直径等。若配以附件，还可测量孔的直径、螺纹的中径和螺距等。

2. 组成

卧式测长仪主要由测座、尾座、万能工作台、底座等组成，其外形如图 3—1—6 所示。其具体结构如下：

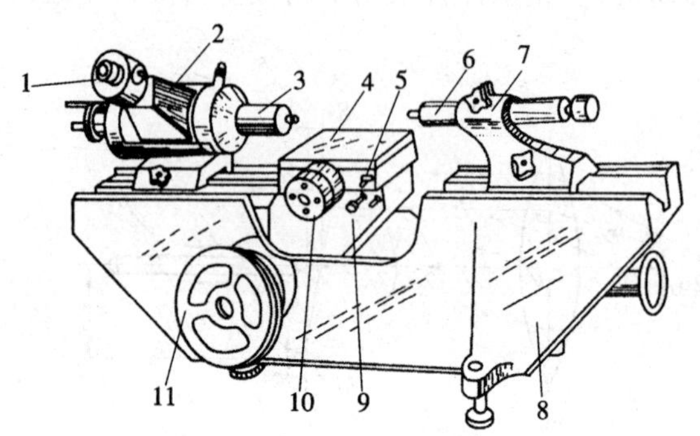

图 3—1—6 卧式测长仪

1—测微目镜 2—测座 3—测量主轴 4—万能工作台 5—摆动手柄
6—尾管 7—尾座 8—底座 9—扳动手柄 10—微分筒 11—手轮

（1）测座 2 和尾座 7 安装在底座 8 的导轨上且可左右滑动，以适应被测零件的长度。

（2）万能工作台 4 也安装在底座 8 上。为了适应被测件的安装和调整，它具有以下五种运动：

1）转动手轮 11，可使它上下移动。

2）转动微分筒 10，可使它横向移动。

3）操作摆动手柄 5，可使它左右摆动 ±3°。

4）操作扳动手柄 9，可使它水平转动 ±4°。

5）它还可以沿测量轴轴线方向左右移动 ±5 mm。

（3）测座 2 由测量主轴 3、微动装置、读数显微镜等组成，其中测量主轴 3 的轴线位置上装有精密玻璃刻度尺，能和测量主轴 3 同步移动。

（4）尾管 6 装在尾座 7 上，其尾部的螺旋机构能使测头做轴向移动，以便对零或定位。侧面的螺钉可调整以使得测头与测量主轴 3 同轴。

3. 工作原理

（1）光源 10 发出的光的传播路径。如图 3—1—7a 所示，光源 10 发出的光，经滤色片 9 过滤后成绿色光，经聚光镜 8 会聚后由反射镜 7 反射到精密玻璃刻度尺 6 上（其分度值为 1 mm，示值范围为 100 mm），透过的光线经物镜 5、光阑 4 形成一个放大的倒立实像，再由目镜组放大成一个正立的虚像，落在螺旋线分划板 2 上。

螺旋线分划板 2 的构造如下：在其上刻有 10 圈双阿基米德螺旋线，其螺距（即分度值）为 0. 1 mm，如图 3—1—7b 所示。在从内数第一圈双阿基米德螺旋线相邻近处有一圈圆周刻线，共 100 格，其每格值为 0. 001 mm。

固定分划尺 3 的构造：如图 3—1—7a 所示，其上有一带箭头的双线，线旁有 11 条刻线，每格值为 0. 1 mm，示值范围为 1mm。

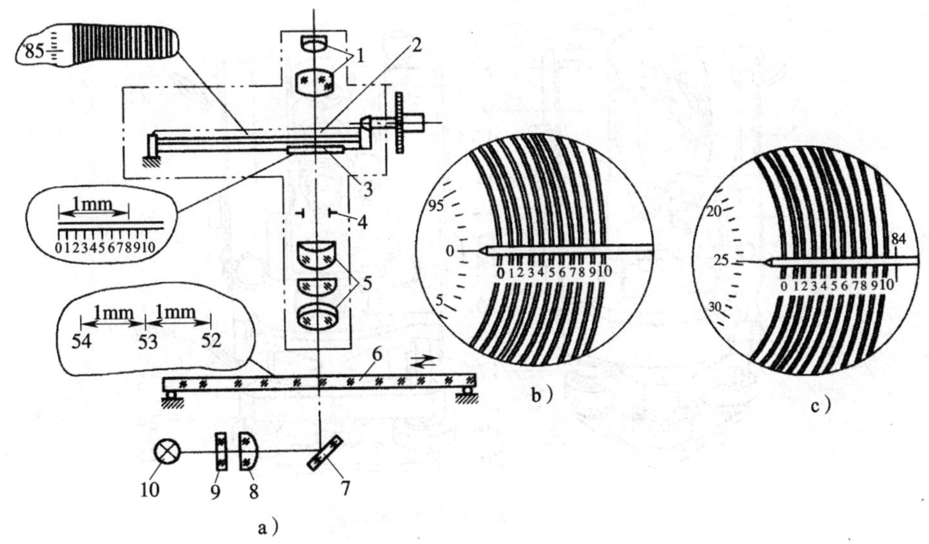

图 3—1—7 JD5 型测长仪的光路系统

a）光路系统 b）对准零位 c）所测长度的示值

1—目镜 2—螺旋线分划板 3—固定分划尺 4—光阑 5—物镜

6—精密玻璃刻度尺 7—反射镜 8—聚光镜 9—滤色片 10—光源

（2）读数方法。如图 3—1—7b、c 所示，其读数顺序是精密玻璃刻度尺 6、固定分划尺 3、螺旋线分划板 2。即由精密玻璃刻度尺 6 的像上读得 85 mm，由固定分划尺 3 上读得 0.1 mm，由螺旋线分划板 2 内的圆周刻线尺上估读得 0.024 6 mm，总示值为三者相加，即 85.124 6 mm。

四、经纬仪

1. 用途

经纬仪是用于测量角度和分度的高精度光学仪器。机械行业中常用精密光学经纬仪来测量精密机床，如坐标镗床的水平转台、万能转台以及精密滚齿机和齿轮磨床的分度精度的测量。

2. 组成

DJ2 经纬仪的外形如图 3—1—8 所示，其结构主要由照准、水平度盘、基座三部分组成。

（1）照准部分。本部分主要由以下七部分组成。

1）望远镜。它在支架上可绕横轴作俯仰转动。

2）横轴。

3）竖直度盘。它被装在横轴的一侧，可随望远镜一起转动。

4）读数显微镜。

5）支架。

6）水准器。

7）照准部转轴。

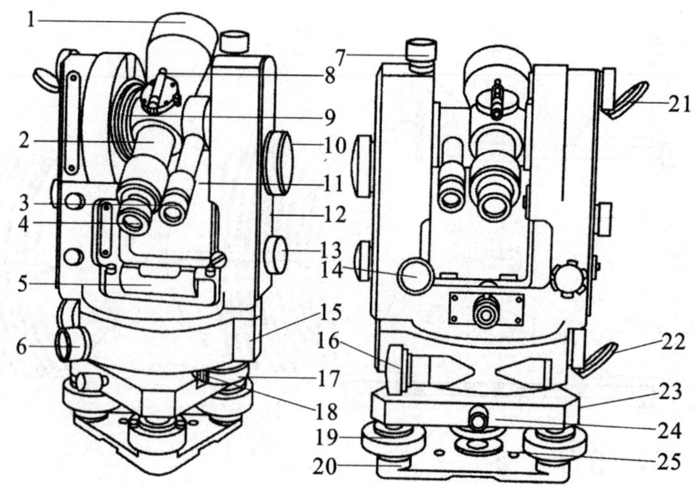

图 3—1—8 DJ2 型经纬仪

1—望远镜物镜 2—望远镜调焦手轮 3—读数显微镜目镜 4—望远镜目镜 5—水准器 6—照准部制动手轮 7—望远镜制动手轮 8—光学瞄准器 9—竖直度盘 10—测微手轮 11—读数显微镜镜管 12—支架 13—换像手轮 14—望远镜微动手轮 15—水平度盘部分 16—照准部微动手轮 17—换盘手轮护盖 18—换盘手轮 19—脚螺旋 20—三角基座底板 21—竖直度盘照明反光镜 22—水平度盘照明反光镜 23—基座 24—三角基座制动手轮 25—固紧螺母

（2）水平度盘部分。本部分主要由以下五部分组成。

1）水平度盘。它由光学玻璃制成，其上刻有 0°～360°刻线，其方向为顺时针，用来测量水平角。

2）轴套。

3）度盘旋转轴。它是空心轴，套在轴套外面，可自由转动。

4）复测盘。它位于水平度盘的下面，并与度盘旋转轴固定在一起。

5）换盘手轮。它可使水平度盘与照准部分连接和分离。

（3）基座部分。本部分主要由以下四部分组成。

1）基座。它用于支承仪器。

2）基座底板。

3）脚螺旋。它用于整平仪器。

4）制动手轮。

3. 工作原理

（1）DJ6 型经纬仪的光学系统（见图 3—1—9）

1）望远镜光路传递。目标光线经望远镜物镜 6 的折射，放大成像于望远镜分划板 10 上，再经望远镜目镜组 12 放大，进入观察者的视线。

望远镜的构成：

①望远镜物镜 6。

②望远镜调焦镜 9。它用来调整目标像的位置，以消除视差。

③望远镜分划板 10。望远镜物镜 6 的光心和望远镜分划板 10 的十字线中心构成视准轴线。

④望远镜目镜组 12。

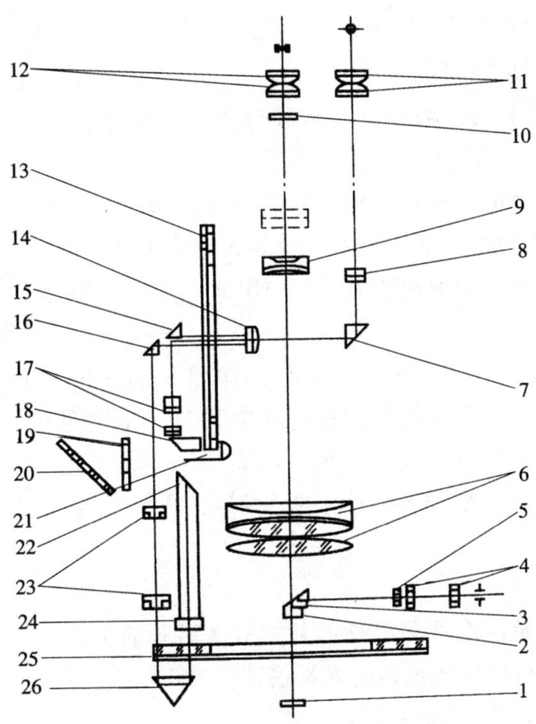

图 3—1—9　DJ6 型经纬仪光学系统

1—保护玻璃　2—光学对点器物镜　3—光学对点器转像棱镜　4—光学对点器目镜组
5—光学对点器分划板　6—望远镜物镜　7—读数系统转像棱镜　8—转像透镜
9—望远镜调焦镜　10—望远镜分划板　11—读数显微目镜组
12—望远镜目镜组（DJ6E 在 9 和 12 间增加一组正像棱镜）13—竖直度盘
14—读数窗　15、18—竖直度盘转像棱镜　16—水平度盘转像棱镜
17—竖直度盘显微物镜组　19—度盘照明窗　20—度盘照明反光镜
21—竖直度盘照明棱镜　22—水平度盘照明棱镜　23—水平度盘显微物镜组
24—水平聚光镜　25—水平度盘　26—水平度盘反光棱镜

2）水平度盘光路传递。光线经度盘照明反光镜 20、度盘照明窗 19 射到水平度盘照明棱镜 22 上，折射后经水平聚光镜 24 透过水平度盘 25 的刻线进入水平度盘反光棱镜 26，折射后经水平度盘显微物镜组 23 放大，经水平度盘转像棱镜 16 折射进入读数窗 14，经读数系统转像棱镜 7、转像透镜 8 到读数显微目镜组 11。

3）竖直度盘光路传递。光线经度盘照明反光镜 20、度盘照明窗 19 射到竖直度盘照明棱镜 21，经折射后透过竖直度盘 13 的透明刻线，进入竖直度盘转像棱镜 18，再经折射后进入竖直度盘显微物镜组 17，放大后的像经竖直度盘转像棱镜 15 折射后进入读数窗 14，经读数系统转像棱镜 7 和转像透镜 8 到读数显微目镜组 11。

4）对点器光路传递。目标光线进入光学对点器物镜 2，经光学对点器转像棱镜 3，成像在光学对点器分划板 5 上，经光学对点器目镜组 4 放大并显示目标点。

（2）经纬仪的读数方法

1）读数显微镜视场构造（见图 3—1—10 为 DJ2 型经纬仪的度盘视场）。

①图 3—1—10 中右上方读数窗的数字为整度数，中间凸出部分的数字为 10 的整倍数。

②右下方为对径分划线视窗。

③左边的小框为测微尺读数窗。测微尺分为 600 个小格，每格分度值为 1″，可估读到 0. 1″，全程测微范围为 10′。测微尺读数窗左边的数值为分数值，右边的数字为 10″的整数倍。

2）读数方法。转动测微手轮，使对径分划线精确重合后读数，如图 3—1—10b 所示。图中读数为 74° + 10′ × 5 + 7′ + 10″ × 1 + 4. 4″ = 74°57′ 14. 4″

注意：①对径分划线不重合时不能读数，如图 3—1—10a 所示。②DJ2 型光学经纬仪的读数显微镜视窗中只有一个度盘的影像，若要读取另一个度盘的角度数值，则需要用换盘手轮转换，使读数显微镜视窗中显示出该度盘的影像后，方可读数。

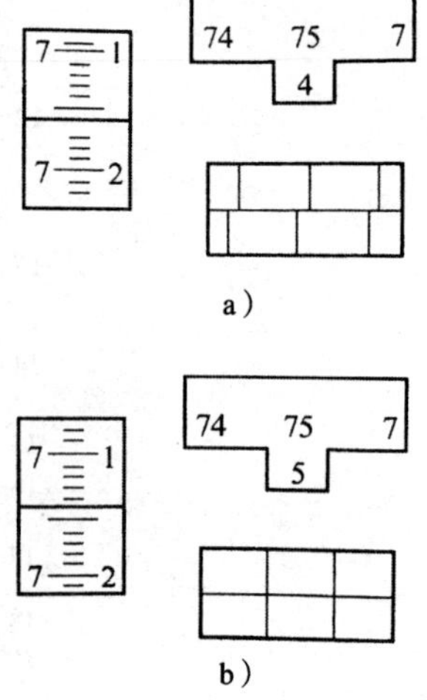

图 3—1—10　DJ2 型经纬仪的度盘视场

五、投影仪

投影仪是利用光学元件将被测零件的外形放大并投影到屏上显示出影像，然后进行测量或检验的光学仪器。

1. 用途

投影仪用来测量复杂形状和细小零件的轮廓形状及有关尺寸，如成形刀具、凸轮、样板、量规等。

2. 组成

ϕ500 投影仪外形如图 3—1—11 所示。投影仪主要由以下六部分组成：

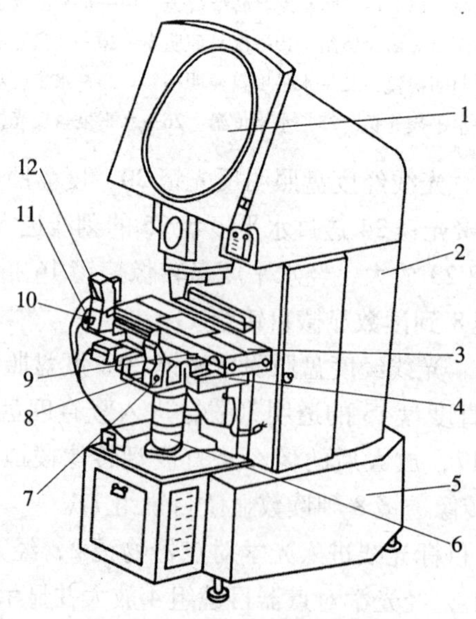

图 3—1—11　ϕ500 投影仪

1—投影屏　2—中壳体　3—工作台　4—升降架　5—底座　6—透射聚光镜　7—横向测微手轮　8—横向微动手轮　9—横向锁紧手轮　10—纵向锁紧手轮　11—纵向微动手轮　12—纵向测微手轮

（1）投影屏1。它位于仪器上方，用来显示被测件影像，可作360°回转。投影屏上刻有米字线，可对被测件的影像轮廓进行瞄准并作坐标测量。

（2）中壳体2。投影屏1、工作台3、升降架4和底座5靠中壳体2连接成一体，升降架4可沿中壳体2上的燕尾导轨作垂直运动。

（3）工作台3。它支承在升降架4上，并在其上能作纵、横向移动。

（4）读数装置。它安装在工作台3上，可读出工作台的移动量。如图3—1—12所示，其读数为56.72°。

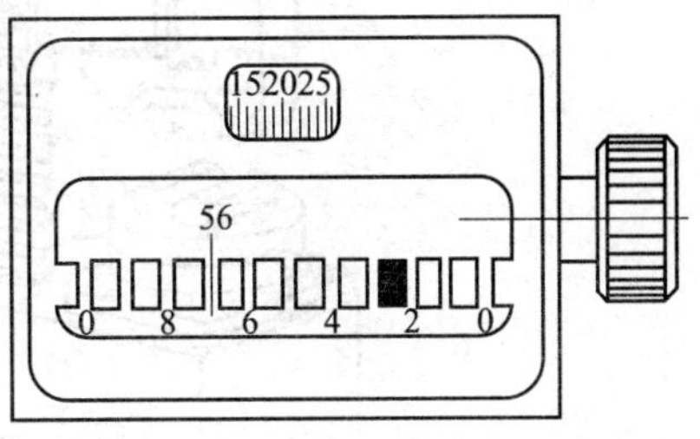

图3—1—12　投影仪工作台读数装置

（5）底座5。其底部有4只脚螺钉，用来调整水平。

（6）光学系统。其中透射聚光镜6用于轮廓测量时的照明。

3. 工作原理（光学系统）

投影仪的光学系统如图3—1—13所示。有如下两套照明系统，两者既可同时使用，又可单独使用。

（1）透射照明系统

1）用途。用于测量零件的轮廓形状或尺寸。

2）透射光源8发出的光的传播路径。透射光源8发出的光，经透射聚光镜7会聚后，为安放在工作台载物玻璃板6上的被测件照明；被测件的轮廓影像经物镜4、反射镜3、2放大投射到投影屏1上。之后，就可在投影屏上对被测件的影像进行瞄准或测量。

（2）反射照明系统

1）用途。用于测量零件表面的形状或尺寸。

2）反射光源10发出的光的传播路径。反射光源10发出的光，经反射聚光镜9和半透膜反射镜5照射在工作台载物玻璃板6上的被测件上；光束在被测件表面反射后再经过半透膜反射镜5、物镜4、反射镜3、2，将被测件的表面影像投射到投影屏1上。

注意：当仅用透射照明时，应将半透膜反射镜5拆下。只有在用反射照明或反射照明、透射照明同时用时才装上半透膜反射镜5。

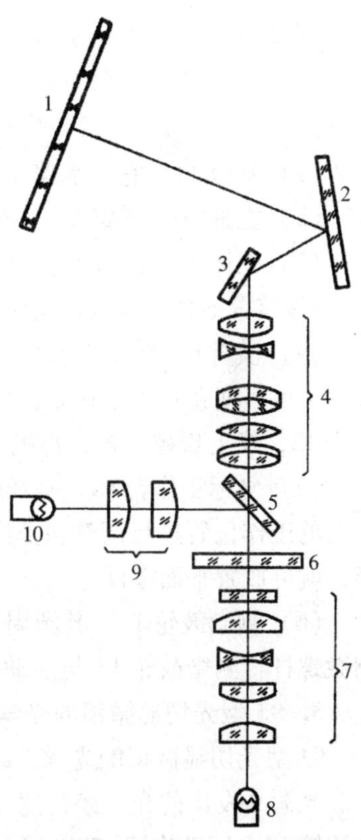

图3—1—13　投影仪的光学系统
1—投影屏　2、3—反射镜　4—物镜
5—半透膜反射镜　6—载物玻璃板
7—透射聚光镜　8—透射光源
9—反射聚光镜　10—反射光源

六、光切显微镜

1. 用途

光切显微镜是采用非接触法测量表面粗糙度的光学仪器。被测量材料可以是金属、木材、纸张、塑料等。

2. 组成

9J 型光切显微镜的外形如图 3—1—14 所示，其主要组成如下：

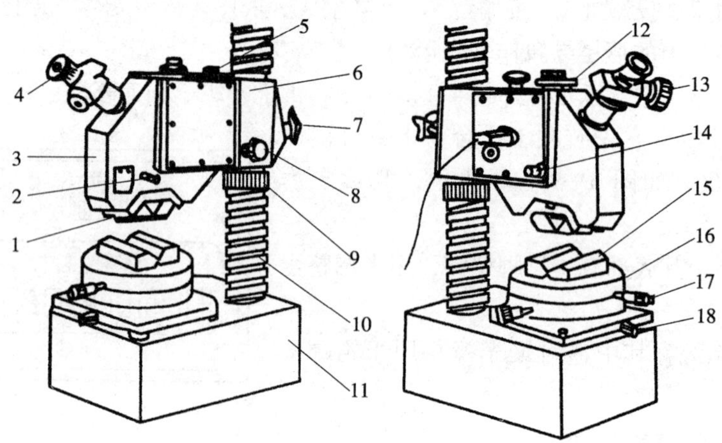

图 3—1—14　9J 型光切显微镜

1—可换物镜组　2—手柄　3—壳体　4—测微目镜　5—照明灯　6—横臂
7、18—旋手　8—微调手轮　9、14—手轮　10—立柱　11—基座　12—防尘盖
13—测微鼓轮　15—V 形块　16—坐标工作台　17—测微手轮

（1）基座 11。它支承着光切显微镜的全部机件。

（2）立柱 10。横臂 6、壳体 3 及安装在其上的各机件一起装在立柱 10 上。

（3）壳体 3。在封闭的壳体 3 内安装有光学系统，可换物镜组 1、测微目镜 4、照明灯 5、摄像装置的插座等也都安装在壳体 3 上。

（4）横臂 6。转动手轮 9，可使横臂 6 沿立柱 10 上下移动，以对显微镜粗调焦；使用旋手 7 可将横臂 6 锁紧在立柱 10 上，这时，微调手轮 8 就可对显微镜进行微调焦；拿下防尘盖 12，换上摄像装置，再把手轮 14 转到“摄像”位置，即可拍照摄像。

（5）坐标工作台 16。松开旋手 18，坐标工作台 16 可作 360°旋转。测微手轮 17 可对工作台的工作位置进行调整和坐标测量。放上 V 形块 15，就可放置圆柱形零件；撤掉 V 形块 15，就可放置平面零件。

（6）测微鼓轮 13。其圆周上刻有 100 格刻线，每格为 0.01 mm，通过螺距为 1 mm 的测微螺杆将测微鼓轮 13 与活动分划板相连，转动测微鼓轮 13 可带动活动分划板移动。

3. 9J 型光切显微镜的光学系统

9J 型光切显微镜的光学系统如图 3—1—15 所示。

光源 9 发出的光，经过滤光片 10 和聚光镜 11 照亮狭缝光阑 12，再经平行平板 13、转向棱镜 14、辅助物镜 15 与 16、物镜 17 呈狭缝绿色光带，并照在被测表面上，形成反射光带，再经物镜 1、反射镜 2 和可动反射镜 4 成像在分划板 6 上，这时从测微目镜 5 中就可以看到放大了的光带像，其视场如图 3—1—16 所示。

固定分划板和活动分划板的构造如下：如图 3—1—16 所示，0 ~ 8 的字标和单线是固定分划板上的刻线，双线和十字线是活动分划板上的刻线，其中波纹线为被测表面的微观像。

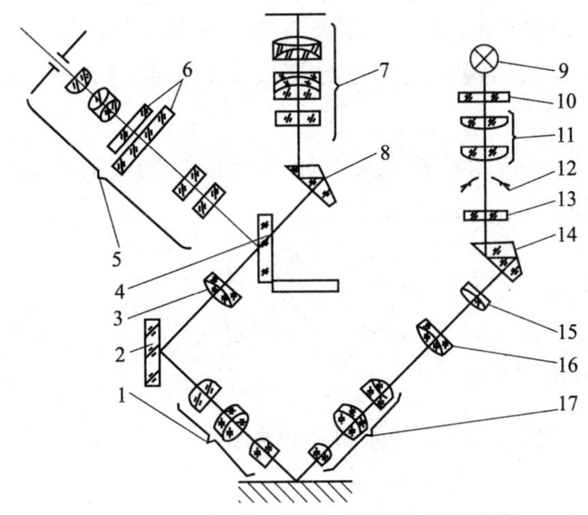

图 3—1—15　9J 型光切显微镜光学系统

1—物镜　2—反射镜　3—辅助物镜　4—可动反射镜　5—测微目镜　6—分划板
7—摄影物镜　8、14—转向棱镜　9—光源　10—滤光片　11—聚光镜
12—狭缝光阑　13—平行平板　15、16—辅助物镜　17—物镜

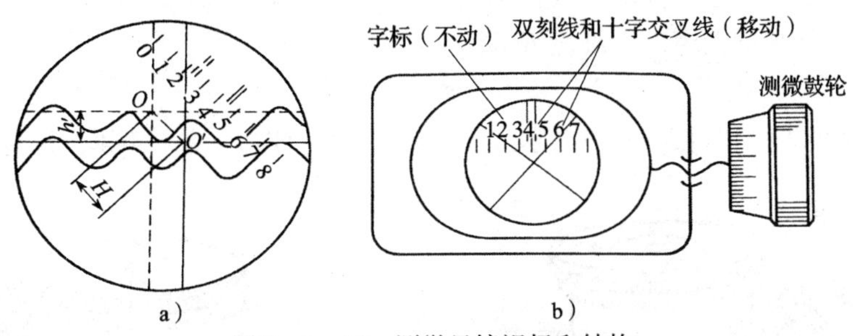

图 3—1—16　测微目镜视场和结构

拍照摄像可按如下步骤操作：将可动反射镜 4 转到虚线位置，如图 3—1—15 所示。这样光带像通过转向棱镜 8 和摄影物镜 7 在底板平面上成像，即可供照相摄影。

4. 工作原理

光切显微镜是以光带切割零件表面来观察和测量表面微小峰谷轮廓的，具体工作原理如图 3—1—17 所示。

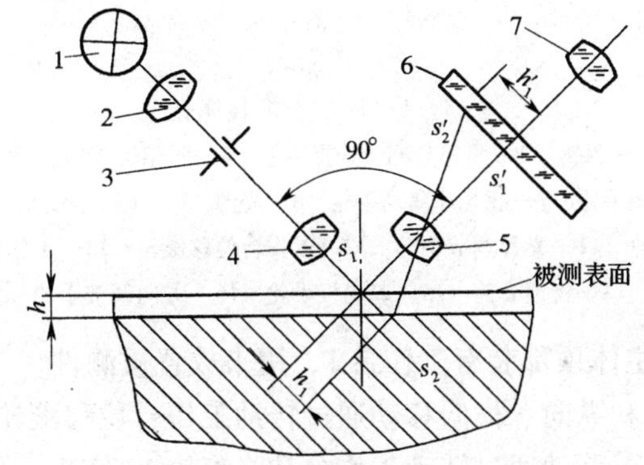

图 3—1—17　光切显微镜的工作原理

1—光源　2—聚光镜　3—狭缝　4、5—物镜　6—分划板　7—目镜

光源 1 发出的光，经聚光镜 2、狭缝 3 和物镜 4 形成的光带，斜射在被测表面的峰顶 s_1 和谷底 s_2 上，反射后经物镜 5 成像于分划板 6 上，此时，就可通过目镜 7 进行观察和测量。

当物面最清晰时，即照明光轴和观察光轴均与被测表面的法线成 45°夹角时，就可计算被测表面轮廓的峰顶与谷底的高度 h，即：

$$h = h_1 \cos 45° = \frac{h_1'}{\beta} \cos 45° = \frac{h_1'}{\sqrt{2}\beta}$$

式中　β——物镜的放大倍数，$\beta = \frac{h_1'}{h_1}$；

h_1'——h 的像高，通过目镜和测微机构可测出。

七、干涉显微镜

1. 用途

干涉显微镜是利用光波干涉原理，把具有微观不平的被测表面与标准光学镜面相比较，以光的波长为基准来测量零件的表面粗糙度。其测量范围：Ra = 0.8 ~ 0.05 μm 的微观不平度十点高度，还可测量轮廓最大高度 Rz 值。

2. 组成

干涉显微镜的外形如图 3—1—18 所示。干涉显微镜主体为一方形箱体，其主要组成如下：

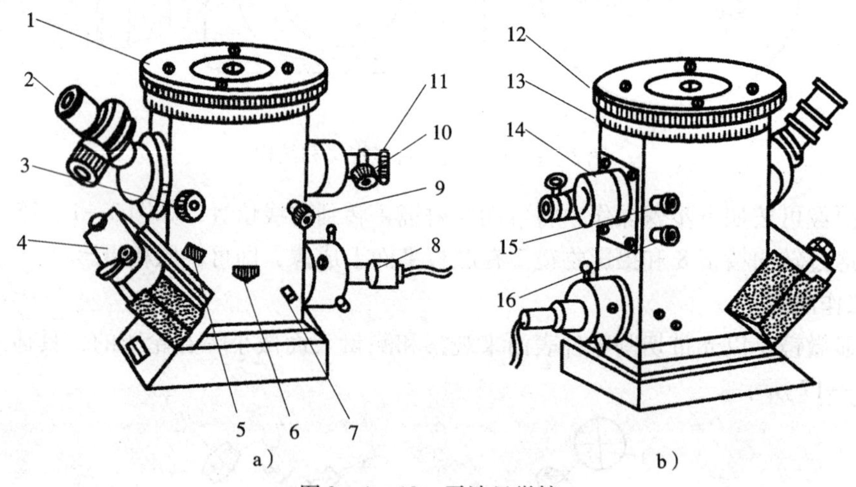

图 3—1—18　干涉显微镜

1—工作台　2—目镜　3—照相与测量选择手轮　4—照相机　5—照相机锁紧螺钉　6—孔径光阑手轮　7—滤光片移动手轮　8—光源　9—干涉条纹宽度调节手轮　10—调焦手轮　11—光程调节手轮　12—工作台位移滚轮　13—工作台升降滚轮　14—物镜套筒　15—遮光板手轮　16—方向调节手轮

（1）主体顶部。在主体顶部装有工作台 1，用来放置被测件。

1）工作台 1 的旋转和纵向、横向移动通过转动工作台位移滚轮 12 实现。

2）工作台 1 的上、下移动通过转动工作台升降滚轮 13 实现，用于调焦。

（2）主体内部（见图 3—1—19）

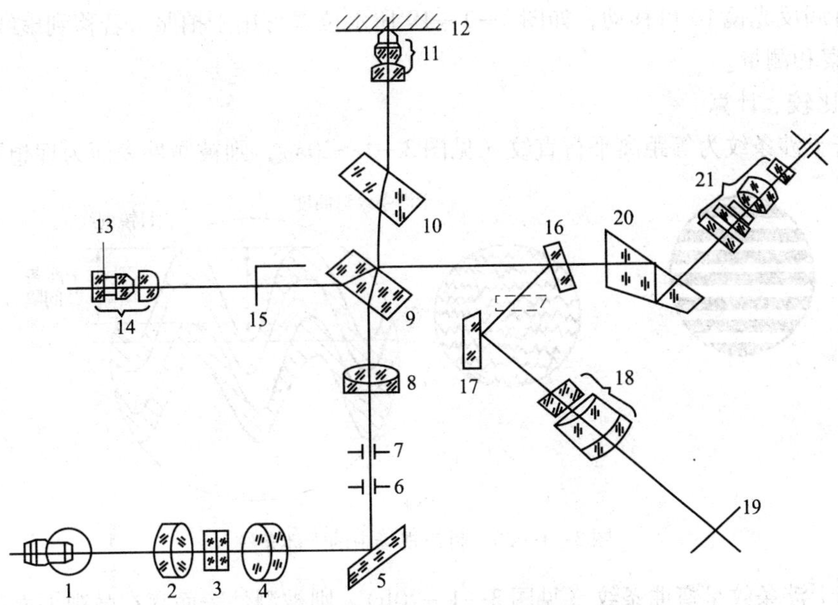

图 3—1—19　干涉显微镜的光学系统

1—光源　2、4、8—聚光镜　3—滤光片　5—折射镜　6—孔径光阑　7—视场光阑　9—分光镜　10—补偿板　11—物镜　12—被测表面　13—标准参考镜　14—物镜组　15—遮光板　16—可调反光镜　17—折射镜　18—照相物镜　19—照相底片　20—棱镜　21—目镜

1）上部。装有被测件、物镜 11、补偿板 10。

2）中部。装有分光镜 9，在其两边分别装有遮光板 15、可调反射镜 16。

3）下部。装有聚光镜 8、视场光阑 7、孔径光阑 6、折射镜 5 等。

（3）主体外部。装有目镜 2、干涉头、照相机 4、照明系统及各种调节手轮。

1）干涉头。其内装有标准参考镜 13 和物镜组 14（见图 3—1—19），调焦用调焦手轮 10，调节光程用光程调节手轮 11（见图 3—1—18）。

2）目镜。其内装有棱镜 20 和目镜 21（见图 3—1—19），外部有测微鼓轮。

3）照明系统。其内装有光源 1、聚光镜 2 等（见图 3—1—19），光源可作径向和轴向移动，目的是看到清晰的灯丝像。

3. 工作原理

干涉显微镜的光学系统如图 3—1—19 所示。

（1）光源 1 发出的光的传播路径。光源 1 发出的光，经聚光镜 2、4 会聚后射向折射镜 5，折射后的光经孔径光阑 6、视场光阑 7、聚光镜 8 射到分光镜 9 上，光束一部分透过分光镜 9 经补偿板 10、物镜 11 射向被测件表面，反射后经原路返回到分光镜 9，再经棱镜 20 折射到目镜 21。另一部分由分光镜 9 折射后，经物镜组 14 射向标准参考镜 13，经它反射后再经物镜组 14 返回到分光镜 9 并透过分光镜 9 射向棱镜 20，再折射到目镜 21。两束光线相遇时，由于存在光程差而产生干涉，从而形成明暗的干涉条纹。

说明如下：

1）滤光片 3 可移入和移出光路。移入后，光线经其过滤便形成单色光，有利于寻找干涉条纹，从而提高测量精度。

2）可调反光镜 16 可移动，如图 3—1—19 所示位置可用于拍照；若移到虚线位置，则可用于观察和测量。

（2）比较、计算

1）若干涉条纹为等距离平行直纹（见图 3—1—20a），则被测件表面为理想平面。

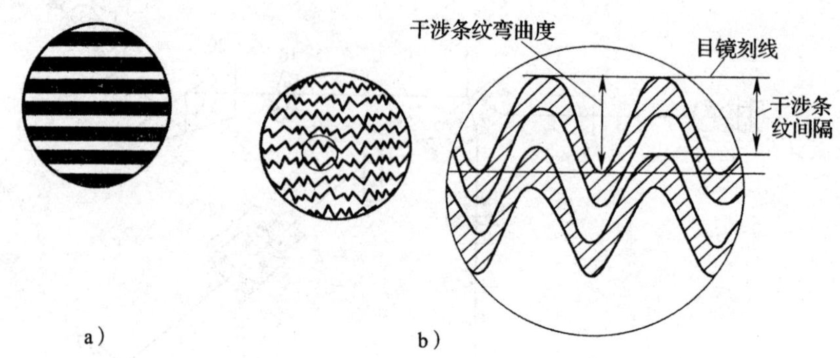

图 3—1—20　目镜视场中的干涉条纹

2）若干涉条纹呈弯曲条纹（见图 3—1—20b），则被测件表面存在微观平面度。此时，峰顶至谷底的高度 Y_i 可按如下公式求得：

$$Y_i = h_i/b_i \cdot \lambda/2$$

式中　h_i——干涉条纹的弯曲度，可测出；

b_i——干涉条纹的间隔宽度，可测出；

λ——光波波长（μm），其中，自然光（白光）$\lambda = 0.66$ μm；绿色单光 $\lambda = 0.509$ μm；红色单光 $\lambda = 0.644$ μm。

八、工具显微镜

1. 用途

工具显微镜用影像法和轴切法两种方法进行测量。可按直角坐标和极坐标精确地测量工件的长度和角度，并可检定零件的形状。其测量范围横向为 200 mm，纵向为 100 mm。测量精度可达到 0. 5 μm 或 0. 2 μm。

2. 组成

以 19JA 型万能工具显微镜为例进行介绍，其外形如图 3—1—21 所示。

（1）底座 15。工具显微镜全部机件都安装在底座 15 上。

（2）纵向滑台 18。在其上安装有顶尖架、V 形架、分度台、平工作台、测量刀、垫板等。

转动手轮 16 可使纵向滑台 18 在底座 15 的导轨上左右移动，并能锁紧在任意位置上；转动纵向微动装置鼓轮 17，可使纵向滑台 18 微动到所需的测量位置。

长 200 mm 的玻璃刻度尺 20 装在纵向滑台 18 的侧面，借助纵向投影读数器 2 可读取纵向移动量。

（3）横向滑台 11。在其上安装有主显微镜（由 4、5 等组成）、臂架 7、立柱 6、主照明装置等。

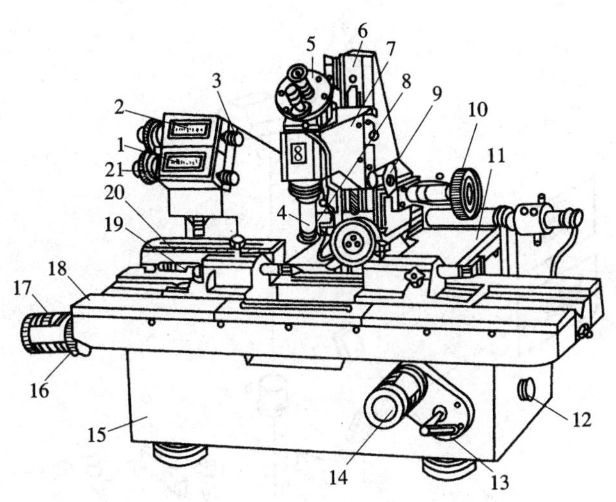

图 3—1—21　19JA 型万能工具显微镜

1—横向投影读数器　2—纵向投影读数器　3—调零手轮　4—物镜　5—测角目镜　6—立柱　7—臂架　8—反射照明器　9、10、16—手轮　11—横向滑台　12—仪器调平螺钉　13—手柄　14—横向微动装置鼓轮　15—底座　17—纵向微动装置鼓轮　18—纵向滑台　19—紧固螺钉　20—玻璃刻度尺　21—读数器鼓轮

推拉手柄 13 可使横向滑台 11 在底座 15 的导轨上前后移动，并能锁紧在任意位置上；转动横向微动装置鼓轮 14，可使横向滑台 11 微动到所需的测量位置。

长 100 mm 的玻璃刻度尺 20 装在横向滑台 11 的侧面，借助横向投影读数器 1 可读取横向移动量。

（4）主显微镜（4、5 等）。主显微镜安装在臂架 7 上，旋转手轮 9，可使主显微镜（4、5 等）沿立柱 6 的垂直导轨上、下移动；转动手轮 10，可使立柱 6 向左、向右各倾斜 15°。

（5）纵、横向投影读数器（1 和 2）。如图 3—1—22 所示，在其投影屏上有 11 个光缝，其相邻间隔为 0. 1 mm，故示值范围为 1 mm。在读数器鼓轮 21 的圆周上刻有 100 条分度线，每小格的分度值为 0. 001 mm。鼓轮 21 旋转一圈，带动投影屏移动 1 个光缝，即 0. 1 mm。如图 3—1—22 所示的读数值为 53. 764 mm。

欲将读数器的读数调零，可使用调零手轮 3。

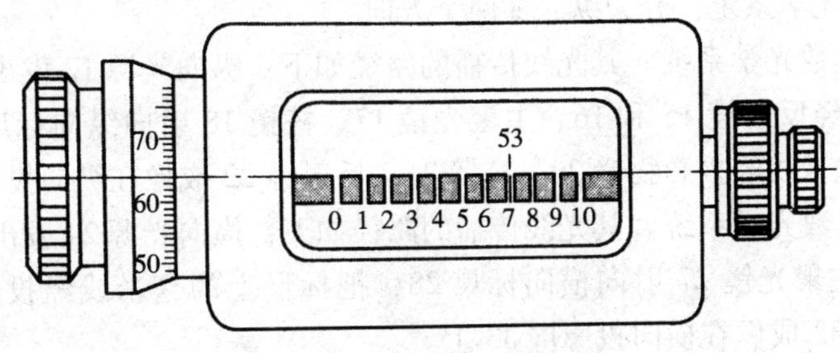

图 3—1—22　投影读数器

3. 工作原理

（1）万能工具显微镜的光学系统（见图 3—1—23）

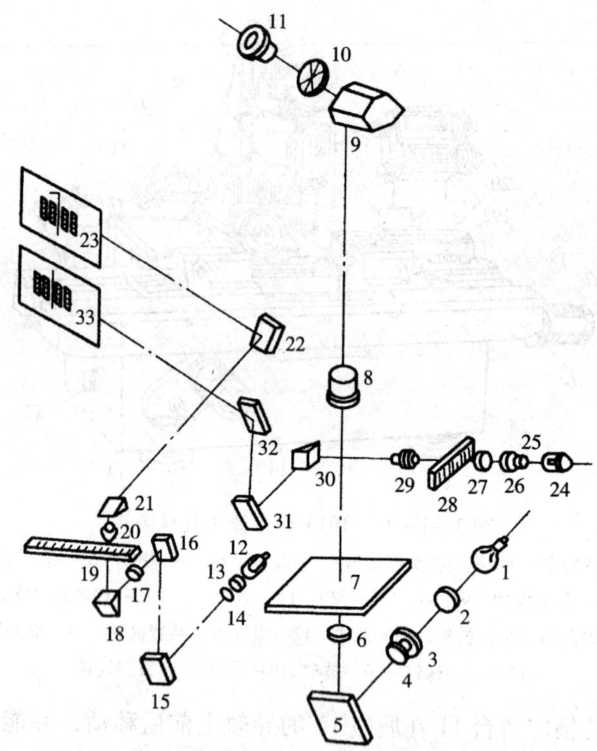

图 3—1—23　19JA 型万能工具显微镜的光学系统

1—照明灯　2、13、25—聚光镜　3—可变光阑　4—滤光片　5、15、16、22、31、32—反射镜　6、17、27—主聚光镜　7—玻璃工作台　8—物镜　9—转向棱镜　10—米字线分划板　11—目镜　12—纵向光源　14、26—隔热片　18、21、30—棱镜　19—纵向标尺　20、29—投影物镜　23—纵向投影屏　24—横向光源　28—横向标尺　33—横向投影屏

1）主显微镜光学系统。用于瞄准目标，所以又称为瞄准显微镜。其光线传播的路径如下：点亮照明灯 1 后，光线通过聚光镜 2、可变光阑 3、滤光片 4 射向反射镜 5，经反射镜 5 反射到主聚光镜 6，经再次聚光后射向被测零件（被安置在玻璃工作台 7 上），由物镜 8 和转向棱镜 9 将被测件清晰地成像在米字线分划板 10 上。这样，测量者可通过目镜 11 进行观察。目镜 11 的视场大小由可变光阑 3 控制。

2）投影读数光学系统：分为纵、横两个方向。

①纵向投影读数光学系统。其光线传播的路径如下：纵向光源 12 发出的光，经聚光镜 13、隔热片 14 再经反射镜 15 和 16、主聚光镜 17、棱镜 18 射向纵向标尺（玻璃刻度尺）19，把标尺上的毫米线经投影物镜 20、棱镜 21、反射镜 22 成像在纵向投影屏 23 上。

②横向投影读数光学系统。其光线传播的路径如下：横向光源 24 发出的光，经聚光镜 25、隔热片 26、主聚光镜 27 射向横向标尺 28，把标尺上的毫米线经投影物镜 29、棱镜 30、反射镜 31 和 32 成像在横向投影屏 33 上。

（2）万能工具显微镜的目镜头。常用的目镜头有轮廓目镜头、测角目镜头、双像目镜头等。

1）轮廓目镜头。轮廓目镜头如图 3—1—24 所示。

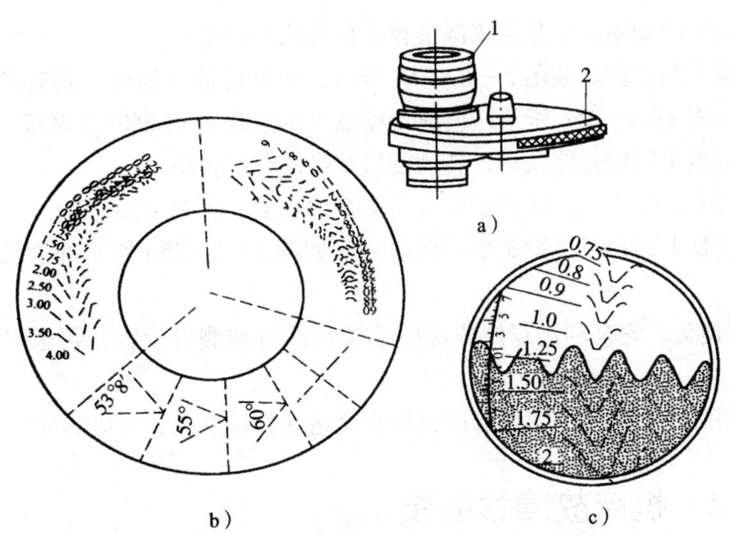

图3—1—24　轮廓目镜头

a）螺纹轮廓目镜头　b）标准轮廓分划板　c）目镜视场

1—目镜　2—滚花环

①轮廓目镜头的功用。轮廓目镜头是用来把刻制在分划板上的被测件的标准轮廓与被测件的实际轮廓相比较，从而确定被测轮廓的误差。

②轮廓目镜头的操作。如图3—1—24b所示为标准轮廓分划板，通过目镜1进行观测时，只能看到两种情景：其一是标准轮廓的一部分；其二就是固定角度标尺，其分度值为10′，示值范围±7°。

具体操作：如图3—1—24c所示为螺距为1.25 mm螺纹的标准断面平均线处在零位的场景。若被测螺纹轮廓与标准断面重合，则说明无角度误差；若被测螺纹轮廓与标准断面不重合，则可转动滚花环2，使标准轮廓的一侧与被测螺纹的相同各侧相平行，这样标准轮廓的平均线偏离固定标尺的角度值就是被测螺纹该侧半角的偏差值。再测另半侧的半角偏差值，可用上述同样的方法。

2）测角目镜头。测角目镜头如图3—1—25所示。

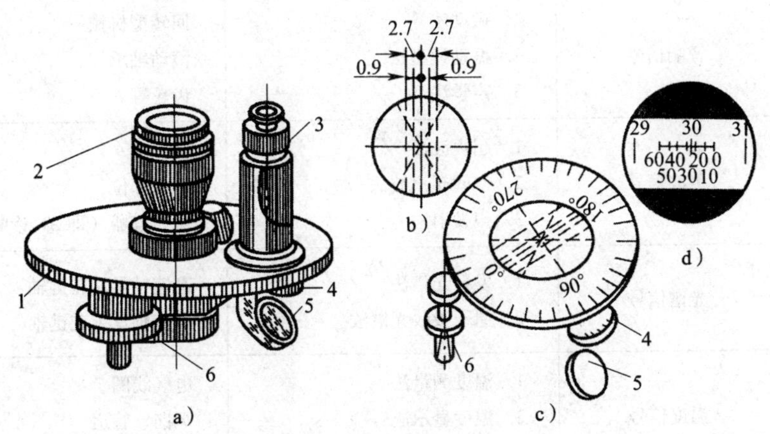

图3—1—25　测角目镜头

1—玻璃刻度盘　2—中央目镜　3—角度目镜　4—固定游标分划板　5—平面反射镜　6—旋钮

①测角目镜头的功用。它是用来瞄准被测件和测量角度的。

②测角目镜头的结构。如图 3—1—25b 所示，中央目镜分划板上刻有米字形虚线和四条平行虚线；如图 3—1—25c 所示，玻璃刻度盘 1 的边缘刻有 360°分度线。玻璃刻度盘 1 与固定游标分划板 4 同轴并能联动，转动旋钮 6 可使它们转动。

③测角目镜头的操作。光线经平面反射镜 5 的反射，通过分度值为 1 的固定游标分划板 4 和玻璃刻度盘 1 到角度目镜 3 中。此时，从如图 3—1—25d 所示的视场中读取的读数为 30°26′。

3）双像目镜头。它是利用双像棱镜的成像特性对被测件成像，再通过目镜放大，进行观察和瞄准。

测量两孔间的中心距时，使用双像目镜头可达到测量准确、快捷的目的。

子课题 2　机床故障诊断技术

1. 熟悉常用的监测诊断技术的原理、方法及应用范围。
2. 掌握实用诊断技术的应用。

一、机床故障诊断技术的方法与应用

机床故障诊断技术是一种了解和掌握机床使用过程中的状态，确定其整体、局部是正常还是异常，早期发现故障及其原因，并能预报故障发展趋势的技术。

机床故障诊断技术的方法很多，而且还在不断发展。表 3—1—1 列出了常用的监测诊断技术的原理、方法及应用范围。

表 3—1—1　监测诊断技术的原理、方法与应用范围

序号	原理	方法	应用范围
1	音响信号	1. 振动法 2. 振动模型法 3. 声学法	回转型机械 滚动轴承 齿轮等
2	声波信号	1. 超声波法 2. 空间超声波法 3. 声发射法	轴承 泄漏部位 压力容器（即 AE 诊断法）
3	光谱信号	1. 发射光谱法 2. 原子吸收光谱法	高速轴承、花键轴 高速轴承、花键轴
4	温度信号	1. 温度测量法 2. 温度显示法 3. 热流计法	电气线圈 烟囱、管道 炉砖

续表

序号	原理	方法	应用范围
5	电气信号	1. 电流波形法 2. 电功率法 3. 放电法 4. 直流分量法 5. 泄漏电流法	电动机异常诊断 效率诊断 绝缘劣化诊断 绝缘劣化诊断 绝缘劣化诊断
6	磁力信号	1. 漏磁量法 2. 磁力线变形法	变压器 电动机
7	化学信号	1. 固体分析法 2. 液体分析法 3. 气体分析法	整流诊断 机床磨损 变压器
8	机械信号	1. 转速法 2. 位移法 3. 流量法	回转机械 低速轴承 破损程度
9	压力信号	1. 压力脉动法 2. 压力损失法 3. 冲击压力法	油泵 堵塞 阀、油缸

二、实用诊断技术的应用

由维修人员进行的问、看、听、触、嗅等的诊断，称为实用诊断技术。

1. 问

就是向操作者询问机床故障发生的经过，弄清楚故障是突发性的还是渐发性的。一般操作者熟知机床性能，故障发生时又在现场，所提供的情况对故障的分析很有帮助。通常应询问下列情况：

（1）机床开动时有哪些异常现象。

（2）对比故障前后的工作精度和表面粗糙度，以便分析故障产生的原因。

（3）传动系统和走刀系统是否正常，出力是否均匀，背吃刀量和走刀量是否减小等。

（4）润滑油品牌号是否符合规定，用量是否适当。

（5）机床进行保养检修的情况，以便对故障做出准确判断。

2. 看

观察机床各种真实现象，通常要进行六看：

（1）看转速。观察主传动速度的变化，若带传动的线速度慢了，则可能是带传动过松或负荷太大；观察主传动系统中的齿轮、飞轮，主要看它是否跳动、摆动；观察传动轴，主要看它是否弯曲或晃动。

（2）看颜色。如果机床转动部位，特别是主轴和轴承运转不正常，就会发热。长时间升温会使机床外表颜色发生变化，大都呈黄色。油箱里的油也会因温升过高而黏度变稀，颜色变化。

（3）看伤痕。机床零、部件碰伤损坏部位很容易发现。若发现裂纹，则应作一记号，隔一段时间后再比较它的变化情况，以便进行综合分析。

（4）看工件。从工件来判别机床的好坏。若车削后的工件表面粗糙度 *Ra* 值大，则主要是主轴与轴承之间的间隙过大，溜板、刀架等压板楔铁有松动，以及进刀机构传动部件有松动或进刀光杠弯曲等原因所致。若是磨削后的表面粗糙度 *Ra* 值大，则主要是主轴或砂轮动平衡差、机床出现共振以及工作台爬行等原因所引起的。若工件表面出现波纹，则看波纹数是否与主轴传动齿轮的齿数相等，如果相等，就证明主轴齿轮啮合不良是故障的主要原因。

（5）看变形。主要观察机床的传动轴、丝杠和光杠是否变形，并观察直径大的飞轮、带轮与齿轮的端面是否跳动。

（6）看油箱与切削液箱。观察油或切削液是否变质，确定其能否继续使用。

3. 听

用于判断机床运转是否正常，一般运转正常的机床，其声响具有一定的音律和节奏，并保持稳定。

（1）机械运动发出的正常声响

1）一般旋转运动的机件，在运转区间较小或处于封闭系统的情况下，多发出平静的“嘤嘤”声；若处于非封闭系统或运行区间较大时，多发出较大的蜂鸣声。各种大型机床和包含多种机械运动的机组，则发出低沉而振动声浪很大的轰隆声。

2）正常运行的齿轮副，一般在低速下无明显的声响；链轮和齿条传动副一般发出平稳的“唧唧”声；直线往复运动的机件，一般发出周期性的“咯噔”声；常见的凸轮顶杆机构、曲柄连杆机构、摆动摇杆机构等，通常都发出周期性的“嘀嗒”声；多数轴承副一般无明显的声响，但借助传感器（通常是用金属杆或旋具）可听到较为清晰的“嘤嘤”声。

3）各种介质的传输设备产生的输送声，一般随传输介质的特性而异。如气体介质多为“呼呼”声；流体介质多为“哗哗”声；固体介质发出“沙沙”声或“嗬罗嗬罗”声。

（2）容易出现的异声。掌握正常音响及其变化，并与故障时的声音相对比，是听觉诊断的关键。下面介绍几种一般容易出现的异声：

1）摩擦声。声音尖锐而短促，常常是两个接触面相对运动的研磨所致。如传动带打滑或主轴轴承及传动丝杠副之间缺少润滑油，均会产生这种异声。

2）泄漏声。声小而长，连续不断，如漏风、漏气、漏水等。

3）冲击声。音低而沉闷，如气缸内的间断冲击声，一般均是由于螺栓松动或内有其他异物碰击引起。

4）对比声。用锤子轻轻敲击来鉴别零件是否缺损，有裂纹的零件敲击后发出的声音就不那么清脆。

4. 触

用手感来判别机床的故障，通常用下列方法来鉴别：

（1）温升。人的手指触觉是很灵敏的，可相当可靠地判断各种异常的温升，其误差可准确到3～5℃。根据经验，当机床温度在0℃左右时，手指感觉冰凉，长时间触摸会产生刺骨的痛感；10℃左右时，手感较凉，但可忍受；20℃左右时，手感到稍凉，随着接触时间延长，手感潮湿；30℃左右时，手感微温有舒适感；40℃左右时，手感如触摸高烧病人；50℃以上手感较烫，如时间较长可有出汗感；60℃左右时，手感很烫；70℃左右时，手感有灼痛感，且手的接触部位很快出现红色；80℃以上时，瞬时接触手感麻辣如火烧，时间过长可出现烫伤。为了防止手指烫伤，应注意触摸方法。一般先用右手并拢的食指、中指和无名指指背中节部位轻轻触及机件表面，断定对皮肤无损害后，方可用手指肚或手掌触摸。

（2）振动。轻微振动可用手感鉴别，至于振动的大小，可找一个固定基点，用一只手去同时触摸，便可以比较出。

（3）伤痕和波纹。肉眼看不清的伤痕和波纹，若用手指去摸则很容易感觉出来。摸的方法是：对圆形零件，要沿切向和轴向分别去摸；对平面，要左右、前后均匀去摸。摸时不能用力太大，只要轻轻把手指放在被检查表面上接触便可。

（4）爬行。用手摸可直观地感觉出来。造成爬行的原因很多，常见的原因是润滑油不足或选择不当，活塞密封过紧或磨损造成机械摩擦阻力加大，以及液压系统进入空气或压力不足。

（5）松或紧。用手转动主轴或摇动手轮，即可感到接触部位的松紧是否均匀适当，从而可判断出这些部位是否完好可用。

5. 嗅

由于剧烈摩擦或电气元件绝缘破损短路，使附着的油脂或其他可燃物质发生氧化、蒸发或燃烧，产生油烟气、焦煳气等并伴随有异味。应用嗅觉诊断的方法可收到较好的效果。

三、机床异响的诊断

机床在运行中发出均匀、连续而轻微的声音，一般认为是正常的。若声音过大或伴有金属的敲击声、摩擦声等，则表明机床运转的声音不正常，称为机床异响。

异响主要是由于机件的磨损、变形、断裂、松动、腐蚀等原因，致使机件在运行中发生碰撞、摩擦、冲击或振动所引起的。有些异响，表明机床中某一零件产生了故障；还有些异响，则是机床可能发生重大事故性损伤的预兆。因此，对机床异响的诊断决不可忽视。

1. 首先确定应诊断的异响

诊断机床异响，应考虑新旧机床的不同特点：新机床由于技术状态比较好，运转过程中一般无杂乱的声响，一旦由某种原因引起异响，就会清晰而单纯地暴露出来，因而易于分析诊断；旧机床由于自然磨损，技术状况渐趋恶化，各运动件之间的间隙加大，致使运行期间声音杂乱。所以，应当首先判明哪些声响属于可保留的，哪些声响属于必须予以诊断明白，并应排除的。

2. 根据机床运行状态确诊异响部位

机床是由很多零、部件连接为一个整体的，若其中一个在运转中产生异响，势必会传递给其他零、部件，这就容易混淆故障的真实部位。这时，可根据机床的运行状态，确定异响部位。例如，机床变速箱产生异响，可根据不同排挡的声响程度来判断异响发生的部位。

3. 根据声响特征确诊异响零件

机床的异响，常因发响零件的形状、大小、材质、工作状态和振动频率的不同而声响各异，如在实践中能用心分析所接触的各种异响，是可掌握其规律的。

4. 根据异响与其他故障的关系进一步确诊或验证异响零件

同样的声响，比如同样是冲击声，其高低、大小等不一定相同，而且每个人的听觉也有差异，因此，仅凭声响特征确诊机床异响的零件，有时还不够确切，这时，可根据异响与其他故障征象的关系，进一步确诊异响零件。

（1）异响与振动。机床有异响存在时，异响零件就会产生振动，而且振动频率与异响的声频将是一致的，据此可进一步确诊异响零件。例如，由于旋转不平衡引起的冲击声，其声响次序与旋转不平衡引起的振动频率相同，根据两者间的关系，来查找和确诊由于旋转不平衡而发出冲击声的零件，比较方便、有效。

（2）异响与爬行。在液压传动机床里，若液压系统内有异响，而工作台伴有爬行，则可证明液压系统混有空气。这时，如果在油泵中心线以下还有“吱嗡吱嗡”的噪声，那么便可进一步确诊是油泵吸空导致液压系统混入空气。

（3）异响与发热。某些零件产生故障后，不仅有异响，而且发热，滚动轴承就属于这类零件。如果某一轴上有两个轴承，其中一个轴承产生了故障，运行中发出“隆隆”声，这时只要用手一摸，就可确诊发热的轴承即为损坏了的轴承。

子课题 3　磨床、镗床、龙门铣床工作原理和主要结构

1. 熟悉磨床工作原理和主要结构。
2. 熟悉台式卧式铣镗床的用途、工作原理和主要结构。
3. 熟悉龙门铣床的类别、工作原理和主要结构。

一、磨床

使用砂轮进行切削加工的机床称为磨床。磨削可以加工外圆柱表面、内圆柱表面、平面、锥面、螺纹、曲轴、花键轴、齿轮、特种曲面等。磨床根据加工工件表面形状的不同，可分为外圆磨床、内圆磨床、平面磨床、刃具磨床、特种磨床等。现以外圆磨床为例进行介绍。

1. 工作原理

外圆磨削的方式不同，磨床所具有的运动也不同。

（1）纵向进给外圆磨削。如图 3—1—26 所示，磨削时，工件装夹在两顶尖间或卡盘上，砂轮回转为主运动，工件由工作台带动作纵向进给运动，同时由工作台主轴箱带动作圆周进给运动。此外，工作台每完成一次行程，砂轮就随砂轮主轴箱向工件作横向（切入）进给运动。

（2）横向进给外圆磨削。磨削时，砂轮除作回转运动（主运动）外，还作连续的横向

(切入)进给运动;工件只作旋转(圆周进给)运动,不作往复移动。

(3) 外圆无心磨削。如图 3—1—27 所示,磨削时,砂轮 1 作高速回转运动(即主运动);导轮 2 作慢速回转运动,且转向与砂轮转向相同;工件以被磨表面为基准,浮动在支承拖板 3 上;当导轮 2 与工件 4 接触时,在摩擦力的作用下,导轮带动工件回转,构成了工件的圆周进给运动。工件安置在两轮中间,工件中心稍高于两轮中点的中心连线,支承托板又具有一定斜度,这样工件的回转中心可在很小的范围内上、下自动调整,使工件能自动磨成圆柱形表面。导轮在垂直面内有一倾角,借助导轮回转摩擦力使工件作轴向运动,实现轴向进给。

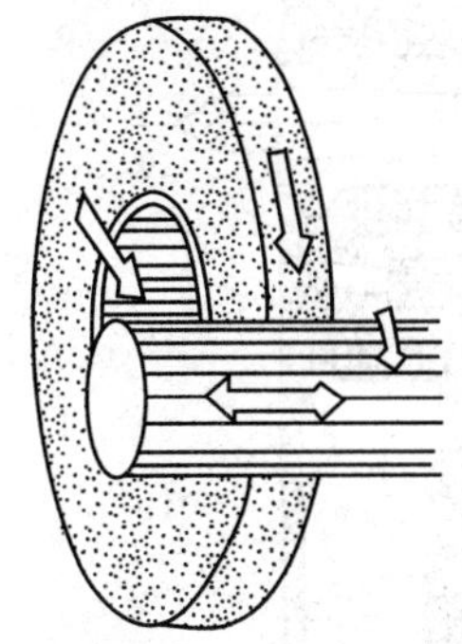

图 3—1—26 纵向进给外圆磨削工作原理

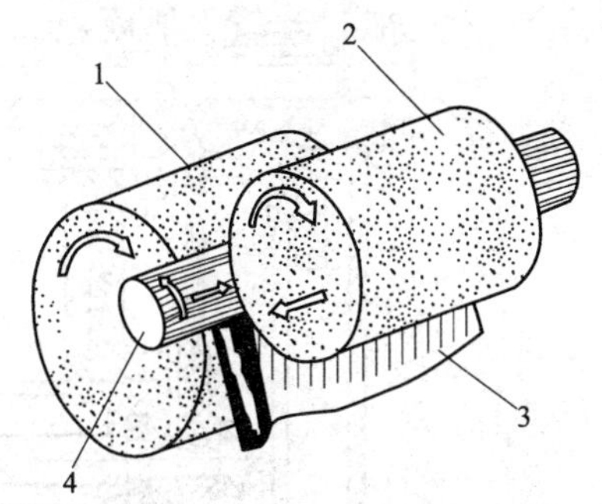

图 3—1—27 外圆无心磨削工作原理

1—砂轮 2—导轮 3—支承托板 4—工件

2. 主要结构

下面以 M1432A 型万能外圆磨床为例进行介绍。

如图 3—1—28 所示为 M1432A 型万能外圆磨床的外形,它由床身、工作台、头架、尾座、砂轮、砂轮架、内圆磨头等部件组成。

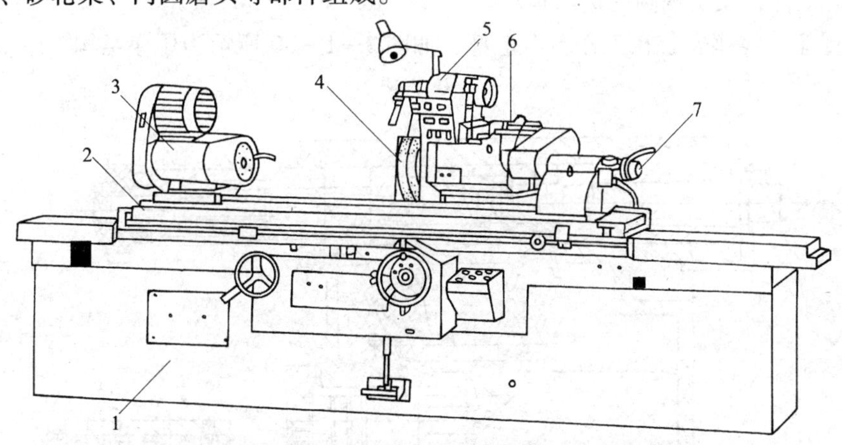

图 3—1—28 M1432A 型万能外圆磨床外形结构

1—床身 2—工作台 3—头架 4—砂轮 5—内圆磨头 6—砂轮架 7—尾座

(1) 床身。它是万能外圆磨床的基础零部件。床身由铸铁制成,呈凸字形。它的内部设有液压系统用贮油池,顶面设有纵向、横向导轨。床身用来支承各部件,承受重力与切削力,并保证其上各部件的相对位置精度及移动部件的运动精度。

(2) 工作台。它分上、下两层,下工作台底面有导轨,与床身纵向导轨相配合,通过液压传动或手动机械传动实现纵向进给运动。上工作台与下工作台通过四个螺钉和两块压板固定在一起，其上设有定位面及 T 形槽，用以安装头架和尾座。上工作台可绕下工作台上的中间短轴转动，以磨削一定锥度的锥体。

（3）头架。头架安装在工作台左上部。如图 3—1—29 所示为头架展开图。

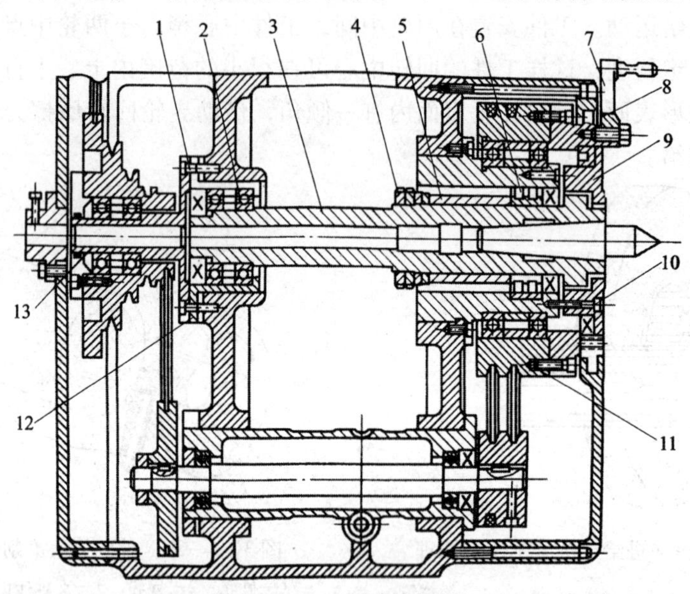

图 3—1—29　头架展开图

1、10—螺钉　2—后轴承　3—主轴　4—螺母　5—中间套　6—前轴承　7—拨杆　8—拨盘　9—端盖　11—带轮　12—轴承座　13—轴套

头架箱体底盘用两个 T 形螺栓固定在工作台上，头架变速箱可绕底盘定心轴颈回转。头架既装夹工件，又实现圆周进给运动。

（4）尾座。尾座安装在工作台右上部，如图 3—1—30 所示为尾座结构。

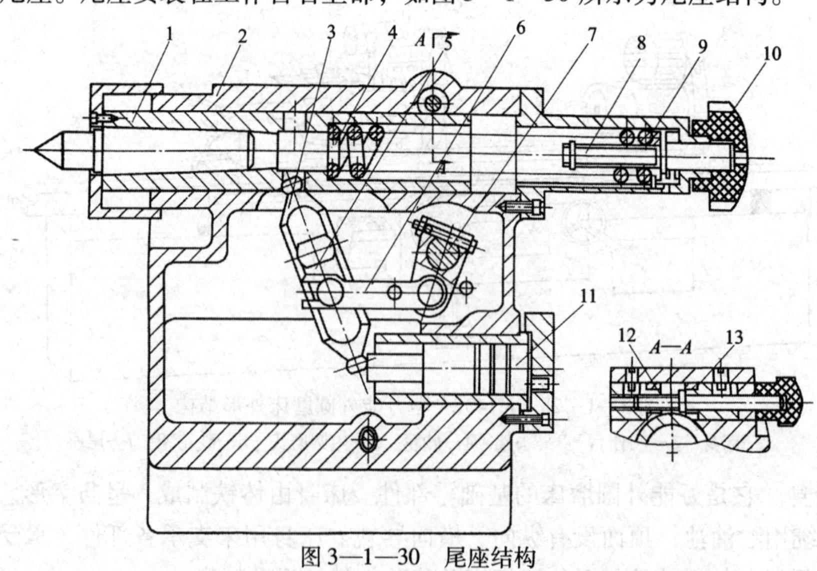

图 3—1—30　尾座结构

1—套筒　2—壳体　3—拨杆　4—弹簧　5—定轴　6—连杆　7—轴　8—调整螺杆　9—螺母　10—手柄　11—液压缸　12、13—锁紧块

尾座的主要作用是夹持工件。尾座套筒 1 的前端内锥孔中安装顶尖，用来支承工件。装卸工件时，套筒的后移可通过扳动手柄实现，也可以通过踩下尾座的控制板实现。此外，在尾座套筒的前油封盖上有一斜孔，用于安装金刚石笔，对砂轮进行修整。

（5）砂轮架。砂轮架装于后床身上。如图 3—1—31 所示为砂轮架主轴部件剖视图及局部放大图。

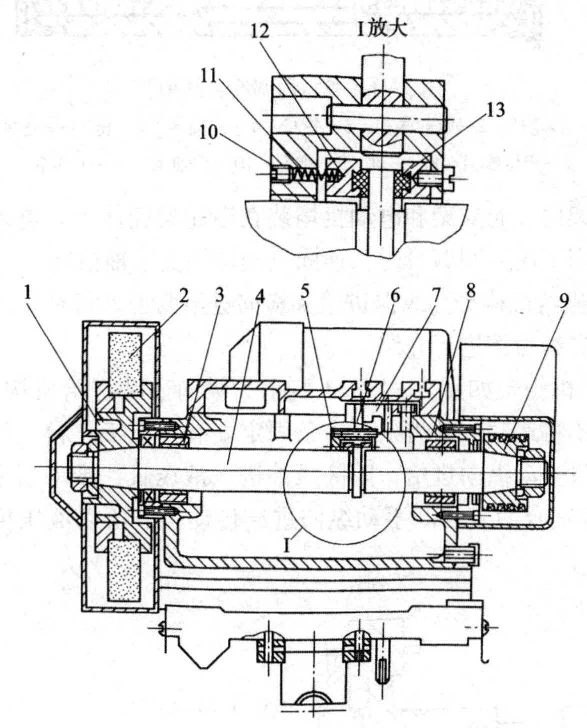

图 3—1—31　砂轮架主轴部件剖视图及局部放大图

1—法兰盘　2—砂轮　3、8—多瓦式自动调位动压轴承　4—主轴　5—半圆轴套
6—轴　7—支架　9—V 带轮　10—螺钉　11—弹簧　12、13—半圆环

砂轮架滑鞍下面的导轨与床身横向导轨配合，通过机械传动或液压传动带动砂轮架沿床身导轨作横向进给运动。砂轮主轴 4 装在两组多瓦式自动调位动压轴承 3、8 中。在主轴左右两端的锥体上，分别装着砂轮法兰盘 1 和 V 带轮 9，并由砂轮架上的电动机经传动带直接传动旋转。砂轮主轴的径向精度由轴承 3、8 来保证。砂轮主轴的轴向位置依靠固定在壳体上的支架 7、轴 6，通过锥销与半圆轴套 5 连接。在半圆轴套 5 中装有半圆环 12、13，借助弹簧 11 的压力将主轴的凸肩夹持在半圆环 12、13 之间，固定了砂轮主轴的轴向位置。

砂轮架中的主轴 4 和轴承 3、8 是磨床中非常重要的零件。主轴部件的回转精度对加工工件的表面粗糙度和精度都有直接影响。砂轮架除了具有主轴回转主运动和横向进给运动外，还可绕滑鞍定位孔中心作回转运动。

（6）内圆磨具。内圆磨具是磨削工件内孔和内锥孔的工具，其结构如图 3—1—32 所示。

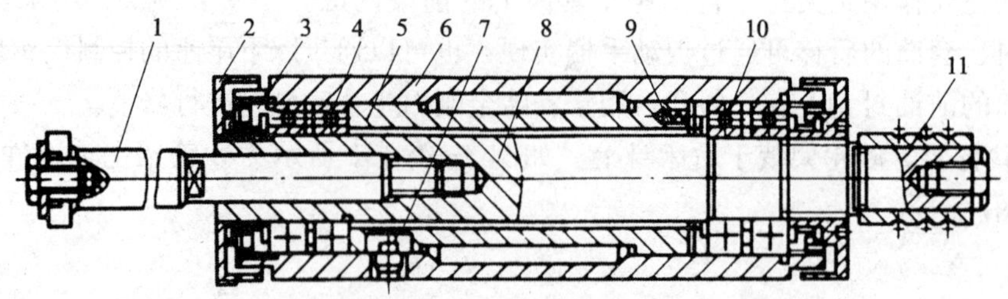

图 3—1—32　内圆磨具结构

1—砂轮杆　2—密封端盖　3—螺母　4—前轴承　5—套　6—壳体
7—定位螺钉　8—主轴　9—弹簧　10—后轴承　11—V 带轮

内圆磨具装于支架内，而支架和电动机均装在砂轮架壳体上。电动机的运动经由平带传给内圆磨具主轴。当不用内圆磨具时，连同支架可绕支架轴抬起。

（7）进给机构。进给机构分为纵向进给和横向进给两种。每种又可分为手动进给和自动进给。下面以手动进给为例进行介绍。

1）纵向手动进给机构。如图 3—1—33 所示为纵向手动进给机构。手动纵向进给时，转动手轮通过各级齿轮将运动传给齿条。齿条固定安装在下工作台底面上，工作台则作纵向往复进给运动。如果自动纵向进给，因液压油进入液压缸，推动活塞并压缩弹簧，使齿轮 $z=15$ 和 $z=72$ 脱开啮合面，切断手动纵向进给传动链，所以液压传动实现纵向往复进给运动。

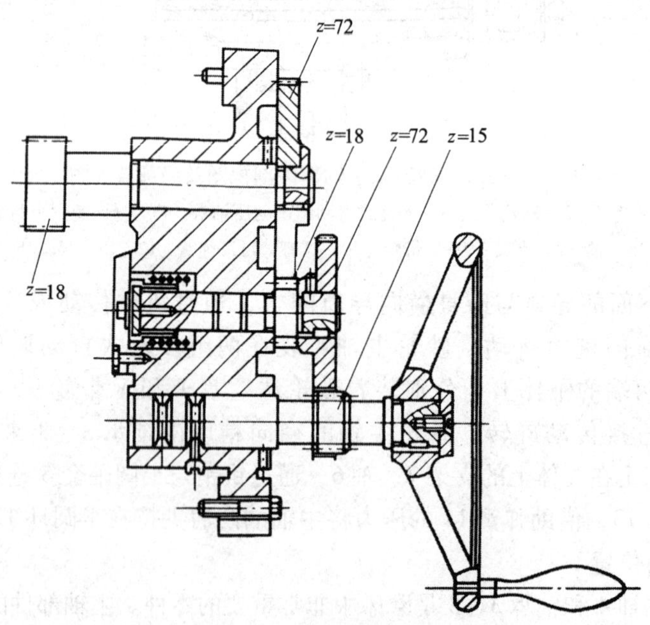

图 3—1—33　纵向手动进给机构

2）横向手动进给机构。横向手动进给机构如图 3—1—34 所示。手动横向进给时，转动手轮 1，带动套 4 共同转动；套 4 用链与轴 10 相连接，在轴 10 的另一端装有双联齿轮 9，转动经双联齿轮 9 通过变速机构传给丝杠，带动半螺母，使砂轮架实现横向移动。而自动进给是在工作台换向时，由压力油推动阀 16 而实现的。

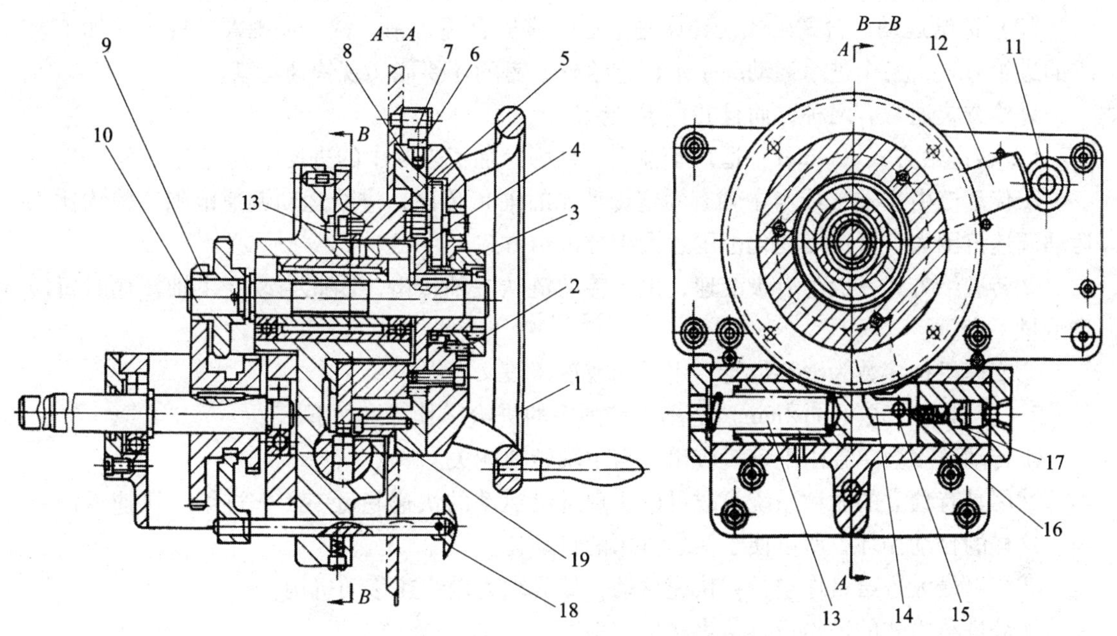

图 3—1—34　横向手动进给机构

1—手轮　2—销　3—旋钮　4—套　5—棘轮　6—零位撞块　7—定位爪
8—刻度盘　9—双联齿轮　10—轴　11—齿轮　12—遮板　13、17—弹簧
14—棘爪　15—销轴　16—阀　18—手柄　19—挡块

二、镗床

镗床是孔加工类机床，主要用旋转的镗刀镗削箱体、机架类零件上已铸出的孔或粗钻出的孔及孔系。在镗床上加工的孔，其尺寸较大，精度要求也较高，而且孔轴线的同轴度、垂直度、平行度及孔间距离的精确性要求也很严格。使用不同的刀具和附件在镗床上还能钻削、铣削、加工螺纹以及加工外圆和端面。

现以台式卧式铣镗床为例说明其用途、主要结构及工作原理。

1. 台式卧式铣镗床的用途

台式卧式铣镗床适用于各种箱体、机架等零件的镗孔、钻孔、铣削平面、外圆及端面加工，并可通过安装特殊附件加工螺纹等。镗轴直径为 70 ~ 130 mm。

2. 台式卧式铣镗床的运动

（1）主运动。台式卧式铣镗床主传动系统通常分为两种形式。

1）集中传动。集中传动就是把主传动中全部变速机构与主轴组件都装在主轴箱内。

2）分离传动。分离传动就是把主电动机及变速机构的大部分装在床身内，再由花键轴与主轴箱内的传动机构进行连接。

不管是集中传动，还是分离传动，其变速系统的类型主要与主电动机的种类有关：

①滑移齿轮或电磁离合器控制的齿轮有级变速，或者采用机械无级变速器。采用的主电动机是单速或双速交流电动机。

②简化了的机械变速机构。采用的主电动机是交流或直流调速电动机的无级调速系统。

(2) 进给运动。台式卧式铣镗床进给运动应适合镗、钻、铣、加工螺纹等不同加工要求的进给方式，各个进给运动除了工作进给外，有的还要能实现快速运动。

进给方式通常有两种，而且并存于铣镗床上。

1) 转进给方式 (mm/r) 适用于镗削、钻削、加工外圆中的进给，其特点如下：

①传动链由主轴（或与主轴有固定传动比的轴）传出，进给运动调速范围一般均比主运动调速范围大，且速度变化范围远大于分进给方式。

②转进给方式一般为有级变速，由于传动链从主轴传出，因此当改变主轴转速时每转进给量不变。

③变速机构多数为滑移齿轮，用手柄或液压拨叉操纵。

2) 分进给方式 (mm/min) 适用于铣削中的进给。其特点如下：

①传动链多数单独由电动机传出，与主轴转速无关。

②因具有独立的驱动系统，故可以实现进给运动的快速趋近→工作进给→快速返回→停止这样的自动循环，所以便于实现机床的自动化。

③能以最大进给量作空行程快速移动，故无须另设快速移动机构。

④分进给方式的进给量直接表达生产率。

⑤在结构上减轻了主轴箱的质量及相应的平衡重锤的质量。

3. 台式卧式铣镗床的主要结构

(1) 主轴及平旋盘

1) 主轴结构通常有以下几种形式。

①三层主轴结构（见图3—1—35)。结构由外伸主轴（镗轴）2、空心主轴（铣轴）1及平旋盘主轴3组成。平旋盘主轴3由两个圆锥滚子轴承支承在主轴箱上，铣轴1的前轴承装在平旋盘主轴3内，后轴承支承在主轴箱上。镗轴2由铣轴1内的衬套4支承，并能轴向移动。

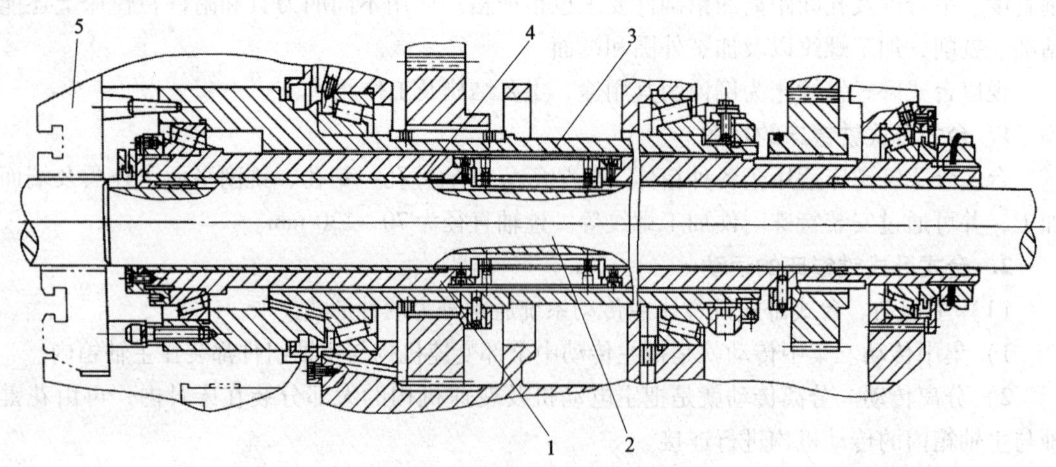

图3—1—35　三层主轴结构

1—空心主轴（铣轴）　2—外伸主轴（镗轴）　3—平旋盘主轴　4—衬套　5—平旋盘

三层主轴结构的缺点有：结构层次多，主轴回转精度低；支承零件增多，主轴刚度低；切削时振动较大；主轴箱相应增加了重量，对平衡配重不利；空心主轴轴承润滑困难。

②两层半主轴结构（见图 3—1—36）。外伸主轴（镗轴）8 支承在空心主轴（铣轴）5 上，借助其前轴承 3 装在法兰盘 4 孔内，平旋盘 1 通过双列圆锥滚子轴承 2 支承在主轴箱前端的法兰盘 4 的外圆上。由于空心主轴（铣轴）5 的前轴承没直接装在主轴箱上，而是装在与主轴箱箱体孔前端有固定连接、刚度较强的长法兰盘 4 内，且相当于平旋盘主轴的法兰盘 4 长度很短（俗称半层主轴），所以把这类介于两层主轴和三层主轴之间的主轴结构称为两层半主轴结构。两层半主轴结构的优点有：主轴精度不受平旋盘支承的影响；外伸主轴刚度较高；平旋盘回转精度较高。

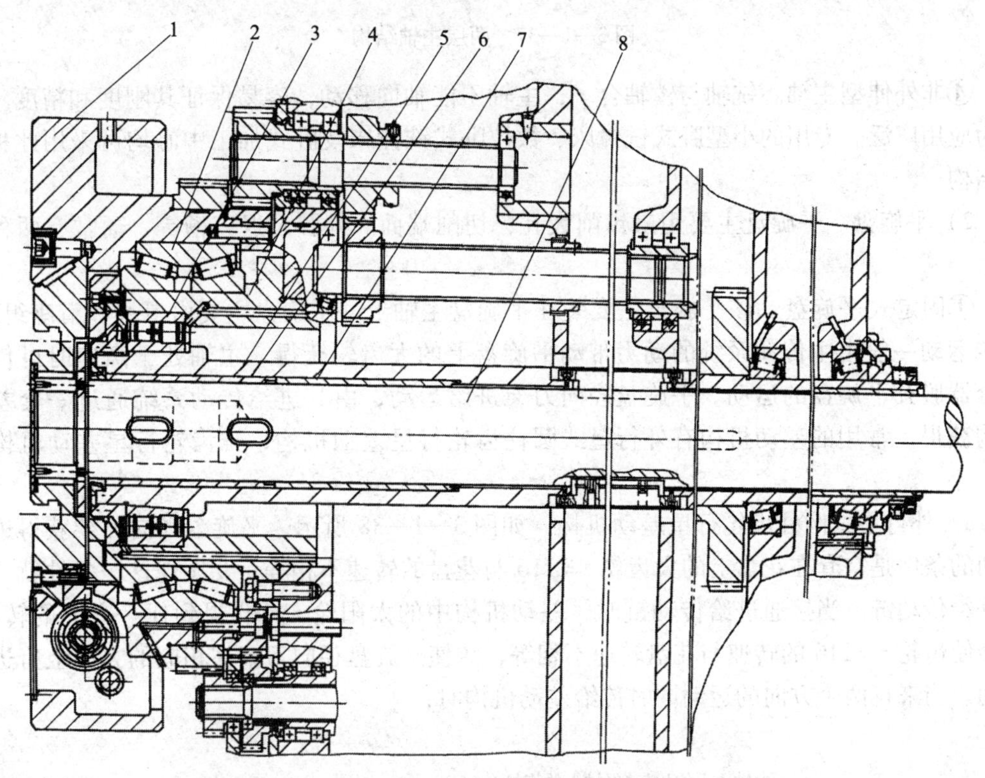

图 3—1—36　两层半主轴结构

1—平旋盘　2—双列圆锥滚子轴承　3—空心主轴前轴承　4—法兰盘
5—空心主轴（铣轴）　6、7—衬套　8—外伸主轴（镗轴）

③两层主轴结构（见图 3—1—37）。主轴组件由铣轴和镗轴组成。其中铣轴有两个支承点，即其前、后轴承直接支承在主轴箱上。铣轴端部可装花盘或可拆式平旋盘。镗轴和铣轴之间仍为滑动轴承—钢套结构，通过调整前支承两列轴承间的垫圈厚度，可以对轴承施加预加载荷，以提高主轴刚度。

两层主轴结构的优点有：主轴刚度、回转精度较高；铣轴端部可安装较多附件，故扩大了机床的工艺范围，可用于数控卧式铣镗床。

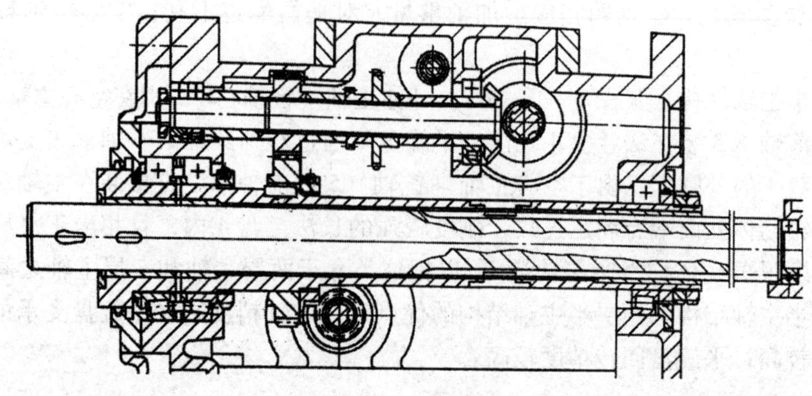

图 3—1—37　两层主轴结构

④非外伸型主轴。铣轴与镗轴合一，主轴不能轴向移动，容易保证其刚度和精度。优点为应用广泛。专用的小型卧式铣镗床、数控卧式铣镗床及卧式加工中心均可采用此种主轴结构。

2）平旋盘。平旋盘主要用来镗削大孔，切削端面、外圆及退刀槽等，通常有两种形式。

①固定式平旋盘。该平旋盘主要装在平旋盘主轴上。平旋盘主要由滑块和滑座组成。回转运动一般由主传动系统的动力带动平旋盘上的大齿轮获得。主轴处于高速时可借助离合器脱开平旋盘的运动。平旋盘径向刀架进给运动，由其进给传动系统通过一套差动机构获得。常用的差动机构有外行星式圆柱齿轮行星差动机构、锥齿轮行星差动机构两种。

a. 外行星式圆柱齿轮行星差动机构。如图 3—1—38 所示，平旋盘径向刀架获得进给运动的条件是空套在花盘上的大齿轮 $z=116$ 与花盘的转速不相等，要实现这一条件就要接通进给传动链。当接通进给传动链时，差动机构中的太阳轮 $z=20$ 得到任一方向的转动，都会使齿轮 $z=116$ 的转速与花盘转速不相等，故使平旋盘径向刀架在相应的方向上有进给运动。当来自两个方向的运动同时传给差动机构时，

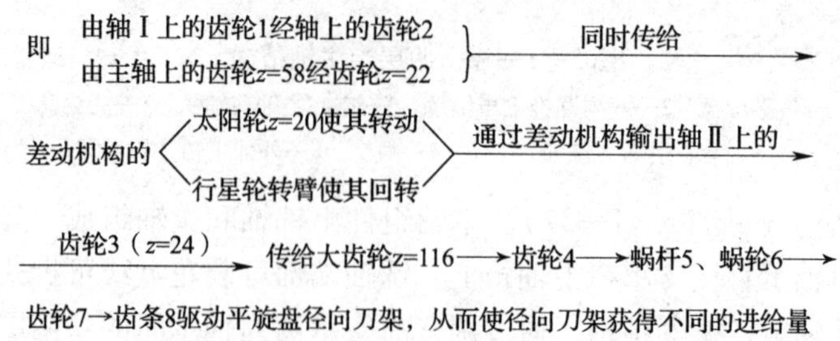

当进给传动链断开时，因差动机构太阳轮 $z=20$ 不转动，故使大齿轮 $z=116$ 与花盘的转速相等，所以此时平旋盘径向刀架就不会有进给运动。

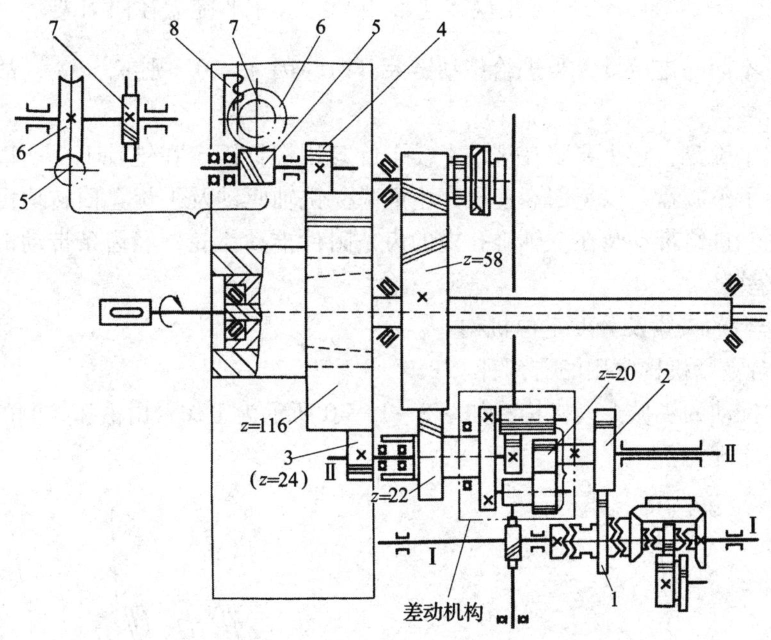

图 3—1—38　外行星式圆柱齿轮行星差动机构传动的平旋盘径向刀架进给系统

b. 锥齿轮行星差动机构。如图 3—1—39 所示，此种差动机构由 4 个锥齿轮 $z=20$ 组成，其中左、右两个锥齿轮为太阳轮，而空套在转臂上的上、下两个锥齿轮为行星轮，转臂中间有孔，空套在轴Ⅰ′上。大齿轮 $z=88$ 空套在花盘上。大齿轮 $z=88$ 的转速为 n_0；差动机构左边太阳轮的转速为 n_1'；差动机构右边太阳轮的转速为 n_1；转臂的转速为 n_H，主轴转速为 n_s。它们之间的计算关系为 $n_0 = n_1'\frac{22}{88}$，$n_1' = 2n_H - n_1$，$n_H = n_s\frac{62}{31} = 2n_s$，所以 $n_0 = n_s - n_1\frac{22}{88}$。

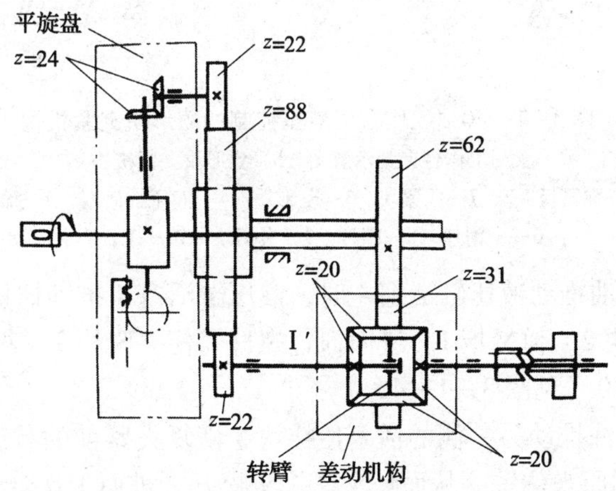

图 3—1—39　锥齿轮行星差动机构传动的平旋盘径向刀架进给系统

平旋盘径向刀架获得进给运动的条件仍然是空套在花盘上的大齿轮 $z=88$ 与花盘转速不相等。要实现这一条件就要接通进给传动链。当接通进给传动链时，$n_1 \neq 0$，$n_0 = n_s -$

$n_1\frac{22}{88}\neq n_s$，即空套大齿轮 $z=88$ 与花盘转速不相等，这样平旋盘径向刀架就产生了进给运动，即获得了不同的进给量。当进给传动链断开时，因 $n_1=0$，则 $n_0=n_s$，故平旋盘径向刀架没有进给运动。

②可拆式平旋盘。它主要装在铣轴上。平旋盘用螺钉固定在铣轴上，所以在铣轴高速旋转时务必拆下平旋盘，以免因高速而产生危险。铣轴驱动及平旋盘回转均由主传动系统完成。通过主轴进给带动装在主轴锥孔内的齿条附件推动齿轮，经齿条带动滑块在平旋盘座内作径向移动。

（2）工作台的夹紧及分度定位机构

1）工作台夹紧机构常用的有两种。

①液压缸推动的机械夹紧机构。如图 3—1—40 所示为工作台由液压控制的菱形块夹紧机构。其工作原理如下：

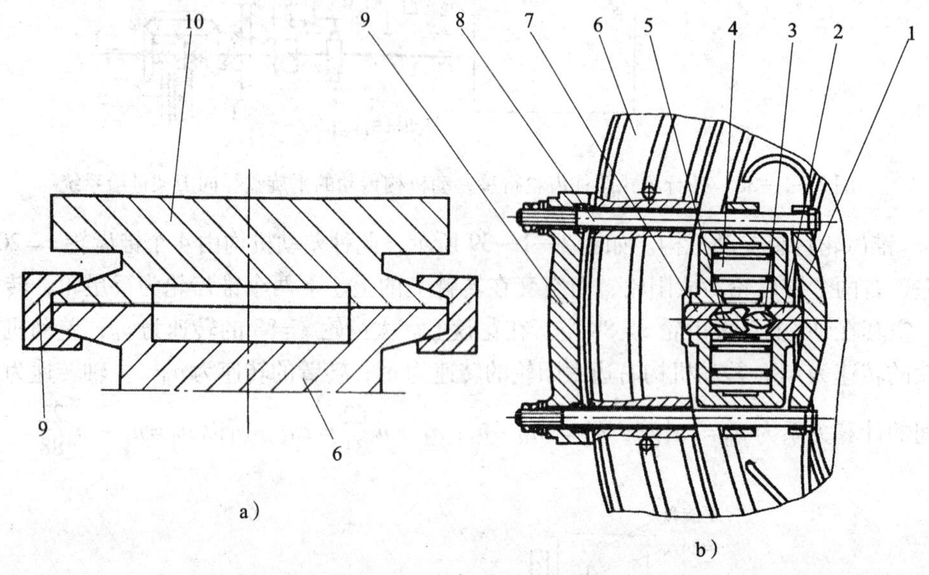

图 3—1—40　工作台由液压控制的菱形块夹紧机构

a）工作台夹紧示意图　b）菱形块夹紧机构

1—弹簧板　2、7—压紧块　3—菱形块　4—液压缸活塞　5—摇块

6—上滑座　8—螺杆　9—夹紧块　10—工作台

a．夹紧。当液压油推动液压缸活塞 4 时，液压缸活塞 4 推动摇块 5 摆动一定角度，致使菱形块 3 顶着压紧块 2、弹簧板 1，进而通过螺杆 8 使夹紧块 9（沿圆周均布 4 个）夹紧上滑座 6 上的工作台 10（见图 3—1—40a）。

b．松开。当液压油推动另一侧的活塞使摇块 5 恢复夹紧前的状态时，菱形块 3、压紧块 2、弹簧板 1 均回到原来位置，从而使夹紧块 9 松开，进而工作台 10 被松开。

c．机械自锁。工作台回转时各夹紧点自行松开，工作台停转，定位时自动夹紧。

②液压缸推动碟形弹簧夹紧再由液压系统控制松开的夹紧机构。如图 3—1—41 所示为通过电磁阀控制使工作台由液压缸推动碟形弹簧而松开，无液压推动时由碟形弹簧夹紧的机构。

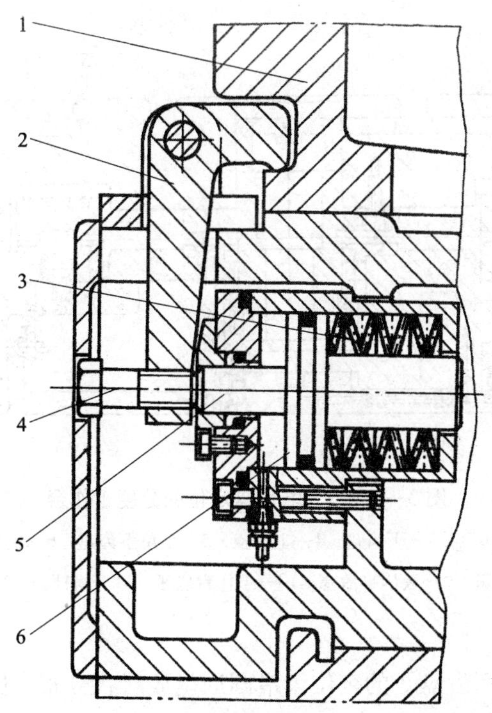

图 3—1—41　工作台由碟形弹簧夹紧液压松开的结构

1—工作台　2—夹紧杆　3—碟形弹簧　4—夹紧螺栓　5—活塞杆　6—活塞

其工作原理如下：

a. 夹紧。在无松开工作台的控制指令时，碟形弹簧 3 始终处于夹紧状态，这样由碟形弹簧 3 顶着活塞 6，使活塞杆 5 推动夹紧螺栓 4，由夹紧杆 2 压紧工作台 1。

b. 松开。当控制系统命令工作台松开时，液压油推动活塞 6 压缩碟形弹簧 3 使工作台松开。

2）工作台分度定位机构通常有定位销定位、端齿盘定位、圆光栅或圆感应同步器检测分度定位三种。

①定位销定位。可实现 90°回转定位，即通过装在滑座上的定位销（1 个或 2 个）依次与工作台上按圆周四等分安装的定位衬套孔精密配合，实现 90°回转定位。定位销与定位衬套孔均经淬硬、研磨处理，装配时调整定位。

②端齿盘定位。可实现多位置分度定位（凡能除尽端齿盘齿数的分度整数，均可进行分度），其结构如图 3—1—42 所示。

上齿盘 4 有两圈端面齿分别与下齿盘 3 和零位下齿盘 5 啮合，且由六组碟形弹簧 8 将其压紧。零位下齿盘 5 固定在工作台底座 10 上，工作台 2 与下齿盘 3 连接并支承在圆导轨上。圆导轨采用强制润滑，可形成一定的浮起压力，而且只有当齿盘定位压紧后才停止供油。

当上齿盘 4 由液压缸活塞 9 顶起时，液压马达（图 3—1—42 中未示出）驱动蜗杆副 11、小齿轮 12 和下齿盘 3，从而使工作台产生分度运动；当工作台接近所需分度位置时，液压马达减速，转到规定位置时工作台 2 停止转动，上齿盘 4 压下定位。

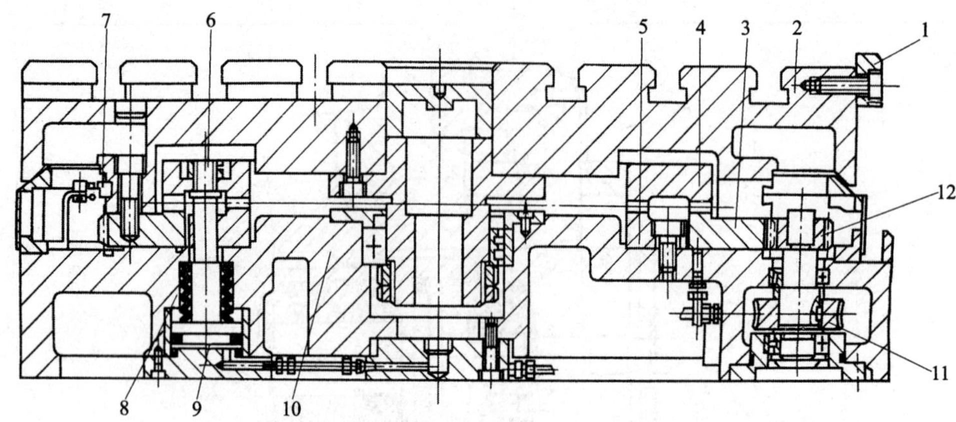

图 3—1—42　端齿盘定位的分度工作台

1—挡块　2—工作台　3—下齿盘　4—上齿盘　5—零位下齿盘　6—夹紧装置　7—挡块　8—碟形弹簧　9—液压缸活塞　10—工作台底座　11—蜗杆副　12—小齿轮

它的优点有：

a. 由于上齿盘 4 和下齿盘 3 的定位齿沿圆周呈放射状分布，因此成对端齿盘啮合时起到自动定心的作用。

b. 端齿盘在使用过程中齿面越磨合，其接触面积就越大、越均匀，定位精度就越高。

c. 由于端齿盘是多齿重复定位，因此重复定位精度稳定。

d. 分度精度高，一般为 ±3″，有时可达 ±0.5″甚至更高（主要取决于定位端齿盘的精度）。

③圆光栅或圆感应同步器检测分度定位。这种方法可以实现任意角度的分度定位，应用于数控回转工作台，易实现自动化。

三、龙门铣床

龙门铣床常用来加工大型、重型或超重型零件的平面、斜面等。通常分为横梁移动式、龙门架移动式两大类。

1. 横梁移动式

（1）结构及工作原理。如图 3—1—43 所示，该龙门铣床由两个立柱及顶梁组成门式框架，横梁在立柱上作升降运动。铣头配备数量与工作台宽度有关，当工作台宽度 $B \leqslant 1\ 250$ mm 时，铣床一般有三个铣头；当工作台宽度 $B = 1\ 600 \sim 2\ 500$ mm 时，铣床一般有四个铣头；当工作台宽度 $B \geqslant 3\ 200$ mm 时，铣床有两个铣头。工作台与铣头都有微调运动装置，微调速度为 5 mm/min，并可实现点动。

（2）用途。它可用于加工大型零件的平面、斜面等。

2. 龙门架移动式

（1）结构及工作原理。如图 3—1—44 所示，工作台及工件不动，龙门架沿导轨移动，因而机床占地面积小，承载能力大。但为保证双立柱同步移动，控制系统会比较复杂。

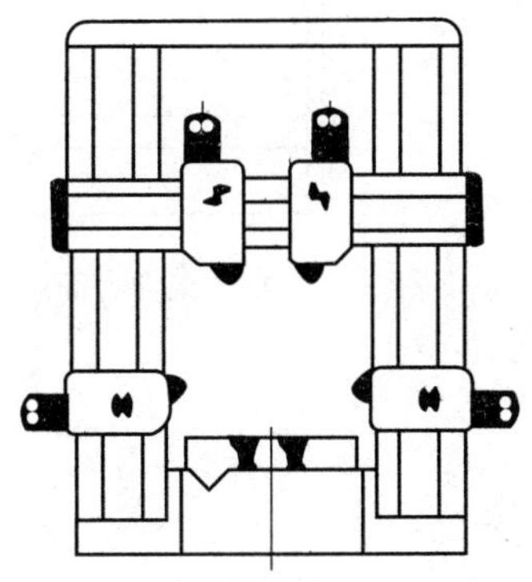
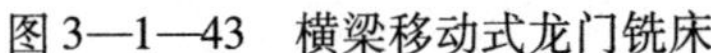

图 3—1—43　横梁移动式龙门铣床

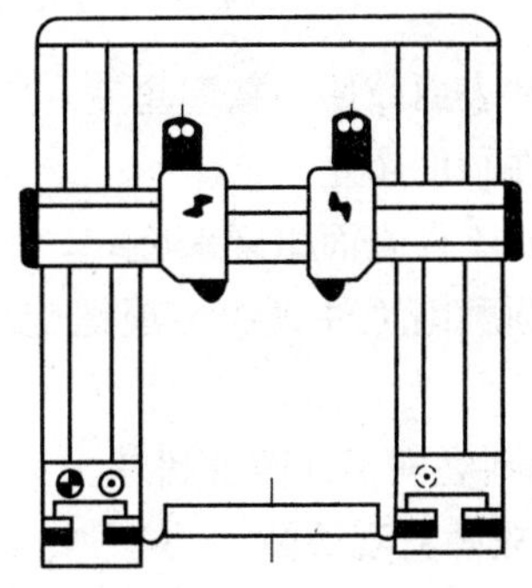

图 3—1—44　龙门架移动式龙门铣床

（2）用途。它可用于加工重型或超重型零件的平面、斜面。

子课题 4　磨床、镗床、龙门铣床常见故障及直观诊断

学习目标

熟悉万能外圆磨床、卧式镗床、固定式龙门铣床的常见故障及直观诊断。

一、磨床常见故障及直观诊断

1. 磨床常见故障

以 M1432A 型万能外圆磨床为例。

（1）工件表面出现螺旋线，如图 3—1—45 所示。

（2）工件表面出现鱼鳞形粗糙面，如图 3—1—46 所示。

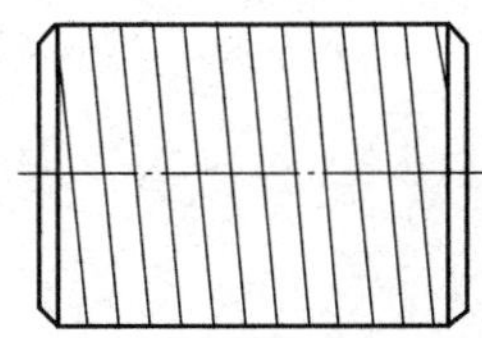

图 3—1—45　工件表面出现螺旋线

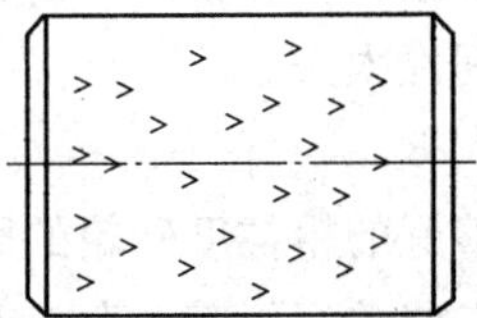

图 3—1—46　工件表面出现鱼鳞形粗糙面

（3）工件表面出现突然拉毛痕迹，如图 3—1—47 所示。

（4）工件表面出现细粒毛痕迹，如图 3—1—48 所示。

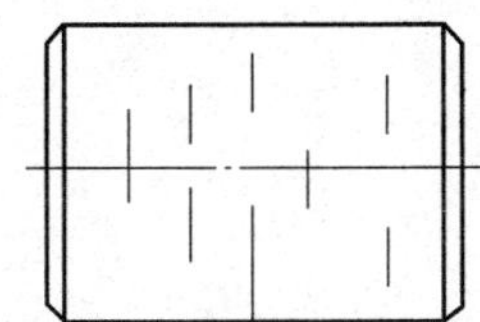

图 3—1—47　工件表面出现突然拉毛痕迹

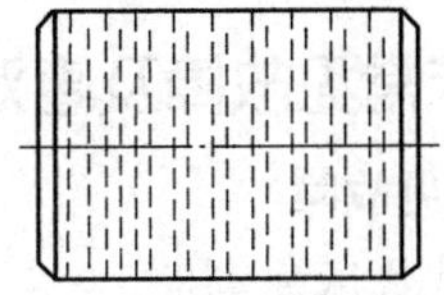

图 3—1—48　工件表面出现细粒毛痕迹

（5）工件表面出现多角形，如图 3—1—49 所示。

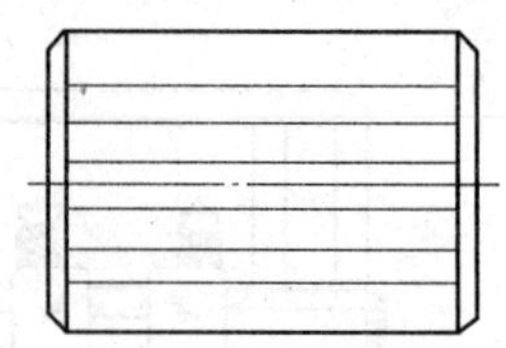

图 3—1—49　工件表面出现多角形

（6）工件表面鼓形和鞍形超差。

（7）工件圆度超差。

（8）大的工件表面出现螺旋线。

（9）内圆磨削工件表面出现螺旋线多角形和鱼鳞形。

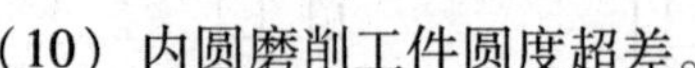

（10）内圆磨削工件圆度超差。

2. 磨床故障直观诊断

（1）工件表面出现螺旋线。直观诊断：

1）砂轮修整不良。

2）修整砂轮时未用切削液。

3）砂轮的边角未倒角。

4）工作台纵向进给速度和工件转速过高。

5）横向进给量过大。

6）工作台润滑油压力太高。

（2）工件表面出现鱼鳞形粗糙面。直观诊断：

1）砂轮表面被堵塞。

2）砂轮未修圆。

3）砂轮修整得不够锋利。

4）砂轮修整器没有紧固牢或金刚石笔没有焊牢，修整砂轮时引起跳动。

5）金刚石笔伸出过长，致使在修整砂轮时引起跳动。

（3）工件表面出现突然拉毛痕迹。直观诊断：

1）精磨时未磨掉粗磨时遗留下来的痕迹。

2）在切削液中存有粗粒度磨料。

3）材料韧性太大。

4）砂轮太软。

5）刚修整好的粗粒度砂轮的磨粒易于脱落。

6）砂轮未修整好，其上存有凸起的磨粒。

（4）工件表面出现细粒毛痕迹。直观诊断：

1）砂轮太软。

2）砂轮磨粒韧性和工件材料韧性不相配。

3）切削液不清洁，存在有微小的磨粒。

二、镗床常见故障及直观诊断

1. 镗床常见故障

以 T68 卧式镗床为例。

（1）主轴实际转速与转速盘所指示的速度不相符。

（2）当变换发生顶牙和选好送刀量时，主电动机不启动。

（3）当主电动机运转时，主轴承受小负荷便停止运动。

（4）停机时无制动。

（5）运转时主轴箱内有周期性声响。

（6）主轴和平旋盘轴向窜动和径向圆跳动量较大。

（7）无快速移动。

（8）工作台快速移动时，一个方向正常，而另一个方向则发出“咔咔”声。

（9）下滑座低速运动时有爬行现象，光杠有明显振动。

（10）当下滑座作纵向运动时，主轴箱与上滑座同时或分别移动。

（11）多次夹紧主轴箱后，主轴位置变化大。

（12）小负荷切削时，快速离合器打滑，即使调节弹簧也无效。

（13）切削力小。

（14）镗削时工件表面出现波纹。

（15）镗孔时出现均匀螺旋线。

（16）镗杆镗孔与零件底面的平行度超差。

（17）使用平旋盘刀架铣削平面与零件底面的垂直度超差。

（18）工作台横向移动铣削平面及镗孔的垂直度超差。

（19）使用镗杆镗孔时出现斜孔。

（20）使用平旋盘刀座加工端面与使用主轴镗孔的垂直度超差。

（21）主轴与工作台两次进刀接不平。

2. 镗床故障直观诊断

（1）主轴实际转速与转速盘所指示的速度不相符。直观诊断：

1）在装速度盘时，各相关的刻线未对准，使得相对应的转动零件的相对位置出错。

2）双速电动机相互变换时电极转换出错。

（2）下滑座低速运动时有爬行现象，光杠有明显振动。直观诊断：

1）下滑座的镶条调整得过紧。

2）下滑座传动齿轮与齿条的间隙调整不当。

3）导轨接触不良或有较严重的研伤。

4）光杠弯曲。

（3）多次夹紧主轴箱后，主轴位置变化大。直观诊断：

1）主轴箱上的镶条配合松动。

2）夹紧装置调整不妥，其夹紧力不均匀。

（4）切削力小。直观诊断：

1）传动带松紧不一致或过松。

2）保险离合器中的弹簧太松。

3）摩擦片打滑。

三、龙门铣床常见故障及直观诊断

1. 龙门铣床常见故障

以固定式龙门铣床为例。

（1）铣头主轴的轴向窜动和径向圆跳动量较大。

（2）垂直铣头垂直进给出现爬行现象。

（3）工作台低速运动有爬行现象。

（4）工作台快速移动时，一个方向正常，而另一个方向则发出“咔咔”声。

（5）工作台运动不稳定。

（6）床身导轨严重磨损或拉毛。

（7）横梁升降时声音较大。

（8）横梁分别在上、中、下位置时，与工作台上平面的平行度超差。

（9）镗削时工作表面产生波纹。

（10）用垂直铣头铣削工件上平面与工件底面的平行度超差。

（11）用水平铣头铣削工件侧面与工件底面的垂直度超差。

2. 龙门铣床故障直观诊断

（1）铣头主轴的轴向窜动和径向圆跳动量较大。直观诊断：

主轴前、后轴承的间隙调整不当或轴承磨损严重。

（2）床身导轨严重磨损或拉毛。直观诊断：

1）地基刚度不足或机床一个侧面置于日光直射下，造成床身导轨变形。

2）机床长期加工短工件或承受过分集中的负荷，造成床身导轨局部磨损严重。

3）润滑油不清洁或润滑油路堵塞。

4）机床日常维护不良，导轨面上落入切屑或脏物，造成导轨研伤。

（3）横梁分别在上、中、下位置时，与工作台上平面的平行度超差。直观诊断：

1）横梁夹紧装置与立柱夹紧面接触不良，由于横梁被夹紧时受力分布不均匀，造成横梁移动时，其平行度发生变化。

2）由于两根横梁升降丝杠的磨损程度不一样，或在同等高度上两根丝杠的螺距累积误差值正好方向相反，从而造成平行度超差。

（4）镗削时工件表面产生波纹。直观诊断：

1）电动机振动。

2）机床振动：主轴后支承点与支座孔同轴度超差；传动齿轮有缺陷，齿面有碰伤，有毛刺或缺牙；主轴上的轴承松动。

（5）垂直铣头垂直进给出现爬行现象。直观诊断：

1）垂直铣头溜板的镶条、压板调整得过紧。

2）镶条有较大弯度。

3）滑动导轨面润滑不良。

子课题5　磨床、镗床、龙门铣床工作精度检测

熟悉通过试加工检测磨床、镗床、龙门铣床工作精度的方法。

一、通过试加工检测磨床的工作精度

1. 磨削顶尖间试件外圆的精度

试件尺寸及简图如图3—1—50所示。

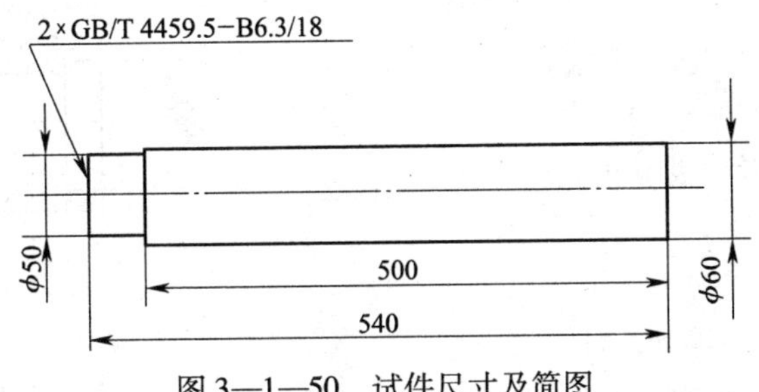

图3—1—50　试件尺寸及简图

（1）公差

1）圆度：0.003 mm。

2）圆柱度：0.006 mm。

3）表面粗糙度：Ra0.4 μm。

（2）检测方法

1）顶尖装夹，不用中心架。

2）材料：35钢，不淬硬。

3）砂轮规格：PA60KBP，400 mm×50 mm×203 mm。

4）工件转速：50 r/min。

5）工作台速度：0.5～1.5 m/min。

6）进给量：0.002 5 mm/行程。

7）进给次数：1次。

8）火花行程：5个双行程。

2. 卡盘上磨削短外圆试件的精度

试件尺寸及简图如图3—1—51所示。

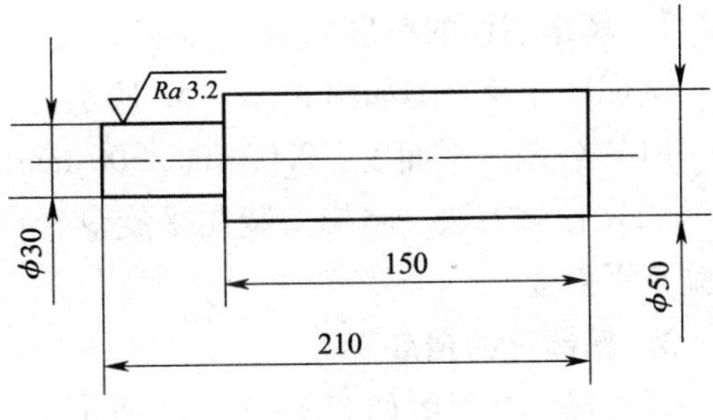

图3—1—51　试件尺寸及简图

（1）公差

1）圆度：0.005 mm。

2）圆柱度：0.007 mm。

3）表面粗糙度：Ra0.4 μm。

（2）检测方法

1）卡盘夹持，不用中心架。

2）材料：35 钢，不淬硬。

3）砂轮规格：PA60KBP，400 mm×50 mm×203 mm。

4）工件转速：50～224 r/min。

5）工作台速度：0.5～1.5 m/min。

6）进给量：0.002 5 mm/行程。

7）进给次数：1 次。

8）无火花行程：5 个双行程。

3. 卡盘上磨内孔试件的精度

试件尺寸及简图如图 3—1—52 所示。

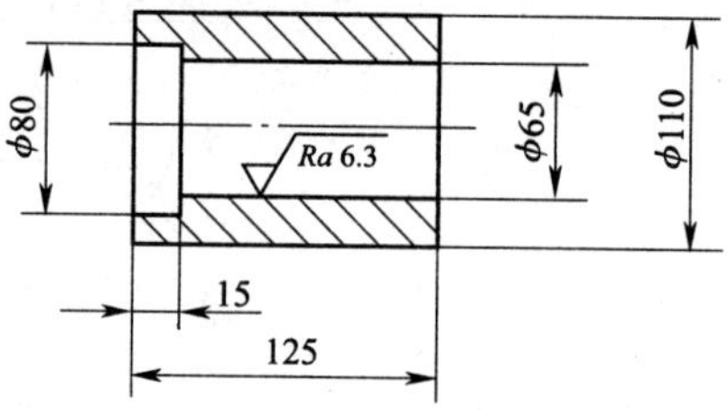

（1）公差

1）圆度：0.005 mm。

2）表面粗糙度：*Ra*0.8 μm。

（2）检测方法

1）卡盘夹持。

2）材料：35 钢，不淬硬。

3）砂轮规格：PA60KVPDA，50 mm×25 mm×13 mm。

4）工件转速：50～224 r/min。

5）工作台速度：0.5～1.5 m/min。

6）进给量：0.002 5 mm/行程。

7）进给次数：1 次。

8）无火花行程：5 个双行程。

图 3—1—52　试件尺寸及简图

二、通过试加工检测镗床的工作精度

1. 精镗外圆 *D* 的精度

试件尺寸及简图如图 3—1—53 所示。

（1）公差。椭圆度：0.02 mm/ϕ300 mm。

（2）检测方法。将镗刀装在平旋盘径向刀架上，让工作台（或前立柱）纵向运动精镗外圆后，检验其椭圆度。

2. 精车端面的精度

试件尺寸及简图如图 3—1—53 所示。

（1）公差。平面度：0.02 mm/300 mm，只允许中凹。

（2）检测方法。将镗刀装在平旋盘径向刀架上，让平旋盘刀架径向进给精车端面后，检验其平面度。

3. 精镗孔的精度

试件尺寸及简图如图 3—1—53 所示。

（1）公差

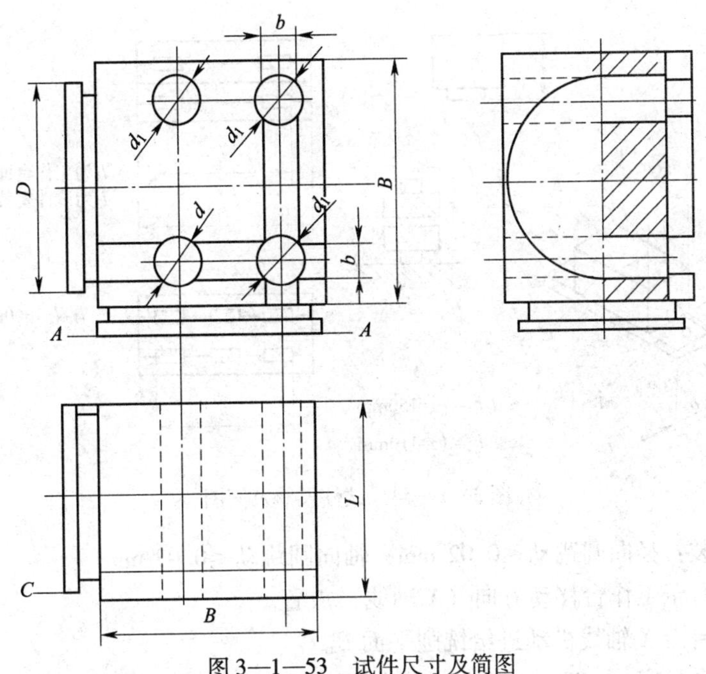

图 3—1—53　试件尺寸及简图

1）椭圆度：0.02 mm。

2）圆锥度：0.02 mm/200 mm。

3）孔 d_1 中心线和孔 d 中心线的平行度：0.03 mm/300 mm。

（2）检测方法。将镗刀装在镗杆上，让镗杆进给镗孔 d，再让工作台（或前立柱）纵向进给镗孔 d_1，精镗之后，即可检验其椭圆度、圆锥度、孔 d_1 中心线与孔 d 中心线的平行度。

4. 工作台横向进给和主轴箱垂直进刀铣槽对孔 d_1 和 d 的中心线的精度

试件尺寸及简图如图 3—1—53 所示。

（1）公差。垂直度：0.03 mm/300 mm。

（2）检测方法。将精铣刀装夹在主轴上，主轴箱进给铣槽，再让工作台横向径向进给铣另一个槽之后，即可检验两个槽对 d_1 和孔 d 的中心线的垂直度。

三、通过试加工检测龙门铣床的工作精度

1. 用平面铣削检验试件的平面度

试件尺寸及简图如图 3—1—54 所示。

（1）公差

1）每个试件 B 面的平面度：0.02 mm。

2）试件高度 h_1 应等高。

①当 $l_2 \leqslant 2\,000$ mm 时，公差为 0.03 mm。

②当 2 000 mm $< l_2 \leqslant 5\,000$ mm 时，公差为 0.05 mm。

③当 5 000 mm $< l_2 \leqslant 10\,000$ mm 时，公差为 0.08 mm。

（2）检测方法

1）将端铣刀或镶齿铣刀装在垂直铣头上进行加工。

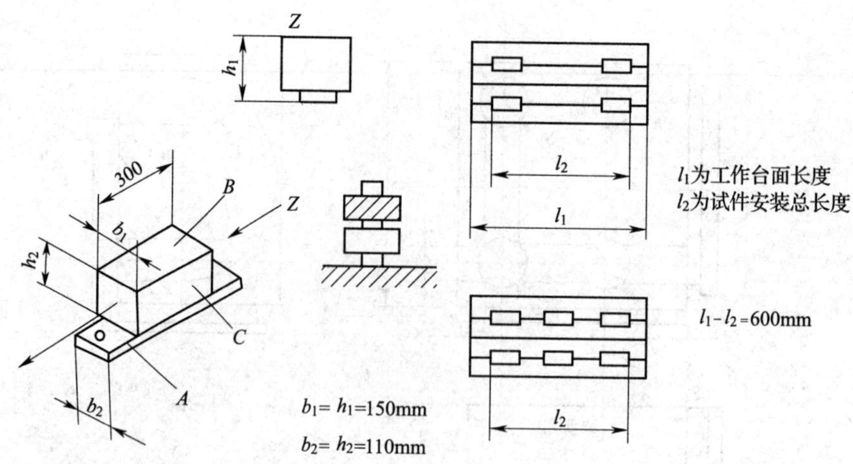

图 3—1—54　试件尺寸及简图

2）铣刀安装：径向圆跳动≤0. 02 mm，轴向圆跳动≤0. 03 mm。

3）试件平行于工作台移动方向（X 轴线）放置。

4）用工作台沿 X 轴线机动进给铣削平面 B。

5）当工作台长度≤2 000 mm 时，铣削 4 个试件；当工作台长度 >2 000 mm 时，可按如图 3—1—54 所示放置 6 个（或 8 个）试件。

6）刀具质量和规格、切削速度和进给率、试件材料等应由供应商/制造商规定。

7）全部试件应具有相同的硬度。

2. 侧面铣削检验试件的侧面 C 对其 B 面的垂直度

试件尺寸及简图如图 3—1—55 所示。

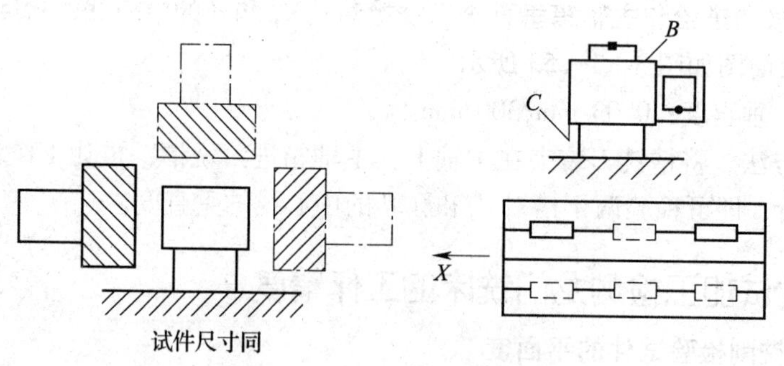

图 3—1—55　试件尺寸及简图

（1）公差。垂直度公差：0. 02 mm/300 mm。

（2）检测方法

1）将面铣刀或镶齿铣刀装在水平铣头主轴上进行加工。

2）试件平行于工作台沿 X 轴线移动方向放置。

3）沿 X 轴线铣削放置在工作台上的两个或三个试件的侧面。

4）可用右立柱或左立柱上的水平铣头铣削垂直于 B 面的一个侧面。

5）刀具质量和规格、切削速度和进给率、试件材料等应由供应商/制造商规定。

6）全部试件应具有相同的硬度。

课题 2　传动机构的维修

子课题 1　离合器的维修

学习目标

1. 熟悉离合器的特点、分类、结构及工作原理。
2. 掌握离合器的常见故障、诊断及修复方法。

离合器是主、从动部分在同一轴线上传递动力或运动时，具有接合或分离功能的装置。其功用就是通过接通或脱开传递或切断两轴间的运动及转矩。

一、离合器的特点

1. 工作时快捷，可以随时脱开和连接。
2. 调整、修理方便。

二、离合器的分类

主要介绍以下三类：

1. 牙嵌离合器

(1) 定义。牙嵌离合器是用爪牙状零件组成嵌合副的离合器。

(2) 特点

1) 优点：结构简单；外廓尺寸小；两轴接合后不会发生相对移动；传递转矩较大；可双向传动。

2) 缺点：接合时有冲击，故只能在低速或停车时接合。

(3) 结构。如图 3—2—1 所示，牙嵌离合器主要由以下零件组成：

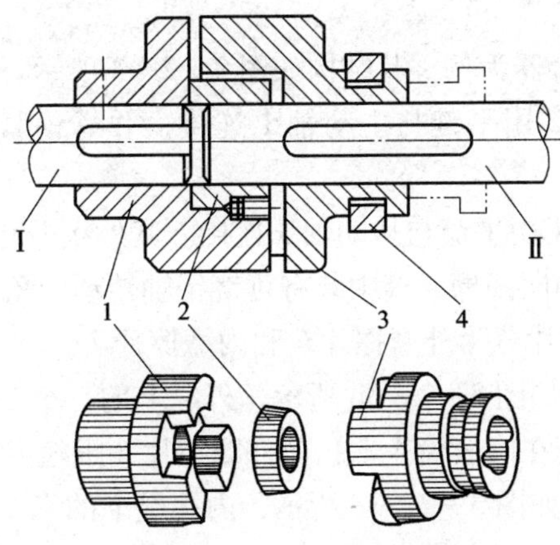

图 3—2—1　牙嵌离合器

1—固定套筒　2—对中环　3—滑动套筒　4—滑环

1）固定套筒1，其端面上制有凸牙。

2）滑动套筒3，其端面上制有凹牙，在与固定套筒1相接合时，要凸凹牙相扣合。

3）对中环2，其功用就是使固定套筒1与滑动套筒3对中。

4）滑环4，其功用就是使滑动套筒3轴向移动。

（4）牙型分类。通常分为四种，如图3—2—2所示。

1）正三角形。

2）正梯形。其凸牙强度高，且易于接合，可传递较大的转矩而且凸牙的磨损与间隙能自动补偿。

3）锯齿形。它只能传递单向转矩。

4）矩形。

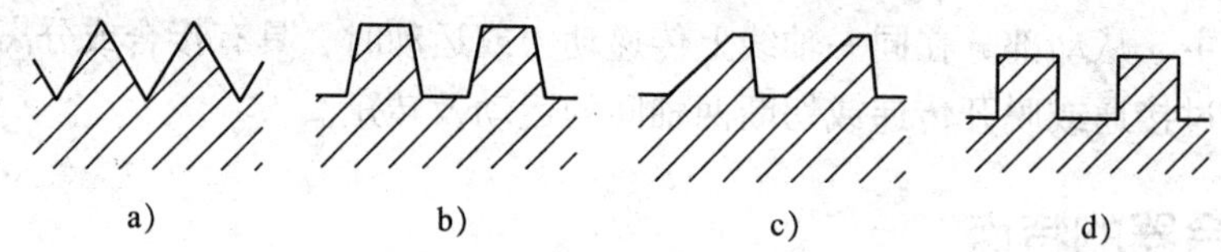

图3—2—2　牙嵌离合器的常用牙型

a）正三角形　b）正梯形　c）锯齿形　d）矩形

（5）工作原理。如图3—2—1所示，固定套筒1固定在主动轴Ⅰ上，滑动套筒3用导向平键（或花键）与从动轴Ⅱ连接，这样通过操作操纵杆借助滑环4使滑动套筒3轴向移动，从而实现离合器主、从动部分的接合或分离。牙嵌离合器是通过凸牙的啮合来传递转矩和运动的。

2. 片式离合器

（1）定义。片式离合器是用圆环片的端平面组成摩擦副的离合器。

（2）特点

1）优点：在任何转速条件下，主、从动轴均可以分离或接合；接合平稳，冲击和振动小；过载时两摩擦面之间打滑，自动起到保护作用。

2）缺点：需要较大的轴向力；传递的转矩较小。为了提高离合器传递转矩的能力，通常采用多片离合器。

（3）结构。以多片离合器为例，其结构如图3—2—3所示。

1）外鼓轮2。外鼓轮2用平键与主动轴1连接，并靠锁紧螺钉将其固定在主动轴1上。

2）内套筒4。内套筒4用平键与从动轴3连接。其外缘上有三个轴向凸齿，与这三个轴向凸齿相间还开有三个轴向凹槽，槽中装有可绕销轴转动的角形杠杆10。

3）摩擦片6、7。摩擦片分为外摩擦片6和内摩擦片7。

①外摩擦片6。其形状如图3—2—3b所示，外缘上的三个凸齿与外鼓轮2内孔的三条轴向凹槽相配。其内孔空套在内套筒4上，而外摩擦片6跟随主动轴1同步回转。

②内摩擦片7。其形状如图3—2—3c所示，内孔壁上的三个凹槽与内套筒4外缘上的三个轴向凸齿相配，其外缘与任何零件不接触，而内摩擦片7跟随从动轴一起回转。

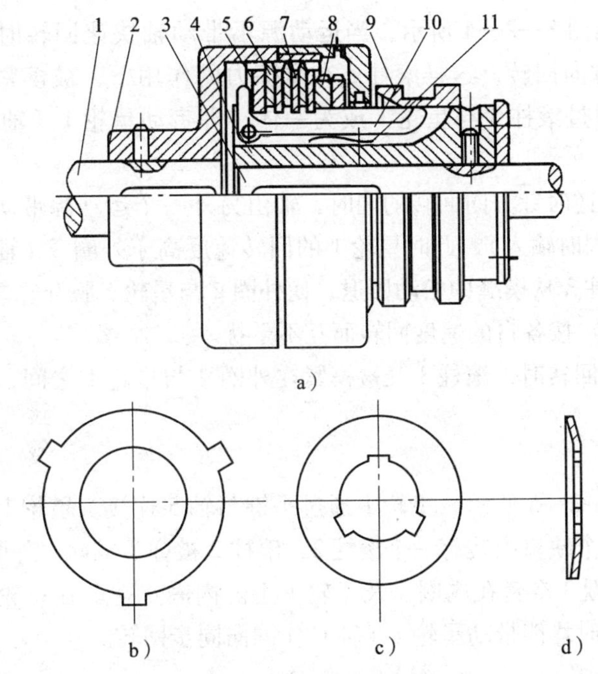

图 3—2—3　多片离合器

1—主动轴　2—外鼓轮　3—从动轴　4—内套筒　5—压板　6—外摩擦片
7—内摩擦片　8—调节螺母　9—滑环　10—角形杠杆　11—弹簧片

内、外摩擦片相间安装，且两组摩擦片都可沿轴向移动。

（4）工作原理。如图 3—2—3a 所示，当操纵离合器使滑环 9 向左移动时，角形杠杆 10 通过压板 5 将两组摩擦片压向调节螺母 8，离合器处于接合状态，即靠内、外摩擦片间的摩擦力传递转矩和运动；当操纵离合器使滑环 9 向右移动时，弹簧片 11 顶起角形杠杆 10，从而使内、外摩擦片松开，即离合器处于分离状态，从而使主动轴 1 与从动轴 3 间的传动被断开。

调节螺母 8 用于调节内、外摩擦片间的压力。

内摩擦片也可制成碟形，其目的是在松开时，可迅速与外摩擦片相分离，如图 3—2—3d 所示。

上述介绍的多片离合器是由机械操纵的，除此而外，还可用电磁、液压、气压等装置进行操纵，但其主体部分的工作原理都是相同的。

3. 超越离合器

（1）定义。超越离合器是通过主、从动部分的速度变化或旋转方向的变化，而具有离合功能的离合器。

（2）特点。超越离合器的最大特点就是能自动控制离合。

（3）分类。它可分为单向和双向两类。

1）单向

①结构。如图 3—2—4 所示。星轮 1 通过平键与轴 6 连接，星轮外圆有三个均布的缺口，在每个缺口内装有一个滚柱 3，滚柱 3 被弹簧 5、顶杆 4 推向由外圈与星轮的缺口所形成的楔缝中。外圈 2 的外轮廓通常为齿轮，并空套在星轮 1 上。

②工作原理。如图 3—2—4 所示，当运动源不带动轴快速回转时，只有外圈 2（齿轮）以慢速逆时针方向回转，这样滚柱 3 在摩擦力的作用下，被楔紧在外圈 2 与星轮 1 之间，致使外圈 2 通过滚柱 3 与星轮 1 成为一体，即带动星轮 1（轴）逆时针方向同步慢速回转。

在外圈 2 以慢速逆时针方向回转的同时，轴由另外一个运动源带动作快速同方向回转（此时轴有两个运动同时输入），此时星轮 1 的回转速度高于外圈 2（轴与星轮 1 靠平键连接为一体），致使滚柱 3 从楔缝中松动回退，使外圈 2 与星轮 1 脱开，即不再是一体，这样外圈 2 与星轮 1（轴）按各自的速度回转而互不干扰。

当切断轴的快速回转时，滚柱 3 又被楔紧在外圈 2 与星轮 1 之间，使轴只随外圈 2 作慢速回转。

2）双向

①结构。如图 3—2—5 所示，星轮 1 通过平键与轴 5 连接。星轮 1 外圆有 3 个均布的屋脊形缺口，在每一个缺口内装有一个滚柱 2，滚柱 2 被弹簧推向由外圈 3、星轮 1 及内圈 4 形成的楔缝中。外圈 3 空套在内圈 4 及星轮 1 上。内圈 4 空套在星轮 1 上，内圈 4 顺时针、逆时针快速回转时均能带动星轮 1（轴）作同向同步回转。

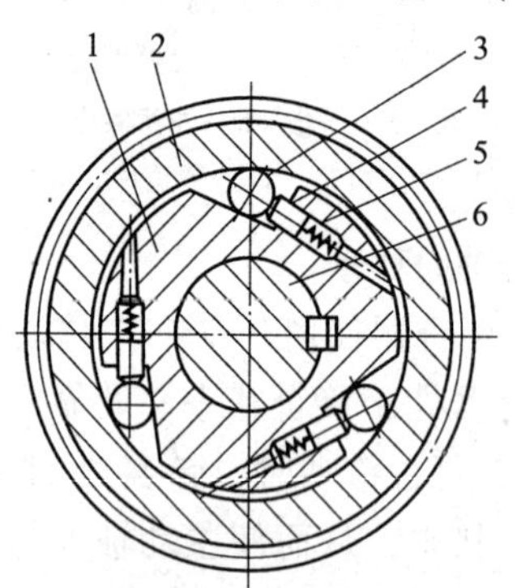

图 3—2—4　滚柱式单向超越离合器

1—星轮　2—外圈　3—滚柱

4—顶杆　5—弹簧　6—轴

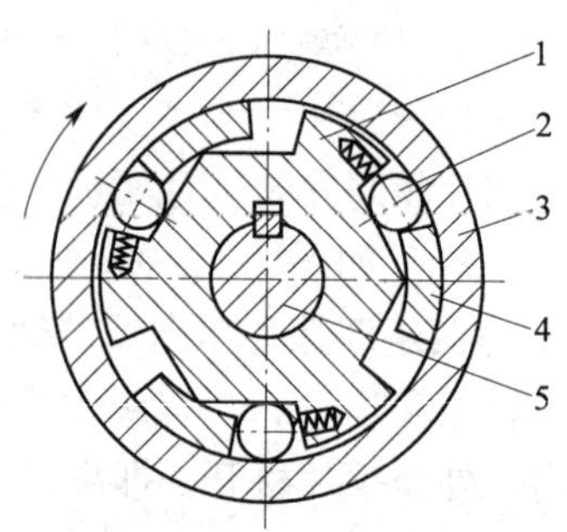

3—2—5　滚柱式双向超越离合器

1—星轮　2—滚柱　3—外圈

4—内圈　5—轴

②工作原理（见图 3—2—5）。当内圈 4 没有在可逆电动机的驱动下作快速回转时，只是外圈 3 顺时针方向慢速回转，在摩擦力的作用下，使滚柱 2 楔紧在外圈 3 与星轮 1 之间，从而使外圈 3 通过滚柱 2 与星轮 1 成为一体，即带动星轮 1（轴）顺时针方向同步慢速回转。此时，内圈 4 也随着一起回转。

当内圈 4 在可逆电动机的驱动下作快速回转时（顺时针、逆时针均可），从图 3—2—5 中可看出，都能通过星轮 1 使轴快速回转，这样就实现了正、反两个方向都能超越。此时，滚柱 2 从楔缝中退出，外圈 3 仍维持原来的转向、转速回转。

三、离合器的常见故障、诊断及修复方法

离合器在使用过程中常发生的故障主要有离合器打滑、分离不彻底、发抖、摩擦片磨损、烧伤、异响等。离合器的常见故障、诊断及修复方法见表 3—2—1。

表 3—2—1　　离合器的常见故障、诊断及修复方法

离合器种类	故障现象	诊断原因	修复方法
牙嵌离合器	1．离合器打滑 2．凸凹牙缺损或断裂 3．分离不彻底	1．操纵手柄不到位，压紧力降低 2．接合时冲击力大，疲劳应力集中 3．操纵手柄不到位，定位钢球弹簧失效	1．修复操纵手柄定位装置，手柄松紧适宜 2．只能在低速或停车时接合，减小冲击力。凸凹牙缺损或断裂后应及时拆卸并进行修复或更换 3．修复操纵手柄定位装置，更换弹簧，调整手柄松紧适宜
片式离合器	1．离合器打滑，出现“闷车”现象 2．摩擦片磨损、烧伤 3．分离不彻底	1．摩擦片间隙调整不到位；摩擦片表面沾有油污，摩擦片硬化等 2．摩擦片间隙太大，空转时造成摩擦片磨损，甚至烧伤 3．摩擦片间隙太小，压得过紧，松开时分离不彻底	1．调整摩擦片间隙大小，不能太紧或太松。摩擦片硬化后应更换 2．调整摩擦片间隙，使大小合适，摩擦片磨损、烧伤严重时，应更换摩擦片 3．调整摩擦片间隙，使大小合适
超越离合器	1．离合器打滑 2．超越不彻底 3．离合器发抖 4．异响	1．滚柱磨损，或有几何误差，使楔紧力不够 2．弹簧力太大，致使星轮与正常齿轮不易脱开 3．压紧弹簧弹力不均，致使压紧力分布不均匀 4．零件过度磨损、断裂	1．更换滚柱，保证滚柱的几何误差在要求范围内 2．更换弹簧 3．更换离合器压紧弹簧 4．更换磨损零件

子课题 2　滚珠螺旋传动机构的维修

学习目标

1．熟悉滚珠螺旋传动机构的类别和结构。
2．掌握滚珠丝杠副轴向间隙的消除和预紧力的调整。
3．掌握滚珠丝杠副的常见故障、诊断及修复方法。

滚珠丝杠副在丝杠与螺母之间装有钢球，因此摩擦力小、传动效率高，易实现直线运动转换为旋转运动，磨损小、寿命长，可实现同步运动，但需附加自锁机构或制动装置。

一、滚珠螺旋传动机构的类别和结构

1. 按螺纹滚道型面分单圆弧形和双圆弧形

（1）单圆弧形（见图3—2—6）。单圆弧形的特点：接触角多为45°，且随初始径向间隙和轴向力而变化；r_0/R 值过高时，摩擦损失增加；r_0/R 值过低时，承载能力降低；效率、承载能力及轴向刚度不稳定；必须采用双螺母结构；脏物易进入。

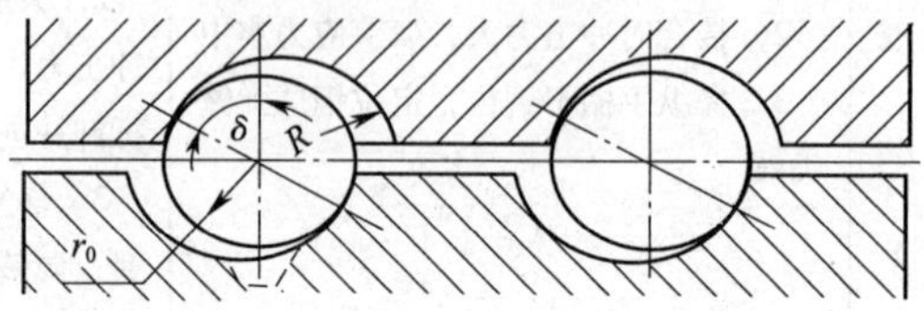

图3—2—6　单圆弧形滚珠丝杠副

（2）双圆弧形（见图3—2—7）。双圆弧形的特点：接触角多为45°，但工作中接触角不变化；r_0/R 值过高时，摩擦损失增加；r_0/R 值过低时，承载能力下降；承载能力及轴向刚度比较稳定；易实现无间隙或有预紧力的传动副；磨损比较小。

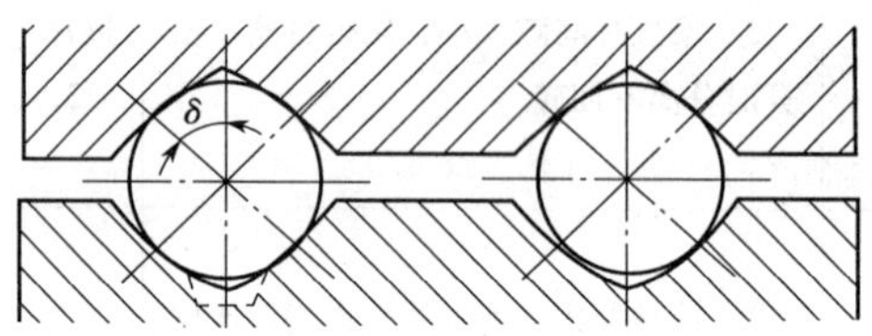

图3—2—7　双圆弧形滚珠丝杠副

2. 按滚珠循环方式分外循环和内循环

（1）外循环。滚珠的循环在返回过程中与丝杠脱离接触的称为外循环，有以下三种：

1）插管式。它是用弯管插入螺母的通孔代替螺旋回珠槽作为滚珠返回通道，这种方式工艺性好，但螺母径向外形尺寸较大，不易在设备上安装（见图3—2—8）。

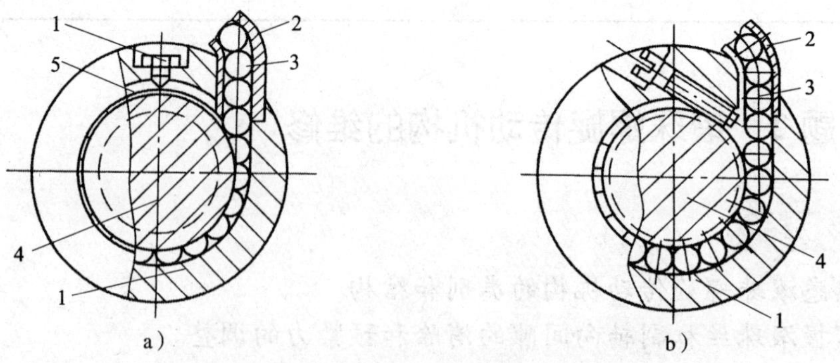

图3—2—8　插管式滚珠丝杠副（外循环）

1—螺母　2—弯管　3—滚珠　4—丝杠　5—挡珠器

2）螺旋槽式。它的特点是径向尺寸较小，便于安装，加工工艺性好，但挡珠器形状复杂易磨损，刚度小（见图3—2—9）。

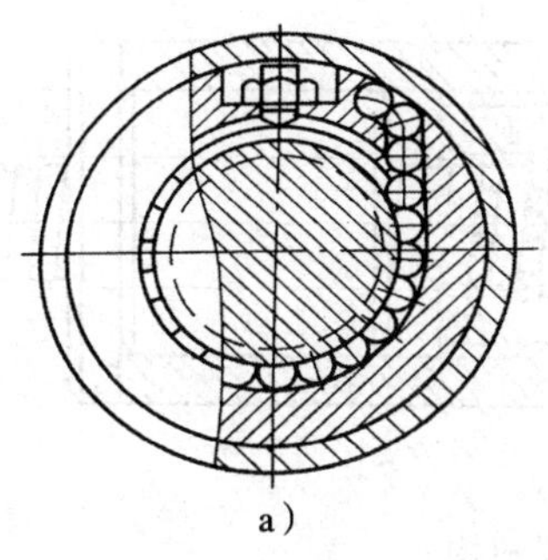

a）

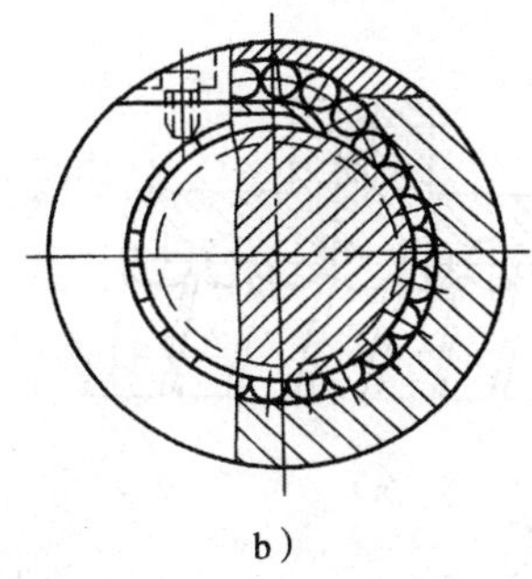

b）

图 3—2—9　螺旋槽式滚珠丝杠副（外循环）

3）端盖式。它的特点是结构紧凑，工艺性较好，但滚珠经过滚道短槽时，易发生卡珠现象（见图 3—2—10）。

（2）内循环。滚珠的循环在返回过程中与丝杠始终保持接触的称为内循环。内循环方式的滚珠循环回路短，工作珠少，流畅性好，摩擦损失小，传动效率高，但反向器结构复杂，制造比较困难（见图 3—2—11）。

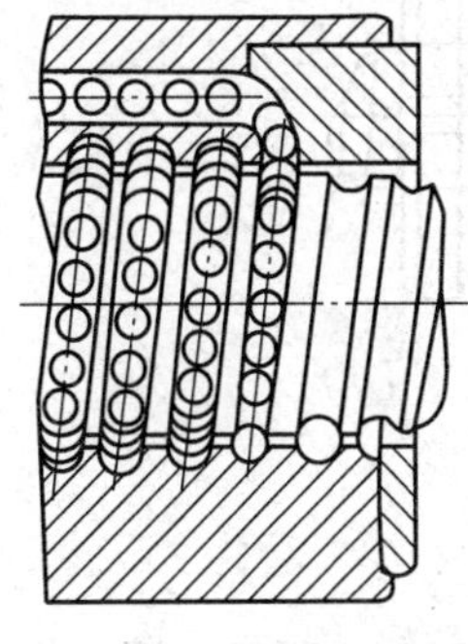

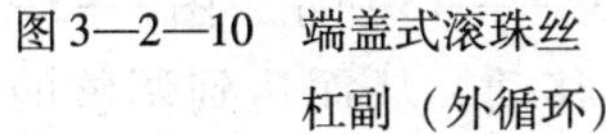

图 3—2—10　端盖式滚珠丝杠副（外循环）

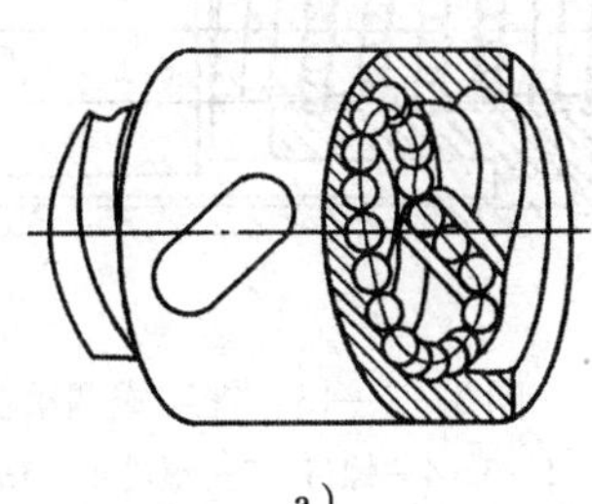

a）

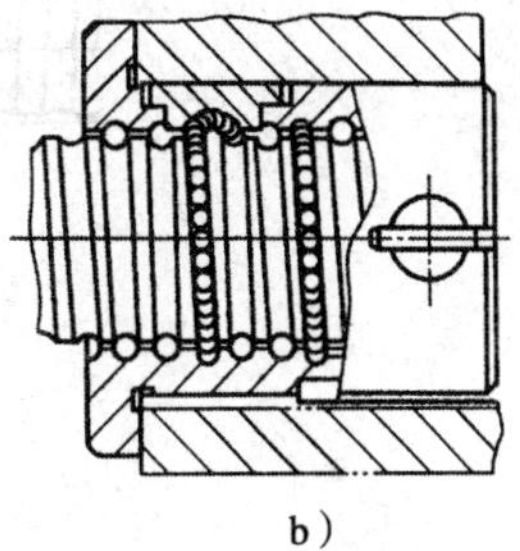

b）

图 3—2—11　内循环式滚珠丝杠副

二、滚珠丝杠副轴向间隙的消除和预紧力的调整

通过预紧轴向力来消除滚珠丝杠副的轴向间隙并施加预紧力，形成无间隙传动并提高丝杠的轴向刚度，这是滚珠丝杠副的主要特点之一。对于新制的滚珠丝杠，专业制造厂在装配时已按用户要求进行了预紧，因此在安装时无须再进行预紧。但滚珠丝杠经较长时间的使用后，滚珠及滚道不可避免地要产生磨损，其结果是预紧力减小，甚至出现轴向间隙。在这种情况下，必须适时地进行预紧调整，这是滚珠丝杠副的主要维修工作之一。

1．调整机构的形式

（1）垫片式调整机构。这种结构形式如图 3—2—12 所示，它是通过改变垫片的厚度，使螺母产生轴向位移来实现轴向间隙的消除和预紧。这种调整机构的特点是结构简单、预紧可靠、拆装方便，但精度的调整比较困难，且在使用过程中不便调整。

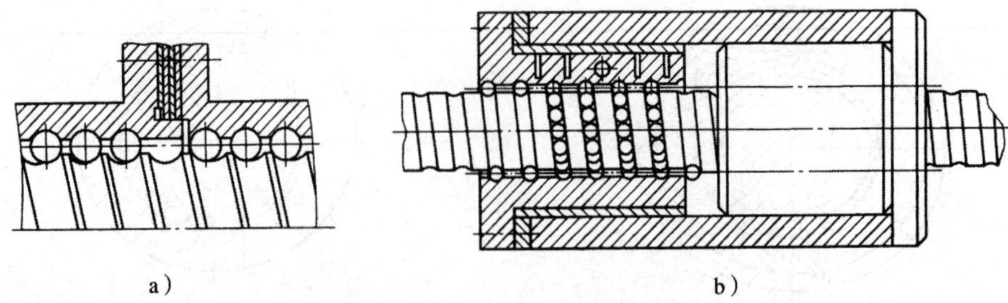

图 3—2—12　垫片式调整机构

（2）螺纹式调整机构。其形式如图 3—2—13 所示，调整时，带调整螺纹的螺母 1 伸出螺母座 2 的外端，用两个螺母 3、4 调整轴向间隙，长键 5 的作用是限制这两个螺母的相对转动。这种形式的特点是结构紧凑，可随时调整，但很难准确地获得需要的预紧力。

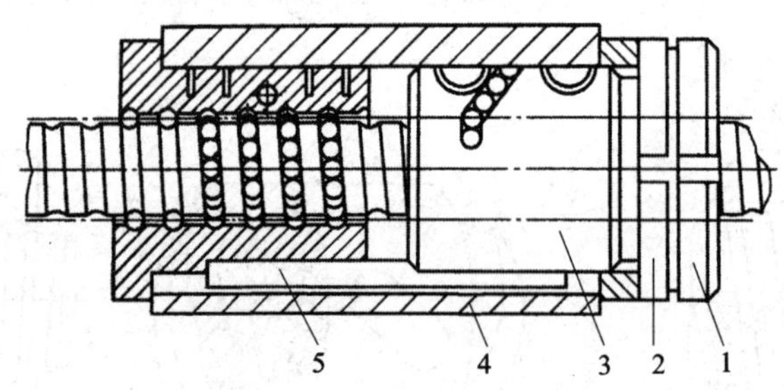

图 3—2—13　螺纹式调整机构

1、3、4—螺母　2—螺母座　5—长键

（3）弹簧式调整机构。其结构形式如图 3—2—14、图 3—2—15 所示。图 3—2—14 中左边的螺母可以借助于弹簧在轴向上的压紧力而做轴向移动，从而达到调整的目的；图 3—2—15 中的弹簧式机构是在固定螺母和活动螺母之间安装弹簧，使螺母作相对的扭转来消除轴向间隙。弹簧式调整机构的结构复杂、刚度较低，但具有单向自锁功能。

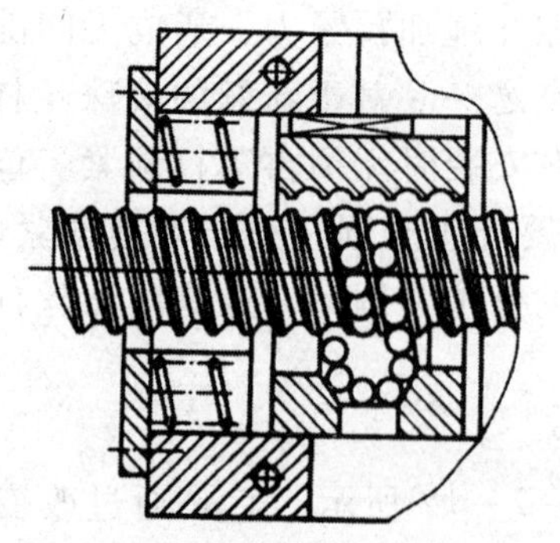

图 3—2—14　弹簧式调整机构形式之一

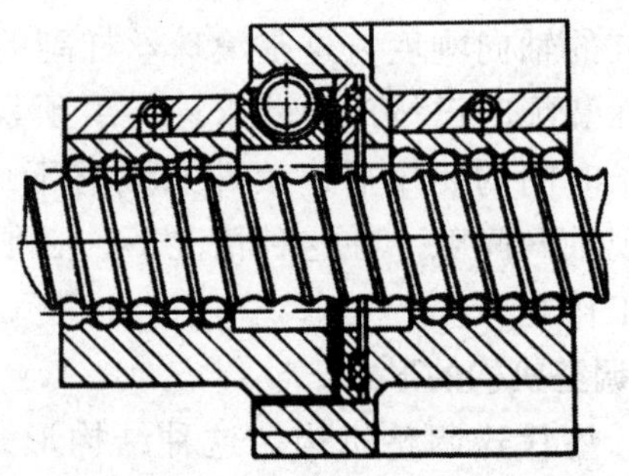

图 3—2—15　弹簧式调整机构形式之二

（4）齿差式调整机构。其结构形式如图 3—2—16 所示，它是通过改变两个螺母上齿数差来调整螺母在角度上的相对位置，实现轴向间隙的调整和预紧。此方法调整简单，但不是非常精确。

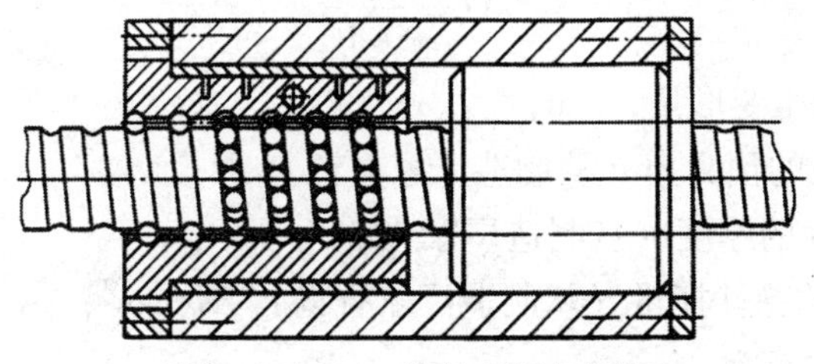

图 3—2—16　齿差式调整机构

（5）随动式调整机构。其结构形式如图 3—2—17 所示，活动螺母 1 和固定螺母 2 之间有滚针轴承 3，工作中可相对扭转来消除间隙。这种机构的特点是结构复杂、接触刚度低，但具有双向自锁功能。

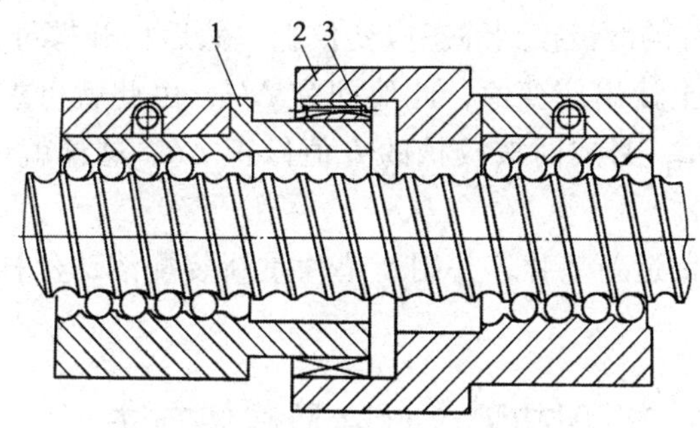

图 3—2—17　随动式调整机构

1—活动螺母　2—固定螺母　3—滚针轴承

2. 预紧力的确定

滚珠丝杠副的预紧力过小，在载荷作用下，会因此出现间隙而降低传动精度；预紧力过大，传动效率和使用寿命又会降低，一般预紧力取最大轴向载荷的 1/3。

预紧力产生的接触变形量可用下式计算：

$$\delta = 0.000\,28\frac{F_a}{\sqrt[3]{d_0 F_y\ (z_\Sigma)^2}}$$

式中　δ——预紧力产生的变形量，mm；

F_a——轴向载荷，N；

d_0——滚珠直径，mm；

F_y——轴向预紧力，N；

z_Σ——滚珠数量。

3. 滚珠丝杠副磨损后预紧力的调整

以垫片式调整机构为例，当滚珠丝杠副经较长时间使用后，滚道及滚珠磨损，部分预紧力释放，已影响加工精度时，需要进行调整，增加垫片的厚度来恢复预紧力。垫片厚度的增加量 δ，新垫片厚度及装配可以用如下方法确定及操作：

（1）制造厂家在装配滚珠丝杠副并预紧时，垫片的厚度按游隙和预紧变形量确定。垫片的预压变形量用下式计算：

$$\Delta L = \frac{F_{预} L}{EA}$$

式中 ΔL——垫片的预压变形量，mm；

$F_{预}$——滚珠丝杠的预紧力（从制造厂家查询），N；

L——预紧前垫片的厚度（从制造厂家查询），mm；

E——垫片材料的弹性模量（从制造厂家查询），N/mm^2；

A——垫片的横截面积，mm^2。

丝杠副磨损后，由于部分预紧力释放，垫片的变形量相应减小，设丝杠磨损后垫片的变形量为 $\Delta L'$，则垫片应增加的厚度为：

$$\delta = \Delta L - \Delta L'$$

（2）把滚珠丝杠副保持装配状态整体拆下来。在拆卸松开螺母前，把电阻应变片沿轴向贴在垫片上，把应变片的两极接到静态应变仪上，然后松开螺母，使垫片完全放松。这时就可以从静态应变仪上读出应变值，此值即为 $\Delta L'$，由此就可求出 δ 值。拆卸完螺母，应校核垫片的实际厚度 L，必要时按校核的 L 值修正 ΔL。这样就可确定新垫片的厚度为 $L+\delta$。

（3）按确定的厚度制造新垫片，并用新垫片重新装配滚珠丝杠副，再装配到机床上，就可以正常生产了。

三、滚珠丝杠副的常见故障、诊断及修复方法

1．滚珠丝杠副的常见故障

滚珠丝杠副在使用过程中常发生的故障是丝杠、螺母的滚道和滚珠表面磨损、腐蚀和疲劳剥落。

（1）表面磨损。在长时间使用过程中，滚珠丝杠、螺母的滚道和滚珠的表面总会逐渐磨损，且磨损往往是不均匀的，初期不易被发现，到了中后期，用肉眼可以明显地看出磨损的痕迹，甚至有擦伤现象，不均匀的磨损不但会使滚珠丝杠副的精度降低，还可能产生振动。

（2）表面腐蚀。由于润滑油有水分、油的酸性较强，或外界环境的影响，可能使滚道和滚珠表面腐蚀。腐蚀会加大表面粗糙度值、加速表面的磨损、加剧振动。

（3）表面疲劳。由于装配不当、承受交变载荷、超载运行、润滑不良等原因，长期使用后，滚珠丝杠副的滚道和滚珠表面会出现接触疲劳的麻点，以致表层金属的剥落，使滚珠丝杠副失效。

2．滚珠丝杠副的故障诊断

滚珠丝杠副的转速一般在 300 r/min 以下，振动频率在 30 kHz 以内。滚珠丝杠、螺母缺陷产生时的振动频率大约分别为转速乘以滚珠数的 40% ~60%。这样，滚珠丝杠副早期的故障主要是由低振频引起，但诊断中常常被较高的振频所淹没，使早期故障不易被发现。较好的解决办法是定期使用动态信号分析仪进行监测。到故障的后期，滚珠表面出现擦伤时，振动较为容易在靠近螺母附近的支座外壳上测出。最好的测量方法是采用加速度计或

速度传感器，振动变化的特征频率将随着滚道和滚珠表面擦伤缺陷的扩展而变化，振动变成了无规则的噪声，频谱中将不出现尖峰。检测滚珠丝杠副振动特征频率时，应注意以下几个问题：

（1）因为振动为低振频，易被其他较高振频淹没，所以，检测时，机床的其他运动应停止，单独开动此机构进行检测。

（2）对于原始良好的滚珠丝杠副，产生缺陷后，用原始频谱进行比较就可以判断缺陷及其发展程度。

（3）由于滚珠丝杠副在使用中不断磨损，缺陷的发展使产生的振动变成杂乱无章的噪声，记录的频谱尖峰将会降低，或不出现尖峰。由于磨损或缺乏润滑而产生的振动也会出现这种情况。

（4）在使用加速度计监测时，由于其对振动信号非常敏感，因此特征频率范围之外大量的其他成分也会由加速度计测出。如果使用动态信号分析仪来完成上述的测量和分析，其测量结果显得不易理解。因此，监测振频的变化最好选择速度传感器直接测量。

3. 滚珠丝杠副的修复方法

（1）当出现滚珠不均匀磨损或少数滚珠的表面产生接触疲劳损伤时，应更换掉全部滚珠。更换时，要求购入 2 ~3 倍数量的所需精度等级的滚珠，用测微计对全部滚珠进行测量，并按测量结果分组，然后选择尺寸和形状公差均在允许范围内的滚珠，进行装配和预紧调整。

（2）滚珠丝杠、螺母的螺旋滚道因磨损严重而丧失精度时，通常需修磨滚道才能恢复精度。修复时，丝杠和螺母应同时修磨，修磨后，更换全部滚珠，装配后，进行预紧调整。

（3）对滚道表面有轻微疲劳点蚀或腐蚀的丝杠，可考虑修磨滚道恢复精度；对疲劳损伤严重的丝杠副必须更换。

子课题 3　静压螺旋传动机构的维修

学习目标

1. 熟悉静压螺旋传动的特点、结构及工作原理。
2. 掌握静压螺旋传动机构的常见故障及修复方法。

螺纹工作面间形成液体静压油膜润滑的螺旋传动即为静压螺旋传动。静压螺旋常被用作精密机床进给和分动机构的传动螺旋。

一、静压螺旋传动的特点

1. 优点

（1）摩擦因数小，传动效率可达 99%，转动灵敏。

（2）无机械磨损，无爬行现象。

（3）无反向空程。

（4）刚度和抗振性较好。

（5）不自锁，具有传动的可逆性。

（6）适于各种转速、载荷下工作。

2. 缺点

结构复杂，需要一套过滤精度高的压力供油装置，故成本高。

二、静压螺旋传动的结构及工作原理

1. 结构

静压螺旋传动机构采用的是牙较高的梯形螺纹。在螺母每圈螺纹的中径处开有 3 ~6 个间隔均匀的油腔。同一素线上同一侧的油腔相连通，并用一个节流阀控制螺纹牙两侧的间隙和油腔压力。

2. 工作原理

静压螺旋传动机构的工作原理，如图 3—2—18 所示。

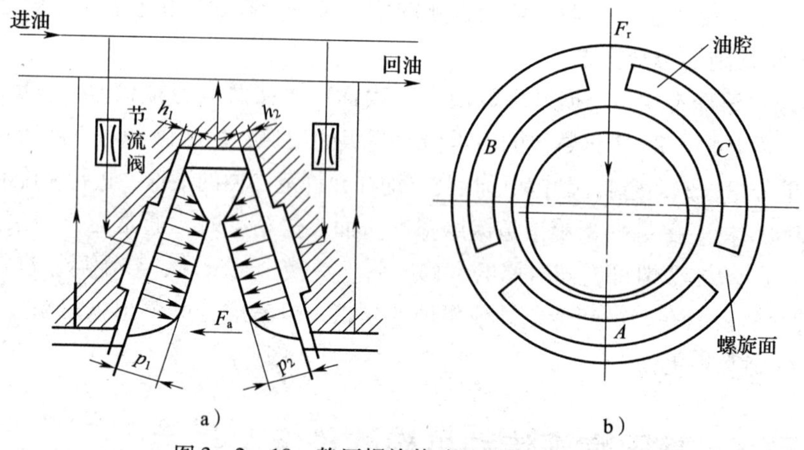

图 3—2—18　静压螺旋传动机构的工作原理

从图 3—2—18 中不难看出：压力油是经节流阀进入螺母螺纹牙两侧的油腔内，再通过阻油边、回油孔流回油箱。

具体工作原理如下：

（1）当螺杆不受力时，由于螺纹牙两侧的间隙和油腔压力均相等，因此螺杆处于中间位置。

（2）当螺杆受到一个左向轴向力 F_a 而左移时，由图 3—2—18a 不难看出：螺纹牙左侧间隙 h_1 减小，而螺纹牙右侧间隙 h_2 相应增大，这时，油压通过节流阀的自动调节作用，使螺纹牙左侧油压 P_1 大于其右侧油压 P_2，从而产生一个平衡轴向力 F_a 的液压力，这样螺杆平衡于某一位置，并保持某一油膜厚度。

（3）当螺杆受到一个向下的径向力 F_r 而下移时，由图 3—2—18b 不难看出：一圈螺纹牙侧的三个油腔中，油腔 A 侧的间隙减小，油腔 B 和 C 侧的间隙增大，油压通过节流阀的自动调节作用，使 A 侧压力增高，B、C 侧压力降低，从而产生一个平衡径向力 F_r 的液压力，这样螺杆平衡于某一位置，并保持某一油膜厚度。

当螺杆受弯曲力矩时，也具有平衡能力。

三、静压螺旋传动机构的常见故障及修复方法

1. 静压螺旋传动机构的常见故障

静压螺旋传动机构在使用过程中常发生的故障是螺母的表面磨损、腐蚀和疲劳剥落，液压系统压力不均匀，压力油泄漏等。

（1）表面磨损、噪声大。在长时间使用过程中，螺母的表面、油腔总会逐渐磨损，且磨损往往是不均匀的，甚至有擦伤现象，会使静压螺旋传动的精度降低，还可能产生振动，增加噪声。

（2）表面腐蚀、振动大。由于润滑油有水分、油的酸性较强，或外界环境的影响，可能使螺母的表面腐蚀。腐蚀会加大表面粗糙度值、加速表面的磨损、加剧振动。

（3）表面疲劳。由于装配不当、承受交变载荷、超载运行、润滑不良等原因，长期使用后，螺母副会出现接触疲劳的麻点，以致表层金属的剥落，使螺母副失效。

（4）液压系统压力不均匀。液压系统长期工作后，液压油中杂质增多，致使系统各节流器压力不等，液压系统压力不均匀。

（5）压力油泄漏。长期工作后，密封装置失效。

2. 静压螺旋传动机构的维修

静压螺旋传动机构所产生的故障是多种多样的，没有固定的模式。有的是渐发性故障，要有一个发展的过程，随着使用时间的增加越来越严重；有的是突发性故障，一般没有明显的征兆，而忽然发生，这种故障是各种不利因素及外界共同作用而产生的。

丝杠螺母副受表面磨损、腐蚀、疲劳后，运动不平稳、噪声过大等，通常需修磨滚道、油腔。修复时，丝杠和螺母应同时修磨。对滚道表面有轻微疲劳点蚀或腐蚀的丝杠，可考虑修磨滚道恢复精度，对疲劳损伤严重的丝杠螺母副必须更换。

液压系统要定期更换液压油，清洗节流器，保持系统压力稳定。如果有压力油泄漏，应及时更换密封装置。

课题3　典型零部件维修

子课题1　振动和噪声的检测

学习目标

1. 掌握机械振动的检测及控制途径。
2. 掌握噪声的检测和消除。

一、机械振动的检测及控制途径

1. 振动的产生及影响

振动是极其普遍存在的物理现象，人们利用它可以进行一些有用的工作，如利用机械

振动进行输送、筛选、砸实、捣固、时效处理等。同时，振动对于人类又存在有害的一面，它会破坏机械设备的正常工作，影响工作精度，降低工作可靠性，特别是在谐振频率上，弹性结构的振动幅值大大增强，这是特别危险的。振动动载又会加速机械失效，造成事故、降低寿命。振动产生的噪声在生理上危害人类的健康，是需要控制的公害之一。因此对工作机械的振动应控制在允许的范围内，如对机械要提出振级、噪声要求，对机械设计要提出抗振的要求等。

机械加工过程中，有时会产生振动，这是一种破坏正常切削过程的极其有害的现象。它不仅严重恶化加工表面质量，缩短刀具及机床的使用寿命，而且振动时发出噪声，有时甚至令人无法继续工作下去。在精密机床（如坐标镗床和精密磨床）上工作时，更要求加工过程高度平稳，这时，即使是最轻微的振动，也会破坏工件的表面质量和加工精度。因此，在这种情况下，不但要消除机床本身的振动，而且还要避免外界振动的影响。

振动的基本类型有三种：自由振动、强迫振动和自激振动。自由振动是由于外力突然变化或外界冲击等原因引起的，但这种振动是迅速衰减的，一般影响很小。后两种振动都是不衰减且危害性很大的振动。

（1）强迫振动。它是一种由于外界周期性干扰力的作用而引起的不衰减振动，如图3—3—1 所示。当安装在简支梁上的电动机，以 ω 的角速度旋转时，假如由于电动机转子不平衡而产生离心力 F_1，则 F_1力沿 z 方向的分力 F_z（$F_z = F_1\sin\omega t$，其中 t 是时间）就是该梁的外界周期性干扰力。在这一干扰力的作用下，简支梁将作不衰减的稳定振动，这种振动就是强迫振动。

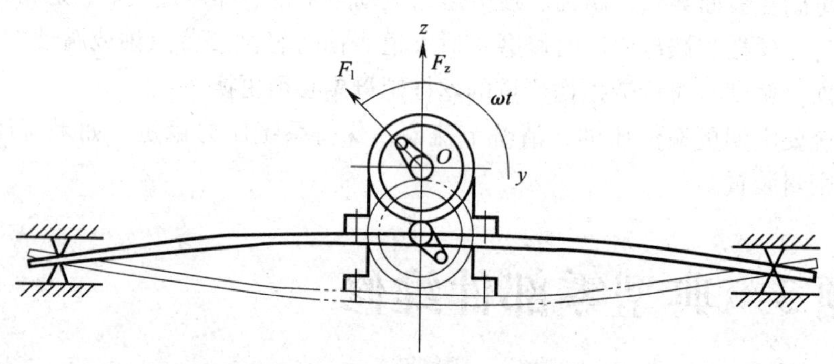

图 3—3—1　强迫振动示例

1）强迫振动的振源。强迫振动的振源可来自机械的内部，称为机内振源，也可来自机械的外部，称为机外振源。机外振源有机床、锻压设备、火车、汽车等通过地基传给机床的振动。机内振源有如下几种。

①机械各个电动机的振动，包括电动机转子旋转不平衡引起的振动及电磁力不平衡引起的振动。

②机械回转零部件的不平衡，例如砂轮、带轮、旋转轴的不平衡引起的振动。

③运动传递过程中引起的振动，如齿轮啮合时的冲击，带轮的不圆及带厚薄不均引起张紧力的变化，滚动轴承滚子尺寸及形状误差，使运动在传递过程中产生了振动。

④往复部件的冲击。

⑤液压传动系统的压力脉动。

⑥切削时的冲击振动，切削负荷不均所引起切削力的变化而导致的振动等。

2）强迫振动的主要特点。

①在外界干扰力的作用下产生，但振动本身并不能引起干扰力的变化。

②不管振动系统本身的固有频率如何，强迫振动的频率总是与外界干扰力的频率相同。

③强迫振动的振幅大小在很大程度上，决定于干扰力的频率与系统固有频率的比值。当这一比值等于或接近1时，振幅将达到最大值。这种现象称为“共振”。

④强迫振动的振幅大小还与干扰力、系统刚度系数及其阻尼系数有关。干扰力越大、刚度系数及阻尼系数越小，则振幅越大。

（2）自激振动。自激振动是按照系统的固有频率进行的不衰减的振动。自激振动之所以能够维持不衰减，是由于振动过程中本身能够引起某种力的周期性的变化，而这种力的变化，反过来又使振动系统周期性地获得能量补充，从而弥补了振动时由于阻尼作用所引起的能量消耗，如钟表的摆、电铃、电子电路中的振荡器以及拉胡琴时弦的振动。在机械切削加工中也会出现自激振动。

自激振动的特点是：

1）自激振动是一种不衰减的振动，振动本身能引起某种力周期性变化，而振动系统能通过这种外力的变化，从不具备交变特性的能源中周期性地获得能量补充，从而维持住这个振动。外部的干扰有可能在最初触发振动时起作用，但它不是产生这个振动的直接原因。

2）自激振动的频率等于或接近系统的固有频率，也就是说，由振动系统本身的参数所决定，至于振动的幅值，也和这些参数直接有关。

3）自激振动能否产生以及振幅的大小，决定于每一振动周期内系统所获得的能量与所消耗的能量的对比情况。当振幅为某一数值时，如果所获得的能量大于所消耗的能量，那么振幅将不断增大；相反，如果获得的能量小于所消耗的能量，那么振幅将不断地减少；振幅增加或减小一直到所获得的能量等于所消耗的能量为止。如果振幅为任意数值时，所获得的能量都小于消耗的能量，自激振动根本就不可能产生。由此可见，减弱或消除自激振动的根本途径是尽量减少振动系统所获得的能量，以及增加它所消耗的能量。

2. 振动测试的内容

（1）对振动物体基本振动参数的测试。由振动原理知道，机械系统在随时间变化的外力作用下所产生的运动，称为系统对该外力的响应。此外力称为激振力。系统对于激振力的响应，可以用位移、速度或加速度表示。激振力与振动位移之间的相位差，称为相角。系统的动态特性，实际上就是系统对激振力的响应，它描述了激振力频率与振动位移、速度、加速度、相角等之间的内在联系。

对一个振动着的物体，要知道其振动情况，就需要首先测试出描述其振动的基本时域信号，这种信号可以是振动的位移、振动速度、振动加速度的时间历程。由于三种参数间互相存在着微分或积分的关系，可以测出其中之一然后经积分或微分后得到另两个参数。测得这些信号后，就可以确定振动的强度、频率、相位等其他导出参数。

（2）振动系统的结构动力学分析。对于一个简单的振动系统，可以通过实验测试来确定其系统的固有频率；对于复杂振动系统，可以确定其固有频率、阻尼及振型。

机械系统动力学分析方面的另一内容是机械阻抗的测试，机械阻抗是机械结构在受激振动时简谐激振力和结构各点响应之比。实际上，它是把力作为输入量结构频率响应的倒数。机械结构的响应有位移、速度、加速度，所以其定义有下列三种：

位移阻抗 = 力/位移，又称为动刚度，其倒数称为动柔度；

速度阻抗 = 力/速度，又称为机械阻抗，其倒数称为机械导纳；

加速度阻抗 = 力/加速度，又称为表现质量，其倒数称为惯性率。

机械阻抗的确定可以通过两种途径：一是理论分析计算，将一振动系统经过适当的简化而建立其力学模型，然后建立其运动微分方程式，这样就可以通过拉氏变换求得其传递函数，从而可知其频率响应函数；另一种是对振动系统在已知激振力信号的激振下实测其响应，以求得频率响应函数，而后求得传递函数。

由于实际因素过于复杂，因此用分析计算的方法在抽象出力学模型或计算过程中，需作适当的简化和假设，这样会与实际的系统有差异，仍需要实测来验证。因此振动的实际测试在工程技术上具有重要的意义。

（3）振动信号的分析和处理。对振动所检测出的信号进行进一步的分析和处理，从中提取人们所需要的、有用的信息。

如磨床振源分析：在磨削过程中的振动往往使加工的精度下降和使表面粗糙度值增大。造成加工质量下降的原因主要是工件与砂轮间的相对振动，它可以用测量振动的传感器及后续测试系统进行振动信号的检测。所测出的信号是由机内外各种振动干扰源共同作用的结果。借助于频谱分析方法，将信号的频率结构分离出来，就可以进一步找出不同频率的振源所在，根据主次，采取消除振动的措施。

如金属结构动态响应的测定：机械工程中的各种机械构件（如金属加工机床、汽车底盘、壳体等）在振动条件下工作，其各部分的相对运动即所谓“振型”常需进行测定，以找出动态下的薄弱环节，加以改进。进行这方面测试的实验系统如图 3—3—2 所示。

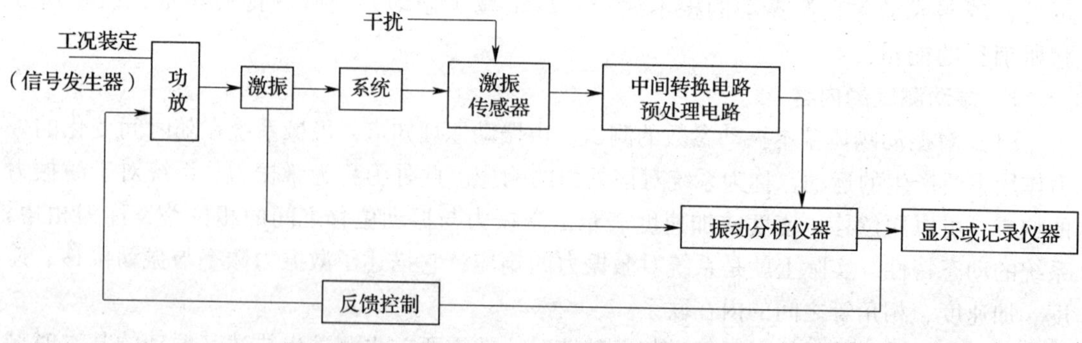

图 3—3—2 振动测试系统组成框图

信号发生器给出某种激励信号，通过功率放大器推动激振器对机械构件激振，然后对构件的不同点进行振动信号检测，这样就可以绘制出在不同频率下构件的相对运动形状

（即振型），在振型中的幅值最大点处做构件上的改进，就可获得最佳结构。这是解决金属结构设计制造中合理配置的必由之路。图 3—3—2 中的反馈控制部分主要是为了使得在不同的频率下具有相同的激振力幅值，以便比较。

3．振动测试方法和仪器简介

振动的测试首先是要测出振动的基本参量，其中最重要的是振动位移、速度和加速度中任一种的时域波形，其他参量（如频率、相位等）是在此测出的原始信号基础上导出的参量。

振动位移的测量可用各种位移传感器（如电阻式、电容式、电感式等），也可用光学的方法（如读数显微镜、光波干涉法等）。

振动速度的测量一般采用磁电式速度传感器，它的原理是利用线圈在磁场中运动产生感应电动势，感应电动势的大小与其相对运动速度成正比，所以其输出电压信号是其运动速度的度量。

振动加速度的测量主要是利用各种形式的加速度计，最常用的有应变式、压电式等。压电式加速度计的频率范围广，动态范围宽，灵敏度高，故应用较为广泛。加速度计本质上是力测量装置，是利用惯性质量受加速度所产生的惯性力而造成的各种物理效应，进一步转化成电量后来间接度量被测加速度。由传感器输出的信号，经电子放大器放大，能通过测振仪的电表指针或荧光屏显示出来，或通过记录设备将信号记录下来。

4．振动试验和分析仪器简介

为了测得在一定的激励下机械系统的动态特性，可在机械工作状态下测量其动态响应，然后进行分析。但应用更为广泛的是人为地利用各种激振设备，以提供符合要求的可控制的激振力，并对所研究系统作激振，然后测量各部位的振动响应，分析测试信号，以求得该系统的各种动态参数。

（1）激振类型和激振器。机械工程中常用的激振方法有以下几种：

1）正弦激振。激振力的变化是一简谐波形，这种方法又可分为点频法和扫频法。点频法是以不同的固定频率逐点间断地变化进行激振，以求得在不同频率下的响应。这种方法所使用的设备最简单、便宜，但费时，效率低。扫频法是由低到高连续地变换激振正弦的频率，扫频过程中，如能保证足够慢的速度，使机械系统有足够时间进入稳态，则可精确地测出其频率响应。点频法和扫频法常配合起来应用，先用扫频法迅速扫一遍，在全频段上较快地统观其响应，然后对某些感兴趣的频段再以点频法作细致测试。

2）瞬态激振。最常用的是冲击激振，这种方法是以一带有力传感器的重锤敲击被测机械系统，然后测定各点响应。锤击信号的波形近似于半正弦脉冲，如图 3—3—3 所示。这种方法速度快、设备简单，力脉冲的波形和它的频谱取决于锤端的材料以及锤击力持续的时间。主要缺点是力的大小不易控制，过小会降低信噪比，过大会引起非线性；锤击时间也不易掌握，这会影响频谱的形状。对大型机械结构作冲击激振时，锤击能量可能不够，有时采用爆炸激振、大型舰船施放火箭作冲击激振等方法。

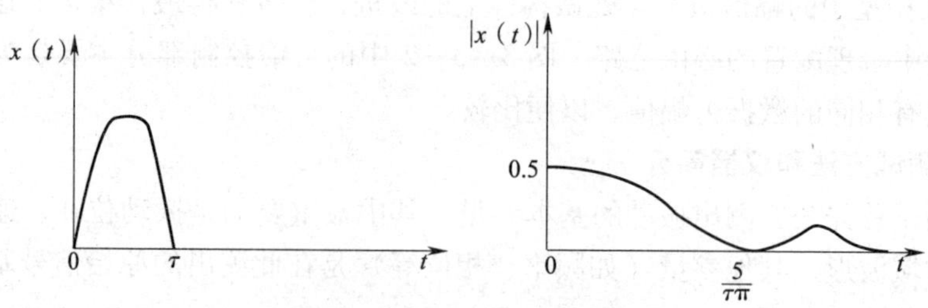

图 3—3—3　半正弦脉冲及其频谱

3）随机激振。通常采用白噪声或伪随机信号。所谓白噪声，是指纯随机信号，其自相关函数为脉冲函数，故其功率谱密度函数是常数，是一种无限宽频带信号。许多机械结构在工作时所受到的干扰力和动载往往具有随机性质，为了模仿实际工作状态作随机激振，常采用记录实际工况的随机信号，再重放这一信号，通过功率放大以激振器对所研究的机械系统作近似实际的随机激振。

为了将所需的激振信号变为激振力施加到被测机械系统上，需使用各种激振器。激振器常用的有电动式、电磁式、电液式等，如图 3—3—4、图 3—3—5、图 3—3—6 所示。

电动式激振器（见图 3—3—4）是在励磁线圈中以强电流馈入形成磁场，而对可动线圈输入经功率放大后的交变力，通过顶杆作用到被测构件上。

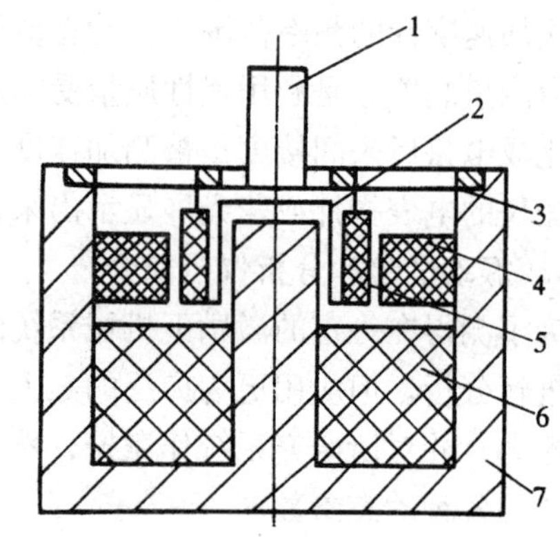

图 3—3—4　电动式激振器

1—顶杆　2—可动线圈支架　3—支承弹簧　4—磁极　5—可动线圈　6—励磁线圈　7—壳体

电磁式激振器（见图 3—3—5）实质上是一个电磁铁，利用吸放磁力来进行激振。电磁式激振器的最大优点是非接触激振，所以可以对运动构件进行激振，如高速旋转中的车床，为模拟其切削力所引起的振动就用此法。

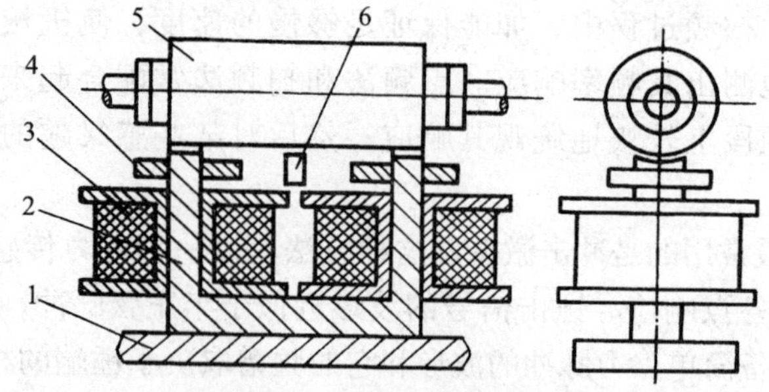

图 3—3—5　电磁式激振器

1—底座　2—铁芯　3—励磁线圈　4—力检测线圈　5—衔铁　6—位移传感器

电液式激振器（见图 3—3—6）是用上述电动式激振器来控制一个操纵阀，推动功率阀使高压油按要求交替进入活塞两侧，推动活塞作往复运动，以顶杆作用于被测构件。

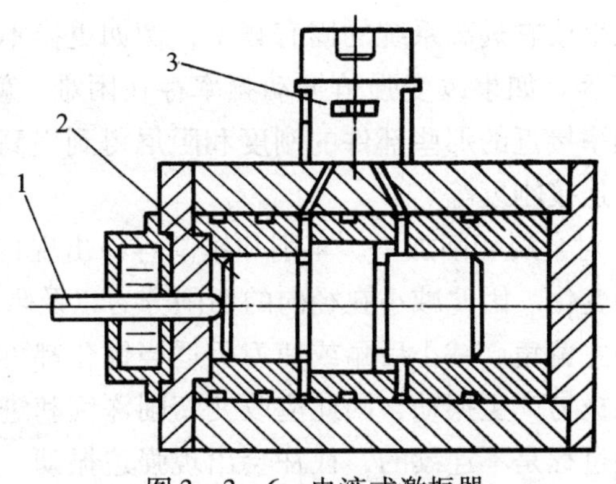

图 3—3—6　电液式激振器

1—顶杆　2—活塞　3—电液伺服阀

（2）振动分析及仪器。在振动试验中，利用激振系统对被测系统激振后，再用振动测试仪器测得机械系统上各不同测点的响应信号。这些信号中包含许多有用的信息，需作进一步处理方可揭示出来。最普通的是在时域内通过各种电路求得信号的峰值、均值或有效值，这样可以了解到各测点的振动强度，若在频域内对信号作频谱分析，则可进行振源分析及故障诊断；若对激振力信号和测量点响应时间在不同频率时的相互关系作分析，则可求得其机械阻抗等。

进行信号频域处理的仪器有频谱分析仪，进行机械系统响应分析的仪器有传递函数分析仪。现在许多专用处理机常集各种功能于一身，就更为方便。

5. 消除或减小振动的方法和途径

（1）查找振源。如对被测机械设备进行空运转试验，通过分别启动各个电动机，在各测点利用测振仪器测定强迫振动的幅值和频率，就可找出主要振源。

（2）减小或消除振源的激振力。如对电动机转子、磨床砂轮、带轮、回转轴等回转零部件进行仔细地动、静平衡；增加缓冲，设法减小往复运动的冲击；提高零件的加工精度，如带轮的圆度、传动齿轮的精度、滚动轴承的精度等；提高装配精度和减小主轴与滑动轴承之间的间隙，提高齿轮的装配质量等。

（3）隔振。在振动传递的路线中设置障碍，使振动不能传递到工作部位。隔振分积极隔振和消极隔振。把机外振源隔离起来，防止振动向机械设备传递，称为积极隔振；把机械设备本身用隔振垫隔离起来，防止外部振源向设备传递，称为消极隔振。机床的电动机是主要振源之一，引起电动机振动的原因不外乎电动机转子的不平衡、电动机中磁路的不平衡引起电磁力不均匀等。如果其振动频率与电动机转速有关，就是由于电动机转子不平衡引起的，应该对其进行动、静平衡。如果振动频率等于电源频率或者是电源频率的整倍数，就是由于电动机中电磁力不平衡引起的。减小振动的一般方法是在电动机与设备的连接处用橡皮或其他柔性块来隔离振动。要注意，如果电动机拖动传动带，那么柔性块虽然使电动机振动不传到底座，但振动可以通过传动带传到其他部件上，同样会引起系统振动。此时，传动带就应安装得松些。为了防止液压驱动引起的振动，油泵最好与机床分离开，并用软管连接。

（4）提高系统的动刚度及阻尼。当强迫振动处于系统某个固有频率的共振区时，最好的办法是改变强迫振动频率使它远离系统的固有频率，例如更换不同转速的电动机，改变带轮尺寸使主轴转速改变等。如果改变强迫振动频率存在困难，就要在结构上采取措施，使固有频率与强迫振动频率接近的那些部件的刚度和阻尼得到提高，例如刮研接触面，调整镶条的松紧程度，加强连接刚度等。

（5）改变工艺参数。对金属切削加工，车削和镗削容易出现自激振动，其根本原因是振动过程引起了切削力的变化。因此减小在径向的切削分力以及阻止刀具“啃”入工件的诸多因素，如加大刀具的主偏角、减小后角或使刀刃适当钝化都可减弱或消除振动。切削中产生宽而薄的切屑时，极易产生振动，因此应改变切削深度和进给量，避免出现该种切屑。在铣削时，由于切削过程是不连续的，往往会出现强迫振动，其频率等于每秒钟切入工件的刀齿数。此外，在每个铣刀刀齿切削过程中，有时还伴随有自激振动。因此可通过改变刀具转速或机床结构，避开机床共振频率及其倍数、增加刀具齿数、减小切削用量以减小冲击力，设计不等距铣刀等方法来减弱和消除振动。磨削是精密加工，防止和减轻振动是个很重要的问题，但磨削过程中的振动问题比其他切削加工中的振动更为复杂，一般是强迫振动，但自激振动也时时出现。到目前磨削自振中有许多问题还未搞清楚，因此，可试用下列各种方式：对特定的工件材料，选择软硬合适的砂轮；采用合理的磨削参数，如减小磨削宽度及减小砂轮切入速度以减小磨削力；减小工件速度和增大砂轮速度以提高砂轮与工件的速比；增大切削液流量及压力或用超声波冲洗砂轮以避免砂轮堵塞；增大工艺系统的刚度和阻尼等。

（6）使用减振器和阻尼器。对于使用中的机床，在机床上采取措施往往是有限度的。当使用上述各种方法仍然得不到预期效果时，便应考虑使用减振器和阻尼器。减振器的基本原理是通过附加的一个振动系统使动柔度减小，且吸收一定的振动能量，使振幅减小，有动力式减振器和冲击式减振器。而阻尼器的基本原理是通过阻尼的作用把振动的能量变成热能消散掉而达到减小振动的目的。阻尼越大，减振的效果越好，有固体摩擦阻尼、液体摩擦阻尼、电磁阻尼等。阻尼器与减振器的区别在于附加的阻尼器本身并不构成一个弹簧质量系统。

二、噪声的检测和消除

1. 噪声的概念

凡是令人烦恼、讨厌、刺激、分散注意力、影响工作和休息的声音都称为噪声。其影响的程度依声音的强度大小、频率及不同频率声音的组合情况而定。噪声既然是一种声音，它便具有声波的一切特性。

（1）声压和声压级。空气中的声波使空气时而变密，时而变疏。空气变密，压强就增高；空气变疏，压强就降低。即声波使大气压产生起伏，这个起伏部分，即超过静态大气压的量称为声压，声压的单位是帕（Pa）。

正常人耳刚刚能听到的声音的声压称为听阈声压，当声音的频率在 1 000 Hz 左右时，其声压约为 2×10^{-5} Pa；使人耳产生疼痛的声压称为痛阈声压，其数值约为 20 Pa。从听阈到痛阈，声压值相差100 万倍。因此，用声压值来表示声音的大小很不方便，同时也与人耳的实际感觉不相符。于是人们用一个成倍比关系的对数量——声压级 L_p 来表示声音的大小，其单位为分贝（dB）。

$$L_P = 10\lg \frac{P^2}{P_o^{\ 2}} = 20\lg \frac{P}{P_o}$$

式中 P_o——基准声压，2×10^{-5} Pa；

P——声压，Pa；

L_p——声压级（dB）。

由上式可知，听阈的声压级为 0 dB，痛阈的声压级为 120 dB。这样，就把声压的数百万倍的变化范围，改变为 0 ~ 120 dB 的变化范围。dB 反映的是比值，没有单位。

（2）声压级的叠加。如果在声场中有两个以上的声源，那么在声场中的某一点将同时受到来自不止一个声源发出的压力波的作用，但此点的声压级绝不是各个声源声压级的代数和，必须按对数法则进行运算。为了便于计算，人们把声压级的叠加做成曲线如图3—3—7所示。利用该分贝增值曲线图可以直接查出声压级的和。如一个 100 dB 和一个 98 dB 的声音相加，应算出两个声音的分贝差 100 - 98 = 2 dB，再在图上找出与 2 dB 所对应的增值为 2. 1 dB，然后加在分贝数高的那个声压级上得到100 + 2. 1 = 102. 1 dB。若是几个分贝数相加，则可依次顺序进行增值。

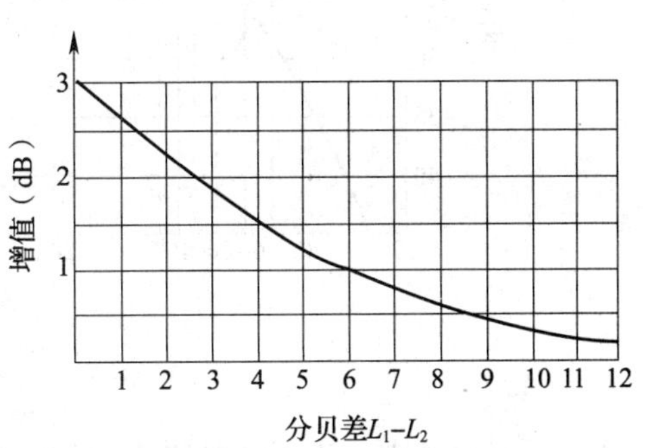

图 3—3—7　分贝增值图

（3）响度级及计权网络。人耳对声音的感觉不仅与声压有关，而且与声音的频率有关。人耳对高频的声音感觉灵敏，对低频的声音感觉迟钝。例如，大型离心压缩机的噪声与小轿车的噪声若同是 90 dB，则前者听起来要比后者响得多。这是因为前者是高频噪声，后者是低频噪声。根据人耳的这个特性，仿造声压级的概念，引出了一个与频率有关的响度级，单位为“方”。就是选取 1 000 Hz 的纯音作为基准声音，若某个噪声听起来与该纯音一样响，则该噪声的响度级（方）就等于这个纯音的声压级（dB）。例如，某个噪声听起来与声压级 85 dB、频率 1 000 Hz 的基准声音一样响，则该噪声的响度级就是 85 方。

响度级只是一个主观量，不能直接被仪器测出。而声压和声压级则是表示声音的一个客观量，能用仪器直接测出。但为了使声音的客观量和人耳听觉主观感受近似地取得一致，在测量噪声的声级计中设置了 A、B、C 三种频率计权网络，使所接收的声音按不同程度滤波，以修正仪器的频率响应，如图 3—3—8 所示。

图中 A 网络是模拟人耳对 40 方纯音的响应，它使接收的声音在低频段（500 Hz 以下）有较大的衰减，中频段衰减次之，高频段不衰减甚至稍有放大。B 网络是模拟人耳对 70 方纯音的响应，它使接收的声音在低频段有一定的衰减。而 C 网络是模拟人耳对 100 方纯音的响应，在整个可听频率范围内有几乎平直的响应，因此 C 网络代表总声压级。

用 A 网络测得的噪声值与人耳对声音的感觉较为接近，大量的调查研究表明，评价由宽频带噪声引起的烦恼和所造成的听觉危害程度与用 A 网络测得的声级有较好的相关性。因此近年来在噪声测量和评价中，就用 A 网络测得的声压来代表噪声的大小，称为 A 声级，用 dB（A）表示。

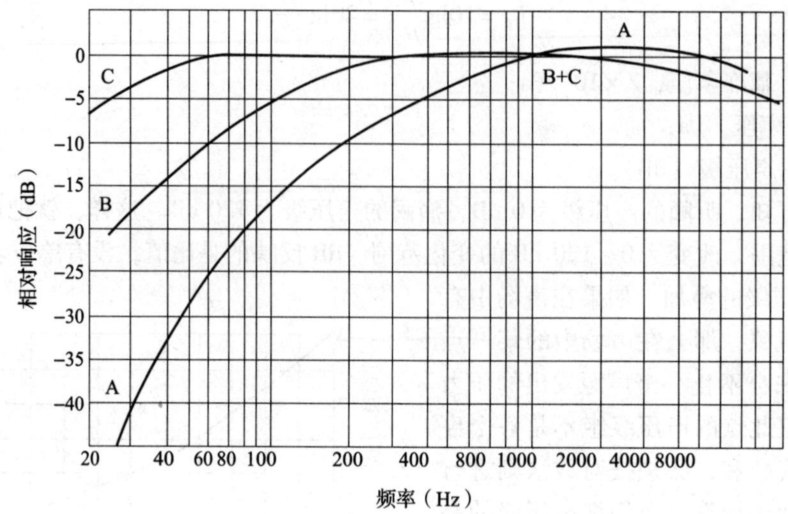

图 3—3—8　计权网络的频率响应

（4）噪声的频谱。为了解某噪声源的噪声特性，就需详细地分析它的各个频率成分和相应的强度，称为频谱特性。在频谱分析中，一般不必也不可能对每个频率成分都进行具体分析。人耳能听到的声音频率范围一般介于 20 ~ 20 000 Hz，有 1 000 倍的变化范围。为测量和分析方便，把宽广的声波频率范围分成几个频段，称为频带或频程。对于每一频带或频程都有上、下两个截止频率，上、下截止频率之差就是频带宽度，简称为带宽。由上、下截止频率决定的中间区域称为通带。上、下截止频率比是 2∶1 的频程，称为倍频程，每一倍频程的通带称为倍频带。有时为了得到比倍频程更详细的频谱，也用 1/3 倍频程，即把一个倍频程分为三份。目前常用的倍频程和 1/3 倍频程的频段见表 3—3—1。以各倍频程的中心频率为横坐标，以测得的倍频带声压级为纵坐标，就可得出倍频程声压级与中心频率的关系图——频谱图，就可对噪声进行频谱分析。

表 3—3—1　　倍频程和 1/3 倍频程　　Hz

频率					
倍频程			1/3 倍频程		
下限频率	中心频率	上限频率	下限频率	中心频率	上限频率
11	16	22	14.1 17.8 22.4	16 20 25	17.8 22.4 28.2
22	31.5	44	28.2 35.5 44.7	31.5 40 50	35.5 44.7 56.2
44	63	88	56.2 70.8 89.1	60 80 100	70.8 89.1 112

续表

频率					
倍频程			1/3 倍频程		
下限频率	中心频率	上限频率	下限频率	中心频率	上限频率
88	125	177	112 141 178	125 160 200	141 178 224
177	250	355	224 282 355	250 315 400	282 355 447
355	500	710	447 562 708	500 630 800	562 708 891
710	1 000	1 420	891 1 122 1 413	1 000 1 250 1 600	1 122 1 413 1 778
1 420	2 000	2 840	1 778 2 239 2 818	2 000 2 500 3 150	2 239 2 818 3 548
2 840	4 000	5 680	3 548 4 467 5 623	4 000 5 000 6 300	4 467 5 623 7 079
5 680	8 000	11 360	7 079 8 913 11 220	8 000 10 000 12 600	8 913 11 220 14 130
11 360	16 000	22 720	14 130 17 780	16 000 20 000	17 780 22 390

2. 机床噪声的测量

(1) 噪声测量仪器。噪声测量中最简单、最常用的是便携式声级计。它的体积小、重量轻、用电池供电、便于携带，不仅可以单独测量声压级和声级，而且可以和相应的仪器或部件配套进行频谱分析。声级计的外观如图 3—3—9 所示。

声级计一般分为普通声级计和精密声级计两种。普通声级计的测量误差约为 ±3 dB，精密声级计的测量误差约为 ±1 dB。声级计由传声器、放大器、衰减器、频率计权网络及有效值指示表头组成，有的还带有倍频程滤波器组合成测声仪，除了可测量声压级和声级外，还可用来对声音进行频谱分析。

利用声级计的 A、B、C 计权网络测得的声级读数，可以粗略地估计所测噪声的频率特性：

当 $L_A = L_B = L_C$ 时，噪声在高频段占优势；

当 $L_A < L_B = L_C$ 时，噪声的主要成分在中频段；

当 $L_A < L_B < L_C$ 时，噪声呈低频特性。

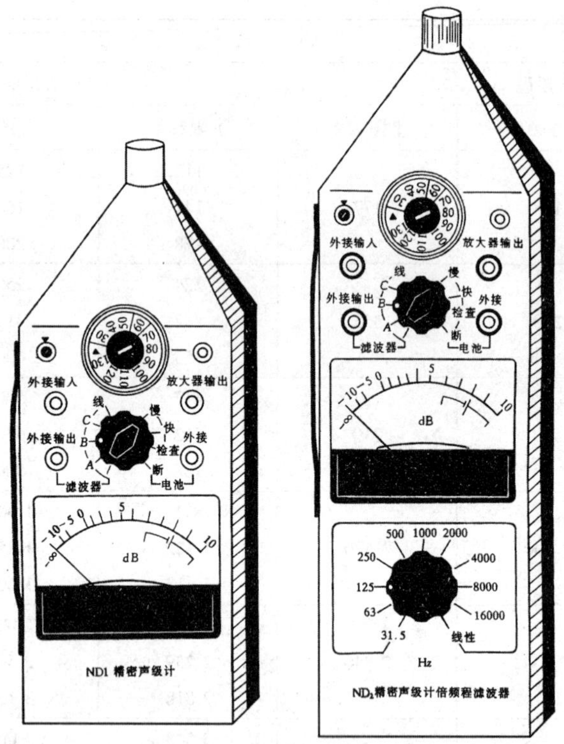

图 3—3—9　声级计外观图

声级计的表头读数为有效值，也称为均方根值。表头阻尼特性分快慢两挡，若噪声不随时间起伏，则用快挡进行读数。当快挡测量的噪声起伏大于 ±3 dB 时，应换用慢挡，这时可读出不稳定噪声在一段时间的平均值。

（2）机床噪声测试的目的和内容。测试的目的是按照有关标准检查机床的噪声。测量的内容包括两个方面：

1）机床噪声声压级的测量。新产品的鉴定试验，必须进行噪声声压级的测量。对于机床产品，必须按标准要求检查噪声是否合格。

2）机床噪声的频谱分析。通过频谱分析试验，就能得到机床噪声的频谱图，从而看出组成该机床噪声的各个成分，并找出机床噪声的主要声源，以便采取措施来控制和降低机床的总噪声。特别是在新产品的样机试验和有关机床噪声的研究试验中，频谱分析显得非常重要。

（3）测量方法。为了使测量的结果能如实地反映机床噪声的实际情况，应掌握正确的测量方法。

1）测量前的仪器准备。以国产 ND2 型精密声级计为例。

①电池供电电压检查。将面板上的开关置于“电池检查”位置，电表指针应指示在电压正常的刻线范围内。

②仪器使用前的示值校正。校正时需使用附件，如产生声压为（124 ±0. 2）dB 的活塞发生器，如图 3—3—10 所示。

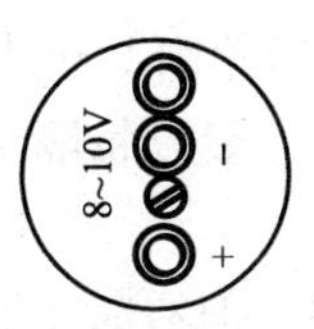

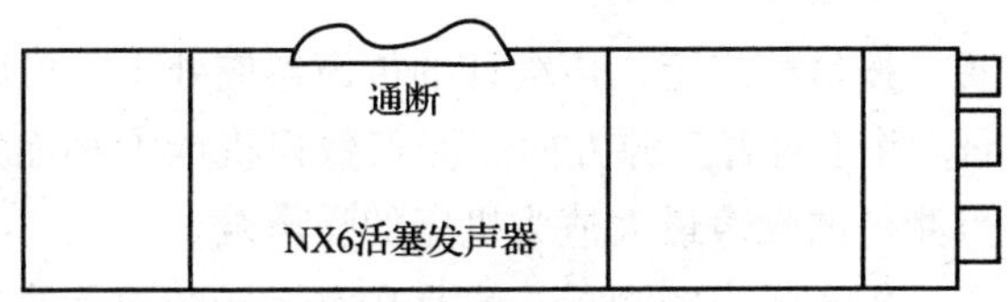

图 3—3—10　活塞发声器

将仪器的“计权网络”开关置于“线性”位置，将输出衰减器旋钮（面板上的透明旋钮）顺时针旋到底，使旋钮上的两条界限指示线（红线）对准面板上的固定指示线，输入衰减器旋钮（黑色旋钮）上 120 dB 刻线对准面板固定指示线，并在两红线之间（见图 3—3—11）。将活塞发生器紧密地套在仪器传声器的头上，推开活塞发声器开关至“通”位置，用旋具调节输入放大量“▼”电位器，使电表读数为 +4 dB。关闭并取下活塞发声器，声级计校正完毕。

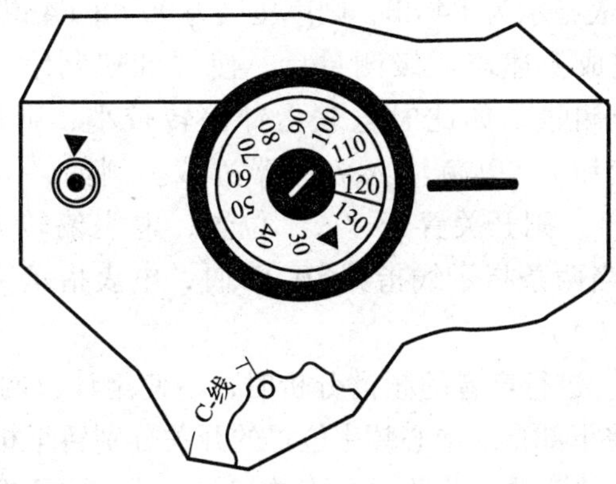

图 3—3—11　仪器示值校正时的旋钮位置

2）测量条件规定

①测量环境。为避免反射声的影响，机床周围不应放置任何障碍物，机床距离墙壁等反射面 3 m 以上。被测噪声源停止发声时，周围环境的噪声称为本底噪声。为使周围环境对被测结果无明显影响，本底噪声至少应该比所测机床噪声低 10 dB 以上。否则，测量结果应按如图 3—3—12 所示修正。

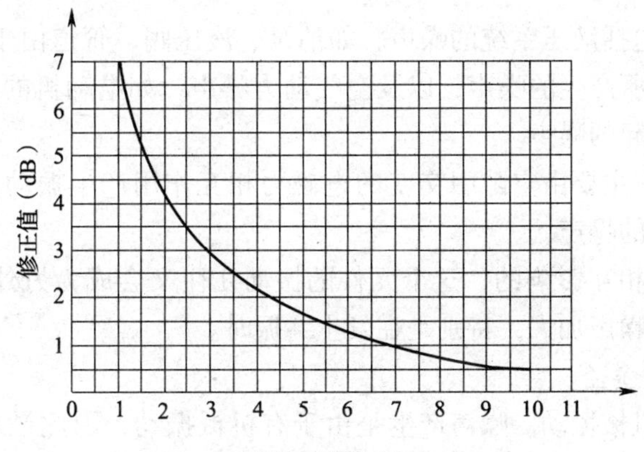

图 3—3—12　本底噪声影响的修正

②测点位置。按目前规定，声级计的传声器应处于距机床外形轮廓1 m处的包络线上，其高度为1.5 m，并正对着声源方向。测点数视机床大小而定，一般以每隔1 m定一点进行测量。以各点测得的噪声最大值为机床的噪声级。

③设备状态。机床噪声的测量一般是在空运转情况下进行的，但有时也有必要在负荷情况下测量。如机床齿轮箱在负荷时与空运转时的噪声差异很大，为了正确分析噪声源，就必须对机床在负荷运转下时进行测量，并作频谱分析。测量时，主轴转速从低到高逐级运转，各级转速下测得的最大读数值即为机床的噪声级。

3）声压级的测量。使仪器“计权网络”开关指示在“线性”位置，将输出衰减器旋钮（透明旋钮）顺时针旋到底。在测点位置，两手平握仪器两侧，并稍离开人身体，使装于仪器前端的传声器指向被测声源，调节输入衰减器旋钮（黑色旋钮），使指针适当偏转，由透明旋钮两条界限指示线所指量程加上电表读数值，即为被测声压级。例如透明旋钮两条指示线指在90 dB，电表指示为+4 dB，则声压级为90 dB+4 dB=94 dB。

4）声级的测量。完成上述声压级测量后，使“计权网络”开关放在“A”“B”“C”位置就可进行声级测量。如此时电表指针偏转较小，则可降低“输出衰减器”的衰减量（调节透明旋钮），以免输入放大器过载。例如，测量某声音的声压级为94 dB，需测量声级（A），则开关置于“A”位置，电表偏转太小时，可逆时针转动输出衰减器透明旋钮，当两条指示线指到70 dB时，电表指示+6 dB，则得声级（A）为70 dB+6dB=76 dB（A）。

5）声音的频谱分析。进行声音的频谱分析时，不使用计权网络，将计权网络开关置于“滤波器”位置，并将下部指示中心频率位置的开关分别转至相应位置，就能得到在此倍频程内的声音频谱成分的读数。若此时电表的偏转太小，也不要去改变“输入衰减器”的位置，而应降低“输出衰减器”（透明旋钮）的衰减量。将各中心频率倍频程内声音的频谱成分分别测出，并用坐标表示出来，就成为一条可对声源进行具体分析的频谱曲线。

3. 降低噪声的途径

（1）噪声来源。噪声主要来自以下三个方面。

1）机械噪声。机床各个运转部件及箱体、罩壳等静止部件因受强迫振动和自激振动而产生的噪声。

2）流体噪声。包括液压系统的噪声，如油泵、液压阀、管道由于流量和压力的波动，液压冲击和空穴现象所产生的噪声，以及空气动力噪声，如电动机的风扇、转子等高速旋转件对空气的扰动引起的噪声。

3）电磁噪声。它主要由空隙中交变的电磁力相互作用产生振动，如电动机绕组、变压器、电磁铁等引起的噪声。

各个噪声源又是相互影响的，这个元件的振动往往又会成为另外一些元件的激振源。它们的互相影响会使噪声加大，特别是在发生共振时。

（2）降低噪声的途径

1）消除和减小机械振动。噪声产生是由于有机械振动，因此最根本的途径是消除或减小振动。上节关于消除和减小机械振动的方法和途径都可显著地降低噪声。另外，对于箱壁、罩壳等有较大面积的薄壁，在其他激振力的影响下，往往会引起薄壁振动，这是机床噪声的主要来源之一。适当加多肋板减小薄壁面积来提高刚度，是降低箱壁和罩壳噪声的有效方法。

2）吸声。当机械运转发出噪声时，人们听到的除了直接通过空气介质传来的直达噪声外，尚有车间内由于墙壁、地面、天花板等壁面经多次反射而形成的反射噪声，即“混响声”。由于直达声和反射声的叠加作用，使噪声强度增加。如果在车间的内壁表面装上吸声材料，则声源发出的噪声入射到这些材料表面上时，就会被吸收一部分，减弱了反射声，从而使总的噪声降低。吸声材料有多孔性吸声材料，如玻璃棉、矿渣棉、石棉、泡沫塑料以及毛毡、木丝板等。

3）隔声。所谓隔声就是将声源封闭在一个小的空间内，使它与周围环境隔绝，或者在声波传播的途径上用屏蔽物把它遮挡一部分，如将噪声较高的设备密封在一个罩子内。但应注意加罩后会对机器的散热、通风、操作、维修等带来不便。通常隔声罩的设计应注意防振、隔声、吸声、通风、开口处的消声。

4）消声。相当部分的噪声是由于急速的气流所产生的。在声源处控制气流噪声是相当困难的，因此一般都采用消声器来达到降噪的目的。消声器实际上是控制气流通过管道或开口向外传播的噪声，但又使气流顺利通过的一种消声装置，它是利用声的吸收、反射、干涉等作用以降低声源辐射出来的噪声，因此在各种动力设备如柴油机、喷气发动机、燃气轮机及各种风机、压缩机等进排气口上应用，往往可以使噪声降低 20 ~ 40 dB（A）左右。

三、振动检测试验

1. 试验项目

（1）用振动计（振幅测量仪）对一台外圆磨床进行空运转振动试验，测定砂轮架、头架、尾座、工作台的振幅值和频率，找出主要振源。步骤为：

1）在砂轮架、头架、尾座、工作台的水平及垂直部位均设置一个测点。

2）在静止状态下测出各点水平、垂直方向的振幅值及频率。

3）开启油泵电动机，测出在此状态下的振幅值及频率。

4）同时开启油泵电动机及头架电动机，测出在此状态下的振幅值及频率。

5）同时开启油泵电动机及砂轮电动机（砂轮不转），测出在此状态下的振幅值及频率。

6）电动机全开砂轮转，测出在此状态下的振幅值及频率。

7）对以上实测数据进行分析，找出主要振源，并判断产生原因。

（2）对某部机床进行激振试验，求出系统的固有频率。

（3）对某切削振动进行分析，提出控制途径。

2. 要求

写出试验步骤、试验结果及分析报告。

3. 试验的注意事项

（1）进行空运转振动试验时，要注意机外振源的影响。

（2）在进行激振试验之前，应详细地阅读所用仪器的使用说明书，按照要求选择激振的方式和参数。

四、噪声检测试验

1. 试验项目

（1）选择一台机床（或其他机械设备），用测声仪进行声压级和声级的测试，确定机床主轴在各级转速下的噪声值。

（2）在最大噪声的转速下，测出倍频程各频段的噪声值，然后以各倍频程频段为横坐标，以测得的各频段声压级为纵坐标，绘出噪声频谱图。

（3）按机床传动系统图列出在最大噪声转速下的机床传动路线，先计算出此时各级传动齿轮的转速，然后计算出啮合频率，列出表格。

传动齿轮的啮合频率f可根据齿轮转速n和齿数z由下式计算：

$$f=\frac{nz}{60}\ (\text{Hz})$$

（4）将齿轮啮合频率表与噪声频谱图作对照分析，找出最大噪声源。

2. 要求

（1）写出试验报告。

（2）提出降低或减小噪声的有效方法。

子课题2　高速转轴的动平衡

学习目标

1. 掌握动平衡的基本原理和动平衡方法。
2. 能够对旋转体进行动平衡调整。

机械设备中的旋转零部件，如带轮、齿轮、曲轴、叶轮、磨床砂轮、电动机转子等回转体（以下称转子），在理想状态下，回转体旋转时与不旋转时，对轴承或轴产生的压力是一样的，这样的回转体是平衡的回转体。但在设备中的各种回转体，由于材料内部组织密度不均匀，形状不对称或制造、装配误差等原因，在旋转时其重心位置与旋转轴线不重合，在高速旋转时由于重心偏移（简称偏重）将产生一个很大的不平衡离心力。这个离心力将通过轴承或轴作用到机械及基础上，引起剧烈振动，产生噪声，加速轴和轴承的磨损，使其精度降低，缩短机械的寿命，严重时，能造成破坏性事故。因此工程中常需对回转体零部件进行平衡。

一、动平衡

1. 动不平衡概念

旋转体上不平衡量所产生的离心力如果形成力偶，那么旋转体在旋转时不仅会产生垂直于旋转轴线方向的振动，还要产生使轴线倾斜的振动。通俗地讲就是将使旋转体产生摆动，这种不平衡称为动不平衡。

设备中长径比较大的旋转体或转速较高的旋转体，动不平衡问题比较突出。这是由于偏重引起的离心力与转速的平方成正比，转速越高其离心力越大，显然引起的振动也就越大。对于转速较高的旋转件，即使只有很小的偏心距，也会引起非常大的离心力，因此设备中重要的旋转零件必须进行动平衡。

2. 动平衡的基本力学原理

如图3—3—13所示，假设一转子存在两个平衡量 T_1 和 T_2，当转子旋转时，它们产生的离心力分别为 P 和 Q。P 和 Q 都垂直于转子的轴线，但不在同一轴向平面上。P 处于 B_1 平面上，Q 处于 B_2 平面上。为了平衡这两个力，可在转子上选择两个与轴线垂直的截面Ⅰ和Ⅱ，作为动平衡的两个校正面。将 P 和 Q 分别分解到Ⅰ和Ⅱ两个校正面上，并使它们都符合静力学原理。然后将 P_1 和 Q_1 合成一个合力 F_1，将 P_2 和 Q_2 合成一个合力 F_2。可见，合力 F_1 和 F_2 与不平衡离心力 P 和 Q 是等效的。如果在 F_1 和 F_2 两个力的对面各加上一个相应的平衡质量，使它们产生的离心力分别为 $-F_1$ 和 $-F_2$，那么转子就被动平衡了（或者在 F_1 和 F_2 方向上去除相应的质量也一样）。

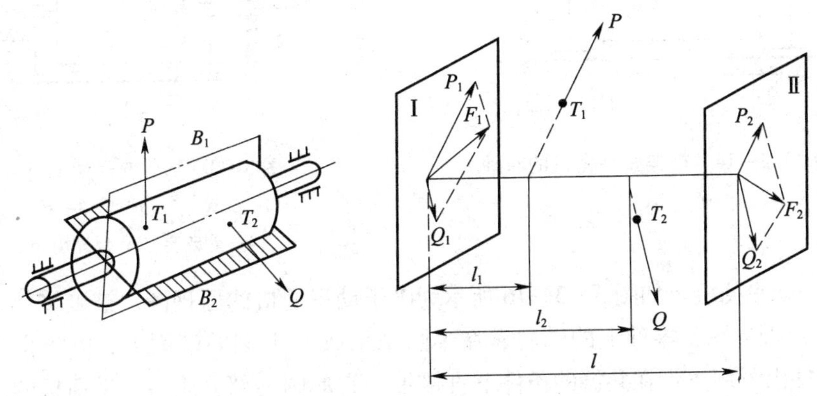

图3—3—13　动平衡的力学原理

通过以上分析可知，对于任何不平衡的转子，都可将其不平衡离心力（可多达两个以上）分解到两个任意选定的校正面上。因而，只要在两个校正面上进行平衡校正，就能使不平衡的转子获得动平衡。

低速动平衡的平衡转速较低，通常为150～500 r/min；而高速动平衡的平衡转速则较高，通常要在旋转件的工作转速下进行动平衡。

3. 动平衡的方法

回转体动平衡的方法有两种：平衡机法和现场平衡法。

（1）平衡机法。平衡机法的优点是可以高效、精确地平衡转子，适用于平衡失衡较大的、不能在运行转速下平衡的回转体，不能在现场校正的回转体，不能在现场进行无损检测的回转体以及大修中由于其他原因已经被吊出机器的转子。

平衡机法是在动平衡机上进行的。动平衡机有框架式平衡机、弹性支梁平衡机、摆动式平衡机、电子动平衡机、动平衡仪等，这里介绍以下两种平衡机。

1）框架式平衡机。如图3—3—14所示为框架式平衡机的原理图，待平衡零件在框架上的轴承中转动，框架和零件又围绕平面Ⅰ上的轴线 O 振动，由于平面Ⅰ的不平衡离心力

C_1对轴线 O 的力矩为零，因此它对框架的振动没有影响。框架的振动只受平面Ⅱ上的离心力 C_2的影响。在平面Ⅱ上加上平衡载重 G_3抵消平面Ⅱ上的不平衡，然后把零件反装，再在Ⅰ面上加平衡载重抵消Ⅰ面上的不平衡，平衡工作即告结束。

框架式平衡机的不平衡度及其相位的测定方法有光学法、电磁法、机械法，下面以光学法为例加以介绍。

如图 3—3—15 所示为光学法原理图。光源 1 发出的光线顺次经过与零件一起转动的转盘 2 上的两个孔 3（分别嵌入红、黄两块玻璃），由振动着的反光镜 5 反射到毛玻璃 4 上，形成两条颜色不同的反光。可以转动圆盘与零件的相对位置使光屏上两颜色不同的反光重合而得出平衡配重的位置。

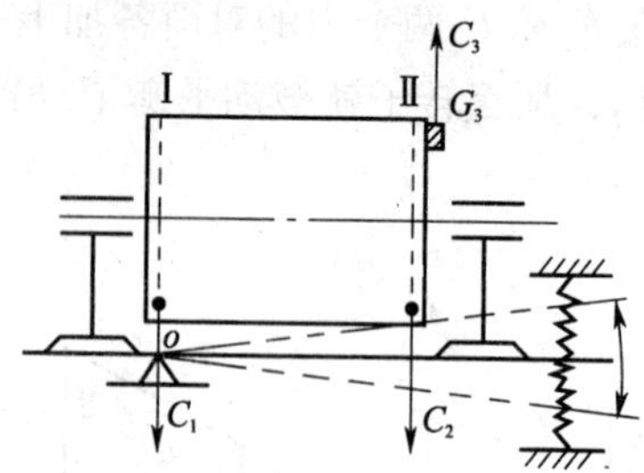

图 3—3—14　框架式平衡机的原理

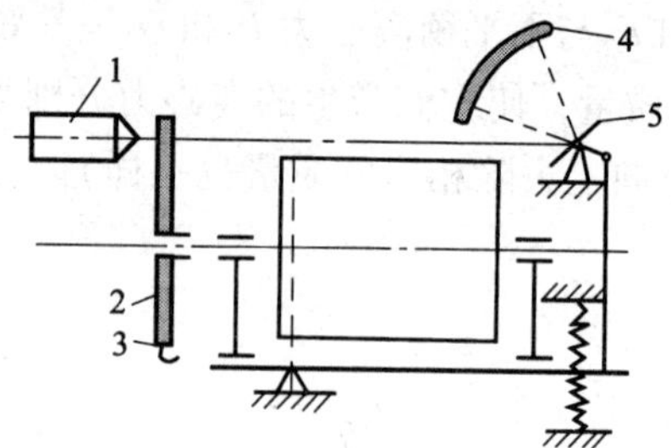

图 3—3—15　光学法原理
1—光源　2—转盘　3—孔
4—毛玻璃　5—反光镜

2）电子动平衡机。如图 3—3—16 所示为电子动平衡机的原理图。被测零件 1 由两个半圆轴承或 V 形架支承，零件上的轴肩靠在半圆轴承或 V 形架的端面上，以防止零件轴向窜动。被测零件由丝织皮带在共振的条件下直接带动它的圆柱部分旋转，平衡机的左右两轴承弹性支架 2 由于动不平衡引起的力矩造成支架在水平方向来回摆动，固定在支架上的钢丝以及与钢丝另一端相连的线圈 5 也同样来回摆动，使线圈在磁场内切割磁力线而产生脉冲电压，经放大后，一方面在不平衡量指示仪器 4 上指示出不平衡量的大小，另一方面使闪光灯 3 同步发出闪光，在被测的旋转体上显示出重心偏移的位置。预先在被测零件圆周上写上若干等份的数字，如不平衡量在“8”位置，则闪光灯经常照亮这个“8”字。平衡机与左右摆架相连接的两个电路，可以按需要用开关 6 分别接通，每个电路上指出的不平衡量不受另一个平面上不平衡量的影响。测得不平衡量的大小和位置后，用加重法或去重法使零件获得平衡。

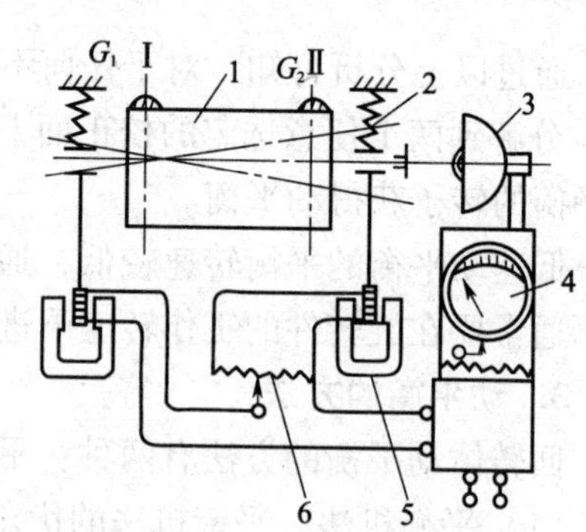

图 3—3—16　电子动平衡机的原理
1—被测零件　2—弹性支架　3—闪光灯
4—不平衡量指示仪器　5—线圈　6—开关

（2）现场平衡法。在现场平衡中，需要直接测出转子的振动情况作为平衡操作的原始依据。如果转子是装在滚动轴承中，就可以在机壳上测量振动，测出的振幅与转子失衡的大小有直接的关系。对于装在滑动轴承中的转子，则需要采取不同的测量技术，由于转子与轴承间有油膜存在，转子在油膜间隙内回旋有一定的自由度，因此最好采用非接触的位移传感器来直接测量转子运动的轴心轨迹。

如图3—3—17所示为现场平衡的原理图，传感器安装在轴承的支座上，由于支座在水平方向的刚度较差，因此测量的是水平方向的振动。如果垂直方向的刚度也较差，就还需测量垂直方向的振动。此外，转轴1上还需旋入一个止头螺钉，当轴转动携带止头螺钉通过涡流传感器2时，便产生一个电压脉冲，此脉冲可用作相位的参考标记。为了便于确定安装配重的角位置，涡流传感器与另外两个加速度传感器3、4最好安置在同一平面内。

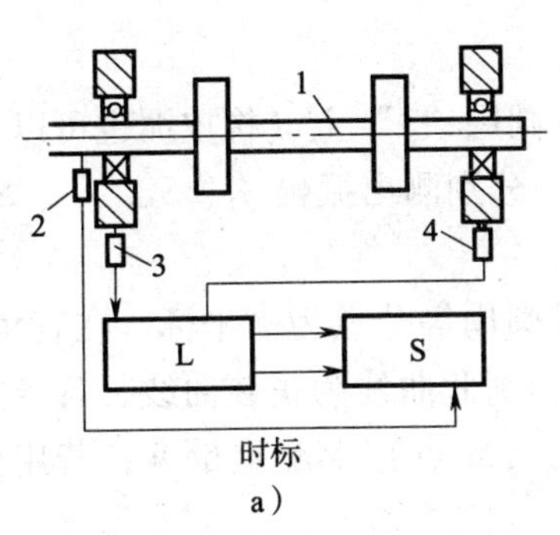

a）

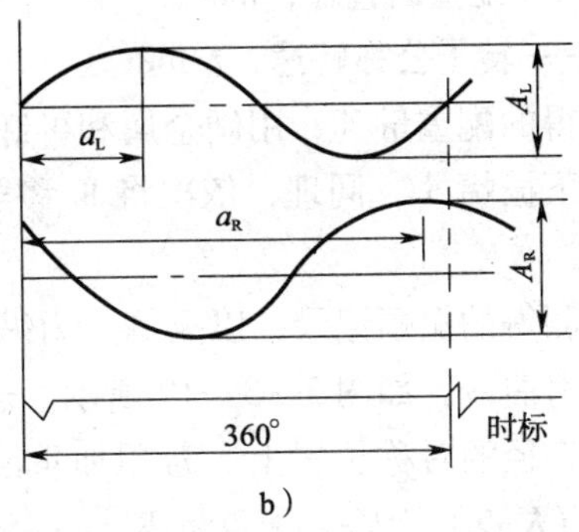

b）

图3—3—17　现场平衡原理

a）现场装置　b）振动记录

1—转轴　2—涡流传感器　3、4—加速度传感器　L—通带滤波器

S—存储示波器　A_L—左侧测出的振幅　A_R—右侧测出的振幅

为了消除现场来自其他机器的振动干扰和机器本身失衡以外其他因素的干扰，现场装置上装有通带滤波器。如果将滤波器的通带调节到机组的回转频率上，就可提高振幅和相角的测量精确度。

整个现场平衡过程可分为如下三个步骤：

1）测出转子在原始失衡状态下左右侧面上各自的振幅和相角。

2）在左侧面上加一个试验配重，重新测出两侧面上各自的振幅和相角。

3）取下左侧面上所加的试验配重，在右侧面上加一个试验配重，再测出两侧面上各自新的振幅和相角。

经过适当运算，即可确定左右两个侧面上应施加的配重的正确位置和大小。

4. 动平衡的调整

动平衡的调整是依据测振仪器测出的幅值和相位，再通过一定的计算来调整旋转体的不平衡量的大小和位置。

用周移配重法调整动平衡比较实用，一般工作现场也可以做。例如，有一通风机转子需要调整动平衡，先在工作转速下用海绵振动斗测出通风机轴承中的最大振幅S_A，则在这一端的轮盘上画上一个配重圆，如图3—3—18所示。

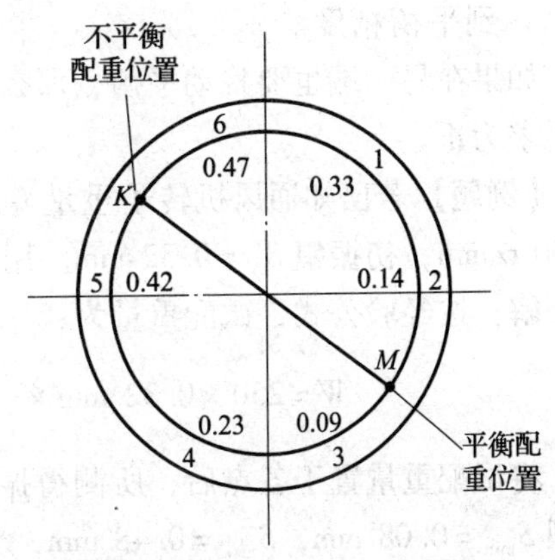

图3—3—18　周移配重法配重圆

把圆周分成若干等份（6 等份），并按顺序编号，然后按经验公式近似地求出配重量 W（单位为 N），则：

$$W = 250 S_A \frac{G}{D^2}\left(\frac{1\ 000}{n}\right)^2$$

式中 S_A——未加配重时的最大初振幅，mm；

G——转子重，N；

D——配重圆直径，mm；

n——转子公称转速，r/min。

将求得的配重量 W，用硬金属和可卸方法固定在圆周“1”上（橡皮泥也可以），启动转子，记下振幅 S_1，同理，依次将 W 移至其余各点，分别测出振幅 S_2、S_3、…、S_i，最后求得 W。

根据测得的振幅记录，以振幅 S 为纵坐标，配重圆周等分点为横坐标，在直角坐标上绘制一光滑曲线，如图 3—3—19 所示。若测量正确，则此曲线为正弦曲线，且 S_{max} 和 S_{min} 应在转子直径的对称位置上。若用加重法，则在 S_{min}（M 点）上配重量 W；若用减重法，则在 S_{max}（K 点）上除去配重量 W。

试加重试验做完后，再作平衡配重 P_1。先求平均振幅 S_p：

$$S_p = \frac{1}{2}(S_{max} + S_{min})$$

当 $S_p \leqslant S_A$ 时：

$$P_1 = \frac{S_p}{S_p - S_{min}} \times W$$

当 $S_p > S_A$ 时：

$$P_1 = \frac{S_p - S_{min}}{S_p} \times W$$

将若干块比 P_1 稍大或稍小的 P_1、P_2、P_3、…、P_i，逐块轮流加在如图 3—3—18 所示的 M 点位置上，并测出各个配重时的相应振幅 S_1、S_2、S_3、…、S_i，然后绘制出如图 3—3—19 所示的平衡配重与振幅图，如果曲线上的最大振幅 S_{max} 小于给定要求，则已达到平衡精度。

如果在另一端也要找动平衡，那么另一端也按此程序反复操作，一直到两端振幅都符合要求为止。

【例题】 若已知通风机转子重量 $G = 50\ 000$ N，配重圆直径 $D = 1\ 000$ mm，转速 n = 3 000 r/min，初振幅 $S_A = 0.32$ mm。用周移配重方法找出不平衡重量和振幅值。

解： 按经验公式，试配重量为：

$$W = 250 \times 0.32\ \text{mm} \times \frac{50\ 000\ \text{N}}{(1\ 000\ \text{mm})^2}\left(\frac{1\ 000}{3\ 000\ \text{r/min}}\right)^2 = 0.4\ \text{N}$$

将试配重量置于各点后，所测得振幅如图 3—3—19（此图就是按本题绘制的）所示，找到 $S_{min} = 0.08$ mm，$S_{max} = 0.48$ mm，于是平均振幅为：

$$S_p = \frac{1}{2} \times (0.48\ \text{mm} + 0.08\ \text{mm}) = 0.28\ \text{mm}$$

$S_p \leqslant S_A$，所以平衡配重 F_1 为：

$$F_1 = \frac{0.28\ \text{mm} \times 0.4\ \text{N}}{0.28\ \text{mm} - 0.08\ \text{mm}} = 0.56\ \text{N}$$

取 $F_2 = 0.5$ N、$F_3 = 0.52$ N、$F_4 = 0.54$ N、$F_5 = 0.58$ N、$F_6 = 0.6$ N、$F_7 = 0.62$ N，测得的振幅 S_1—S_i 绘于图 3—3—20 中。从图中求得两直线交点配重为 0.55 N 和振幅 0.04 mm，即为所得结果，然后将 0.55 N 加于 M 点上，重新验证其振幅是否符合精度要求。

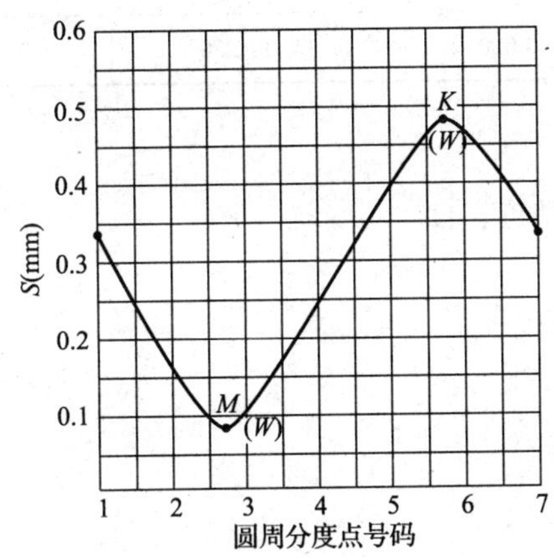

图 3—3—19　平衡配重与振幅图

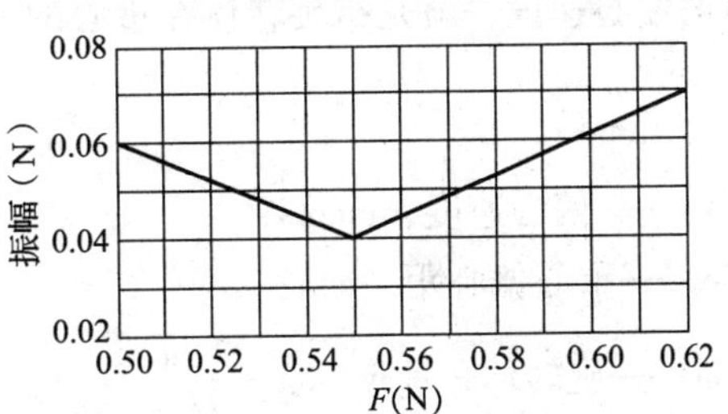

图 3—3—20　周移配重的振幅曲线

二、平衡精度

平衡精度是指转子从原来的不平衡状态经过平衡调整所达到的平衡优良程度。也就是说，转子经过调整平衡后是做不到绝对平衡的，总还存在一些剩余不平衡量，平衡精度就是指这个剩余不平衡量允许存在的大小值。由于设备的结构特点、使用要求和工作条件等的不同，因此其平衡精度的要求也不同，只能在保证经济运转的前提下，规定某一种机器的合理的平衡精度。

平衡精度一般有以下两种表示方法：

1. 许用剩余不平衡力矩 *M*

$$M = TR = We$$

式中　T——剩余不平衡量，g；

R——剩余不平衡量所在的半径，mm；

W——旋转件质量，g；

e——旋转件重心偏心距，mm。

表 3—3—2 所列为几种不同旋转体的许用不平衡力矩。从表 3—3—2 可知，用剩余不平衡力矩表示平衡精度时，如果两个旋转件的剩余不平衡力矩相同，而它们的质量不同，显然对于质量大的旋转件引起的振动小，而对于质量小的旋转件引起的振动就要大。因此，一般规定某旋转件的剩余不平衡力矩时，都要考虑其质量的大小。

表 3—3—2　几种不同旋转体的许用不平衡力矩

序号	旋转体名称	质量 m（kg）	工作转速 n（r/min）	旋转体外形尺寸 ϕ（mm）×L（mm）	许用不平衡力矩 M（g·cm）
1	10 000 m^3/h 制氧透平压缩机转子	1 853	6 000	ϕ1 000×3 170	370
2	D300－31 型离心鼓风机转子	273	6 000	ϕ590×1 730	30
3	35ZP 型轴流式增压器转子	26	19 500	ϕ301×730	5
4	5GP 型径流式增压器转子	1	80 000	ϕ120×220	0.1

2. 许用偏心速度 V_e

所谓偏心速度，就是指旋转体在重心的振动速度，即：

$$V_e = \frac{e\omega}{1\ 000}$$

式中　V_e——偏心速度，mm/s；

e——重心偏心距，mm；

ω——旋转体角速度，$\omega = \frac{2\pi n}{60}$，1/s。

表 3—3—3 所列为根据许用偏心速度规定的平衡精度等级以及应用参考。

表 3—3—3　平衡精度等级及应用参考

动平衡精度	精度代号	许用偏心速度范围（mm/s）	转子类型举例	工作转速范围 n（r/min）
一级	G0.4	0.16～0.40	精密磨床的主轴、砂轮盘及电动机转子、陀螺仪	
二级	G1.0	0.40～1.00	特殊要求的小型电动机转子、磨床驱动件	1 500～60 000
三级	G2.5	1.00～2.5	汽轮机、燃气轮机、增压器转子、机床主轴	600～30 000
四级	G6.3	2.5～6.3	电动机、水轮机转子、机床等一般转动部件	小于 30 000
五级	G16	6.3～16	螺旋桨、传动轴、多缸发动机曲轴	小于 15 000
六级	G40	16～40	火车轮轴、变速箱轴	小于 6 000
七级	G100	40～100	多缸和高速发动机曲轴、汽车发动机整机	小于 3000
八级	G250	100～250	高速四缸柴油机曲轴驱动件	小于 3 000
九级	G630	250～630	弹性支承船用柴油机、曲轴驱动件	小于 1 000
十级	G1600	630～1 600	大型四冲程柴油机曲轴驱动件	小于 1 000
十一级	G4000	1 600～4 000	单数汽缸低速船用柴油机曲轴驱动件	小于 600

3. 平衡精度等级

许用偏心速度标准规定：按国际标准化组织推荐的，以重心 C 点旋转时的线速度 $e\omega$

为平衡精度的等级，记为平衡精度等级 G，单位是 mm/s，并以 G 的大小作为精度等级标号，精度等级之间的公比为 2.5，分为 G4000、G1600、G630、G250、G100、G40、G16、G6.3、G2.5、G1.0、G0.4 共十一级，G0.4 等级最高，G4000 等级最低。在具体应用时，是这样掌握的：机械的旋转精度、使用寿命等要求越高时，规定的平衡精度等级也就越高。另外，对于单面平衡的旋转体，其许用值取表中的数值；对于双面平衡的旋转体，当轴向对称或近似对称时，取表中数值的 1/2，当轴向不对称时，则根据转子重量沿轴向的分布情况来决定许用值的分配。

从平衡精度 $G=e\omega$ 来看，若已知 G、e 或 ω 中的两个参数，则很容易从图 3—3—21 中查出第三个参数来。

例如，某旋转件规定的平衡精度等级为 G16，则表示平衡后的偏心速度许用值为 16 mm/s。

【例题】 某一旋转体质量为 1 000 kg，转速为 10 000 r/min，平衡精度等级规定为 G1，则平衡及允许的偏心距 e 为：

$$e=\frac{1\,000V_{e}}{\omega}=\frac{1\,000\times1\times60}{2\pi\times10\,000}=0.95\ \mu\text{m}$$

其剩余不平衡力矩为：

$$M=TR=We=1\,000\ \text{kg}\times0.95\ \mu\text{m}=950\ \text{g}\cdot\text{mm}$$

假定此旋转体两个动平衡校正面在轴向是与旋转体的重心等距的，则每一校正面上允许的不平衡力矩可取 $M/2=475$ g · mm，这相当于在半径 475 mm 处允许的剩余不平衡量为 1 g。

【例题】 某一电动机转子的平衡精度为 G6.3，转子最高转速为 $n=3\,000$ r/min，质量为 5 kg，平衡后的不平衡量为 80 g · mm，问是否达到要求？

解： 由 $G=ew/1\,000$，得：

$$e=\frac{1\,000G}{\omega}=\frac{6.3\times1\,000}{3\,000\times3.14/30}\mu\text{m}=20\ \mu\text{m}$$

由 $TR=We$，得：

$$e=TR/W=\frac{80\ \text{g}\cdot\text{mm}}{5\ \text{kg}}=16\ \mu\text{m}$$

查图 3—3—21，在给定转速下 G6.3 的范围为 16 ~ 20μm，故表明平衡已达到所需要的精度等级。

三、旋转体平衡实例

M7120A 型平面磨床主轴的动平衡，是在 H20BU 硬支承平衡机（见图 3—3—22）上进行的。平衡时，将 M7120A 型磨床主轴安放在平衡机两支承架上，带有风扇的一端必须放在左边，装平衡环处在右边，用安全架上的压板按主轴轴颈调节好。将主轴压紧在滚轮上，通过聚氨酯基型平带由电动机经传动装置带动旋转。调节导向轮的位置，可调整传动带的松紧，使其转动平稳，再调节左右限位架，防止主轴产生轴向窜动。

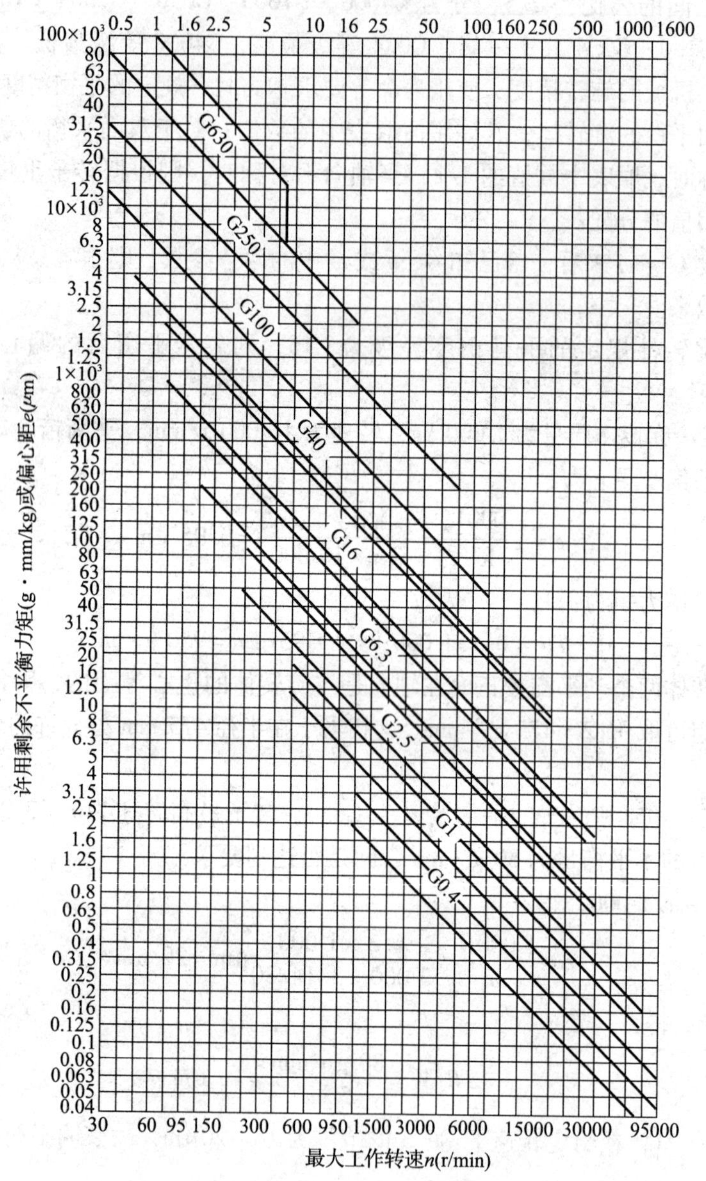

图 3—3—21　平衡精度 G 与转速 ω 及偏心距 e 的关系

在主轴风扇端面处粘贴一条矩形反光标记，试验机的光电头的光束照射到反光标记处。经过反射被光电头内的光敏二极管所接收，作为转速测量和不平衡量相位判别的依据。

在右支承架上装有机械放大机构，其测振杆在弹簧片产生的弹性作用下，紧靠工件表面。由主轴上的不平衡量激振支承架所产生的微小振动位移，经机械放大机构放大约 10 倍后，输出至传感器，传感器将机械振动量转换成电信号输入计算机电测系统。

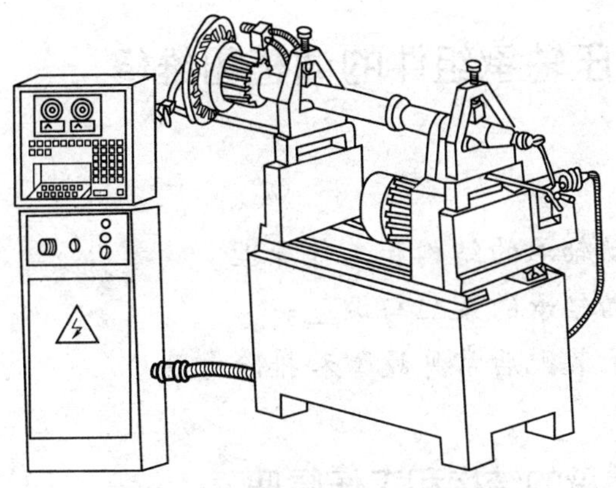

图 3—3—22　H20BU 硬支承平衡机

如图 3—3—23 所示为 CAB690 微机电测系统的外形图。电测系统的下方是计算机的触摸式键盘。通过操作，可在荧屏上显示出以极坐标方式显示的 1、2 两处不平衡量和相位，方框内显示的符号为应配重还是去重。

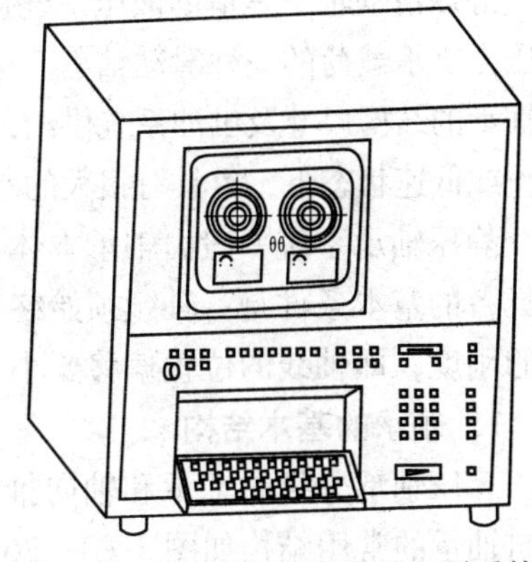

图 3—3—23　CAB690 微机电测系统

根据荧屏上显示出 1、2 两处的不平衡量和相位，进行配重和去重。调节平衡时主轴装平衡环处（两处），只能在端面孔中装入铅块配重，而装风扇端则可采用电钻在端面钻孔去重，如图3—3—24 所示。若用去重法仍不能达到动平衡精度要求，则可在应去重处的对面风扇翼片上钻孔，插入螺钉、弹簧垫圈和螺母固定后配重，如图 3—3—25 所示。经过配重和去重后的主轴，需在动平衡机上再次进行动平衡，直至最小剩余不平衡量符合要求为止。

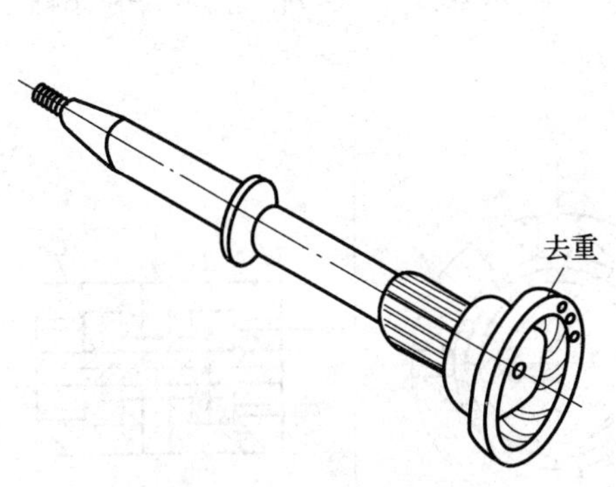

图 3—3—24　去重法

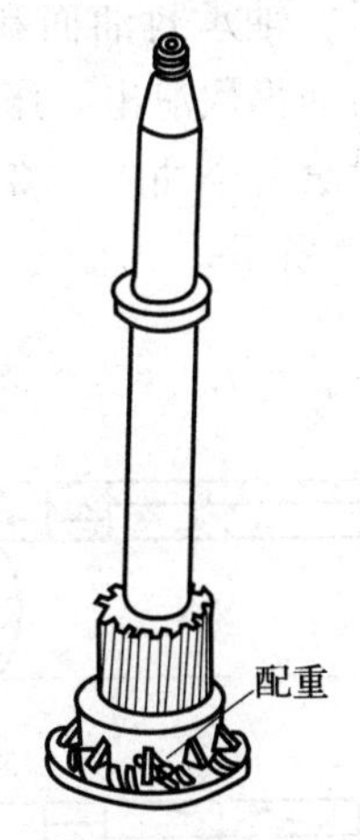

图 3—3—25　配重法

子课题 3　静压轴承组件的调整和维修

学习目标

1. 熟悉静压滑动轴承的结构和工作原理。
2. 掌握静压滑动轴承的装配与调整。
3. 熟悉静压轴承装配后常见故障和排除方法。

一、静压滑动轴承的结构和工作原理

静压滑动轴承是借助液压系统强制地把压力油送入轴与轴承的配合间隙中，利用液体的静压力支承载荷的一种滑动轴承。这种轴承处在纯液体摩擦状态下工作，它的承载能力取决于轴承的结构尺寸及供油系统供给的能量，而与轴的转速、油液的黏度关系不大，即使轴在静止或低速状态下，也具有很大的承载能力，这是静压滑动轴承与动压滑动轴承的本质区别。

静压轴承系统一般由轴承本体、节流器和供油系统三部分组成。静压轴承在工作过程中具备的基本条件是：轴颈须始终悬浮在压力油中；主轴在外加负荷的作用下，应具有足够的刚度，即轴线的位置偏移要小。

1. 轴承的基本结构

静压轴承分径向轴承和轴向推力轴承。液体静压径向轴承的常用结构如图 3—3—26 所示。

在轴承内圆柱面上，均布四个矩形油腔 2 和回油槽 3，油腔和回油槽之间的圆弧面称为周向封油面 4，轴承两端面和油腔间的圆弧称为轴向封油面 1。主轴装进轴承后，轴承封油面和轴颈之间保持适当间隙，以节制压力油很快泄出。压力油通过供油总管分别经过节流器供给每个油腔，将轴颈浮起。其工作原理如图 3—3—27 所示。

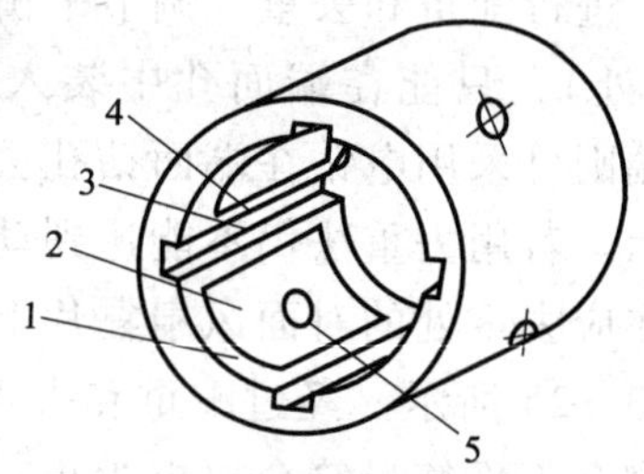

图 3—3—26　液体静压径向轴承

1—轴向封油面　2—油腔
3—回油槽　4—周向封油面　5—进油孔

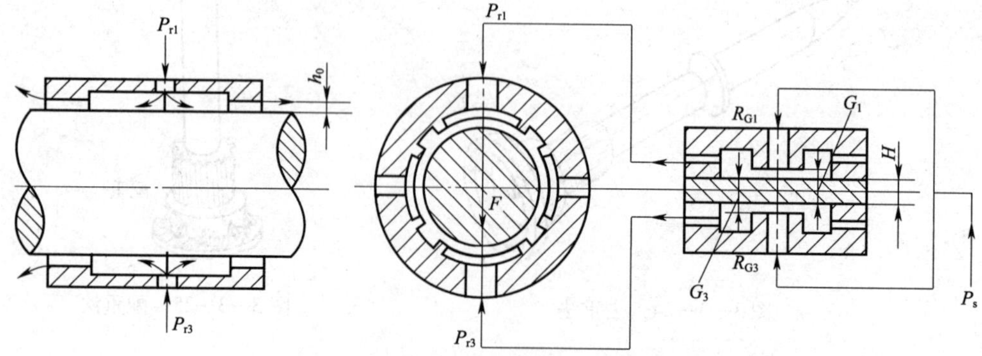

图 3—3—27　静压轴承的工作原理

2. 节流器

(1) 节流器的作用。进入油腔的油液应先经过节流器。常用的节流器形式有可变节流（双薄膜节流、滑阀节流）和固定节流（小孔节流、毛细管节流）两类。可变节流如图3—3—27 所示，固定节流如图3—3—28 所示。

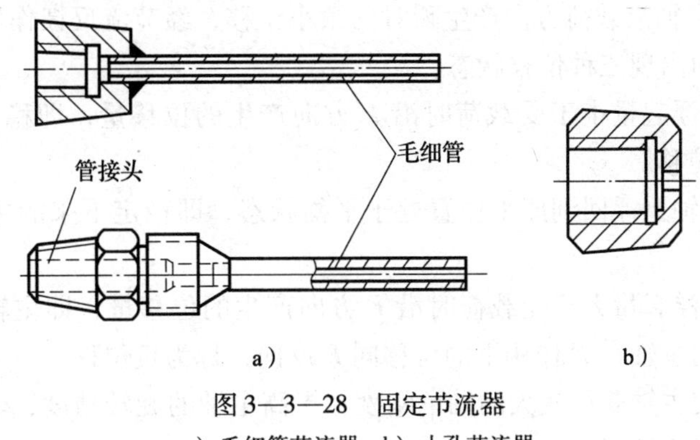

图3—3—28 固定节流器

a) 毛细管节流器 b) 小孔节流器

节流器的作用是自动调节输给油腔油液的压力和流量，以平衡轴承载荷的变化，稳定轴颈的位置。

(2) 节流器的工作原理。没有载荷时，依靠供油系统的压力使轴颈处于平衡位置；受载荷 F 时，利用节流作用，改变油腔的压力并形成压力差来平衡外加载荷。

设损耗在节流器上的压力降为 ΔP_G，则各油腔的压力为 $P_r = P_s - \Delta P_G$，损耗在轴承封油间隙 h_0流回油池。

如图3—3—27 所示，油泵所供给的有一定压力的油液，经过四个节流器（图中只标出两个，其阻力分别为 R_{G1}、R_{G2}、R_{G3}、R_{G4}）分别流入轴承的四个油腔，油腔中的油又经过轴承封油间隙 h_0流回油池。

如果四个节流器阻力相同，即 $R_{G1} = R_{G2} = R_{G3} = R_{G4}$，则四个油腔压力也相等，$P_{r1} = P_{r2} = P_{r3} = P_{r4}$，此时主轴被浮在轴承中央，中间被一层压力油膜隔开而形成液体摩擦。

当主轴受到向下的外载荷 F 的作用时，主轴中心向下产生了一个偏移量，使油腔 3 的封油间隙 h_3减小，回油阻力 R_{G3}增加，流量 Q_3下降。经过节流器的流量 Q_3也下降，节流器的压力损失 ΔP_{G3}减小，使油腔 3 的压力 P_{r3}增大。而这时，上面油腔 1 的封油间隙 h_1增加，回油阻力 R_{h1}减小，油路中的流量 Q_1增加，通过节流器的流量 Q_1也增加，其压力损失 ΔP_{G1}增加，使 P_{r1}减小。这样便在相对应的油腔3 和1 之间形成压力差 $\Delta P_r = (P_{r3} - P_{r1})$，其方向与外加载荷 F 相反。如果压力差能满足 $\Delta P_r = (P_{r3} - P_{r1}) \times A = F$ 时（A 为油腔的有效承载面积），主轴便能处于新的平衡位置。可见，当载荷 F 改变时，节流器输出压力的变化量，直接影响轴颈的位移变化量，用 K 表示轴承刚度，$K = \Delta F / \Delta e$，则减小主轴的偏移量可提高轴承刚度。

当前在精密机床或精密机械中应用较广泛的是反馈式节流器静压轴承。其节流的工作原理是，当主轴受到向下的外载荷（包括主轴系统自重）F 的作用时，起初主轴往油腔 3 的方向产生微小位移，使上下油腔的回油间隙发生变化，产生压力差 $\Delta P_r = P_{r3} - P_{r1}$，它除了抵抗 F 外，还使可变节流的薄膜向上产生一个弹性变形量。此时，控制油腔 1 的节流间

隙 G_1 减小，节流阻力增大，促使 P_{r1} 降低；相反 G_3 增大，节流阻力减小，促使 P_{r3} 升高。由于反馈作用的结果，将进一步增大油腔 1 和 3 的压力差 ΔP_r，促使主轴的位移量减小（即主轴向上浮起），最后稳定在新的平衡位置，有效地平衡外载荷 F。

主轴位移量减少的大小取决于轴承和节流器参数的选择。由于参数选择的不同，在载荷 F 作用下，起初主轴沿载荷方向产生瞬时的微小位移，经节流反馈作用，主轴在很短时间内向上浮起一些而出现三种位移状态：

1）正位移。其浮起量小于受载荷时沿 F 方向产生的位移量，即稳定下来的位移量 e 与 F 同向，称为正位移。

2）零位移。主轴上浮回到原来位置处于平衡状态，即稳定下来的主轴在 F 作用下的位移为零。

3）负位移。其浮起量大于受载荷时沿 F 方向产生的位移量，即主轴回到原来位置的上方，即稳定下来的主轴在 F 作用下的位移同 F 反向，称为负位移。

由此可见，欲使主轴获得较大的轴承刚度，提高主轴的旋转精度，轴承和节流器的有关参数的选择与匹配应恰当。

推力静压轴承是用以承受轴向载荷的轴承，一般与径向静压轴承同时使用，以组成主轴的支承系统。这种轴承由两个相对的环形通槽的油腔构成，工作原理与径向静压轴承相同，常用的结构如图 3—3—29 所示。

如图 3—3—29a 所示的推力静压轴承位于径向静压轴承前轴承的前端。径向轴承的前端面作为推力轴承的一个油腔，另一个油腔开在轴承盖上，两个油腔之间的轴肩是承载面。轴承的间隙通过修磨调整环的厚度来保证。这种结构容易控制轴肩及调整环的平行度，且受热变形的影响小，因此有较高的精度，一般用于轴向载荷较大的机床和精密机床上。

如图 3—3—29b 所示的推力静压轴承位于径向静压轴承前轴承的两侧。它的两个油腔开在径向轴承的两个侧面上，前侧面的承载面由轴肩承受，后侧面的承载面由固定在轴上的止推环来承受。轴承间隙通过修磨调整垫圈的厚度来达到。这种结构由于两个端面的垂直度难以保证，精度较低，因此用于轴向载荷较小的机床上。

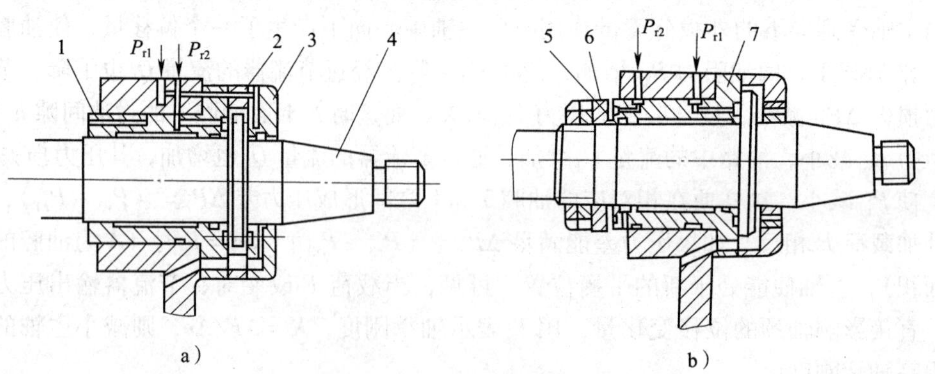

图 3—3—29　推力静压轴承

a）推力轴承位于前轴承前端　b）推力轴承位于前轴承两侧

1、7—前轴承　2—调整环　3—轴承盖　4—主轴　5—调整垫圈　6—止推环

3. 供油系统

供油系统是保证静压轴承正常工作的重要组成部分。如图3—3—30所示的供油系统由压力继电器1，细粗滤油器2、3，储能器4，单向阀5，油泵6，溢流阀7，滤油网8组成。

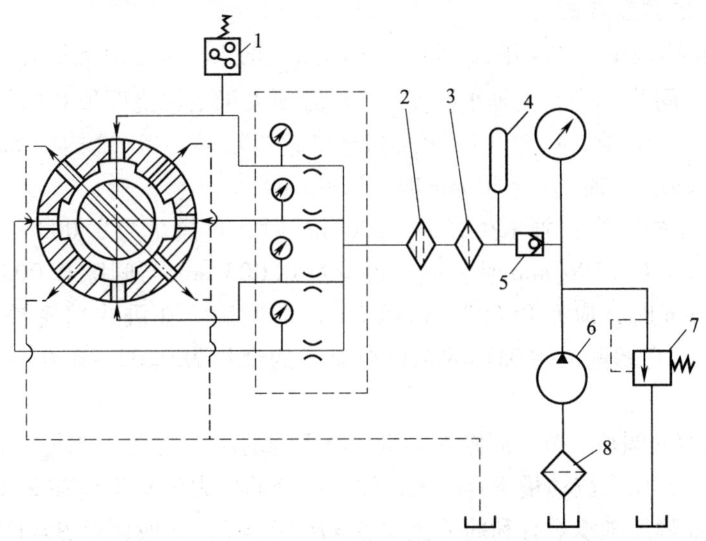

图3—3—30 静压轴承供油系统

1—压力继电器 2—细滤油器 3—粗滤油器 4—储能器 5—单向阀 6—油泵 7—溢流阀 8—滤油网

二、静压滑动轴承的装配与调整

静压轴承是纯液体摩擦，它具有摩擦阻力小，使用寿命长，主轴回转精度高，较好的稳定性、工作可靠性以及转速适应范围广的优点。但要使静压轴承能充分发挥其优越性，得到良好的预期效果，除在设计时必须合理选择并匹配好各结构的有关参数外，还要保证有关零件的加工质量及装配调整的正确性。

对双面薄膜反馈式静压轴承，只有当轴承的间隙 h_0、节流间隙 h_j、油泵供油压力 P_s（与载荷大小有关）和薄膜厚度 H 各参数调整得当时，才能保证轴承在整个载荷范围内都具有良好的刚度。尽管在设计时各参数在图样上已有规定，但在制造、装配调整时各参数都有一定的误差，因此，在实际装配调整时，各参数还必须按实际情况进行修正。下面介绍对常见的双面薄膜反馈式静压轴承的装配、调整方法。

1. 静压轴承的装配工艺

静压轴承的装配是一项很细致的工作，必须经过严格的清洗和精心调整后，方能获得良好的刚度和旋转精度，其装配工艺要求如下：

（1）装配前必须对全部零件及管路系统进行彻底清洗。

（2）一般在常温下将轴承直接压入壳体孔内，如外径较大、过盈量也较大时，可经冷缩后（制冷到 -60℃）压入壳体孔内，以免擦伤外圆表面，引起油腔之间互通。

（3）轴承装入壳体孔后，用研磨方法使前后轴承孔同心，并与轴保持一定的配合间隙。如压入后，内孔收缩量较大，则应以内孔为基准配磨轴。

（4）开机前，用手轻轻地转动轴，手感轻快灵活，方可启动，如太紧，则须及时检查并排除故障后才可启动。

(5) 润滑油的黏度须按设计要求选用，将油加入油箱时必须经过过滤。

(6) 检查进油压力与油腔压力的比值是否正常，各管道不允许有漏油现象。

2. 静压轴承的调整方法

(1) 主轴颈与轴承的配合间隙要求。轴承间隙 h_0 的大小会造成流量的波动而影响平稳性和可靠性，轴承间隙 h_0 小，则轴承刚度大，h_0 必须大于主轴挠度值和轴与轴承几何精度误差及热变形的综合影响，以避免咬死而和金属直接接触。当轴颈 $D=60\sim100$ mm 时，$h_0=0.02\sim0.04$ mm；当轴颈 $D<60$ mm 时，$h_0\leqslant0.001D$。

轴承与箱体孔的配合：轴承外径 $D<100$ mm 时，过盈量为 0.003 ~ 0.007 mm；轴承外径为 100 mm $<D<$ 200 mm 时，应在过盈量 0.003 mm 与间隙 0.003 mm 之间；轴承外径 $D>200$ mm 时，应有 0.003 ~ 0.007 mm 的间隙。在卧式精密镗床上精镗或精研箱体内孔时，与它相配的主轴颈的精磨或研磨的余量为 0.02 ~ 0.03 mm，Ra0.16 ~ 0.04 μm。

(2) 节流间隙的调整。节流间隙 h_j 影响油路系统的压力变化，要求液压泵供油系统压力达到设计要求，其压力波动量不宜过大，油腔部分的压力波动量应在 ±20 ~ 25 kPa 范围以内。薄膜节流器静压轴承最有利的节流比 $\beta=P_s/P_r=2$，一般调至 $\beta=1.7\sim2$ 范围以内有较好的稳定性和工作可靠性。当 β 值不符合要求时，可改变薄膜节流间隙 h_j，或改变轴承间隙 h_0。一般改变节流间隙 h_j 较为方便。

当节流比 β 较大时，轴承油腔压力偏低，可增大 h_j；当 β 较小时，即油腔压力偏高，可减小 h_j。

要改变节流间隙 h_j 的大小，可根据不同结构采用手工研磨节流器的体壳平面或节流圆台平面，或在两体壳平面之间采用不同厚度的铜垫片的方法。为防止节流器堵塞，节流间隙一般应大于 0.03 mm。

(3) 薄膜厚度 H 的调整。静压轴承的刚度与薄膜厚度 H 及其变形有关，当 h_j 已定，β 也有相应范围，可根据轴承额定载荷的大小，对 H 进行调整修正，以便获得相应的供油压力 P_s 值；而修正膜片厚度 H 时，应在油泵供油压力调至最大工作压力时进行。因为在相同的油泵压力 P_s 下，如果 H 变薄（变形系数增大），主轴就有从正位移变为负位移的趋势；而 H 值一定，P_s 变大，主轴位移也会有从正变为负的趋势。因此，在修正膜片厚度 H 时，油泵供油压力应调整到最大工作压力下进行。

为保证供油压力的可靠性，膜片材料用弹性较好的 65Mn 弹簧钢，经热处理后的硬度为 42 ~ 45HRC，平行度误差小于 0.01 mm。膜片厚度 H 的最佳值可根据轴承刚度情况逐步磨削和研磨修整来达到。

(4) 调整检查。启动油泵后，主轴在空载荷下应能浮起，同时各油腔的压力表数值应一致，主轴能用手轻松旋转，否则必须查明原因及时调整。装配调整后，主轴不能浮起的主要原因有：油腔进油口装配错位使润滑油少进或无法进入油腔；轴承有漏油现象或节流器装配质量使各油腔压力不等，造成轴承抱轴；轴和轴承的同轴度误差大或推力静压轴承的垂直度误差大，致使轴和轴承发生边缘接触，增大摩擦阻力。

主轴空载能浮起之后，检查油泵供油压力和各油腔压力，确定系统的节流比 β 在工作范围内，如β不符合工作要求，可调h_j值。

最后检查轴承刚度，使主轴具有较高的旋转精度。影响轴承刚度的因素是节流比β和膜片厚度H。当β已调至工作范围，则H也应根据实际刚度进行修整。用百分表和在近轴承处加载的方法，观察百分表读数的变化来确定主轴旋转的稳定性。主轴正位移说明H太厚应修整；负位移则说明H太薄，应更换。

三、静压轴承装配后常见故障和排除方法

1. 主轴没有浮起

如果静压轴承设计、加工和装配都符合要求，开动液压泵调整好压力后，主轴应能浮起，用手能轻便地转动主轴，说明主轴与轴承之间处于液体摩擦状态。如果液压泵供油后，主轴转不动，或者供油后反而觉得转动阻力大，就说明主轴与轴承间没有处于液体摩擦，一般有下列几个原因：

（1）轴承油腔漏油。静压轴承一般有四个油腔，在正常工作时，四个油腔的压力相等，主轴便处于轴承中间。当轴承有一个油腔漏油时，其中一对油腔的压力就不相等，使主轴偏向轴承漏油的一侧，因此增加了摩擦力而转不动。

（2）节流器间隙堵塞。液压泵输出的压力油经节流器流入轴承油腔，由于节流器间隙（或毛细管的孔）很小，如果油液中混入杂质，就会使此间隙堵塞，进入各油腔的油压就不能相等；或由于膜片本身平面度误差太大，使膜片两边间隙不等，也会使油腔压力不等而造成主轴转不动。

（3）轴承制造精度问题。由于轴承的同轴度和圆度误差太大，进油孔偏心错位或推力静压轴承的端面与轴线不垂直，都会使各油腔压力不相等，也会造成“咬轴”而转不动。所以，主轴能浮起和转动灵活的根本要求，是四个油腔压力相等。

2. 压力稳定性差

为了知道整个油路和油腔的压力，以及便于操作者观察工作时各压力的变化情况，一般在整个油路和每个油腔的通路中都安装一只压力表，如图3—3—30所示，在工作正常的情况下，压力表指针应稳定在某一数值，但有时会遇到下列一些不正常现象：

（1）个别油腔的油压下降或各油腔的油压同时下降。个别油腔油压下降的原因，主要是节流器间隙逐渐被杂质堵塞；各油腔的油压同时下降的原因，主要是滤油器堵塞。这些问题需通过清洗或更换油液来解决。

（2）油腔压力产生波动或不相等。油腔压力波动是由于主轴和轴承的同轴度及圆度误差太大所引起，因为此时主轴与轴承的间隙发生周期性的变化。有时主轴上的旋转零件或部件没有平衡好，使主轴旋转时产生振动，也会造成油压的波动。

3. 供油压力与油腔压力的比值不符

静压轴承设计时，供油压力与油腔压力有一定的比值，一般的最佳比值为2，装配调试时若不能达到这个要求，则应通过改变节流器的膜片厚度或间隙来解决。比值小于2时，可减小膜片间隙；比值大于2时，则增大膜片间隙。

子课题 4　T68 型卧式镗床主轴的维修

学习目标

1. 熟悉 T68 型卧式镗床主轴的结构。
2. 熟悉 T68 型卧式镗床零部件的检查及修理方法。
3. 掌握 T68 型卧式镗床主轴的装配与调整方法。

一、主轴结构

镗床主轴结构的种类有单层的、两层的、三层的，层数越多，刚度越差。现以三层的 T68 型卧式镗床主轴结构为例叙述如下。

主轴部件由主轴 1、空心主轴 2、平旋盘轴 3 组成，如图 3—3—31 所示。

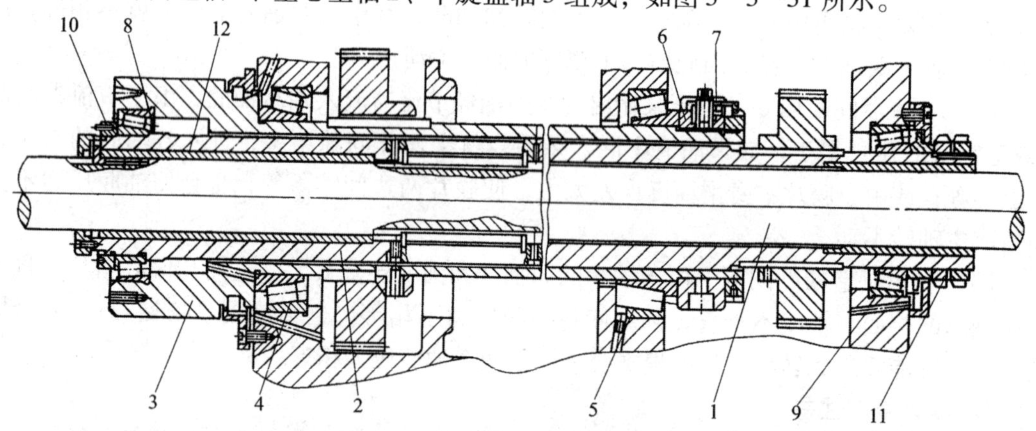

图 3—3—31　T68 型卧式镗床主轴结构图

1—主轴　2—空心主轴　3—平旋盘轴　4、5—圆锥滚子轴承　6、10—螺母
7—梳形定位器　8、9—轴承　11—调整锁紧螺母　12—钢套

1. 主轴

主轴 1 前后的支承轴承为两个钢套，保证了主轴的精度及刚度，支承主轴 1 旋转及移动。主轴 1 采用 38CrMoAl 钢经渗氮处理，是实心轴，上面有两个对称开通的键槽，空心主轴将旋转运动经滑键传给主轴 1。主轴 1 前端有 5 号莫氏锥孔和两个横孔，用以装置锥柄刀具，主轴 1 与滑座用推力轴承连接，以实现主轴 1 的支承。

2. 空心主轴

空心主轴 2 前后用两个精密级轴承支承，分别装在平旋盘轴 3 前端的内孔中和主轴箱后边的箱壁孔中，起支承空心主轴 2 的作用。空心主轴 2 通过两个轴承支承在平旋盘轴 3 内，其内部装有两个淬火钢套支承着主轴 1。这种结构形式，虽然万能性好些，但显得较为复杂，轴承用得多，零件层次重叠，累积误差较大。同时，主轴部件的回转精度及支承刚度均受到影响。

3. 平旋盘轴

平旋盘轴 3 在两个精密的 P5 级圆锥滚子轴承 4、5 支承下旋转。轴承外圈装在主轴箱两端和中间的壁孔中，靠轴承后端的螺母来调整间隙，并以梳形定位器 7 定位，保证其已调好的回转精度。

二、零部件的检查及修理方法

主轴各零件和轴承的磨损、变形以及失调，都将影响主轴结构的回转精度。影响主轴回转精度的主要因素有主轴、钢套、空心主轴、轴承、主轴箱体等的自身精度和装配精度。现将主要零件的检查及修理方法介绍如下。

1. 主轴和钢套

主轴和钢套的主要失效形式有磨损、变形、局部性损伤三种。

（1）检查。主轴的检查如图 3—3—32 所示。钢套与主轴配合间隙可用内径百分表及外径千分表来检查确定，要求间隙为 0. 015 ~ 0. 020 mm。检查主轴时主要检查磨损和弯曲程度。检查时，为了避免两条键槽对测量的影响，事先可做成两个支承套，要求它的内外同轴度和圆度误差均 <0. 005 mm，内孔按主轴外圆的实际尺寸配磨。具体检查步骤如下：

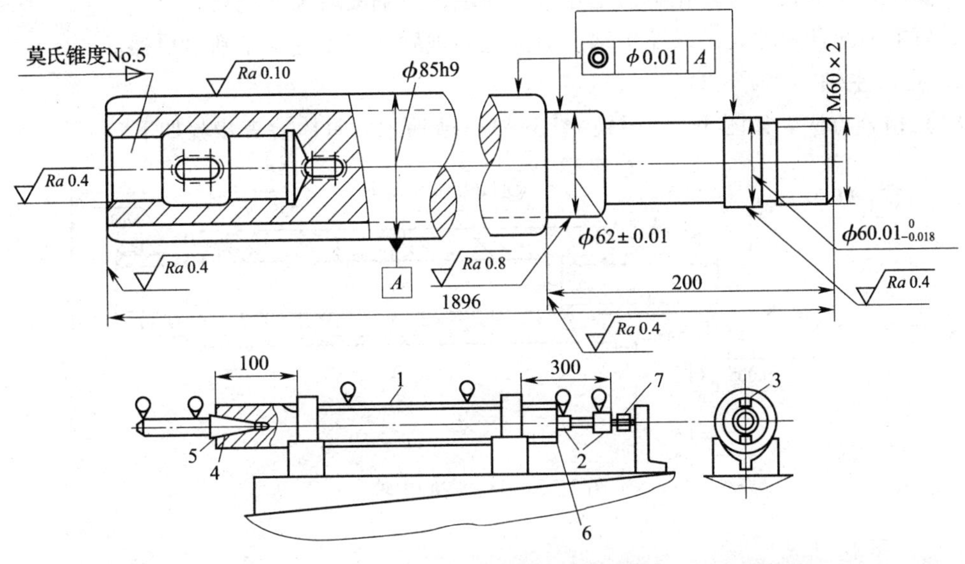

图 3—3—32 主轴检查图

1、2—表面 3—键槽 4—锥孔表面 5、6—端面 7—螺纹表面

1）检查主轴表面时，在主轴的 ϕ85 mm 外圆的两端装上支承套后，放入斜置平板上的两个 V 形架中，并在主轴尾部的中心孔中放入 ϕ6 mm 钢珠，紧紧地顶在平台后端的角铁上，用手转动主轴，在主轴外圆上每隔 250 ~ 300 mm 的长度上测量一次，记录全长的弯曲值，找出最大弯曲处，要求其圆度误差 <0. 005 mm。

2）检查表面 2 与表面 1 的同轴度误差，要求同轴度误差 <0. 01 mm，用千分尺和内径百分表检查表面 2 与轴承的配合间隙，要求配合间隙≤0. 02 mm。

3）检查键槽 3 时，将主轴旋转使键槽 3 成水平位置，用百分表进行检查，要求误差 0. 03 mm/1 000 mm。

4）检查锥孔表面 4 时，在主轴锥孔中插入检查心轴，要求在近主轴端的径向圆跳动误差≤0. 01 mm，在 300 mm 处≤0. 02 mm。

5）检查端面 5、6 时，要求对表面 1 的垂直度误差≤0. 005 mm（可用千分表直接量取）。

6）检查螺纹表面 7 时，将螺母端面修去毛刺后旋上螺纹表面 7，用千分表触及螺母端面。测量螺母端面圆跳动误差来检查螺纹的歪斜量，要求螺母端面圆跳动误差应≤0. 05 mm。

（2）修复方法

1）主轴。

①主轴无变形，磨损不严重，圆度误差 <0. 03 mm。在车床上用研磨套加粒度号为 W2. 5 的磨料研磨抛光的方法研磨主轴。

②磨损较大，圆度误差为 0. 03 ~0. 15 mm，变形量 <0. 2 mm。方法一是：主轴先经粗磨，镀硬铬后，镶键，在外圆磨床上精磨。方法二是：磨去变形和磨损层后，重新渗氮处理，经粗磨、精磨后抛光。

③磨损严重。按工艺制造或外购后更换新件。

2）钢套。

①套孔磨损不大。将套孔珩磨至要求，间隙按主轴镀后尺寸配珩。

②与主轴配合间隙大，以及主轴重新渗氮处理后。按工艺新制新套更换。

2. 空心主轴

（1）检查方法。如图 3—3—33、图 3—3—34 所示。具体检查步骤如下：

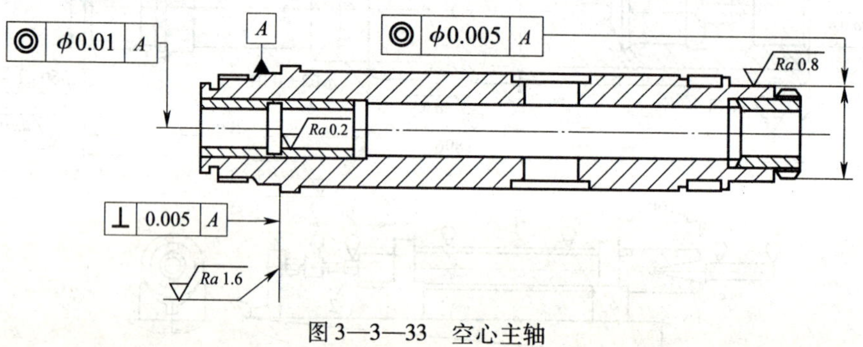

图 3—3—33 空心主轴

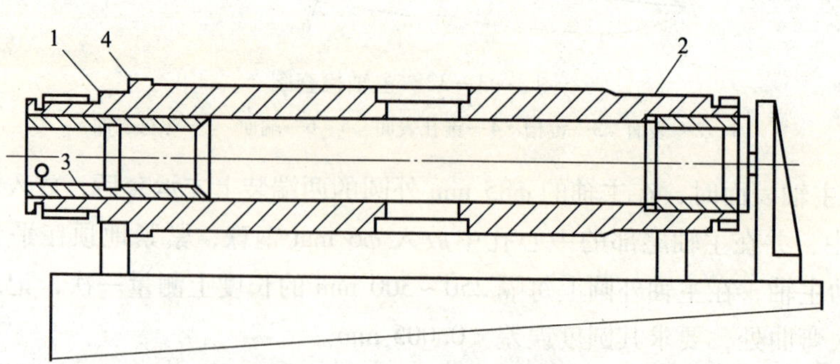

图 3—3—34 空心主轴检查图
1、2、3、4—表面

1）检查表面 1、2，用千分尺和内径百分表分别测出表面 1、2 尺寸及轴承内孔尺寸，若间隙保证 j5 要求，则合格，否则镀铬后处理，其圆度误差为 0. 005 mm。

2）检查（空心主轴内钢套）表面 3 时，将空心主轴放入斜置平台上的两个 V 形架中，用手转动空心轴测量表面3的径向圆跳动误差，应≤0.02 mm；钢套与主轴的配合间隙可用千分尺和内径百分表测出，应为0.015~0.02 mm。

3）检查表面4时，直接用百分表测量表面4与表面1、2的垂直度误差，应≤0.005 mm。

（2）修复方法

1）表面1、2尺寸超差时，可以镀铬修理后精磨至尺寸。

2）表面4可以精磨至尺寸。

3）表面粗糙度值达不到要求时，应更换淬火钢套，然后修磨内孔。一般情况下，钢套的取出有以下三种方法：

①用内磨砂轮将钢套磨出一个轴向开口，撬开取出钢套。

②将空心轴置于车床上，一端卡住，一端架在中心架上，钢套内孔车去一层，去除过盈后，取出钢套。

③利用专用拉套工具拉出，如图3—3—35所示。

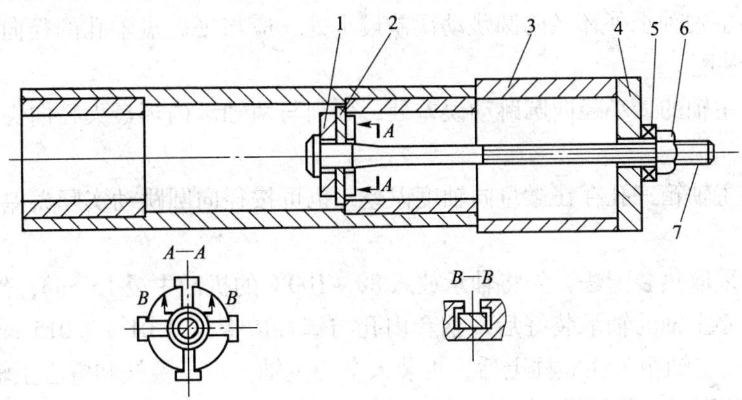

图3—3—35　专用拉套工具

1—拉具体　2—滑动爪　3—支承体　4—垫板　5—推力球轴承　6—螺母　7—拉杆

安装新套时，可用热套和冷套的方法。热套时，将空心主轴镶套孔胀大0.15~0.20 mm；冷套时，使钢套冷缩0.2 mm左右。钢套配进空心主轴内孔后，若空心主轴的两轴承安装后变形，则应进行修整后再配磨内孔。

3. 平旋盘轴

（1）检查方法。如图3—3—36所示，具体检查步骤如下：

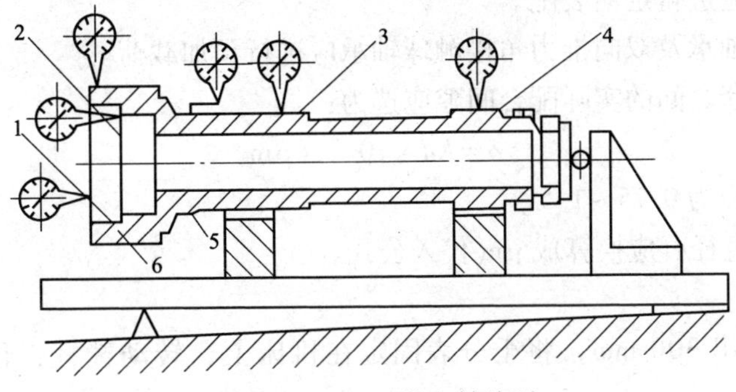

图3—3—36　平旋盘轴检测

1、2、3、4、5、6—表面

1）将平旋盘轴放入斜置平台上的两个V形架中，后端孔中放入堵塞，堵端放入$\phi 6$ mm钢球，将主轴转动进行检查。

2）检查表面1对表面3、4的径向圆跳动误差及圆度误差应≤0.01 mm。

3）检查表面6对表面3、4的径向圆跳动误差及圆度误差应≤0.01 mm。

4）检查表面5对表面3、4的径向圆跳动误差及圆度误差应≤0.01 mm。

5）检查表面4对表面2的垂直度误差应≤0.005 mm。

（2）平旋盘轴若各表面超差，则可用镀铬后精磨的办法修复。

三、装配与调整

1. 主轴机构的装配

零件经过修理、制造，总是不可避免地产生误差，这些误差如果累积起来，就很可能使主轴机构装配后达不到精度要求。故应采取定向装配法，以提高主轴的回转精度。

（1）空心主轴轴承外环径向圆跳动误差最小处，应与平旋盘轴孔的径向圆跳动误差的最大处相对应装配。

（2）空心主轴的最小径向圆跳动误差处，分别与两轴承内环最大径向圆跳动误差处相对应装配。

（3）如果主轴箱三孔存在微量同轴度误差，也可按径向圆跳动实际误差的相位予以补偿。

（4）轴承采取热装配法，先将轴承放入80～100℃的机油中浸15 min，然后取出装配。

（5）将空心主轴的轴承装好后，钢套内孔与镗杆应保持0.01～0.015 mm的间隙。镗杆装配时，可在主轴箱装在立柱上后，再装入空心主轴。由于镗杆和空心主轴接触面积大，间隙小，因此装配时，可用黏度小的润滑油。尾部箱的导轨经磨损、修刮等，使镗杆尾端固定的轴承孔与镗杆产生中心线偏移，这个问题应在总装中解决。其修补办法一般有补偿法、镶装或胶接补偿垫等。最后将镗杆尾部各件配齐全、调整好间隙。

2. 主轴机构的调整与验收

主轴机构的旋转精度，取决于轴承的制造精度、与主轴轴承相配合零件的制造精度、装配质量、轴承的间隙或过盈量等，其中，起决定性作用的是轴承的制造精度。

（1）调整

1）滚动轴承应进行定向装配。

2）调心滚子轴承及双向推力角接触球轴承应进行预加载荷。

3）镗杆与衬套之间的实际配合间隙应选为：

$$\delta = Kd \times 10^{-4} \ (\mu m)$$

式中 K——系数，为0.75～1.5；

d——主轴直径，应换算成μm代入公式。

（2）验收

1）将镗杆伸出300 mm，将千分表固定在机床上，转动镗杆，径向圆跳动误差应<0.025 mm。

2）将心轴插入镗杆中，在水平平面内平行度误差应为：近镗杆端为0.02 mm，在

300 mm 处为 0. 04 mm。

3）在心轴前端中心孔处放置一钢球，用黄油粘住，转动镗杆，窜动误差应为 0. 015 mm。

4）平旋盘轴端面圆跳动误差和定位凸台径向圆跳动允差为 0. 02 mm。

以上四项检测如有超差，可能是滚动轴承间隙调整不当，也可能是定向装配时把误差方向搞错。若属于后者，应当重新装配；若属于前者，可通过主轴箱后端的带槽螺母来调整平旋盘轴的圆锥滚子轴承。

子课题 5　拼接导轨的维修

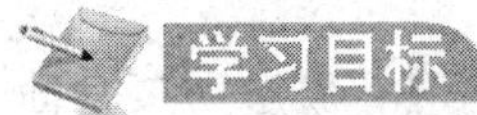

1. 熟悉机床基础的整修工作。
2. 掌握大型机床拼接导轨的装配维修及精度检测方法。
3. 熟悉刮削床身导轨的注意事项。

一、机床基础的整修

大型机床由于床身较长，都由几段拼接而成，每段之间的接合面用螺钉连接，并加定位销定位。

多段拼接的床身，由于结构和安装上的原因，常会有渗油、漏油的弊病，使用多年后，基础表面被油浸泡而变得疏松。床身调整垫铁下的水泥被浸泡疏松后，对机床安装精度会有一定的影响，因此，在修理床身前，必须先对基础的坚固状况进行检查，必要时应进行整修。

机床基础的整修工作主要包括以下内容：

1. 用木屑吸干油腻并清理干净，凿掉表面的疏松部分，直到出现坚硬无油质的水泥为止，在放置调整垫铁处更应坚硬。

2. 用热碱水刷洗并擦干，重新浇灌水泥浆。

3. 水泥浆未完全干固时，放上调整垫铁，使其底面与水泥完全接触。同时用水平尺 1 和检验平尺 2 找正垫铁 3 的上平面，如图 3—3—37 所示，并达到如下要求：垫铁纵横水平度公差为 0. 2 mm/1 000 mm；两对面和相邻垫铁在同一平面内公差为 0. 3 mm/1 000 mm。

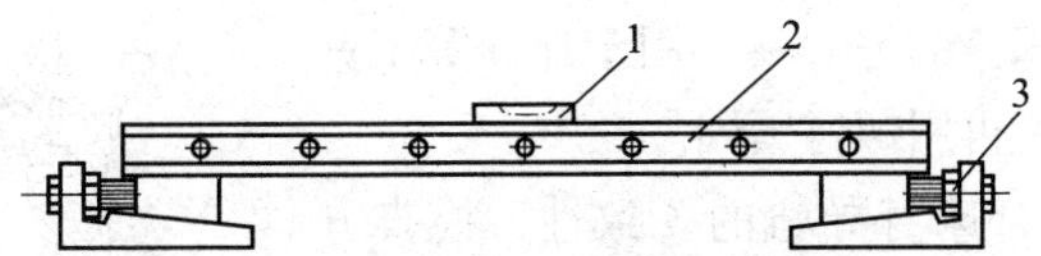

图 3—3—37　调整垫铁的找正

1—水平尺　2—检验平尺　3—垫铁

4. 待水泥干固后，可再浇一层水玻璃，以保护水泥面。

如图 3—3—38a 所示为整修前的基础；如图 3—3—38b 所示为整修后的基础。

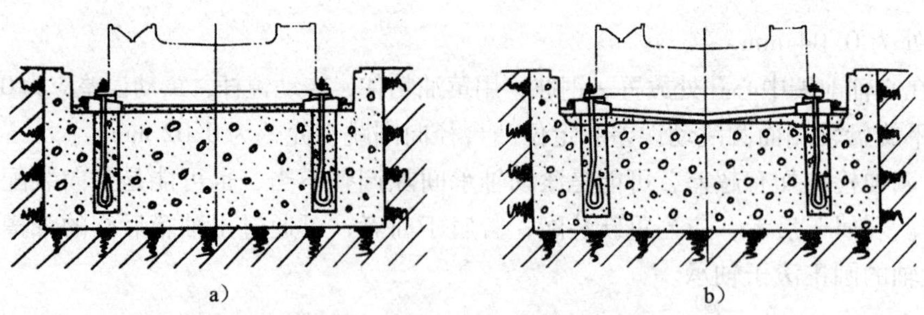

图 3—3—38　整修前后的床身基础

二、床身接合面的刮削

当床身接合面有渗油、漏油现象，或用0.04 mm 厚度的塞尺能塞入时，就应对接合面进行修整刮削。刮削的方法如图 3—3—39 所示，将床身接合面 6 刮削端用枕木 4 适当垫高，将平板 5 吊起后进行研点并刮削。接合面刮削端垫高的目的，是使接合面略有倾斜，研点时可减小对平板施加的推力，同时也使刮削比较方便。

刮削后的精度要求：对导轨面 1、2、3 的垂直度误差为 0.03 mm/1 000 mm，接触点为 4 点/(25 mm×25 mm)。

在刮削另一段床身的接合面时，其垂直度误差方向应相反，使这两段导轨彼此连接后，导轨的直线性趋向一致。如图 3—3—40 所示为刮削后垂直度的检查方法。

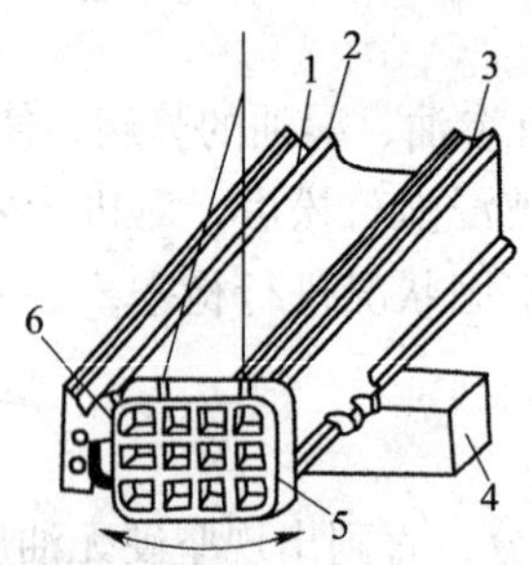

图 3—3—39　接合面的刮削
1、2、3—导轨面　4—枕木　5—平板
6—床身接合面

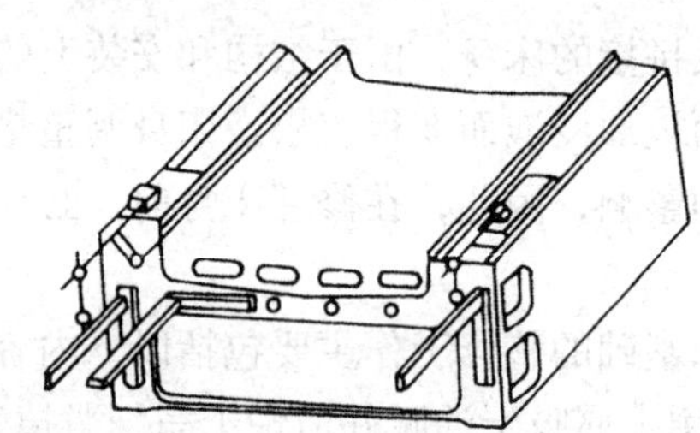

图 3—3—40　接合面与导轨垂直度的检查

三、床身的拼接

床身各段刮削完毕进行拼接时，由于吊装后，接合面处总会有较大的缝隙，此时不允许直接用螺钉强行拉拢并紧固，以免床身因局部受力过大而变形或损坏。而应在床身的另一端，用千斤顶等工具使其逐渐推动拼合，然后再用螺钉紧固。

连接时要检查相接合床身导轨的一致性，检查方法如图 3—3—41 所示，即用百分表对导轨面上的接头进行找正，保证接头处的平滑过渡。

导轨拼接并用螺钉紧固后，接合面处不得使0.04 mm 厚度的塞尺通过。最后重铰定位销孔，配上定位销。

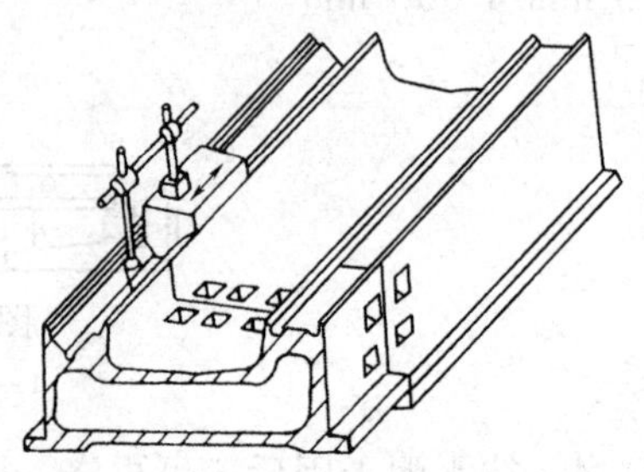

图 3—3—41　导轨接头处的检查

四、V 形导轨面的刮削

刮削前先要自由调平床身的安装水平到最小误差。在自由状态下，对床身进行粗刮和半精刮，然后均匀紧固地脚螺钉，并保持半精刮后的精度不变，再精刮床身至符合规定要求。

刮削时用 V 形研具研点。刮削后的精度要求：在垂直平面内的直线度误差为 0.02 mm/1 000 mm，在水平平面内的直线度误差为 0.02 mm/1 000 mm。接触点为 4 点/(25 mm×25 mm)。

由于使用的 V 形研具不是很长，在刮削过程中应注意随时控制 V 形导轨的扭曲，因此用水平仪检查垂直平面内的直线度时，还应将水平仪转过 90°检查导轨的扭曲，如图 3—3—42 所示，这样有利于达到刮削要求的精度。

如图 3—3—43 所示为检查 V 形导轨水平平面内直线度的方法，用钢丝 1 或显微镜 2 读数。

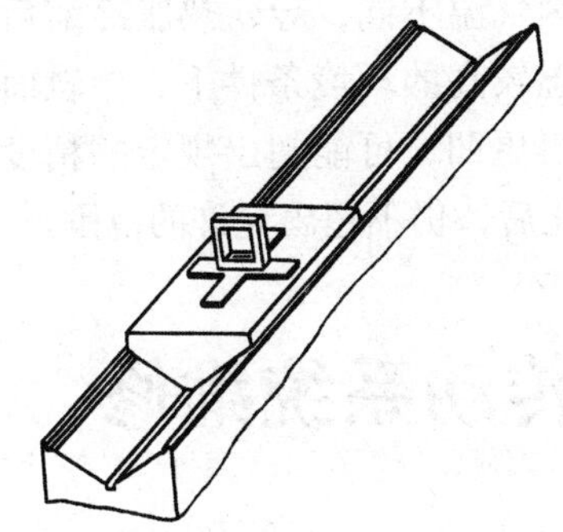

图 3—3—42　V 形导轨垂直平面内直线度和扭曲的检查

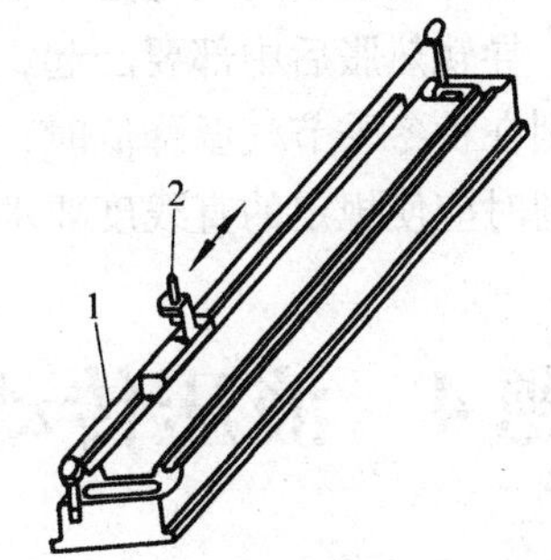

图 3—3—43　V 形导轨水平平面内直线度的检查
1—钢丝　2—显微镜

五、平导轨的刮削

用长的平尺进行研点，刮削时既要保证直线度的要求，还应控制单平面的扭曲（由于平面较宽，容易产生扭曲）。直线度和扭曲的检查方法如图 3—3—44 所示，检查垂直平面内直线度时，应将图中水平仪转过 90°。

平导轨刮削后的精度要求：在垂直平面内的直线度误差为 0.02 mm/1 000 mm，单导轨扭曲为 0.02 mm/1 000 mm，接触点为 6 点/(25 mm×25 mm)。

平导轨对 V 形导轨平行度的检查方法如图 3—3—45 所示。

六、刮削床身导轨的注意事项

首先，大型机床床身导轨的刮削，应尽量在原来的机床基础上进行，并保持立柱、横梁等不拆除的状态，这样可保证刮削后的精度不受影响。否则，由于大型机床的立柱、横梁较重，当床身刮削完成后再把它们装上，将使基础和床身受压变形，而使导轨精度遭到破坏，再强制调整床身垫铁，也往往不能获得要求的精度。

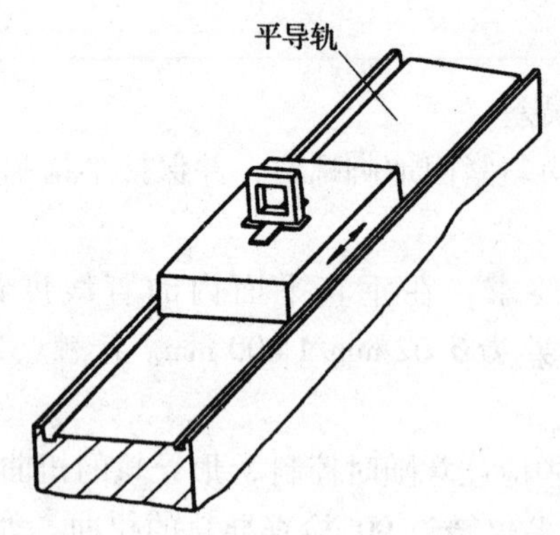

图 3—3—44　平导轨直线度和扭曲的检查

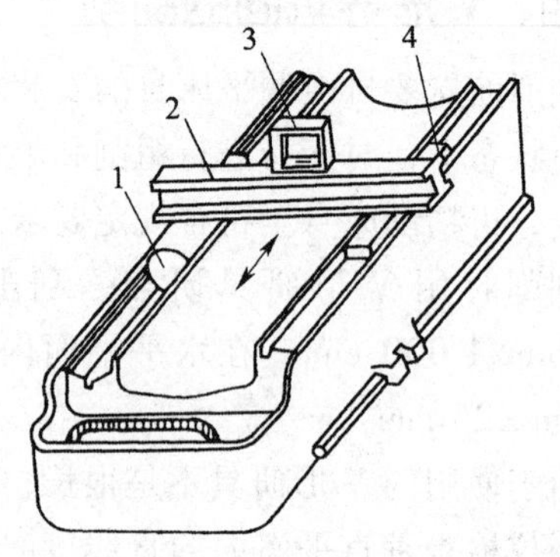

图 3—3—45　平导轨对 V 形导轨平行度的检查

1—检验棒　2—平行平尺　3—框式水平仪　4—检验平尺

其次，长导轨刮削时应考虑季节气温的差异。因气温不同，导轨热胀冷缩后直线度会发生变化。导轨热胀后中部要凸起，如果在夏季气温较高的环境条件下，导轨面刮削成中凹状态，则在秋冬季节气温降低时，导轨面势必变得更凹，可能超出规定的精度范围。因此，在刮削时应使规定的直线度要求在季节气温变化后，仍不超出允许的范围。

课题 4　液压传动和气压传动系统维修

子课题 1　液压泵

学习目标

掌握液压泵的工作原理、分类、性能特点及适用场合。

一、液压泵概述

1. 液压泵的基本工作原理

在液压传动系统中，能源装置是为整个液压系统提供能量的，就如同人的心脏为人体各部分输送血液一样，在整个液压系统中起着极其重要的作用。液压泵就是一种能量转换装置，它将驱动电动机的机械能转换为油液的压力能，以满足执行机构驱动外负载的需要。

目前液压系统中使用的液压泵，其工作原理几乎都是一样的，就是靠液压密封的工作腔的容积变化来实现吸油和压油，因此称为容积式液压泵。

容积式液压泵的工作原理很简单，以单柱塞式液压泵为例，就像常见的医用注射器一样，再配以自动配流装置即可。如图 3—4—1 所示的就是单柱塞式容积式液压泵工作原理。柱塞 2 是靠偏心凸轮 1 的旋转而上下移动的。当柱塞下移时，工作腔 4 容积变大，产生真空，此时，单向阀 6 关闭，油箱中的油液通过单向阀 5 被吸入工作腔内；反之，当柱塞上移时，工作腔容积变小，腔内的油液压力升高，此时，单向阀5关闭，油液便通过单向阀6被输送到系统中去。偏心凸轮的连续旋转使得泵不断地吸油和压油。由此可见，液压泵输出油液流量的大小取决于工作腔容积的变化量。

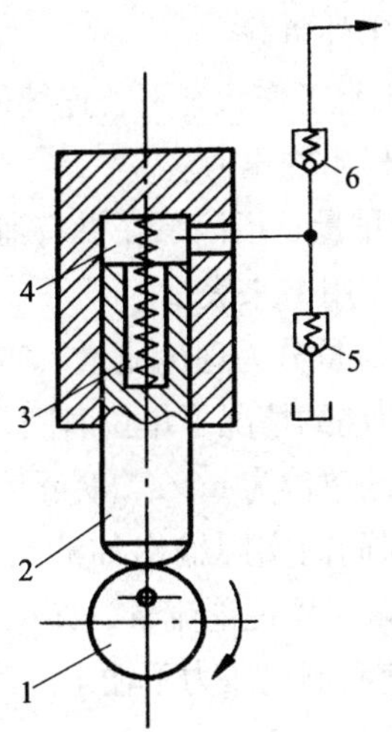

图3—4—1　单柱塞式容积式液压泵工作原理图

1—偏心凸轮　2—柱塞　3—弹簧　4—工作腔　5—单向阀（吸油）　6—单向阀（压油）

由上所述，一个容积式液压泵必须具备的条件是：

（1）具有若干个容积能够不断变化的密封工作腔。

（2）相应的配流装置。在上面的例子中，配流是以两个单向阀的开启在泵外面实现的，称为阀式配流；而有的泵本身就带有配流装置，如叶片泵的配流盘、柱塞泵的配流轴等，称为确定式配流。

2. 液压泵的分类

（1）按液压泵单位时间内输出油液的体积能否变化分为定量泵和变量泵，其中定量泵指单位时间内输出油液的体积不能变化，变量泵指单位时间内输出油液的体积能够变化。

（2）按液压泵的结构来分主要有：齿轮泵，分为内啮合齿轮泵和外啮合齿轮泵；叶片泵，分为单作用式叶片泵和双作用式叶片泵；柱塞泵，分为径向柱塞泵和轴向柱塞泵；螺杆泵。

（3）液压泵按其组成还可以分为单泵和复合泵。

3. 液压泵的图形符号

液压泵的图形符号如图3—4—2所示。

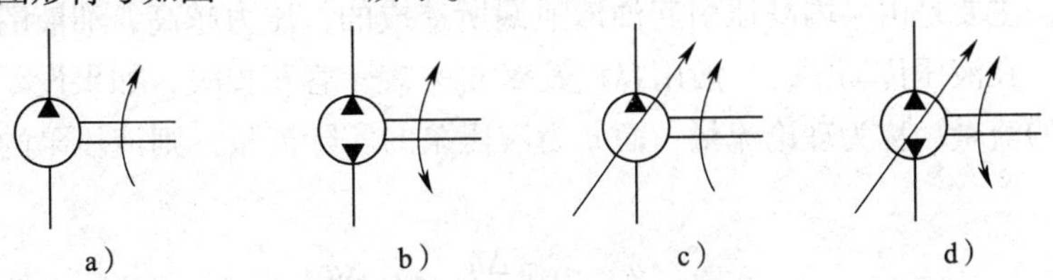

图3—4—2　液压泵的图形符号

a）单向定量液压泵　b）双向定量液压泵　c）单向变量液压泵　d）双向变量液压泵

4. 液压泵的主要性能参数

（1）液压泵的压力

1）工作压力。是指液压泵在实际工作时输出的油液压力，也就是说要克服外负载所必须建立起来的压力，可见其大小取决于外负载。

2）额定压力。是指液压泵在正常工作状态下，连续使用中允许达到的最高压力，一般情况下，就是液压泵出厂时标牌上所标出的压力。

（2）液压泵的排量。液压泵的排量是指该泵在没有泄漏的情况下每转一转所输出油液的体积。它与液压泵的几何尺寸有关，用 V 来表示。

（3）液压泵的流量。液压泵的流量分为理论流量、实际流量和额定流量。

1）理论流量是指该泵在没有泄漏的情况下单位时间内输出油液的体积，可见，它等于排量和转速的乘积，即 $q_t = Vn$，流量的单位为 m^3/s，实际应用中也常用 L/min 来表示。

2）实际流量 q 是指泵在单位时间内实际输出油液的体积，也就是说泵在有压力的情况下，存在着油液的泄漏，使实际流量小于理论流量，详见下面分析。

3）额定流量是指泵在额定转速和额定压力下输出的流量。即在正常工作条件下，按试验标准规定必须保证的流量。

（4）功率

1）输入功率。液压泵的输入功率就是电动机驱动液压泵轴的机械功率，它等于输入转矩乘以角速度：

$$P_i = T\omega \text{（W）}$$

式中 T——液压泵的输入转矩，N·m；

ω——液压泵的角速度，rad/s。

2）输出功率。液压泵的输出功率就是液压泵输出的液压功率，它等于泵输出的压力乘以输出流量：

$$P_o = Pq \text{（W）}$$

式中 P——液压泵的输出压力，Pa；

q——液压泵的实际输出流量，m^3/s。

如果不考虑损失，那么输出功率等于输入功率。但是任何机械在能量转换过程中都有能量的损失，液压泵也一样，由于能量损失的存在，因此其输出功率总是小于输入功率。

（5）效率。液压泵的效率是由容积效率和机械效率两部分所组成的。

1）容积效率。液压泵的容积效率是由容积损失（流量损失）来决定的。容积损失就是指流量的损失，主要是由泵内高压引起油液泄漏所造成的，压力越高，油液的黏度越小，其泄漏量就越大。在液压传动中，一般用容积效率 η_v 来表示容积损失，如果设 q_t 为液压泵在没有泄漏情况下的流量，称为理论流量；而 q 为液压泵的实际流量，则液压泵的容积效率可表示为：

$$\eta_v = \frac{q}{q_t} = \frac{q_t - \Delta q}{q_t} = 1 - \frac{\Delta q}{q_t}$$

式中 Δq——液压泵的流量损失，即泄漏量。

2）机械效率。液压泵的机械效率是由机械损失所决定的。机械损失是指液压泵在转矩上的损失，主要原因是液体因黏性而引起的摩擦转矩损失及泵内机件相对运动引起的摩擦损失。在液压传动中，以机械效率 η_m 来表示机械损失，设 T_t 为液压泵的理论转矩；而 T 为液压泵的实际输入转矩，则液压泵的机械效率可表示为：

$$\eta_m=\frac{T_t}{T}=\frac{T_t}{T_t+\Delta T}$$

式中　ΔT——液压泵的机械损失。

3）液压泵的总效率。液压泵的总效率等于泵的输出功率与输入功率的比值，也等于泵的机械效率和容积效率的乘积，即：

$$\eta=\frac{P_o}{P_i}=\eta_v\eta_m$$

一般情况下，在液压系统设计计算中，常常需要计算液压泵的输入功率以确定所需电动机的功率。根据前面的推导，液压泵的输入功率可用下式计算：

$$P_i=\frac{P_o}{\eta}=\frac{Pq}{\eta}=\frac{PVn}{\eta_m}$$

5．液压泵特性及检测

液压泵的性能是衡量液压泵优劣的技术指标，主要包括液压泵的压力—流量特性曲线、泵的容积效率曲线、泵的总效率曲线等。检测一个液压泵的性能可用如图 3—4—3 所示系统。

在检测泵的上述性能中，首先将压力阀置于额定压力下，再将节流阀全部打开，使泵的负载为零（此时，由于管路的压力损失，压力表的显示并不是零），在流量计上读出流量值来。一般情况下，都是以此时的流量（即空载流量）作为理论流量 q_t 的。然后再逐渐升高压力值（通过调节节流阀阀口来实现），读出每次调定压力（即工作压力）后的流量值 q。根据上述操作得到的数据即可绘出被测泵的压力—流量曲线，根据公式即可算出各调定压力点的容积效率 η_v。如果在输入轴上测得转矩及转速，则可根据公式计算出泵的输入功率 P_i，再利用公式算出泵的输出功率 P_o，则可将液压泵的总效率 η 算出，根据上面的数据绘出如图 3—4—4 所示的泵的特性曲线来。

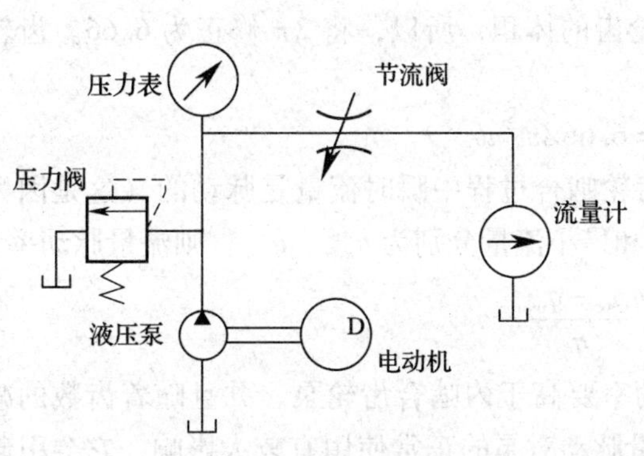

图 3—4—3　液压泵性能检测原理图

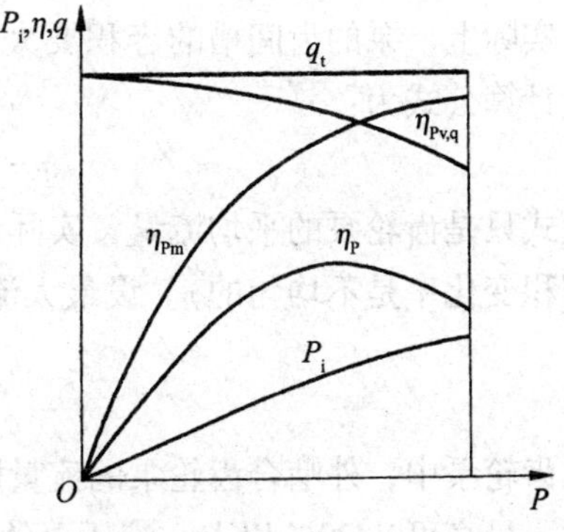

图 3—4—4　液压泵的特性曲线

目前，随着传感技术及计算机技术的发展，在液压检测方面已广泛应用计算机辅助检测技术（CAT）。计算机辅助检测系统的使用大大提高了检测精度及效率，尤其是虚拟仪器技术的应用，更是简化了检测系统，实现了人工检测无法实现的检测项目，使液压元件性能的检测更加科学化。

二、齿轮泵

齿轮泵是液压泵中最常见的一种，可分为外啮合齿轮泵和内啮合齿轮泵两种，无论是哪一种，都属于定量泵。

1. 外啮合齿轮泵的结构及工作原理

外啮合齿轮泵一般都是三片式，主要由一对相互啮合的齿轮、泵体及齿轮两端的两个端盖所组成，其工作原理如图 3—4—5 所示。

外啮合齿轮泵的工作腔是齿轮上每相邻两个齿的齿间槽、壳体与两端盖之间形成的密封空间。当齿轮按图示方向旋转时，其右侧吸油腔的相互啮合着的轮齿逐渐脱开，使得工作腔容积增大，形成部分真空，油箱中的油在大气压作用下被压入吸油腔内。随着齿轮的旋转，工作腔中的油液被带入左侧压油区，这时，由于两个齿轮的轮齿逐渐进行啮合，密封工作腔容积不断减小，压力增大，油便通过压油口被挤压出去。从图 3—4—5 可见，吸油区和压油区是通过相互啮合的轮齿和泵体隔开的。

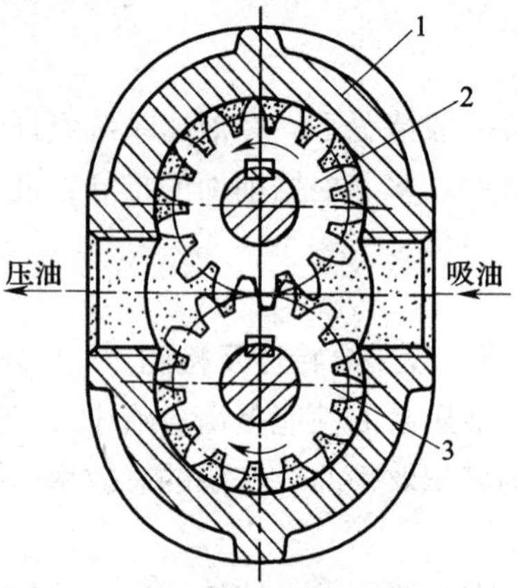

图 3—4—5　齿轮泵的工作原理
1—泵体　2—主动齿轮　3—从动齿轮

2. 外啮合齿轮泵的流量计算

外啮合齿轮泵的排量就是齿轮每转一转齿间工作腔从吸油区带入压油区的油液的容积的总和，其精确的计算要根据齿轮的啮合原理进行，计算过程比较复杂。一般情况下用近似计算来考虑，认为齿间槽的容积近似于齿轮轮齿的体积。因此，设齿轮齿数为 Z，节圆直径为 D，齿高为 h，模数为 m，齿宽为 b 时，泵的排量近似计算公式为：

$$V = \pi Dhb = 2\pi Zm^2 b$$

但实际上，泵的齿间槽的容积要大于轮齿的体积，所以，将 2π 修正为 6.66。齿轮泵的流量计算公式为：

$$q = nV = 6.66Zm^2 nb$$

上式只是齿轮泵的平均流量，实际上齿轮啮合过程中瞬时流量是脉动的（这是因为压油腔容积变化率是不均匀的）。设最大流量和最小流量分别为 q_{max}、q_{min}，则流量脉动率为：

$$\sigma = \frac{q_{max} - q_{min}}{q}$$

在齿轮泵中，外啮合齿轮泵的流量脉动率要高于内啮合齿轮泵，并且随着齿数的减少而增大，最高可达 20% 以上。液压泵的流量脉动对泵的正常使用有较大影响，它会引起液压系统的压力脉动，从而使管道、阀等元件产生振动和噪声，同时，也影响工作部件的运动平稳性，特别是对精密机床的液压传动系统更为不利。因此，在使用时要特别注意。

3. 齿轮泵结构中存在的问题及解决措施

（1）泄漏问题。前面讲过，液压泵在工作中其实际流量比理论流量要小，主要原因是泄漏。齿轮泵从高压腔到低压腔的油液泄漏主要通过三个渠道：一是通过齿轮两侧面与两面侧盖板之间的间隙；二是通过齿轮顶圆与泵体内孔之间的径向间隙；三是通过齿轮啮合处的间隙。其中，第一种间隙为主要泄漏渠道，大约占泵总泄漏量的75%～85%。正是由于这个原因，使得齿轮泵的输出压力上不去，影响了齿轮泵的使用范围。所以，解决齿轮泵输出压力低的问题，就要从解决端面泄漏入手。一些厂家采用齿轮两侧面加浮动轴套或弹性挡板，将齿轮泵输出的压力油引到浮动轴套或弹性挡板外部，增加对齿轮侧面的压力，以减小齿侧间隙，达到减少泄漏的目的，目前不少厂家生产的高压齿轮泵都是采用这种措施。

（2）径向不平衡力的问题。在齿轮泵中，作用于齿轮外圆上的压力是不相等的，在吸油腔中压力最低，而在压油腔中压力最高。在整个齿轮外圆与泵体内孔的间隙中，压力是不均匀的，存在着压力的逐渐升级，因此，对齿轮的轮轴及轴承产生了一个径向不平衡力。这个径向不平衡力不仅加速了轴承的磨损，影响了它的使用寿命，并且可能使齿轮轴变形，造成齿顶与泵体内孔的摩擦，损坏泵体，使得泵不能正常工作。一种解决办法是开压力平衡槽，将高压油引到低压区，但这会造成泄漏增加，影响容积效率；另一种解决方法是缩小压油腔，使作用于轮齿上的压力区域减小，从而减小径向不平衡力。

（3）困油问题。为了使齿轮泵能够平稳地运转及连续均匀地供油，在设计上就要保证齿轮啮合的重叠系数大于1（$\varepsilon>1$），也就是说，齿轮泵在工作时，在啮合区有两对齿轮同时啮合，形成封闭的容腔，如果此时既不与吸油腔相通，又不与压油腔相通，便使油液困在其中，如图3—4—6所示。齿轮泵在运转中，封闭腔的容积不断地变化。当封闭腔容积变小时，油液受很高压力，从各处缝隙挤压出去，造成油液发热，并使机件承受额外负载。而当封闭腔容积增大时，又会造成局部真空，使油液中溶解的气体分离出来，并使油液本身汽化，加剧流量不均匀。这两者都会造成强烈的振动与噪声，降低泵的容积效率，影响泵的使用寿命，这就是齿轮泵的困油现象。

解决这一问题的方法是在两侧端盖各铣两个卸荷槽，如图3—4—6中的双点画线所示。两个卸荷槽间的距离应保证困油空间在达到最小位置以前与压油腔连通，通过最小位置后与吸油腔连通，同时又要保证任何时候吸油腔与压油腔之间不能连通，以避免泄漏及降低容积效率。

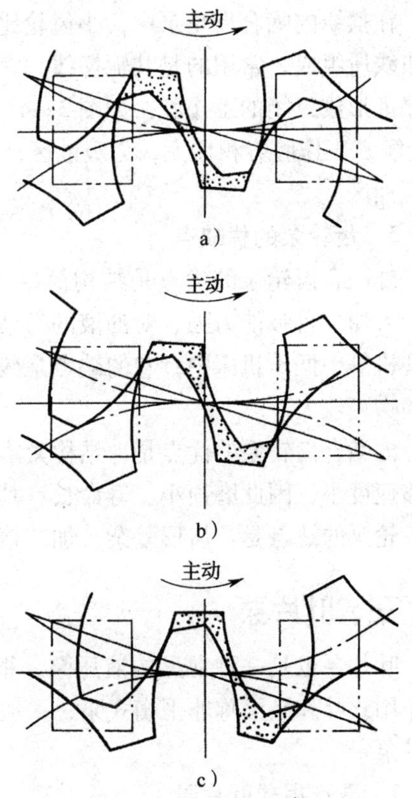

图3—4—6　齿轮泵的困油现象原理

4. 内啮合齿轮泵

内啮合齿轮泵一般又分为摆线齿轮泵（转子泵）和渐开线齿轮泵两种，如图 3—4—7 所示，它们的工作原理和主要特点完全与外啮合齿轮泵相同。

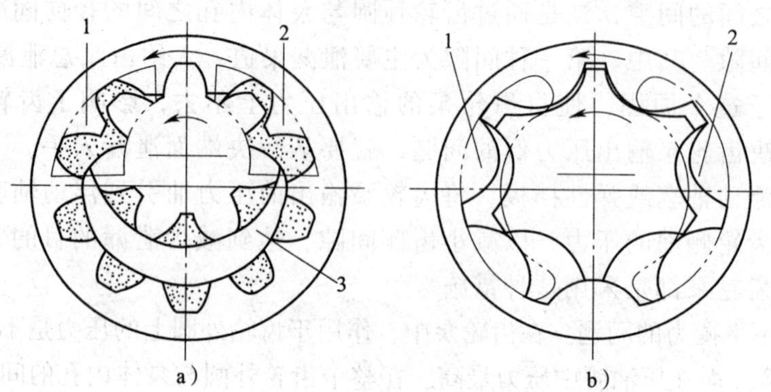

图 3—4—7 内啮合齿轮泵的工作原理

a）渐开线内啮合齿轮泵 b）摆线内啮合齿轮泵

1—吸油窗口 2—压油窗口 3—隔离板

在渐开线内啮合齿轮泵中，小齿轮是主动轮，它带动内齿轮旋转。在小齿轮与内齿轮之间要加一块月牙形的隔离板 3，以便将吸油腔与压油腔分开。在上半部，工作腔容积发生变化，进行吸油和压油。在下半部，工作腔容积并不发生变化，只起过渡作用。

在摆线内啮合齿轮泵中，小齿轮比内齿轮少一个齿，小齿轮与内齿轮的齿廓由一对共轭曲线所组成，常用的是共轭摆线，它能保证小齿轮的齿顶在工作时不脱离内齿轮的齿廓，以保证形成封闭的工作腔。如图 3—4—7 所示，这种泵在工作时，在左半区（与吸油窗口 1 接触）工作腔容积增大，为吸油区；而在右半区（与压油窗口 2 接触）工作腔容积减小，为压油区。

5. 齿轮泵的优缺点

外啮合齿轮泵的优点是结构简单、重量轻、尺寸小、制造容易、成本低、工作可靠、维护方便、自吸能力强、对油液的污染不敏感，可广泛用于压力要求不高的场合，如磨床、珩磨机等中低压机床中；它的缺点是漏油较多，轴承上承受不平衡力，磨损严重，压力脉动和噪声较大。

内啮合齿轮泵的优点是：结构紧凑、尺寸小、重量轻；由于内外齿轮转向相同，相对滑移速度小，因此磨损小、寿命长；其流量脉动和噪声都比外啮合齿轮泵要小得多。内啮合齿轮泵的缺点是：齿形复杂、加工精度要求高，因而造价高。

三、叶片泵

叶片泵也是一种常见的液压泵。根据结构来分，叶片泵有单作用式和双作用式两种。单作用式叶片泵又称非平衡式泵，一般为变量泵；双作用式叶片泵也称平衡式泵，一般是定量泵。

1. 双作用式叶片泵

（1）工作原理。如图 3—4—8 所示的双作用式叶片泵由定子 6、转子 3、叶片 4、配流盘和泵体1组成，转子与定子同心安装，定子的内曲线是由2段长半径圆弧、2段短半径圆弧及4段过渡曲线所组成的，共有8段曲线。如图3—4—8所示，转子作顺时针旋转，叶片在离心力作用下，径向伸出，其顶部在定子内曲线上滑动。此时，由两叶片、转子外圆、定子内曲线及两侧配油盘所组成的封闭的工作腔的容积在不断地变化，在经过右上角及左下角的配油窗口处时，叶片回缩，工作腔容积变小，油液通过压油窗口输出；在经过右下角及左上角的配油窗口处时，叶片伸出，工作腔容积增加，油液通过吸油窗口吸入。在每个吸油口与压油口之间，有一段封油区，对应于定子内曲线的4段圆弧处。

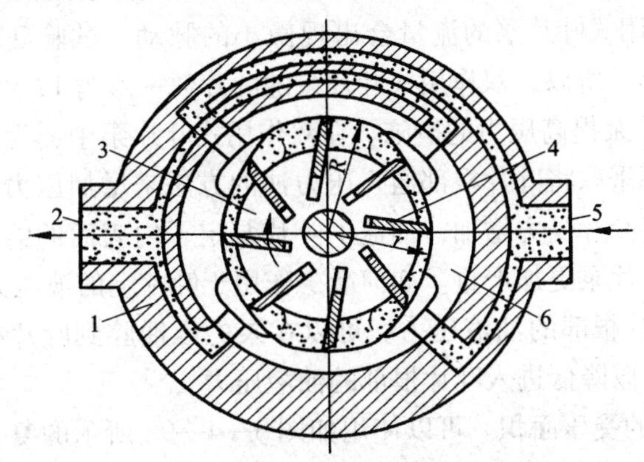

图3—4—8　双作用式叶片泵的工作原理

1—泵体　2—压油口　3—转子　4—叶片　5—吸油口　6—定子

双作用式叶片泵每转一转，每个工作腔完成吸油两次和压油两次，所以称其为双作用式叶片泵，又因泵的两个吸油窗口与两个压油窗口是径向对称的，作用于转子上的液压力是平衡的，所以又称为平衡式叶片泵。

定子曲线是影响双作用式叶片泵性能的一个关键因素，它将影响叶片泵的流量均匀性，造成噪声、磨损等问题。过渡曲线的选择主要考虑叶片在径向移动时的速度和加速度应当均匀变化，避免径向速度突变，使得加速度无限大，引起刚性冲击；同时又要保证叶片在作径向运动时，叶片顶部与定子内曲线表面不应产生脱空现象。目前，常用的定子曲线有等加速等减速曲线、高次曲线、余弦曲线等。

叶片泵在叶片数 z 确定后，由每两个叶片所夹的工作腔所占的工作空间角度随之确定（$360°/z$），该角度所占区域应在配流盘上的吸油口与压油口之间（封油区内），否则会造成吸油口与压油口相通；而定子曲线中4段圆弧所占的工作角度应大于封油区所对应的角度，否则会产生困油现象。

（2）流量计算。双作用式叶片泵的排量计算是将工作腔最大时（相对应长半径圆弧处）的容积减去工作腔最小时（相对应短半径圆弧处）的容积，再乘以工作腔数的2倍。考虑到叶片在工作时所占的厚度，实际上双作用式叶片泵的流量可用下式计算：

$$q = 2B\left[\pi(R^2 - r^2) - \frac{(R-r)bz}{\cos\theta}\right]n\eta_v$$

式中　B——叶片的宽度；

R——定子曲线圆弧的长半径；

r——定子曲线圆弧的短半径；

b——叶片的厚度；

z——叶片数；

θ——叶片的倾角（考虑到减小叶片顶部与定子曲线接触点的压力角，叶片朝旋转方向倾斜一个角度，一般 $\theta = 10° \sim 14°$）；

n——叶片泵的转速。

在双作用式叶片泵中，由于叶片有厚度，其瞬时流量是不均匀的，再考虑工作腔进入压油区时产生的压力冲击使油液被压缩（这个问题可以通过在压油窗口开设一个三角沟槽来缓解），因此，双作用式叶片泵的流量会出现微小的脉动。试验证明，在叶片数为 4 的倍数时，流量脉动最小，所以，双作用式叶片泵的叶片数一般为 12 片或 16 片。

（3）双作用式叶片泵提高压力的措施。在双作用式叶片泵中，为了保证叶片和定子内表面紧密接触，一般都采取将叶片根部通入压力油的方法来增加压力。但这也带来另外一个问题，就是压力使得叶片受力增加，加速了叶片泵定子内表面的磨损，影响了叶片泵的寿命，特别对于高压叶片泵更加严重。如何减少作用于叶片上的液压力，常用以下措施：

1）减小作用于叶片根部的油液压力。可以在泵的压油腔到叶片根部之间加一个阻尼孔或安装一个减压阀，以降低进入叶片根部的油液压力。

2）减小叶片根部的受压面积。可以使用如图 3—4—9a 所示的复合叶片，大叶片（母叶片）套在小叶片（子叶片）上可沿径向自由伸缩，两叶片中间的油室 a 通过油道 b、c 始终与压油腔相通，而小叶片根部通过油道 d 时与工作腔相通，母叶片只是受油室 a 中的油液压力而压向定子表面，由于减小了叶片的承压宽度，从而减小了叶片上的受力；还可以使用如图 3—4—9b 所示的阶梯叶片，同复合叶片一样，这种叶片中部的孔与压油腔始终相通，而叶片根部时时与工作腔相通，由于结构上是阶梯形的，因此减小了叶片的承压厚度，从而减小了叶片上所受的力。

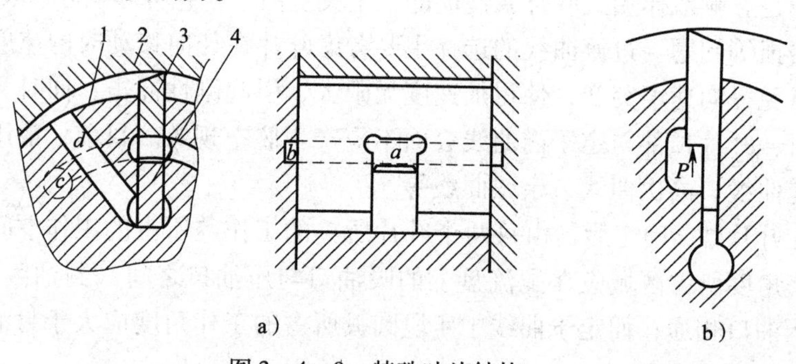

图 3—4—9　特殊叶片结构

a）复合叶片　b）阶梯叶片

1—转子　2—定子　3—大叶片　4—小叶片

3）采用双叶片结构，如图 3—4—10 所示。这种叶片的特点是，在转子的每一个槽中安装有一对叶片，它们之间可以相对自由滑动，但在与定子接触的位置每个叶片只是外部一点接触，形成了一个封闭的 V 形储油空间，压力油通过两叶片中间的通孔进入叶片顶部，保证了在泵工作时，叶片上、下的压力相等，从而减小了叶片所受力的大小。

2. 单作用式叶片泵

(1) 工作原理。单作用式叶片泵的工作原理如图 3—4—11 所示。泵也是由转子 1、定子 2、叶片 3、配流盘和泵体组成的。但是，单作用式叶片泵与双作用式叶片泵的最大不同在于，它的定子内曲线是圆形的，定子和转子的安装是偏心的。正是由于存在着偏心，使得由叶片、转子、定子和配油盘形成的封闭工作腔在转子旋转工作时，才会出现容积的变化。如图 3—4—11 所示，转子逆时针旋转时，当工作腔从最下端向上通过右边区域时，容积由小变大，产生真空，通过配流窗口将油吸入工作腔；而当工作腔从最上端向下通过左边区域时，容积由大变小，油液受压，从左边的配流窗口进入系统中。在吸油窗口和压油窗口之间，有一段封油区，将吸油区和压油区隔开。

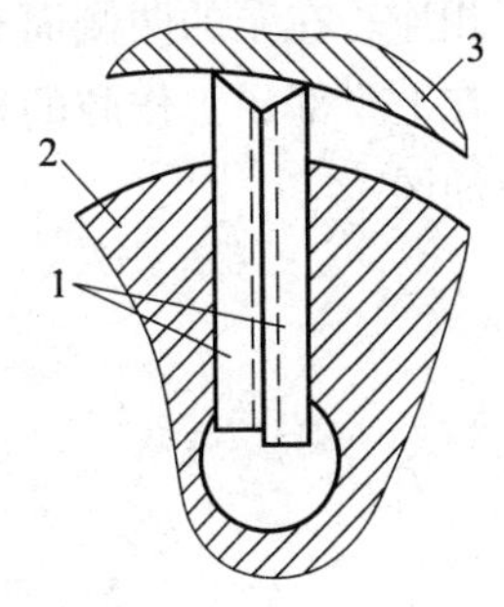

图 3—4—10　双叶片结构
1—叶片　2—转子　3—定子

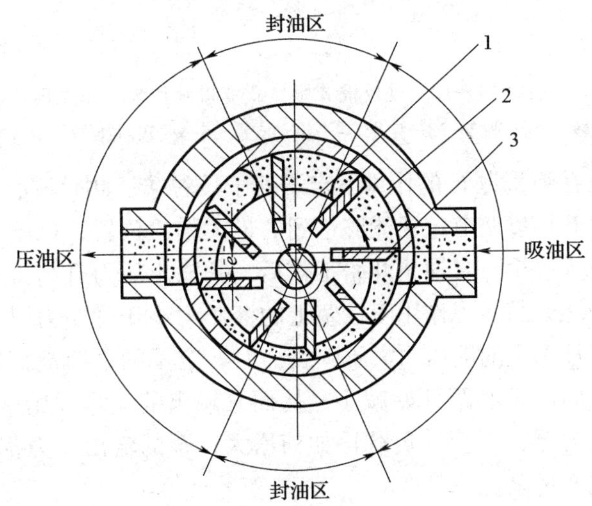

图 3—4—11　单作用式叶片泵的工作原理
1—转子　2—定子　3—叶片

由此可见，这种泵的转子每转一转，吸油、压油各一次，因此称为单作用式叶片泵。这种泵有吸油窗口和压油窗口各一个，存在着径向不平衡力，所以又称非平衡式液压泵。

单作用式叶片泵通过改变转子和定子之间的偏心距就可以改变泵的排量，因此来改变泵的流量。偏心距的改变可以是人工的，也可以是自动调节的。常见的变量叶片泵是自动调节的，自动调节的变量叶片泵又可分为限压式、稳流量式等。下面仅介绍限压式变量叶片泵。

(2) 限压式变量叶片泵。限压式变量叶片泵分为内反馈式和外反馈式两种。内反馈式主要是利用单作用式叶片泵所受的径向不平衡力来进行压力反馈，从而改变转子与定子之间的偏心距，以达到调节流量的目的；外反馈式主要利用泵输出的压力油从外部来控制定子的移动，以达到改变偏心、调节流量的目的。这里只介绍外反馈式限压式变量叶片泵。

如图 3—4—12 所示是外反馈式限压式变量叶片泵的工作原理。转子 1 固定不动，定子 3 可以左右移动。在定子左边安装有弹簧 2，在右边安装有一个柱塞油缸 5，它与泵的输出油路相连。在泵的两侧面有两个配流盘，其配流窗口上下对称，当泵以图示的逆时针旋转时，在上半部，工作腔的容积由大到小，为压油区；而在下半部，工作腔的容积由小到大，为吸油区。

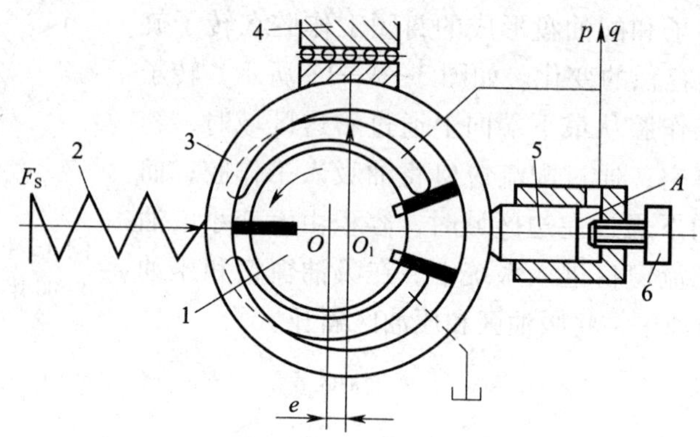

图 3—4—12　外反馈式限压式变量叶片泵工作原理

1—转子　2—弹簧　3—定子　4—滑动支承　5—柱塞油缸　6—调节螺钉

泵开始工作时，在弹簧力 F_s 的作用下定子处于最右端，此时偏心 e 最大，泵的输出流量也最大。调节螺钉 6 用以调节定子能够达到的最大偏心位置，也就是由它来决定泵在本次调节中的最大流量为多少。当油泵开始工作后，其输出压力升高，通过油路返回到柱塞油缸的油液压力也随之升高。当作用于柱塞上的液压力小于弹簧力时，定子不动，泵处于最大流量；当作用于柱塞上的液压力大于弹簧力时，定子的平衡被打破，定子开始向左移动，于是定子与转子间的偏心距开始减小，从而泵输出的流量开始减小，直至偏心为零，此时，泵输出流量也为零，不管外负载再如何增大，泵的输出压力都不会再增高。因此，这种泵被称为限压式变量泵。

如图 3—4—13 所示为 YBX 型外反馈式限压式变量泵的实际结构图。

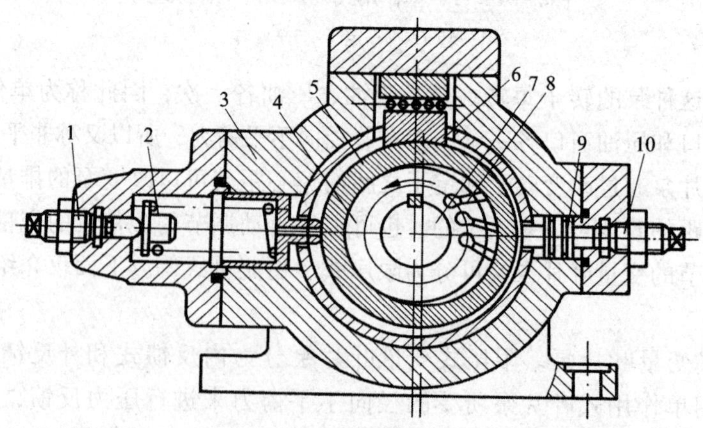

图 3—4—13　YBX 型外反馈式限压式变量泵的实际结构

1—调节螺钉　2—弹簧　3—泵体　4—转子　5—定子　6—滑块

7—泵轴　8—叶片　9—柱塞　10—最大偏心调节螺钉

如图 3—4—14 所示，限压式变量泵工作时的压力—流量特性曲线分为两段。第一段 *AB* 是在泵的输出油液作用于活塞上的力还没有达到弹簧的预压紧力时，定子不动，此时，影响泵的流量只是随压力增加而泄漏量增加，相当于定量泵；第二段 *BC* 出现在泵输出油液作用于活塞上的力大于弹簧的预压紧力后，转子与定子的偏心改变，泵输出的流量随着压力的升高而降低；当泵的工作压力接近于曲线上的 *C* 点时，泵的流量已很小，这时，压力已较高，泄漏也较多，当泵的输出流量完全用于补偿泄漏时，泵实际向外输出的流量为零。

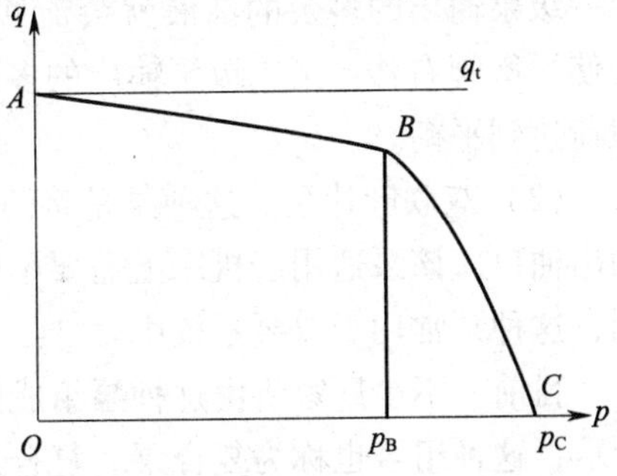

图 3—4—14　限压式变量泵特性曲线

调节图 3—4—13 中的最大偏心调节螺钉 10，即可以改变泵的最大流量，这时曲线 *AB* 段上下平移；通过调节螺钉 1，即可调整弹簧预紧力 F_s 的大小，这时曲线 *BC* 段左右平移；如果改变调节弹簧的刚度，则可以改变曲线 *BC* 段的斜率。

从上面讨论可以看出，限压式变量泵特别适用于工作机构有快、慢速进给要求的情况，例如组合机床的动力滑台等。此时，当需要有一个快速进给运动时，所需流量最大，正好应用曲线的 *AB* 段；当转为工作进给时，负载较大，速度不高，所需的流量也较小，正好应用曲线的 *BC* 段。这样可以降低功率损耗、减小油液发热，与其他回路相比较，简化了液压系统。

3. 双级叶片泵与双联叶片泵

（1）双级叶片泵。为得到更高的压力，可以采用两个普通压力的单级叶片泵装在一个泵体内，由油路串联组成，如图 3—4—15 所示的双级叶片泵。在这种泵中，两个单级叶片泵的转子装在同一根传动轴上，随着传动轴一起旋转，第一级泵经吸油管直接从油箱中吸油，输出的油液就送到第二级泵的吸油口，第二级泵的输出油液经管路送到工作系统。设

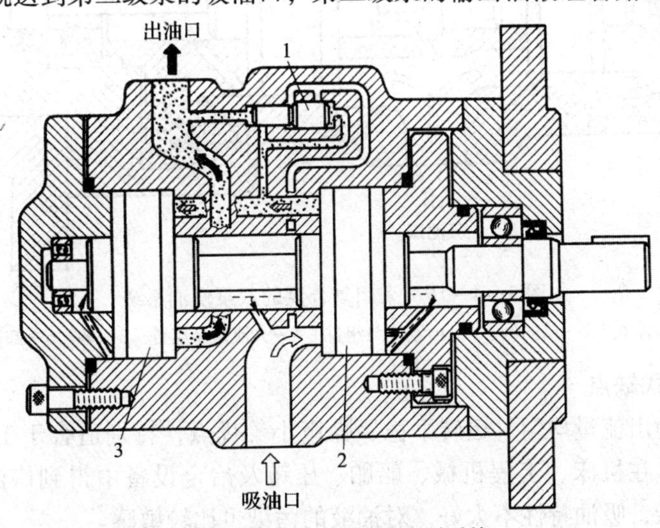

图 3—4—15　双级叶片泵系统

1—载荷平衡阀（活塞面积比 1:2）　2、3—叶片泵内部组件

第一级泵输出的油液压力为 P_1，第二级泵输出的压力为 P_2，该泵正常工作时，应使 $P_1 = 0.5P_2$。为了使在泵体内的两个泵的载荷平衡，在两泵中间装有载荷平衡阀，其活塞面积比为1∶2。工作时，当第一级泵的流量大于第二级泵时，油压 P_1 就会增加，推动平衡阀左移，第一级泵输出的多余的油液就会流回吸油口；同理，当第二级泵的流量大于第一级泵时，会使平衡阀右移，第二级泵输出的多余的油液流回第二级泵的吸油口。这样，使两个泵的载荷达到平衡。

（2）双联叶片泵。这种泵是将两个相互独立的泵并联装在一个泵体内，各自有自己的输出油口，该泵适用于机床上需要不同流量的场合，其两泵的流量可以相同，也可以不相同，这种泵常用于双泵系统中。

目前，不少厂家将由这种泵组成的双泵系统及控制阀做成一体，其结构如图3—4—16所示，这种组合也称为复合泵。复合泵具有结构紧凑、回路简单等特点，可广泛应用于机床等行业。

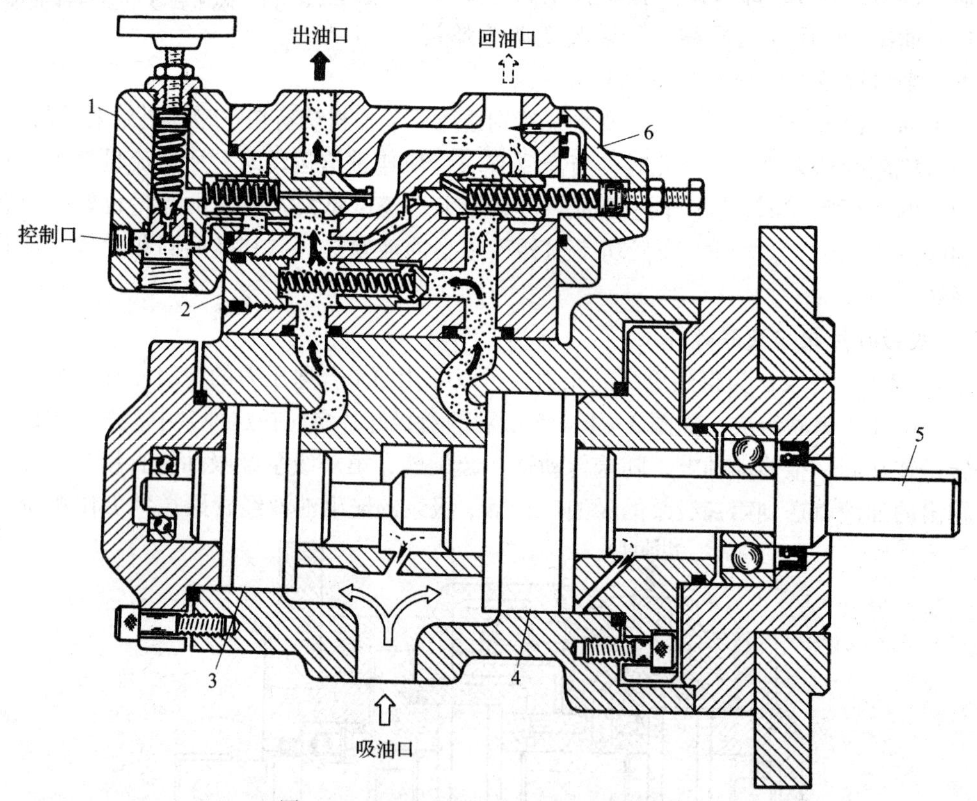

图3—4—16 采用复合泵的双泵供油系统

1—溢流阀 2—单向阀 3—小流量泵组件 4—大流量泵组件 5—轴 6—卸荷阀

4. 叶片泵的优缺点

叶片泵具有输出流量均匀、运转平稳、噪声小等优点，特别适合于工程机械的中、高压系统中，因此，在机床、工程机械、船舶、压铸及冶金设备中得到广泛的应用。但是，叶片泵的结构复杂，吸油特性不太好，对油液的污染也比较敏感。

四、柱塞泵

柱塞泵是依靠柱塞在缸体内作往复运动使泵内密封工作腔容积发生变化实现吸油和压油的。柱塞泵一般分为径向柱塞泵和轴向柱塞泵。

1. 径向柱塞泵

(1) 工作原理。径向柱塞泵的工作原理如图 3—4—17 所示。径向柱塞泵是由定子 4、转子 2、配流轴 5、柱塞 1、轴套 3 等组成。柱塞 1 径向排列安装在缸体（转子）2 中，缸体由电动机带动旋转，柱塞靠离心力（或在低压油的作用下）顶在定子的内壁上。由于转子与定子是偏心安装的，因此，转子旋转时，柱塞即沿径向里外移动，使得工作腔容积发生变化。径向柱塞泵是靠配流轴 5 来配油的，轴中间分为上下两部分，中间隔开，若转子顺时针旋转，则上部为吸油区（柱塞向外伸出），下部为压油区，上下区域轴向各开有两个油孔，上半部的 a、b 孔为吸油孔，下半部的 c、d 孔为压油孔。轴套与工作腔对应开有油孔，安装在配流轴与转子中间。径向柱塞泵每旋转一转，工作腔容积变化一次，完成吸油、压油各一次。改变其偏心率可使其输出流量发生变化，成为变量泵。

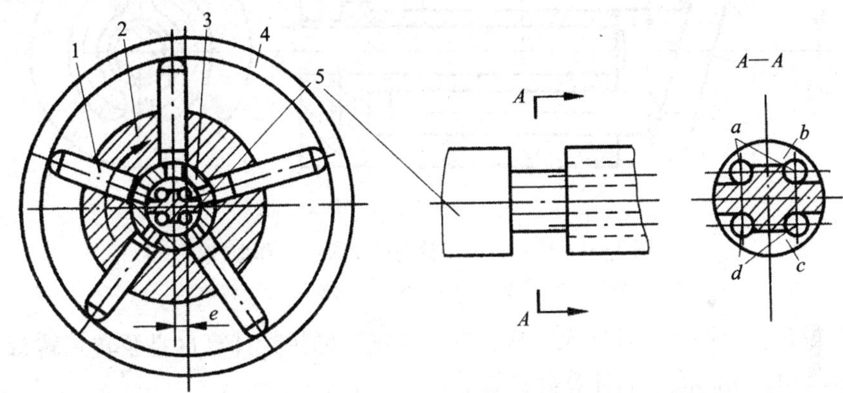

图 3—4—17　径向柱塞泵的工作原理

1—柱塞　2—转子　3—轴套　4—定子　5—配流轴

由于该泵上下部分分别为吸油区和压油区，因此，泵在工作时受到径向不平衡力作用。

(2) 流量计算。柱塞泵的排量计算较为精确，工作腔容积变化等于柱塞端面积乘以 2 倍偏心距再乘以柱塞数，实际流量的计算公式如下：

$$q=\frac{\pi}{4}d^2 2ezn\eta_v=\frac{\pi}{2}d^2 ezn\eta_v$$

式中　d——柱塞的直径；

e——转子与定子间的偏心距；

z——柱塞数；

n——柱塞泵的转速。

由于径向柱塞泵的柱塞在缸体中的径向移动速度是变化的，而每个柱塞在同一瞬时径向移动速度不均匀，因此径向柱塞泵的瞬时流量是脉动的。而对于这种脉动，奇数柱塞要比偶数柱塞小得多，所以，径向柱塞泵均采用奇数柱塞。

2. 轴向柱塞泵

轴向柱塞泵可分为斜盘式和斜轴式两种，下面主要介绍斜盘式。

（1）工作原理。斜盘式轴向柱塞泵的工作原理如图 3—4—18 所示。轴向柱塞泵是由斜盘 1、柱塞 2、配流盘 4、转子 3 等组成的。柱塞 2 轴向均匀排列安装在缸体（转子）3 同一半径圆周处，缸体由电动机带动旋转，柱塞靠机械装置（如滑履）或在低压油的作用下顶在斜盘上。当缸体旋转时，柱塞即在轴向左右移动，使得工作腔容积发生变化。轴向柱塞泵是靠配流盘来配流的，配流盘上的配流窗口分为左右两部分，若缸体如图示方向顺时针旋转，则图中左边配流窗口 *a* 为吸油区（柱塞向左伸出，工作腔容积变大）；右边 *b* 为压油区（柱塞向右缩回，工作腔容积变小）。轴向柱塞泵每旋转一转，工作腔容积变化一次，完成吸油、压油各一次。轴向柱塞泵是靠改变斜盘的倾角，从而改变每个柱塞的行程使得泵的排量发生变化的。

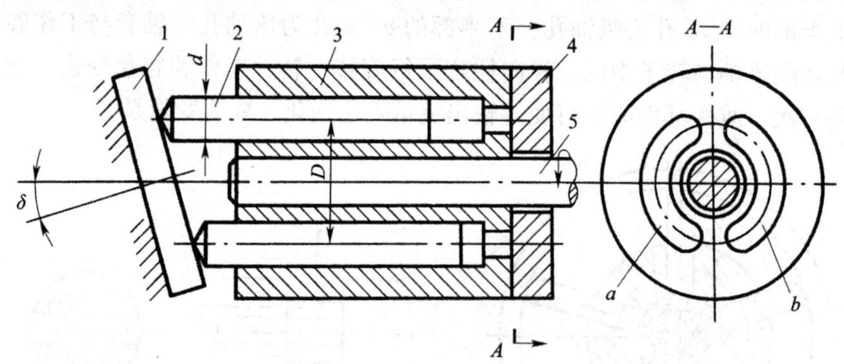

图 3—4—18　斜盘式轴向柱塞泵的工作原理

1—斜盘　2—柱塞　3—转子　4—配流盘　5—转轴

（2）流量计算。同径向柱塞泵一样，轴向柱塞泵的排量计算也是泵转一转每个工作腔容积变化的总和，实际流量的计算公式如下：

$$q=\frac{\pi}{4}d^2D\tan\delta zn\eta_v$$

式中　d——柱塞的直径；

D——柱塞的分布圆直径；

δ——斜盘的倾角；

z——柱塞数；

n——柱塞泵的转速。

以上计算的流量是泵的实际平均流量。实际上，由于该泵在工作时，其柱塞轴向移动的速度是不均匀的，它是随着转子旋转的转角而变化的，因此泵在某一瞬时的输出流量也是随转子的旋转而变化的。通过计算得出，柱塞数为奇数时，流量脉动率较小。因此，一般轴向柱塞泵的柱塞数选择 7、9 等奇数。

（3）斜盘式轴向柱塞泵的结构特点

1）结构。如图 3—4—19 所示是一种国产的斜盘式轴向柱塞泵的结构图。该泵由主体部分（图中右半部）和变量部分（图中左半部）组成。在主体部分中，传动轴 9 通过花键轴带动缸体 5 旋转，使均匀分布在缸体上的柱塞 4 绕传动轴的轴线旋转，由于每个柱塞的头部通过滑履结构与斜盘连接，因此可以任意转动而不脱离斜盘（结构详见图 3—4—20）。随着缸体的旋转，柱塞作轴向往复运动，使密封工作腔的容积发生周期性的变化，通过配流盘 7 完成吸油和压油工作。在变量机构中，由斜盘 20 的角度来决定泵的排量，而泵的角度是通过旋转手轮 15，使变量活塞 18 上下移动来调整的。可见这种泵的变量调节机构是手动的。

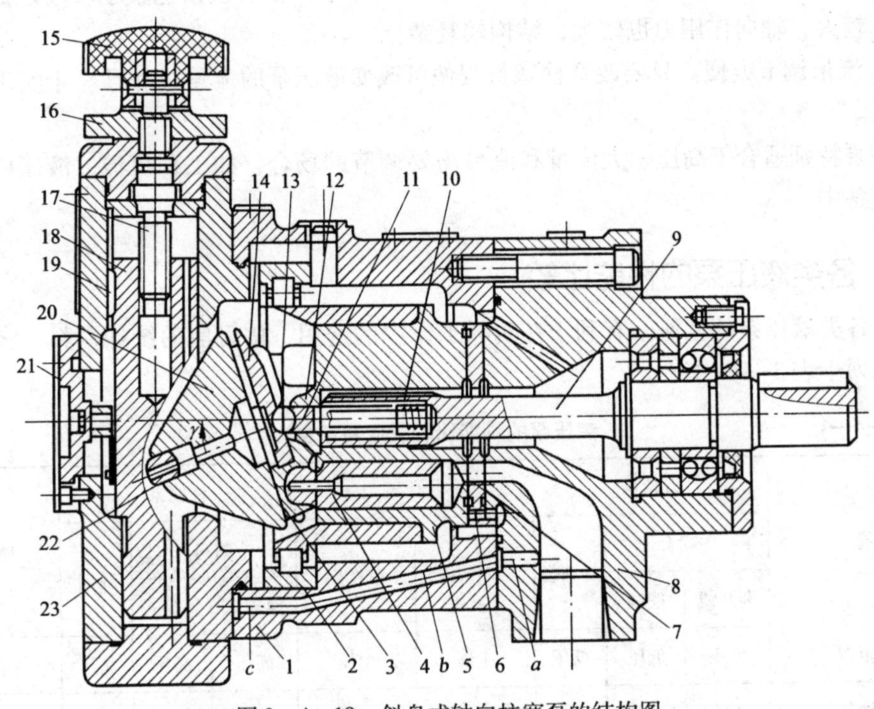

图 3—4—19　斜盘式轴向柱塞泵的结构图

1—泵体　2—轴承　3—滑履　4—柱塞　5—缸体　6—销　7—配流盘　8—前泵体　9—传动轴　10—弹簧　11—内套　12—外套　13—钢球　14—回程盘　15—手轮　16—螺母　17—螺杆　18—变量活塞　19—键　20—斜盘　21—刻度盘　22—销轴　23—变量机构壳体

2）柱塞与斜盘的连接方式。在轴向柱塞泵中，由于柱塞是与传动轴平行的，因此，柱塞在工作中必须依靠机械方式或低压油的作用来保证其与斜盘紧密接触。目前，工程上常用滑履式结构。如图 3—4—20 所示为一种滑履式结构。柱塞前面的球头在斜盘的圆形沟槽中移动，每个柱塞缸中的压力油可以经柱塞中间的孔进入滑履油室中，使滑履与斜盘的沟槽间形成液体润滑，如同静压轴承一样。这种泵的工作压力可达 32 MPa 以上，它也可作液压马达使用。

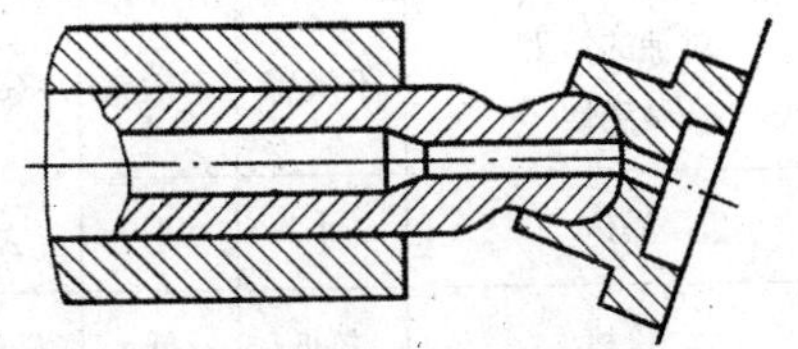

图 3—4—20　柱塞滑履式结构

3）变量控制方式。由前所述，轴向柱塞泵如果斜盘固定，不能调整角度，则为定量泵。可见，这种液压泵的流量改变主要是通过改变斜盘的倾角，因此，在斜盘的结构设计中，就要考虑变量控制机构。变量控制机构按控制方式分为手动控制、液压控制、电气控制、伺服控制等。按控制目的还可以分为恒压力控制、恒流量控制、恒功率控制等。

3. 柱塞泵的优缺点

（1）工作压力高。由于柱塞泵的密封工作腔是柱塞在缸体内孔中往复移动得到的，其相对配合的柱塞外圆及缸体内孔加工精度容易保证，因此，其工作中泄漏较小，容积效率较高。

（2）结构紧凑。特别是轴向柱塞泵，其径向尺寸小，转动惯量也较小。不足的是它的轴向尺寸较大，轴向作用力也较大，结构较复杂。

（3）流量调节方便。只要改变柱塞行程便可改变液压泵的流量，并且易于实现单向或双向变量。

柱塞泵特别适合于高压、大流量和流量需要调节的场合，如工程机械、液压机、重型机床等设备中。

五、各类液压泵的性能比较

比较各类液压泵的性能，有利于在实际工作中的选用，按目前的统计资料，将它们的主要性能列于表 3—4—1 中。

表 3—4—1　　液压泵的性能比较及应用场合

<table>
<tr><th rowspan="3">性能</th><th colspan="3">齿轮泵</th><th colspan="2">叶片泵</th><th colspan="3">柱塞泵</th><th rowspan="3">螺杆泵</th></tr>
<tr><th colspan="2">内啮合</th><th rowspan="2">外啮合</th><th rowspan="2">双作用</th><th rowspan="2">单作用</th><th colspan="2">轴向</th><th rowspan="2">径向</th></tr>
<tr><th>渐开线</th><th>摆线</th><th>斜轴式</th><th>斜盘式</th></tr>
<tr><td>压力范围</td><td>低压</td><td>低压</td><td>低压</td><td>中压</td><td>中压</td><td>高压</td><td>高压</td><td>高压</td><td>低压</td></tr>
<tr><td>排量调节</td><td>不能</td><td>不能</td><td>不能</td><td>不能</td><td>能</td><td>能</td><td>能</td><td>能</td><td>不能</td></tr>
<tr><td>输出流量脉动</td><td>小</td><td>小</td><td>很大</td><td>很小</td><td>一般</td><td>一般</td><td>一般</td><td>一般</td><td>最小</td></tr>
<tr><td>自吸特性</td><td>好</td><td>好</td><td>好</td><td>较差</td><td>较差</td><td>差</td><td>差</td><td>差</td><td>好</td></tr>
<tr><td>对油的污染敏感性</td><td>不敏感</td><td>不敏感</td><td>不敏感</td><td>较敏感</td><td>较敏感</td><td>很敏感</td><td>很敏感</td><td>很敏感</td><td>不敏感</td></tr>
<tr><td>噪声</td><td>小</td><td>小</td><td>大</td><td>小</td><td>较大</td><td>大</td><td>大</td><td>大</td><td>最小</td></tr>
<tr><td>价格</td><td>较低</td><td>低</td><td>最低</td><td>较低</td><td>一般</td><td>高</td><td>高</td><td>高</td><td>高</td></tr>
<tr><td>功率质量比</td><td>一般</td><td>一般</td><td>一般</td><td>一般</td><td>小</td><td>一般</td><td>大</td><td>小</td><td>小</td></tr>
<tr><td>效率</td><td>较高</td><td>较高</td><td>低</td><td>较高</td><td>较高</td><td>高</td><td>高</td><td>高</td><td>较高</td></tr>
<tr><td>应用场合</td><td colspan="3">机床、农机机械、工程机械、航空、船舶、一般机械的润滑等系统</td><td colspan="2">机床、工程机械、液压机、起重机、飞机等</td><td colspan="3">工程机械、运输机械、锻压机械、农业机械、飞机等</td><td>精密机床、食品、化工、石油、纺织机械等</td></tr>
</table>

子课题 2　液压马达

学习目标

1. 掌握液压马达的分类、工作原理和主要性能参数。
2. 掌握液压泵及液压马达的选用。

液压马达是一种液压执行机构，它将液压系统的压力能转化为机械能，以旋转的形式输出转矩和角速度。

一、液压马达的分类

类似于液压泵，液压马达按其结构分为齿轮马达、叶片马达及柱塞马达。若按其输入的油液的流量能否变化可以分为变量液压马达和定量液压马达。

二、液压马达的工作原理

从理论上讲，液压泵与液压马达是可逆的。也就是说，液压泵也可作液压马达使用。但由于各种泵的结构不一样，如果想作为马达使用，那么在有些泵的结构上还需要做一些改进。

齿轮泵作为液压马达使用时，注意进出油口尺寸要一致，只要在进油口中通入压力油，压力油作用于齿轮渐开线齿廓上的力会产生一个转矩，使得齿轮轴转动。

叶片泵是由于离心力作用使叶片紧贴定子内曲线上，形成密封的工作腔而工作的，因此，叶片泵作为液压马达时，要采取在叶片根部加弹簧等措施。否则，开始时，泵处于静止状态，没有离心力就无法形成工作腔，马达就不能工作。这种马达主要靠压力油作用于工作腔内（双作用式叶片泵在过渡曲线段区域内）的两个不同接触面积叶片上的力不平衡，而产生转矩，使得马达旋转。

柱塞泵作为柱塞马达可以使结构简化，特别是轴向柱塞泵，在结构上，可以简化滑履结构。如图 3—4—21 所示的轴向柱塞马达，当通过配油窗口进入柱塞上的压力油在柱塞的轴向产生一个力时，在柱塞与斜盘的接触点上，斜盘会对柱塞产生支反力，由于柱塞位于斜盘的不同位置（除去最上和最下位置的柱塞），这个力会分解成几个分力，其中，沿圆周方向的分力会产生一个转矩，使得马达旋转。

三、液压马达的主要性能参数

液压马达是一个将油液的压力能转化为机械能的能量转换装置。

1. 液压马达的压力

（1）工作压力（工作压差）。工作压力是指液压马达在实际工作时的输入压力。马达的入口压力与出口压力的差值为马达的工作压差，一般在马达出口直接回油箱的情况下，近似认为马达的工作压力就是马达的工作压差。

（2）额定压力。额定压力是指液压马达在正常工作状态下，按实验标准连续使用中允

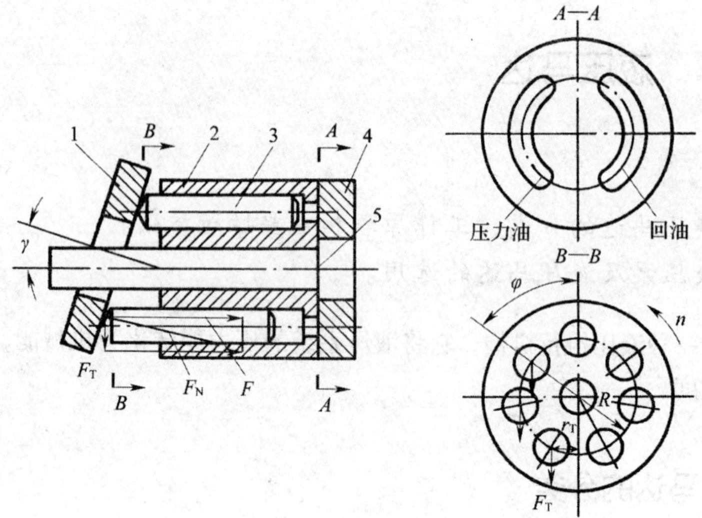

图 3—4—21　轴向柱塞马达

1—斜盘　2—转子　3—柱塞　4—配油盘　5—转轴

许达到的最高压力。

2. 液压马达的排量

液压马达的排量是指马达在没有泄漏的情况下每转一转所需输入的油液的体积。它是通过液压马达工作容积的几何尺寸变化计算得出的。

3. 液压马达的流量

液压马达的流量分为理论流量和实际流量。

(1) 理论流量是指马达在没有泄漏的情况下单位时间内其密封容积变化所需输入的油液的体积，可见，它等于马达的排量和转速的乘积。

(2) 实际流量是指马达在单位时间内实际输入的油液的体积。

由于存在着油液的泄漏，马达的实际流量大于理论流量。

4. 功率

(1) 液压马达的输入功率是驱动马达运动的液压功率，它等于液压马达的输入压力乘以输入流量：

$$P_i = \Delta P q \text{ (W)}$$

(2) 液压马达的输出功率就是马达带动外负载所需的机械功率，它等于马达的输出转矩乘以角速度：

$$P_o = T\omega \text{ (W)}$$

5. 效率

(1) 液压马达的容积效率是理论流量与实际流量的比值：

$$\eta_{mv} = \frac{q_t}{q} = \frac{q - \Delta q}{q} = 1 - \frac{\Delta q}{q}$$

(2) 液压马达的机械效率可表示为：

$$\eta_{mm} = \frac{T}{T_t} = \frac{T}{T + \Delta T}$$

液压马达的总效率为：

$$\eta_{m}=\eta_{mv}\eta_{mm}$$

6. 转矩和转速

对于液压马达的参数计算，经常要计算马达能够驱动的负载及输出的转速为多少。由前面计算可推出，液压马达的输出转矩为：

$$T=\frac{\Delta pV}{2\pi}\eta_{mm}$$

式中 V——排量。

马达的输出转速为：

$$n=\frac{q\eta_{mv}}{V}$$

四、液压马达的图形和符号

液压马达的图形符号与液压泵类似（见图 3—4—22），但要注意，液压马达是输入液压油。

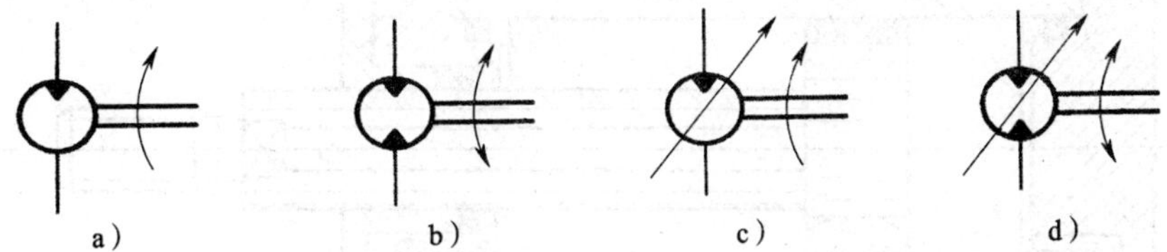

图 3—4—22　液压马达的图形符号

a）单向定量液压马达　b）双向定量液压马达　c）单向变量液压马达　d）双向变量液压马达

五、液压泵及液压马达的选用

1. 液压泵的选用

液压泵是液压系统的核心部件，设计液压系统时如何选择泵是一个非常关键的步骤。

首先，一定要了解各种液压泵的性能特点，根据表 3—4—1 的介绍搞清楚各种常用液压泵的技术性能及应用范围，根据应用场合确定泵的类型（定量还是变量）和结构形式。

其次，在选择液压泵时，主要考虑满足系统使用要求的前提下，决定其价格、质量、维护、外观等方面的需求。一般情况下，在功率较小的条件下，可选用齿轮泵、双作用式叶片泵等，齿轮泵也常用于污染较大的地方；若有平稳性要求、精度较高的设备可选用螺杆泵和双作用式叶片泵；在负载较大且速度变化较大的条件下（如组合机床等），可选择限压式变量泵；在功率、负载较大的条件下（如工程机械、运输锻压机械），可选用柱塞泵。

2. 液压马达的选用

选用液压马达时考虑以下几个因素：

（1）根据负载转矩和转速要求确定液压马达所需的转矩和转速大小。

（2）根据负载和转速确定液压马达的工作压力和排量大小。

（3）根据执行元件的转速要求确定采用定量马达还是变量马达。

（4）对于液压马达不能直接满足负载转矩和转速要求的，可以考虑配置减速机构。

子课题3　液压缸

学习目标

1. 掌握液压缸的工作原理、类型及基本参数的计算。
2. 熟悉液压缸的典型结构。
3. 熟悉液压缸的选用注意事项。

一、液压缸的工作原理、类型

1. 液压缸的工作原理

液压缸的工作原理如图3—4—23所示，液压缸主要由缸筒1、活塞2、活塞杆3、端盖4、活塞杆密封件5组成。其他类型的活塞式液压缸的主要零件与如图3—4—23所示结构类似。

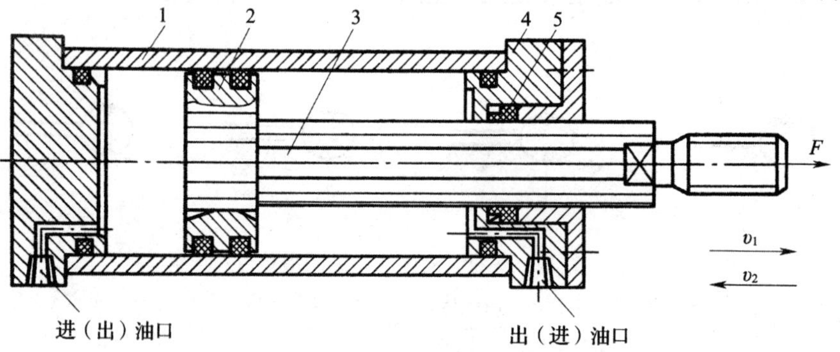

图3—4—23　液压缸的工作原理

1—缸筒　2—活塞　3—活塞杆　4—端盖　5—活塞杆密封件

若缸筒固定，左腔连续地输入压力油，则当油的压力足以克服活塞杆上的所有负载时，活塞以速度 v_1 连续向右运动，活塞杆对外界做功；反之，往右腔输入压力油时，活塞以速度 v_2 向左运动，活塞缸也对外界做功。这样，完成了一个往复运动。这种液压缸称为缸筒固定缸。

若活塞杆固定，左腔连续地输入液压油时，则缸筒向左运动；当往右腔连续地输入液压油时，则缸筒向右运动。这种液压缸称为活塞杆固定缸。

本章所论及的液压缸，除特别指明外，均以缸筒固定、活塞杆运动的液压缸为例。

由此可知，输入液压缸的油必须具有压力 P 和流量 q。压力用来克服负载，流量用来形成一定的运动速度。输入液压缸的压力和流量就是给缸输入液压能；活塞作用于负载的力和运动速度就是液压缸输出的机械能。因此，缸输入的压力 P、流量 q，以及输出作用力 F，速度 v 是液压缸的主要性能参数。

2. 液压缸的分类

为了满足各种主机的不同用途，液压缸有多种类型。

按供油方向可分为单作用缸和双作用缸。单作用缸只是往缸的一侧输入高压油，靠其他外力使活塞反向回程。双作用缸则分别向缸的两侧输入压力油，活塞的正反向运动均靠液压力完成。

按结构形式可分为活塞缸、柱塞缸、摆动缸和伸缩套筒缸。

按活塞杆的形式可分为单活塞杆缸和双活塞杆缸。

按缸的特殊用途可分为串联缸、增压缸、增速缸、步进缸等。此类缸都不是一个单纯的缸筒，而是和其他缸筒和构件组合而成，所以从结构的观点看，这类缸又称为组合缸。

液压缸的分类见表 3—4—2。

表 3—4—2　液压缸的分类

缸的种类	名　称		原理图	符　号	说明
单作用液压缸	活塞缸		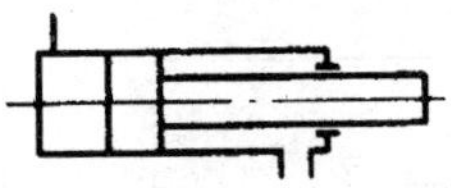	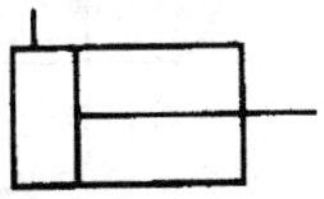	活塞仅单向运动，由外力使活塞反向运动
	柱塞缸			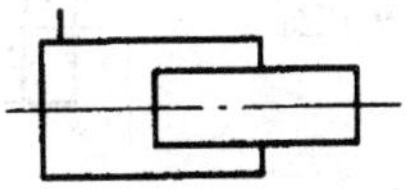	柱塞仅单向运动，由外力使柱塞反向运动
	伸缩式套筒缸			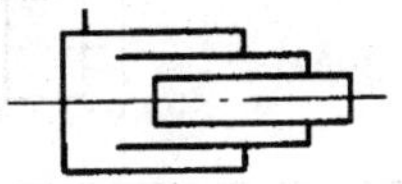	有多个互相联动的活塞的缸，其行程可改变，由外力使活塞返回
双作用液压缸	单活塞杆	普通缸	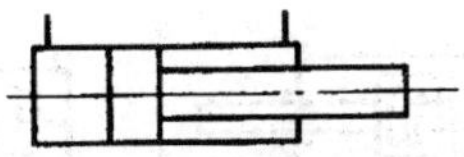	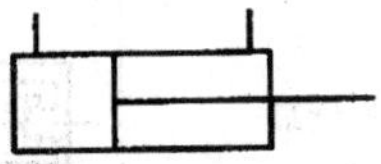	活塞双向运动，活塞在行程终了时不减速
		不可调缓冲式缸	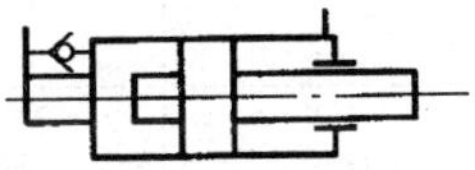	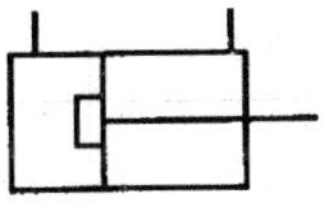	活塞在行程终了时减速制动，减速值不变
		可调缓冲式缸	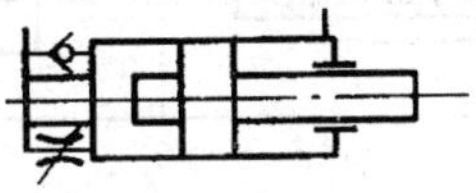	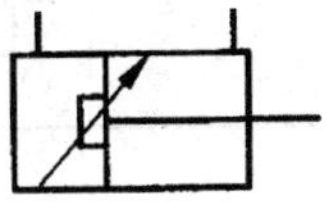	活塞在行程终了时减速制动，减速值不变，但减速值可调
		差动缸	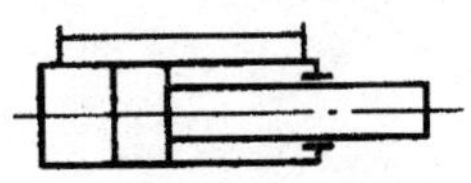	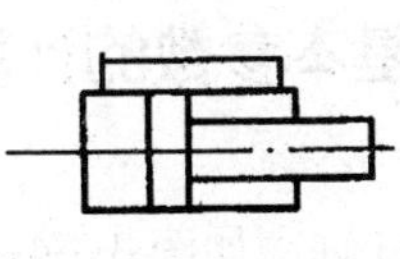	活塞两端的面积差较大使缸往复的作用力和速度差较大，对系统的工作特性有明显的作用
	双活塞杆	等行程等速缸	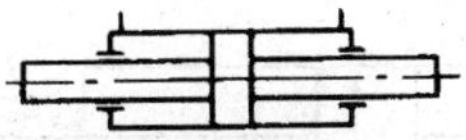	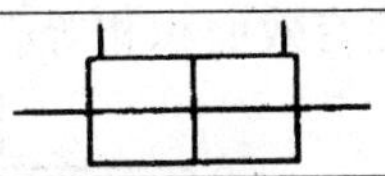	活塞左右移动速度和行程均相等
		双向缸	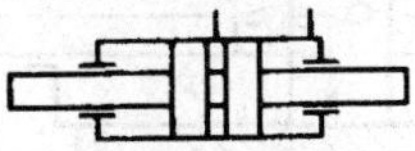	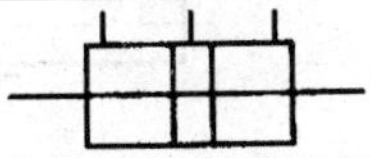	两个活塞同时向相反方向运动
	伸缩式套筒缸		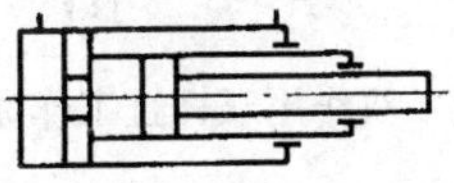	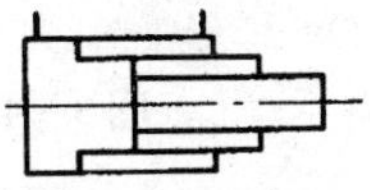	有多个互相联动的活塞的缸，其行程可变，活塞可双向运动

续表

缸的种类	名　称	原理图	符　号	说明
组合缸	弹簧复位缸			活塞单向作用，由弹簧使活塞复位
	串联缸			当缸的直径受限制，而长度不受限制时，用以得到大的推力
	增压缸	A　B		由两个不同的压力室 *A* 和 *B* 组成，为了提高 *B* 室中液体的压力
	多位缸	3 2 1		活塞 *A* 有三个位置
	步进缸			将若干活塞的行程按二进制排列，根据需要打开不同的进油口，以实现不同距离的移动
	增速缸			利用不同的油口供油可以得到快速或低速伸出

二、液压缸基本参数的计算

1. 活塞缸

（1）双作用双杆缸。如图 3—4—24 所示为双作用双杆缸的工作原理图。在活塞的两侧均有杆伸出，两腔有效面积相等。

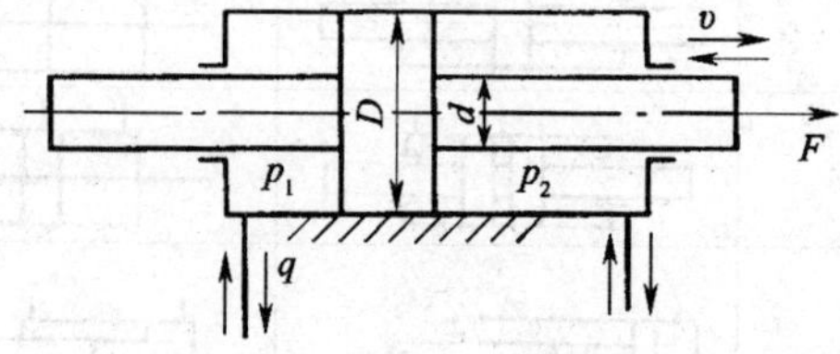

图 3—4—24　双作用双杆缸工作原理

1）往复运动的速度（供油流量相同）

$$v=\frac{q\eta_v}{A}=\frac{4q\eta_v}{\pi(D^2-d^2)}$$

2）往复出力（供油压力相同）

$$F=A(p_1-p_2)\eta_m=\frac{\pi}{4}(D^2-d^2)(p_1-p_2)\eta_m$$

式中 q——缸的输入流量；

η_v——缸的容积效率；

A——活塞有效作用面积；

D——活塞直径（缸筒直径）；

d——活塞杆直径；

p_1——缸的进口压力；

p_2——缸的出口压力；

η_m——缸的机械效率。

3）特点

①往复运动的速度和出力相等。

②长度方向占有的空间，当缸体固定时约为缸体长度的3倍，当活塞杆固定时约为缸体长度的两倍。

（2）双作用单杆缸。如图3—4—25所示为双作用单杆缸的工作原理图。其一端伸出活塞杆，两腔有效面积不相等。

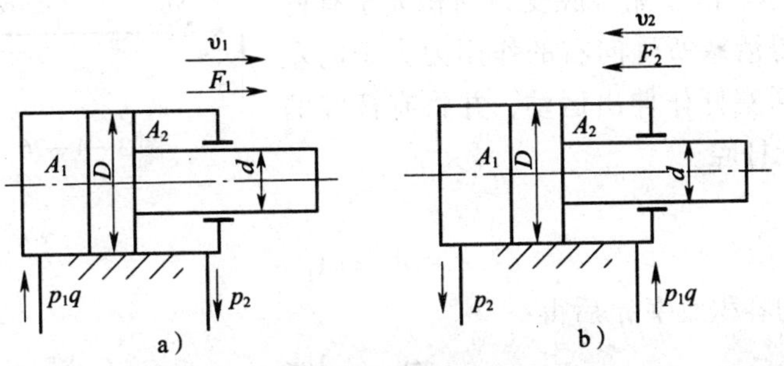

图3—4—25 双作用单杆缸工作原理

a）无杆腔进油 b）有杆腔进油

1）往复运动的速度（供油流量相同）

$$v_1=\frac{q\eta_v}{A_1}=\frac{q\eta_v}{\frac{\pi}{4}D^2}$$

$$v_2=\frac{q\eta_v}{A_2}=\frac{q\eta_v}{\frac{\pi}{4}(D^2-d^2)}$$

速比为：

$$\varphi=\frac{v_2}{v_1}=\frac{D^2}{D^2-d^2}$$

式中 q——缸的输入流量；

A_1——无杆腔的活塞有效作用面积；

A_2——有杆腔的活塞有效作用面积；

D——活塞直径（缸筒内径）；

d——活塞杆直径；

η_v——缸的容积效率。

2）往复出力（供油压力相同）

$$F_1 = (p_1A_1 - p_2A_2)\eta_m = \frac{\pi}{4}[p_1D^2 - p_2(D^2 - d^2)]\eta_m$$

$$F_2 = (p_1A_2 - p_2A_1)\eta_m = \frac{\pi}{4}[p_1(D^2 - d^2) - p_2D^2]\eta_m$$

式中 p_1——缸的进口压力；

p_2——缸的出口压力；

η_m——缸的机械效率。

3）特点

①往复运动的速度及出力均不相等。

②长度方向占有的空间大致为缸体长度的两倍。

③活塞杆外伸时受压，要有足够的刚度。

（3）差动连接缸。差动连接缸就是把单杆活塞缸的无杆腔和有杆腔连接在一起，同时通入高压油，如图3—4—26所示。由于无杆腔受力面积大于有杆腔受力面积，使得活塞所受向右的作用力大于向左的作用力，因此活塞杆作伸出运动，并将有杆腔的油液挤出，流进无杆腔。

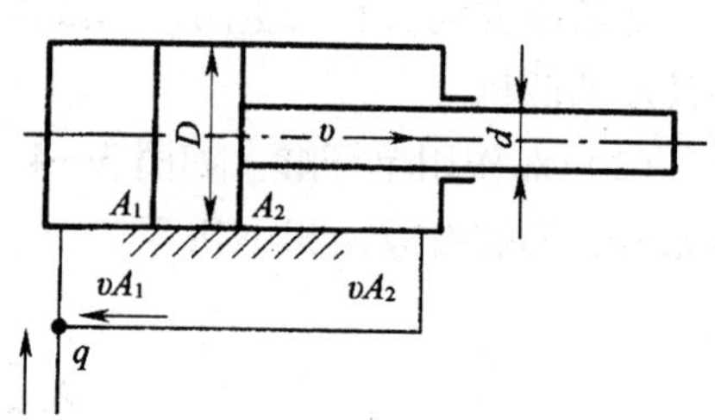

图3—4—26 差动连接缸

1）运动速度

$$q + vA_2 = vA_1$$

在考虑了缸的容积效率 η_v 后得：

$$v = \frac{q\eta_v}{A_1 - A_2} = \frac{4q\eta_v}{\pi d^2}$$

2）出力

$$F = p(A_1 - A_2)\eta_m = \frac{\pi}{4}d^2p\eta_m$$

3）特点

①只能向一个方向运动，反向时必须断开差动（通过控制阀来实现）。

②速度快、出力小，用于增速、负载小的场合。

2. 柱塞缸

所谓的柱塞缸就是缸筒内没有活塞，只有一个柱塞，如图3—4—27a所示。柱塞端面是承受油压的工作面，动力通过柱塞本身传递；缸体内壁和柱塞不接触，因此缸体内孔可以只作粗加工或不加工，简化加工工艺；由于柱塞较粗，刚度强度足够，因此适用于工作行程较长的场合；只能单方向运动，工作行程靠液压驱动，回程靠其他外力或自重驱动，可以用两个柱塞缸来实现双向运动（往复运动），如图 3—4—27b 所示。

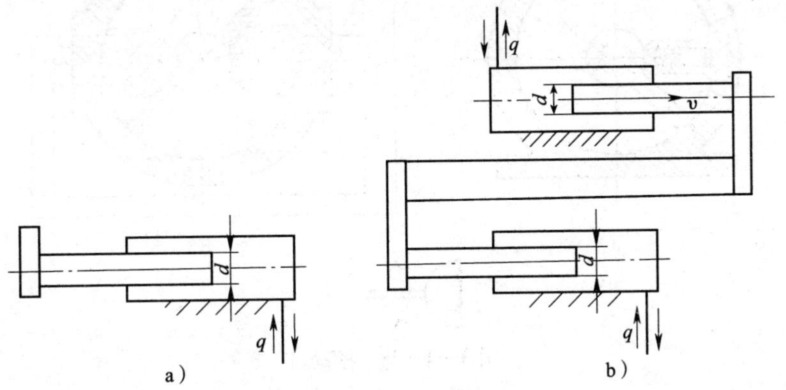

图 3—4—27　柱塞缸

柱塞缸的运动速度和出力分别为：

$$v=\frac{q\eta_v}{\frac{\pi}{4}d^2}$$

$$F=p\frac{\pi}{4}d^2\eta_m$$

式中　q——缸的输入流量；

d——柱塞直径；

p——液体的工作压力。

3. 摆动缸

摆动缸是实现往复摆动的执行元件，输入的是压力和流量，输出的是转矩和角速度。它有单叶片式和双叶片式两种形式。

如图 3—4—28a、b 所示分别为单叶片式和双叶片式摆动缸，它们的输出转矩和角速度分别为：

$$T_{单}=\left(\frac{R_2-R_1}{2}+R_1\right)(R_2-R_1)\,b\,(p_1-p_2)\,\eta_m=\frac{b}{2}(R_2^2-R_1^2)(p_1-p_2)\,\eta_m$$

$$\omega_{单}=\frac{q\eta_v}{(R_2-R_1)\,b\left(\frac{R_2-R_1}{2}+R_1\right)}=\frac{2q\eta_v}{b\,(R_2^2-R_1^2)}$$

$$T_{双}=2T_{单}\qquad \omega_{双}=\omega_{单}/2$$

式中　R_1——轴的半径；

R_2——缸体的半径；

p_1——进油的压力；

p_2——回油的压力；

b——叶片宽度。

单叶片的摆动角度为 300°左右，双叶片的摆动角度为 150°左右。

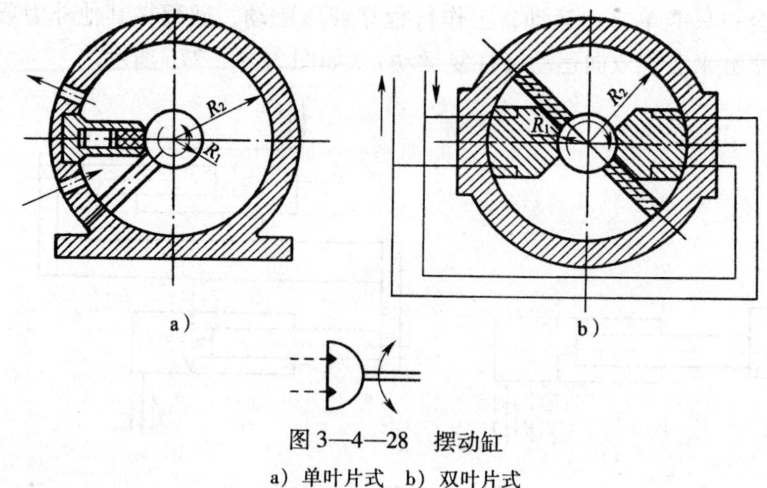

图 3—4—28　摆动缸

a）单叶片式　b）双叶片式

4. 其他形式液压缸

（1）伸缩套筒缸。伸缩套筒缸是由两个或多个活塞式液压缸套装而成的，前一级活塞缸的活塞是后一级活塞缸的缸筒。伸出时，由大到小逐级伸出（负载恒定时油压逐级上升，负载如果由大到小变化可保证油压恒定）；缩回时，由小到大逐级缩回，如图 3—4—29 所示。这种缸的最大特点就是工作时行程长，停止工作时长度较短。各级缸的运动速度和出力可按活塞式液压缸的有关公式计算。

伸缩套筒缸特别适用于工程机械和步进式输送装置上。

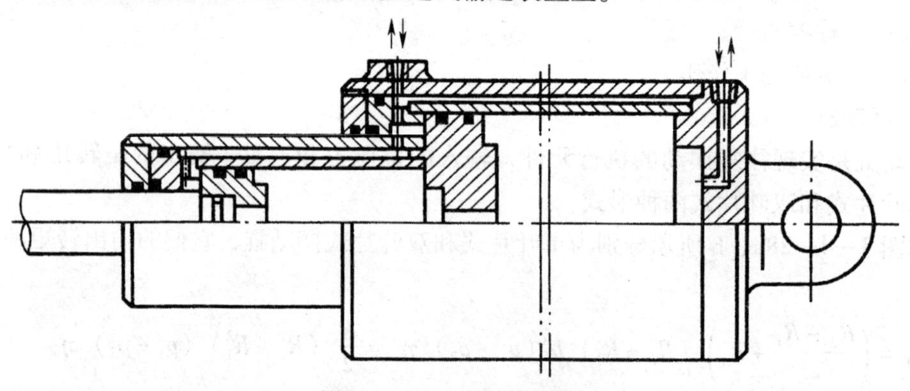

图 3—4—29　伸缩套筒缸

（2）增压缸。增压缸又称为增压器，如图 3—4—30 所示。它是在同一个活塞杆的两端接入两个直径不同的活塞，利用两个活塞有效面积之差使液压系统中的局部区域获得高压。具体工作过程是：在大活塞侧输入低压油，根据力平衡原理，在小活塞侧必获得高压油（有足够负载的前提下）。即：

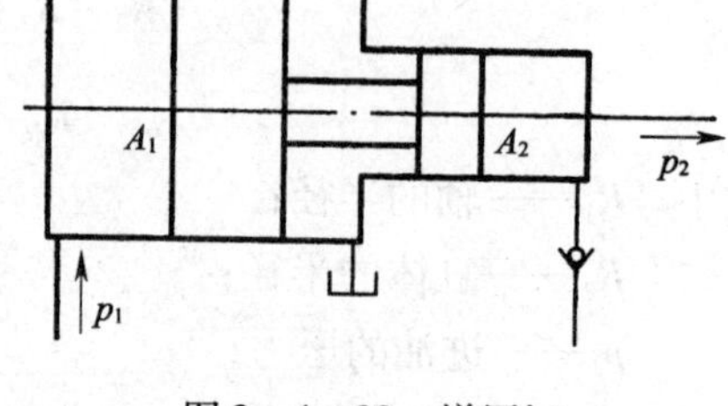

图 3—4—30　增压缸

$$p_1A_1 = p_2A_2$$

故：

$$p_2 = p_1 \frac{A_1}{A_2} = p_1 K$$

式中 p_1——输入的低压；

p_2——输出的高压；

A_1——大活塞的面积；

A_2——小活塞的面积；

K——增压比，$K = A_1/A_2$。

增压缸不能直接驱动工作机构，只能向执行元件提供高压，常与低压大流量泵配合使用来节约设备的费用。

（3）增速缸。如图 3—4—31 所示为增速缸的工作原理图。先从 a 口供油使活塞 2 以较快的速度右移，活塞 2 运动到某一位置后，再从 b 口供油，活塞以较慢的速度右移，同时输出力也相应增大。增速缸常用于卧式压力机上。

（4）齿轮齿条缸。齿轮齿条缸由带有齿条杆的双活塞缸和齿轮齿条机构组成，如图 3—4—32 所示。它将活塞的往复直线运动经齿轮齿条机构转变为齿轮轴的转动，多用于回转工作台和组合机床的转位、液压机械手和装载机铲斗的回转等。

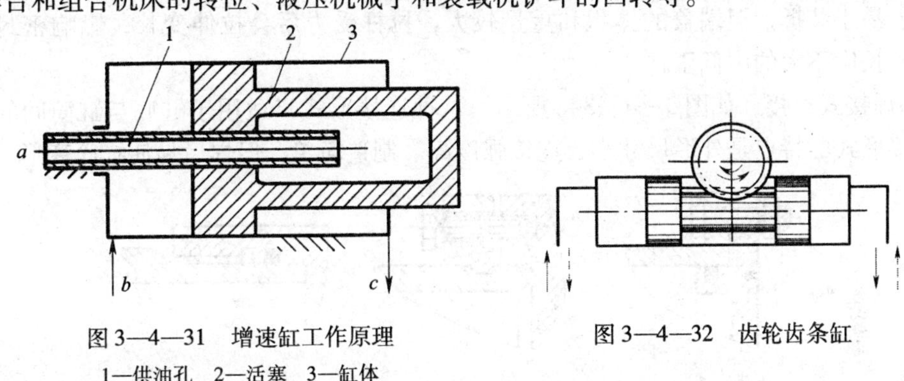

图 3—4—31　增速缸工作原理

1—供油孔　2—活塞　3—缸体

图 3—4—32　齿轮齿条缸

三、液压缸的典型结构

在液压缸中最具有代表性的结构就是双作用单杆缸的结构，如图 3—4—33 所示（此缸是工程机械中的常用缸）。下面就以这种缸为例说明液压缸的结构。

液压缸的结构基本上可以分为缸筒和缸盖组件、活塞和活塞杆组件、密封装置、缓冲装置和排气装置五个部分，下面介绍其中四个部分。

1. 缸筒和缸盖组件

（1）连接形式

1）法兰连接式，如图 3—4—34a 所示。这种连接形式的特点是结构简单，容易加工、装拆，但外形尺寸和重量较大。

2）半环连接式，如图 3—4—34b 所示。这种连接分为外半环连接和内半环连接两种形式（图 3—4—34b 为外半环连接）。这种连接形式的特点是容易加工、装拆、重量轻，但削弱了缸筒强度。

3）螺纹连接式，如图 3—4—34c、f 所示。这种连接有外螺纹连接和内螺纹连接两种形式。这种连接形式的特点是外形尺寸和重量较小，但结构复杂，外径加工时要求保证与

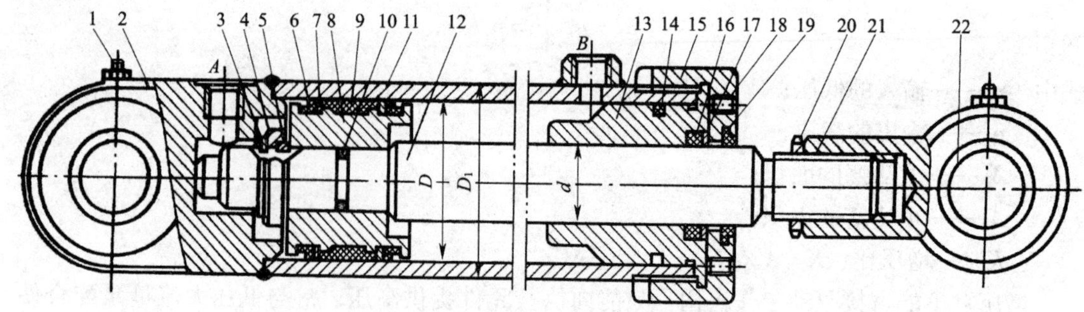

图 3—4—33　双作用单杆缸的结构

1—螺杆　2—缸底　3—弹簧卡圈　4—挡环　5—卡环（由两个半圆组成）　6—密封圈　7、17—挡圈　8—活塞　9—支承环　10—活塞与活塞杆之间的密封圈　11—缸筒　12—活塞杆　13—导向套　14—导向套和缸筒之间的密封圈　15—端盖　16—导向套与活塞杆之间的密封圈　18—锁紧螺钉　19—防尘圈　20—锁紧螺母　21—耳环　22—耳环衬套圈

内径同心，装拆要使用专用工具。

4）拉杆连接式，如图 3—4—34d 所示。这种连接的特点是结构简单、工艺性好、通用性强、易于装拆，但端盖的体积和重量较大，拉杆受力后会拉伸变长，影响密封效果，仅适用于长度不大的中低压缸。

5）焊接式连接，如图 3—4—34e 所示。这种连接形式只适用于缸底与缸筒间的连接。这种连接形式的特点是外形尺寸小、连接强度高、制造简单，但焊后易使缸筒变形。

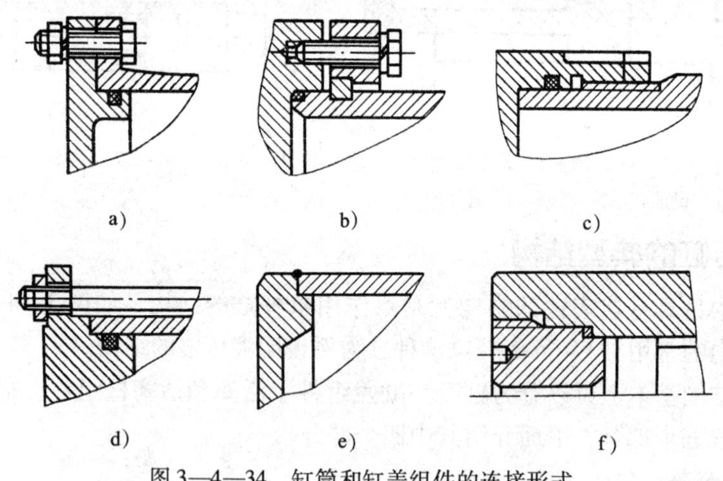

图 3—4—34　缸筒和缸盖组件的连接形式

（2）密封形式。缸筒与缸盖间的密封属于静密封，主要的密封形式是采用 O 形密封圈密封，如图 3—4—34 所示。

（3）导向与防尘。对于缸前盖还应考虑导向和防尘的问题。导向的作用是保证活塞的运动不偏离轴线，以免产生“拉缸”现象，采用 H8/f8 间隙配合，并保证活塞杆的密封件能正常工作。导向套是用铸铁、青铜、黄铜或尼龙等耐磨材料制成的，可与缸盖做成整体或另外压入。导向套不应太短，以保证受力良好，见图 3—4—33 中的 13 号件。防尘就是防止灰尘被活塞杆带入缸体内，造成液压油的污染。通常是在缸盖上装一个防尘圈，见图

3—4—33 中的 19 号件。

（4）缸筒与缸盖的材料

缸筒：35 钢或 45 钢调质无缝钢管；也有采用锻钢、铸钢或铸铁等材料的，在特殊情况下也有采用合金钢的。

缸盖：35 钢或 45 钢锻件、铸件、圆钢或焊接件；也有采用球铁或灰口铸铁的。

2. 活塞和活塞杆组件

（1）连接形式

1）螺纹连接式，如图 3—4—35a 所示。这种连接形式的特点是结构简单，装拆方便，但高压时会松动，必须加防松装置。

2）半环连接式，如图 3—4—35b 所示。这种连接形式的特点是工作可靠，但结构复杂、装拆不便。

3）整体式和焊接式，适用于尺寸较小的场合。

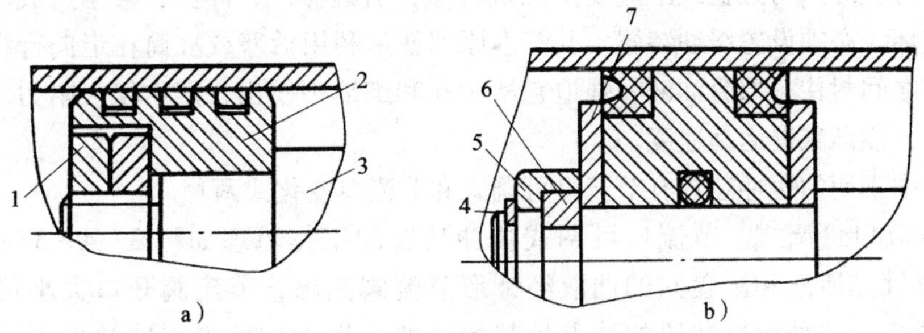

图 3—4—35　活塞和活塞杆组件的连接形式

1—螺母　2—活塞　3—活塞杆　4—轴用挡圈　5—压板　6—卡键　7—挡板

（2）密封形式。活塞与活塞杆间的密封属于静密封，通常采用 O 形密封圈来密封。活塞与缸筒间的密封属于动密封，既要封油，又要相对运动，对密封的要求较高，通常采用的形式有以下几种。

1）如图 3—4—36a 所示为间隙密封，它依靠运动件间的微小间隙来防止泄漏。为了提高密封能力，常制出几条环形槽，增加油液流动时的阻力。它的特点是结构简单、摩擦阻力小、可耐高温，但泄漏大、加工要求高、磨损后无法补偿，用于尺寸较小、压力较低、相对运动速度较高的情况下。

2）如图 3—4—36b 所示为摩擦环密封，靠摩擦环支承相对运动，靠 O 形密封圈来密封。它的特点是密封效果较好，摩擦阻力较小且稳定，可耐高温，磨损后能自动补偿，但加工要求高，装拆较不便。

3）如图 3—4—36c、d 所示为密封圈密封，它采用橡胶或塑料的弹性使各种截面的环形圈贴紧在静、动配合面之间来防止泄漏。它的特点是结构简单，制造方便，磨损后能自动补偿，性能可靠。

（3）活塞和活塞杆的材料。活塞通常用铸铁和钢，也有用铝合金制成的。活塞杆一般是 35 钢、45 钢的空心杆或实心杆。

3. 缓冲装置

液压缸一般都设置缓冲装置，特别是活塞运动速度较高和运动部件质量较大时，为了

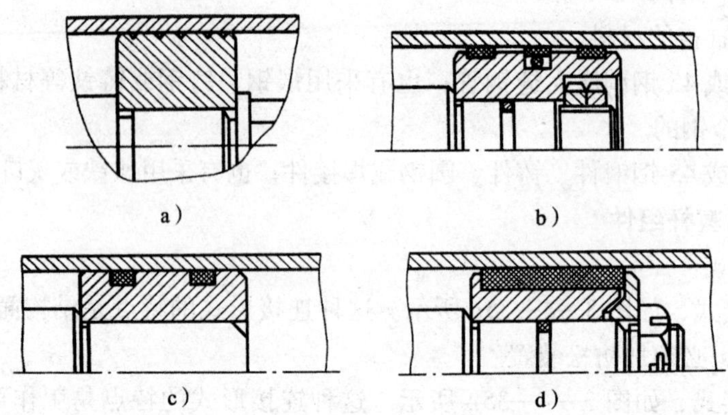

图 3—4—36　活塞和缸筒间的密封形式

防止活塞在行程终点与缸盖或缸底发生机械碰撞，引起噪声、冲击，甚至造成液压缸或被驱动件的损坏，必须设置缓冲装置。其基本原理就是利用活塞或缸筒在走向行程终端时在活塞和缸盖之间封住一部分油液，强迫它从小孔和细缝中挤出，产生很大阻力，使工作部件受到制动，逐渐减慢运动速度。

液压缸中常用的缓冲装置有节流口可调式和节流口变化式两种。

（1）节流口可调式。节流口可调式缓冲装置的工作原理如图 3—4—37a 所示，缓冲过程中被封在活塞和缸盖间的油液经针形节流阀流出，节流阀开口大小可根据负载情况进行调节。这种缓冲装置的特点是起始缓冲效果大，后来缓冲效果小，故制动行程长；缓冲腔中的冲击压力大；缓冲性能受油温影响。缓冲性能曲线如图 3—4—37b 所示。

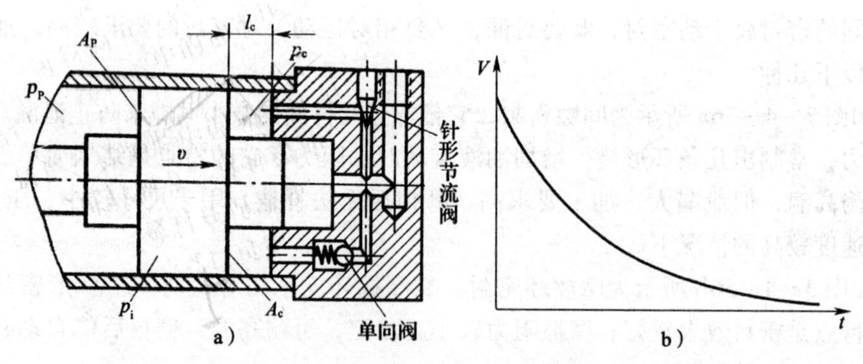

图 3—4—37　节流口可调式缓冲装置
a）工作原理图　b）缓冲性能曲线

（2）节流口变化式。节流口变化式缓冲装置的工作原理如图 3—4—38a 所示，缓冲过程中被封在活塞和缸盖间的油液经活塞上的轴向节流槽流出，节流口通流面积不断减小。这种缓冲装置的特点是当节流口的轴向横截面为矩形、纵向横截面为抛物线形时，缓冲腔可保持恒压；缓冲作用均匀，缓冲腔压力较小，制动位置精度高。缓冲性能曲线如图 3—4—38b 所示。

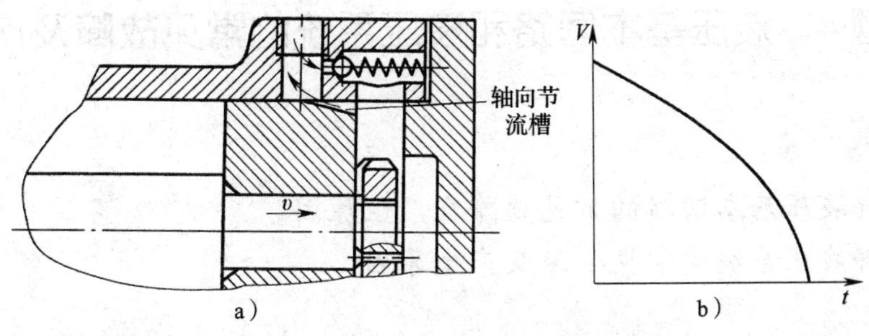

图 3—4—38　节流口变化式缓冲装置

a）工作原理图　b）缓冲性能曲线

4. 排气装置

液压系统在安装过程中或长时间停止工作之后会渗入空气，油中也会混入空气，由于气体有很大的可压缩性，会使执行元件产生爬行、噪声、发热等一系列不正常现象，因此在设计液压缸时，要保证能及时排除积留在缸内的气体。

一般利用空气比较轻的特点可在液压缸的最高处设置进出油口把气体带走，如不能在最高处设置油口，则可在最高处设置放气孔或专门的放气阀等放气装置，如图 3—4—39 所示。

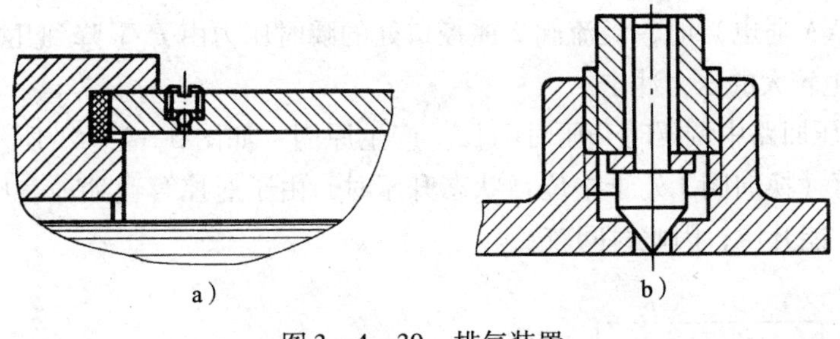

图 3—4—39　排气装置

四、液压缸的选用注意事项

选择液压缸时，根据实际需要，在满足内径、行程、使用压力和安装形式的基本要求后，还应特别注意：

1. 液压缸承受负载后，如果其输出速度达到一定的标准，为了减少液压缸高速运动中忽然停止所产生的液压冲击，就必须选用带有缓冲装置的液压缸；速度更高的，还须在液压缸外加减速阀。

2. 对于行程超过 1 000 mm 的液压缸，为了防止活塞杆过载及活塞过快磨损，应该使用支承环。

3. 一般来说，不同的液压油适用于不同材质的油封，选择液压油或油封时应注意密封材料与液压油和工作温度的关系，从而保障液压缸的寿命。

子课题4　液压基本回路和液压系统的常见故障及产生原因

学习目标

1．掌握液压基本回路的常见故障及产生原因。

2．掌握液压系统的常见故障及产生原因。

一、液压基本回路的常见故障及产生原因

在液压回路中，常见的基本回路有压力控制回路、方向控制回路、调速回路、快速运动回路、速度换接回路和多液压缸间配合的工作回路。这些回路在工作中常出现的故障及产生原因简述如下。

1．压力控制回路的常见故障及产生原因

（1）调压回路

1）二级调压回路中的压力冲击。产生原因：如图3—4—40所示，当1YA不通电，系统压力由溢流阀2调节；当1YA通电，系统压力由溢流阀3调节，回路由电磁阀4切换，压力由P_1切换到P_2时（$P_1>P_2$），因电磁阀4与溢流阀3间的油路内切换前没有压力，电磁阀4切换（1YA通电）时，溢流阀2遥控口处的瞬时压力由P_1下降到几乎为零后再回升到P_2，系统产生较大的压力冲击。

2）二级调压回路中调压时升压时间长。产生原因：如图3—4—41所示，当遥控管路较长，系统卸荷（换向阀3处于中位）状态升压时，由于遥控管通油池，压力油要先填充满遥控管路后才能升压，因此时间较长。

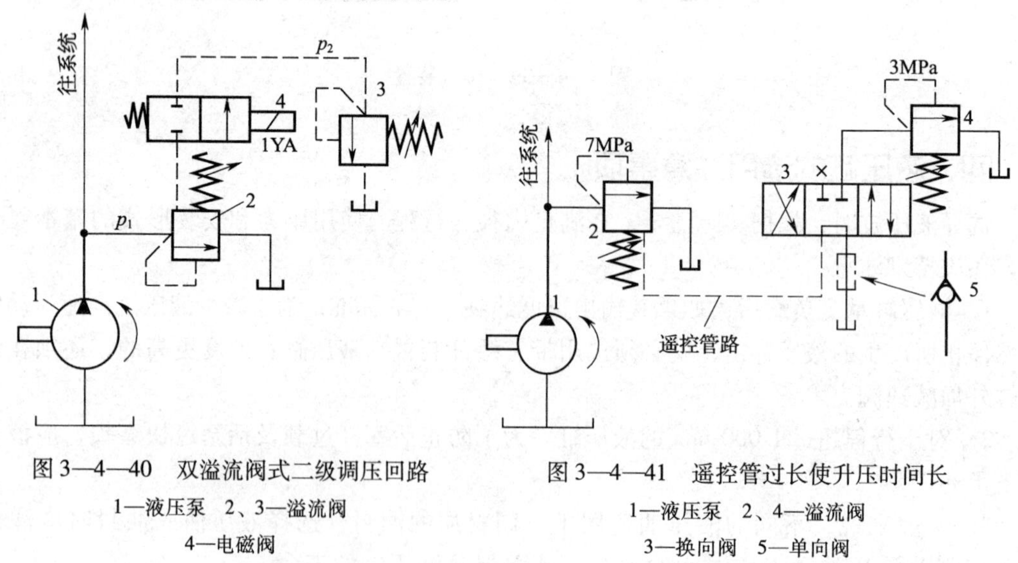

图3—4—40　双溢流阀式二级调压回路

1—液压泵　2、3—溢流阀

4—电磁阀

图3—4—41　遥控管过长使升压时间长

1—液压泵　2、4—溢流阀

3—换向阀　5—单向阀

3）主溢流阀的最低调压值增高，同时产生动作迟滞。产生原因：从主溢流阀到遥控先导溢流阀之间的配管过长，遥控管内压力损失过大。

（2）保压回路

1）不保压。产生原因：

①液压缸的内外泄漏造成不保压。

②各控制阀的泄漏，特别是靠近液压缸的换向阀泄漏较大，造成不保压。

③回路泄漏点过多造成不保压。

④缺油。

2）保压回程中出现冲击、振动和噪声。产生原因：保压过程中，油的压缩、管道的膨胀、机器的弹性变形储存有能量，在保压终了的返程过程中，上腔的压力及存储的能量未泄完，液压缸下腔的压力已升高。这样，液控单向阀的卸荷阀和主阀芯同时被顶开，引起液压缸上腔突然放油，大流量快泄压，导致系统冲击、振动和噪声。

（3）减压回路

1）二次压力逐渐升高。产生原因：如图 3—4—42 所示，液压缸 2 长时间停歇后，有少量油液通过阀芯间隙经先导阀排出，保持该阀处于工作状态。当阀内泄漏量较大时，高压油自减压阀进入油腔向主阀芯上腔渗漏，通过先导阀的流量加大，使减压阀的二次压力（出口压力）增大。

2）减压回路中液压缸速度调节失灵。产生原因：如图 3—4—42 所示的溢流阀 3 泄漏量大。

（4）增压回路

1）不增压或者达不到所调增压力。如图 3—4—43 所示，产生原因如下。

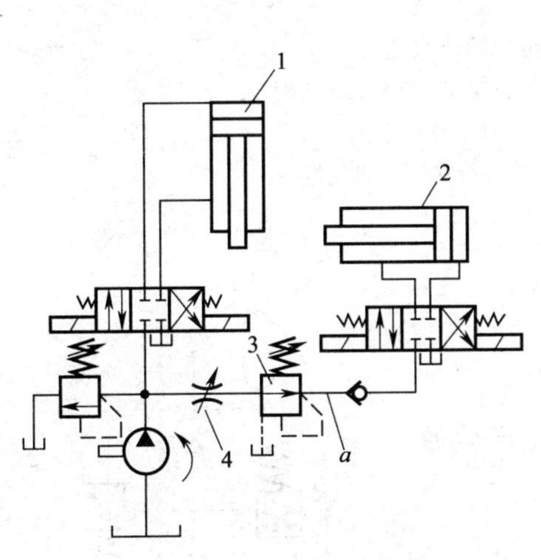

图 3—4—42　二次压力升高

1、2—液压缸　3—溢流阀　4—可调节流阀

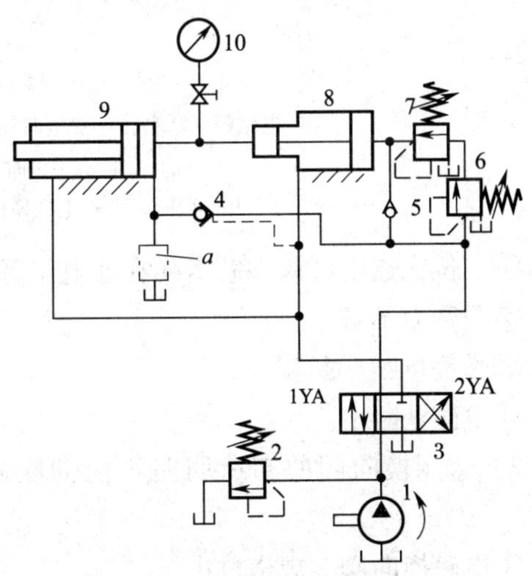

图 3—4—43　增压回路

1—液压泵　2、6—溢流阀　3—换向阀

4、5—单向阀　7—顺序阀　8、9—液压缸

10—压差计

①当液压缸 8 的活塞卡死不能动，或液压缸 8 的活塞密封严重破损，均会造成不增压。

②单向阀 4 卡死，导致增压时单向阀 4 不能关闭。

③液压缸 9 的活塞密封破损，使缸窜腔。

④溢流阀无压力油进入系统。

2）增压后压力缓慢下降。产生原因：

①单向阀4的阀芯与阀座密合不良，密合面间有污物粘住。

②液压缸9、液压缸8活塞密封轻度破损。

3）液压缸9无返回动作。产生原因：

①2YA未断电。

②单向阀4的阀芯卡死在关闭位置。

③增压后液压缸9的右腔压力未卸掉，单向阀4打不开。

④油源无压力油。

（5）卸荷回路

1）换向阀的卸荷回路不卸荷。如图3—4—44所示，产生原因如下。

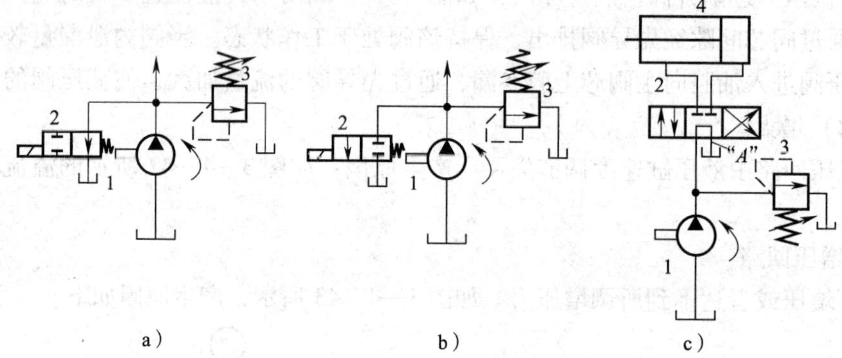

图3—4—44　换向阀的卸荷回路

a）电磁阀（H型）不通电时卸荷　b）电磁阀（O形）通电时卸荷

c）三位阀中位时卸荷（M、K、H型等）

1—液压泵　2—电磁换向阀　3—卸荷阀　4—液压缸

①二位二通电磁阀阀芯卡死在通电位置。

②弹簧力不够。

③弹簧折断、漏装。

④电磁铁断电。

2）采用换向阀的卸荷回路不能彻底卸荷。产生原因：

①电磁换向阀2规格过小。

②电磁换向阀2为手动时定位不准，换向不到位。

3）采用M型电液换向阀卸荷时，电磁换向阀2不可靠。产生原因：如图3—4—44所示，控制压力油压力不够。

4）用蓄能器保压并用液压泵卸荷的回路在卸荷时不彻底，有功率损失。产生原因：如图3—4—45所示，压力升高时，卸荷阀2如同溢流阀一样仅部分地开启使液

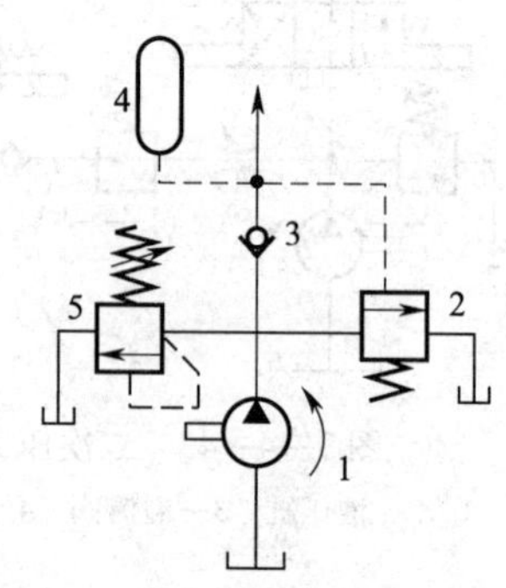

图3—4—45　采用蓄能器保压、液压泵卸荷的回路

1—液压泵　2—卸荷阀

3—单向阀　4—蓄能器

5—溢流阀

压泵1卸荷，造成功率损失。

5）双泵供油时的卸荷回路发生电动机严重发热甚至烧坏。产生原因：如图3—4—46所示，在工作时单向阀3因各种原因未能很好关闭，造成液压泵1出口的高压油反灌到液压泵2的出油口，导致液压泵2负载增加，加大了电动机功率。

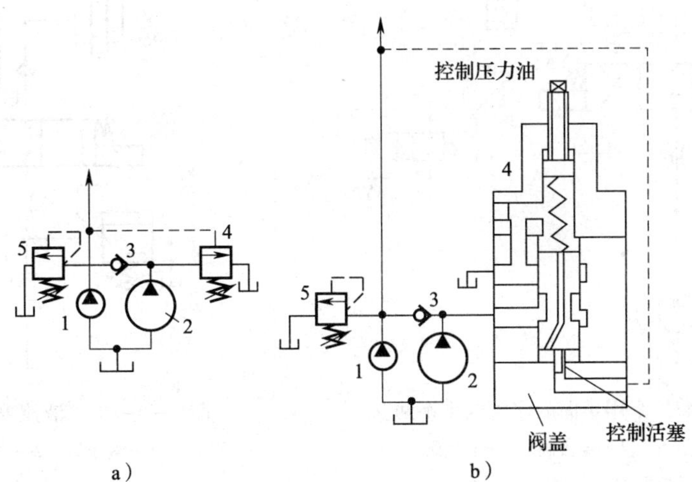

图3—4—46　双泵供油卸荷回路

a）示意图　b）局部放大

1、2—液压泵　3—单向阀　4—卸荷阀　5—溢流阀

6）双泵供油时的卸荷回路系统压力不能上升到最高工作压力。产生原因：

①同上述5）。

②卸荷阀4的控制活塞与阀盖相配孔因严重磨损或其他原因，导致配合间隙大，系统来的压力控制油通过此间隙漏往主阀芯下端，再通过主阀芯的阻尼孔、弹簧腔回油泄往油箱，使系统局部卸压，压力不能上升到最高工作压力。

（6）平衡回路

1）采用单向顺序阀的平衡回路故障

①停位位置不准确。产生原因：如图3—4—47所示，停位电信号在控制电路中传递的时间太长；液压缸下腔的油液在停位信号发出后还在继续回油。

②液压缸停止（或停机）后缓慢下滑。产生原因：液压缸活塞杆密封处外泄漏、单向阀及换向阀的内泄漏较大所致。

2）液控单向阀平衡回路故障

①液压缸在低负载时下行平稳性差。产生原因：如图3—4—48所示，当负载小时，液压缸1上腔压力达不到必要的控制压力值，单向阀3关闭，液压缸1停止运动。液压泵继续供油，液压缸1上腔压力升高，单向阀3打开，液压缸1向下运动。负载小又使液压缸1上腔压力降下来，单向阀3又关闭，液压缸1又停止运动。如此不断，液压缸1无法在低负载下平稳运动。

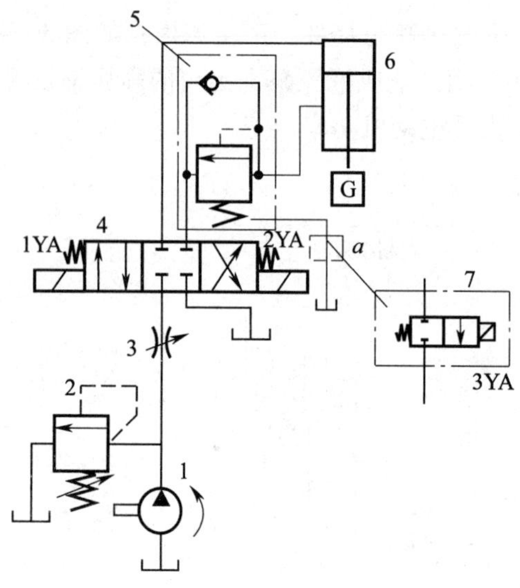

图 3—4—47　采用单向顺序阀的平衡回路

1—液压泵　2—溢流阀　3—节流阀
4—三位四通换向阀　5—单向阀
6—液压缸　7—二位三通交流电磁阀

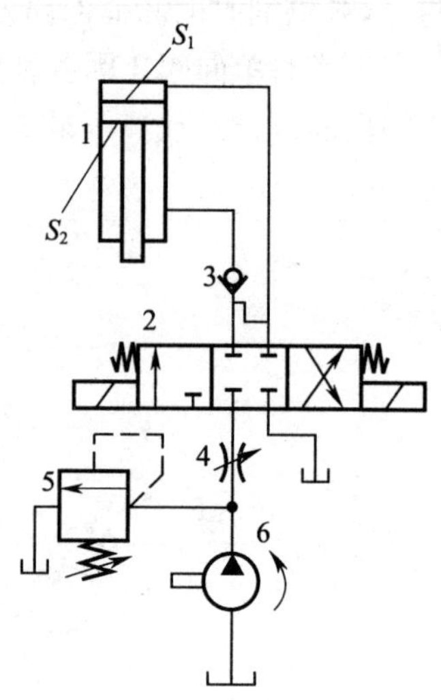

图 3—4—48　液控单向阀平衡回路

1—液压缸　2—电磁换向阀
3—单向阀　4—节流阀
5—溢流阀　6—液压泵

②液压缸下腔产生增压事故。产生原因：在如图 3—4—48 所示的回路中，如果液压缸 1 的上下腔作用面积之比大于单向阀 3 的控制活塞作用面积与单向阀阀芯上部作用面积之比，则液控单向阀将永远打不开，此时液压缸 1 将如同一个增压器，下腔将严重增压，造成下腔增压事故。

③液压缸下行过程中发生高频或低频振动。产生原因：如图 3—4—49a 所示为液控单向阀平衡回路。在如图 3—4—49b 所示位置时，单向阀的控制压力上升，打开单向阀，液压缸下腔回油，但此时因背压和冲击压力影响，单向阀的回油腔压力瞬时上升，又因单向阀为内泄式，当此压力作用在控制活塞右端的压力大时，推回控制活塞，使单向阀关闭。单向阀一关闭，回油腔油流停止，压力下降，活塞又推开单向阀，这样频繁重复，导致高频振动并伴以噪声。

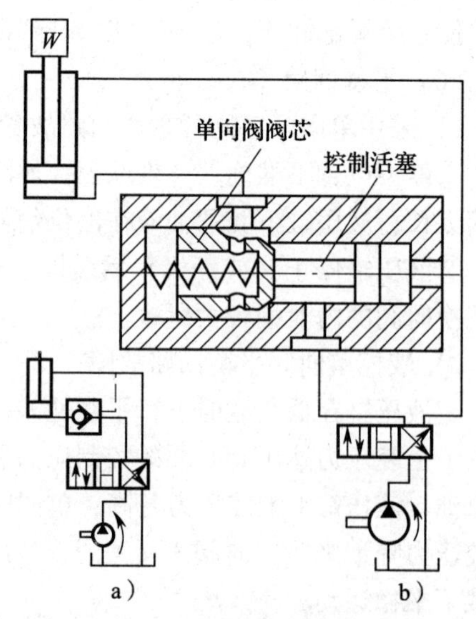

图 3—4—49　液控单向阀平衡回路

当液压缸活塞下降时，单向阀全开，下腔没有背压，液压泵来不及填充液压缸上腔，单向阀因控制压力下降而关闭。单向阀关闭后，控制压力再一次上升，单向阀又被打开，液压缸活塞又开始下降。管路体积也参与影响，使液压缸低频振动。

2. 方向控制回路的常见故障及产生原因

（1）换向回路

1）液压缸不换向或换向不良。产生原因：有泵方面的原因，也有阀、液压缸及回路方面的原因。

2）三位换向阀中位机能产生的故障（见表3—4—3）

①系统的保压与不保压问题。产生原因：当液压泵的P通口被T型中位机能断开时，系统保压；当P通口与回油箱的T通孔接通而又不太畅通时，如X型的中位机能阀，系统能维持某一较低的一定压力以供控制使用；当P与T畅通时，用H型和M型中位机能，则系统根本不保压。

②系统卸荷问题。产生原因：换向阀选择中位机能为通口P与通口T畅通的阀，如H型、M型、K型时，液压泵系统卸荷。

③换向平稳性和换向精度问题。产生原因：当选用中位机能使通口A和B各自封闭的阀，液压缸换向时易产生液压冲击，换向平稳性差，但换向精度高。反之，当A和B都与T口接通时，换向过程中，液压缸不易迅速制动，换向精度低，但换向平稳性好，液压冲击小。

表3—4—3　　换向阀的中位机能及其特性

形式	三位换向阀的中位机能			性能特点								
	滑阀状态	机能符号		系统保压（多缸系统不干涉）	系统卸荷	换向平稳性	换向精度	启动平稳性	油缸在任意位置可停性	油缸浮动	可构成差动	换向冲击量
		四通	五通									
O	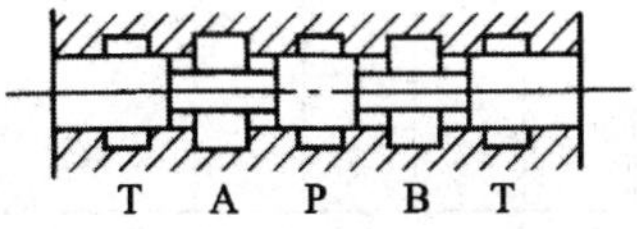 T A P B T	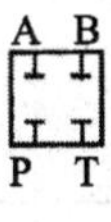 A B P T	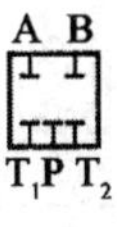 A B T_1PT_2	○			○	○	○			
H	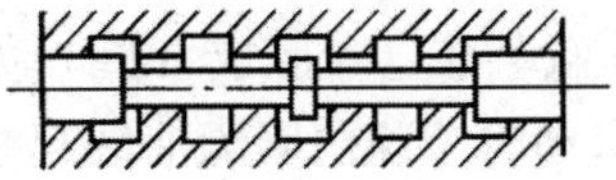	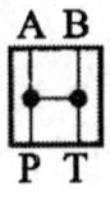 A B P T	 A B T_1PT_2		○	○			△	○		大
Y	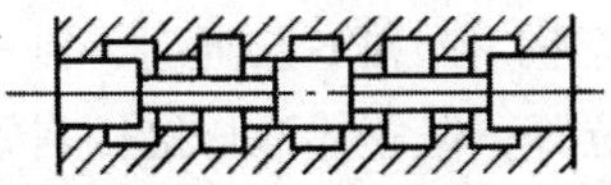	 A B P T	 A B T_1PT_2	○		○	△			○		
J	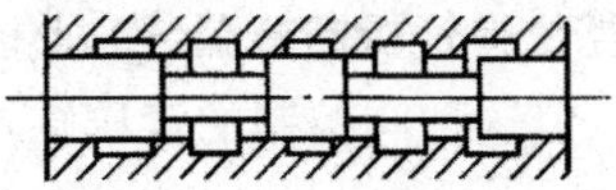	 A B P T	 A B T_1PT_2	○			○					

续表

形式	三位换向阀的中位机能			性能特点								
	滑阀状态	机能符号		系统保压（多缸系统不干涉）	系统卸荷	换向平稳性	换向精度	启动平稳性	油缸在任意位置可停性	油缸浮动	可构成差动	换向冲击量
		四通	五通									
C		A B P T	A B T_1PT_2				○	○				
P		A B P T	A B T_1PT_2			○		○			○	存在
K		A B P T	A B T_1PT_2		○		△	△				
X		A B P T	A B T_1PT_2		△	△						较大
M		A B P T	A B T_1PT_2		○		○	○	○			
U		A B P T	A B T_1PT_2	○			○	○			○	
N		A B P T	A B T_1PT_2	○			○					

○：好　△：较好　空白：差

④启动平稳性问题。产生原因：换向阀在中位时，液压缸某腔（A 腔或 B 腔）如接通油箱停机的时间较长时，该腔油液流回油箱出现空腔，再启动时该腔内因无油液起缓冲作用而不能保证平稳地启动。

⑤液压缸在任意位置的停止和浮动问题。产生原因：当通口 A 和 B 接通时，卧式液压缸处于浮动状态，可以通过某些机械装置，改变工作台的位置；但立式液压缸因自重却不能停在任意位置上。当通口 A 和 B 与通口 P 连接（P 型）时，液压缸除可实现差动连接外，还能在任意位置停止。当选用 H 型时，如果换向阀的复位弹簧折断或漏装，此时虽然阀两端电磁铁断电，阀芯因无弹簧力作用不能回复到中位，但这种阀控制的液压缸不能在任意位置停住。

3）液压缸返回行程时，噪声振动大，经常烧坏电磁铁（交流）。产生原因：如图 3—4—50 所示。

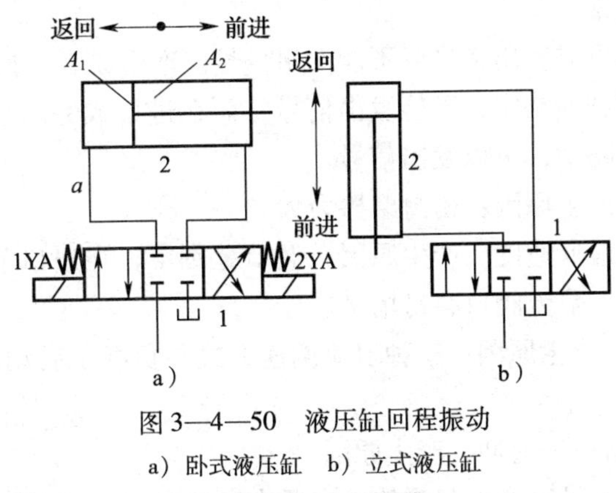

图 3—4—50　液压缸回程振动

a）卧式液压缸　b）立式液压缸

1—换向阀　2—液压缸

①电磁铁换向阀的规格太小。

②连接换向阀 1 与液压缸 2 无杆腔的管路通径较小。

4）换向阀处于中间位置时，虽然采用了如 T 型机能之类的阀，液压缸仍然产生微动。产生原因：液压缸本身的内、外泄漏量大；与液压缸进出油口相接的阀内泄漏。

（2）锁紧回路

1）如图 3—4—50 所示，采用 T 形或 M 型阀时，阀芯处于中位，液压缸的进出口都被封死，但液压缸仍不能可靠锁紧。产生原因：滑阀式换向阀内泄漏量大，或阀芯不能严守中位。

2）如图 3—4—51 所示的回路为阀座式液控单向阀锁紧回路，管路及缸内会产生异常高压，导致管路及缸损伤。产生原因：缸内油液封闭有异常突发性外力作用。

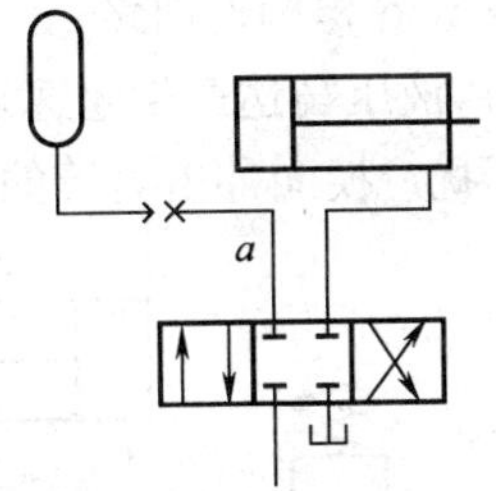

图 3—4—51　锁紧回路（一）

3）换向阀的中位机能选用不对，液控单向阀不能迅速关闭，液压缸需经过一段时间后才能停住。产生原因：如图 3—4—52 所示，采用 O 形、M 型中位机能的阀，当换向阀处于中位时，由于液控单向阀的控制压力油被封死而不能使其立即关闭，直至由于换向阀的内泄漏使控制腔泄压后，单向阀才能关闭，这样会影响锁紧精度。

3. 调速回路的常见故障及产生原因

（1）节流调速回路

1）节流调速回路故障

①液压缸易发热，造成缸内泄漏增加。产生原因：这是由于通过节流阀产生节流损失而发热的油直接进入液压缸造成的。

②不能承受负值载荷（与活塞运动方向相同的负载），在负值负载下失控前冲，速度稳定性差。产生原因：进口节流调速回路和旁路节流调速回路的回油路上没有背压阀。

③停机后工作部件再启动时冲击大。产生原因：在出口节流调速（旁路节流也同样）

回路中，停机时液压缸回油腔内常因泄漏而形成空隙，再启动时液压泵瞬间的全部流量输入液压缸无杆工作腔，推动活塞快速前进，产生启动冲击，直至消除回油腔内的空隙建立起背压力后才能转入正常。

④压力继电器不能可靠发出信号或不能发出信号。产生原因：在出口节流调速回路中，压力继电器装在液压缸进油路中，不能发出信号，而在进口或旁路节流调速回路中压力继电器安装在液压缸进油路中，可以发出信号。

⑤密封容易损坏。产生原因：密封摩擦力大。

⑥难以实现更低的最低速度。产生原因：调节范围窄，在出口节流调速回路中，低速时通流面积调得很小时，节流阀口容易堵塞。

2）泵的启动冲击。产生原因：三种节流调速方式在负载下启动及溢流阀动作不灵时，均产生泵的启动冲击。

3）快转工进的冲击——前冲。产生原因：

①流速变化太快，流量突变引起泵的输出压力突然升高，产生冲击。

②速度突变引起压力突变造成冲击。

③进口节流时，调速阀中的定压差减压阀来不及起到稳定节流阀前后压差的作用，瞬时节流阀前后的压差大，通过调速阀的流量大，造成前冲。

4）工进转快退的冲击。产生原因：压力突减，产生冲击；采用 H 型换向阀或多个阀控制时，动作时间不一致，使前后腔能量释放不均衡或造成短时差动状态。

5）快退转停止的冲击——后座冲击。产生原因：当行程终点的控制方式及换向阀主阀芯的机能选用不当造成速度突减时，使缸后腔压力突升；流量的突减使液压泵压力突升；空气的进入，也会造成后座冲击。

（2）容积调速回路

1）液压马达产生超速运动。产生原因：如图 3—4—53 所示，由于受重物的负载、外界的干扰、换向冲击力等的影响，液压马达常产生超速（超限）转动的现象。

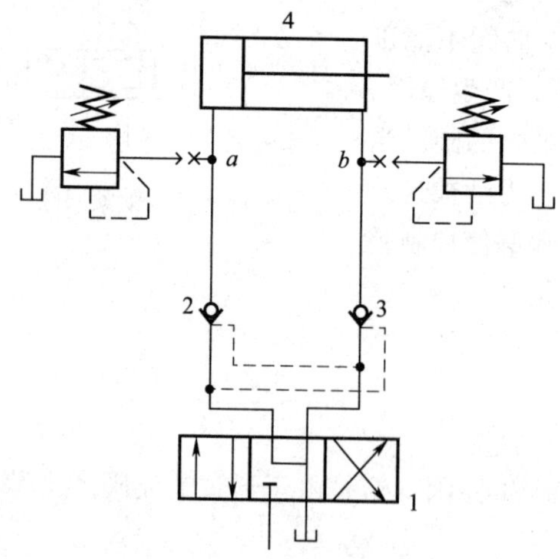

图 3—4—52　锁紧回路（二）

1—换向阀　2、3—单向阀　4—液压缸

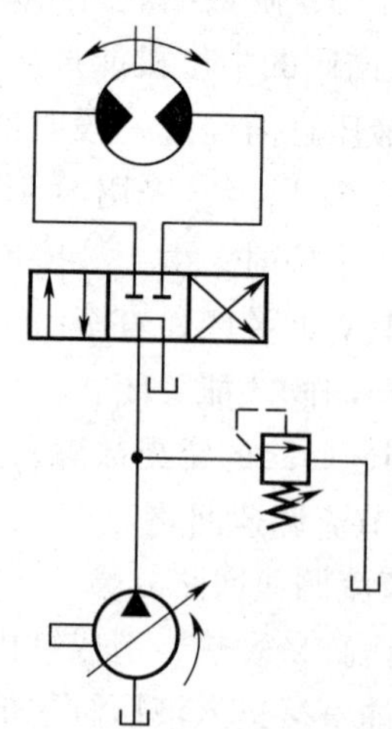

图 3—4—53　起重时易超速转动

2）液压马达不能迅速停机。产生原因：马达的回转件和负载的惯性。

3）液压马达产生气穴。产生原因：如图3—4—54a所示的回路中，当液压泵7停转，液压马达6因惯性继续回转，此时，液压马达起泵的作用。由于是闭回路，因此会产生吸空现象而导致气穴。

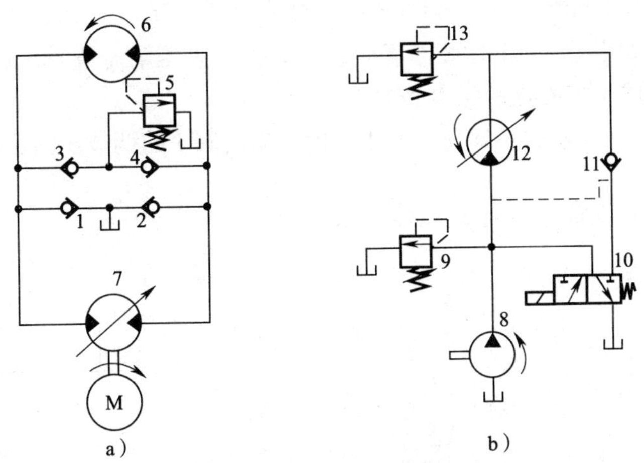

图3—4—54　消除惯性产生的故障回路

a）变量泵油路　b）定量泵油路

1、2、3、4、11—单向阀　5、9、13—溢流阀

6、12—液压马达　7、8—液压泵　10—电磁阀

4）液压马达转速下降，输出扭矩减少。产生原因：长时间使用后，液压泵与液压马达内部零件磨损，造成输出流量不够和内泄漏量增大。

5）闭式容积调速回路的油液易老化变质。产生原因：闭式回路中，大部分油液很难与外界交换即被泵吸入送到液压马达再循环，加之回路的散热条件差，温度高，油液易老化变质。

（3）联合调速液压回路

1）液压缸活塞运动速度不稳定。产生原因：限压式变量泵的限压螺钉调节得不合适。

2）油液发热，功率损失大。产生原因：由变量泵的限压螺钉调节的供油压力过高，使多余的压力损失在调速阀的减压阀中，使系统增加发热，油液升温。

4．快速运动回路的常见故障及产生原因

（1）双泵供油快速回路（见图3—4—55）

1）电动机发热严重，甚至出现泵轴断裂。产生原因：单向阀4卡死在较大开度位置或单向阀4的阀芯锥面磨损或有较深凹槽，使工进时高压小流量泵1输出的高压油反灌到低压大流量泵2的出油口，使低压大流量泵2输出负载增大，导致电动机的输出功率大大增加而过载发热，有时烧坏电动机，甚至出现泵轴断裂现象。

2）工作压力不能升到最高。产生原因：

①溢流阀3、卸荷阀5出现故障，导致系统压力上不去。

②高压小流量泵1使用时间较长，内泄漏量较大，容积效率严重下降。

③液压缸7的活塞密封破损，造成压力上不去。

3）液压缸返回行程时，系统发热，时常有噪声和振动。产生原因：换向阀6的型号虽然按高低泵的总流量选择、阀径较大，但回程（向下运动）时，回油腔作用面积（A_2）小，工作压力高，一般情况下是低压泵卸荷，仅高压泵工作，这时工作腔的回流油量为：

$Q_回$（工作腔回流油量）$=Q_1$（高压泵流量）$\times A_1$（工作腔面积）$/A_2$（回油腔面积）$=Q_1K$

如果 $Q_回$（工作腔回流油量）$\leqslant Q_1$（高压泵流量）$+Q_2$（低压泵流量），则可通过换向阀顺利回油，但如果 $Q_回$（工作腔回流油量）$>Q_1$（高压泵流量）$+Q_2$（低压泵流量），则回油背压高，造成系统发热、噪声和振动。

4）低压大流量泵工作时不卸荷。产生原因：溢流阀 3 的调节压力比卸荷阀 5 的调节压力低。

（2）差动连接快速回路（见图 3—4—56）

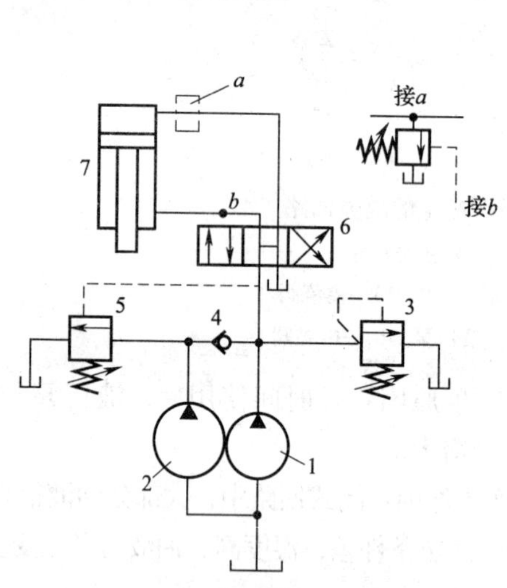

图 3—4—55　双泵供油快速回路

1—高压小流量泵　2—低压大流量泵
3—溢流阀　4—单向阀
5—卸荷阀　6—换向阀
7—液压缸

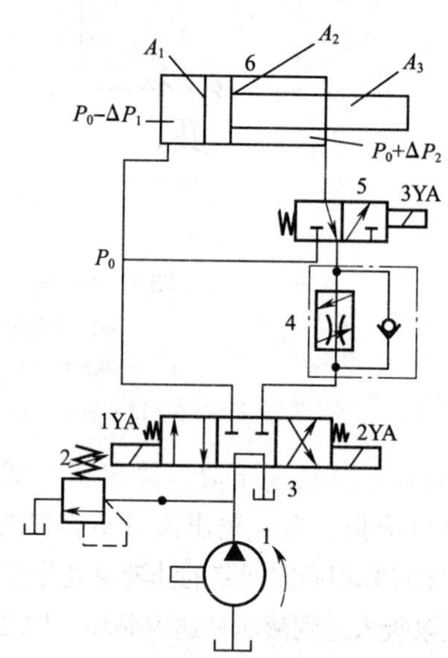

图 3—4—56　差动连接快速回路

1—液压泵　2—溢流阀
3—电磁换向阀　4—节流阀
5—换向阀　6—液压缸

1）液压缸不能差动快进。产生原因：作用在活塞上的有效推力 F 较小。有效推力可按下式计算：

$$F=P_0\ (A_1-A_2)-(\Delta P_1A_1+\Delta P_2A_2)-\Delta F$$

式中　F——有效推力(差动快进时的外负载)；

P_0——汇流点的压力；

A_1——活塞缸侧液压缸面积；

A_2——活塞缸侧液压缸有效面积；

ΔP_1——由汇流点到无杆侧进口的压力损失；

ΔP_2——由有杆侧进口到汇流点的压力损失；

ΔF——液压缸本身的阻力损失。

2）差动速度控制不正常。产生原因：在出口节流控制中常常在液压缸有杆侧产生远大于泵压的高压。进口节流控制的油路，节流阀出口压力往往大于泵压而断流不能调速，如图3—4—57a、b所示。

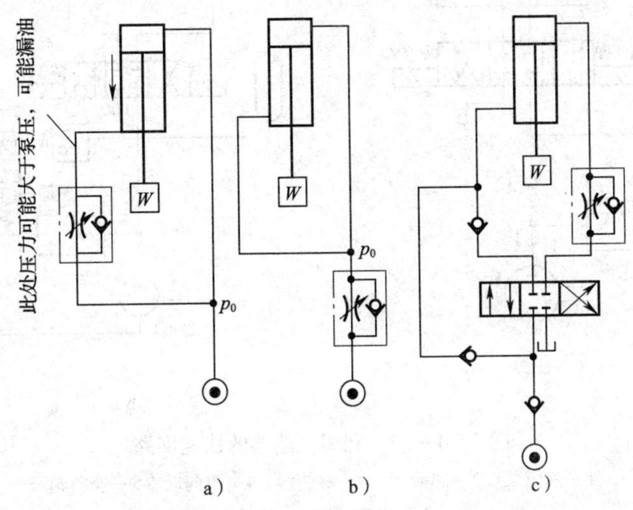

图3—4—57　调节差动速度的回路

（3）靠滑块（活塞杆、活塞）自重下降的快速回路（见图3—4—58）

1）无快速下降空行程或下降空程速度慢。产生原因：

①活塞、活塞杆及滑块的重量轻。

②液压缸密封及滑块导轨的阻力太大；缸体内孔、活塞杆、活塞、缸盖孔拉毛或不同轴。

③液压缸下腔的回油背压阻力太大。

2）快进（空行程）转工进时速度换接时间长。产生原因：

①充液阀的通径太小。

②充液阀的弹簧较硬。

③充液管道尺寸偏小。

④充液箱油面太低。

3）在快速下降过程中，不能停止，继续慢慢下降或仍以快速下降。产生原因：慢速下降往往是由于换向阀及液压缸泄漏较大造成的；快速下降是换向阀的故障，例如，换向不到位，控制电路或换向阀2两端的复位弹簧不能使换向阀2回到中位。

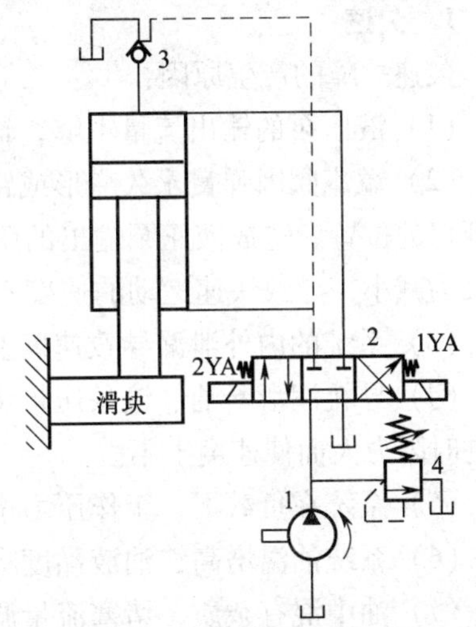

图3—4—58　靠自重下降的快速回路

1—液压泵　2—换向阀　3—单向阀　4—溢流阀

（4）利用蓄能器的快速回路（见图3—4—59）

1）蓄能器充油不充分。产生原因：当换向阀5处于中间位置时，泵不停向蓄能器供油储能，如果充油时间太短，蓄能器充油不充分，那么转入快进时所能提供的压力流量也就不充分。

2）蓄能器不能充油。产生原因：当卸荷阀2或电磁溢流阀6有故障时，造成电磁换向阀中位时液压泵总是卸荷不能给蓄能器充油，转入快进时也无油可释放。

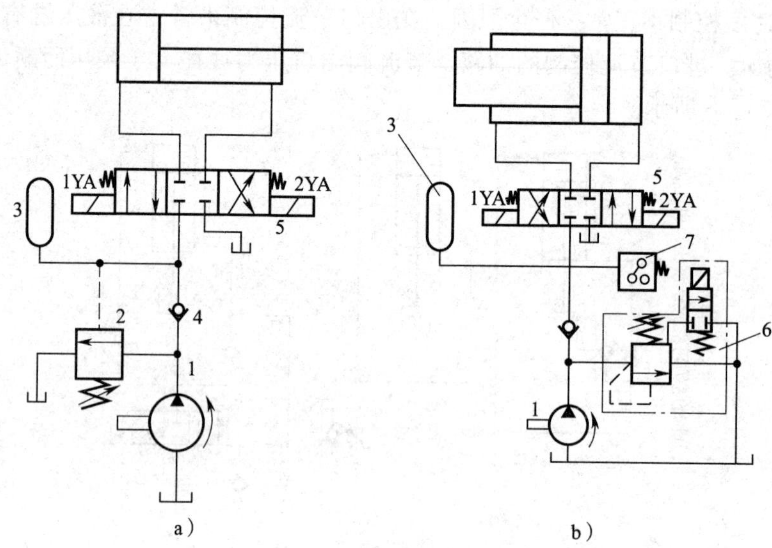

图 3—4—59　利用蓄能器的快速回路

1—液压泵　2—卸荷阀　3—蓄能器　4—单向阀　5—换向阀

6—电磁溢流阀　7—压力继电器

二、液压系统的常见故障及产生原因

1. 欠速

欠速故障的产生原因：

（1）液压泵的输出流量不够，输出压力提不高，导致快速运动的速度不够。

（2）溢流阀因弹簧永久变形或错装成弱弹簧，主阀芯阻尼孔局部堵塞，主阀芯卡死在小开口的位置，造成液压泵输出的压力油部分溢回油箱，通入系统供给执行元件的有效流量大为减小，导致快速运动的速度不够。

（3）系统的内外泄漏导致速度上不去。

（4）导轨润滑断油、镶条压板调得过紧、液压缸的安装精度及装配精度等原因，造成快进时阻力大而使速度上不去。

（5）系统在负载下，工作压力增高，泄漏增大，调好的速度因泄漏增大而减小。

（6）系统油温增高，油液黏度降低，泄漏增加，有效流量减少。

（7）油中混有杂质，堵塞流量调节阀节流口，造成工进速度降低，且时堵时通，使速度不稳。

（8）液压系统内进入空气。

2. 爬行

爬行会影响工件的表面加工质量和加工精度，降低机床和刀具的使用寿命。产生原因：

（1）导轨精度差，压板、镶条调得过紧。

（2）导轨面上有锈斑、导轨刮研点数不够，且不均匀。

（3）导轨上开设的油槽深度太浅，运行时已磨掉，油槽开得不均匀。

（4）液压缸轴线与导轨平行度超差。

（5）液压缸缸体孔、活塞杆及活塞精度差。

（6）液压缸装配及安装精度差，活塞、活塞杆、缸体孔及缸盖孔的同轴度超差。

（7）液压缸、活塞或缸盖密封过紧、阻滞或过松。

（8）停机时间过长，油中水分使部分导轨锈蚀；导轨润滑节流器堵塞，润滑断油。

（9）液压系统中进入空气造成爬行。

（10）各种液压元件及液压系统不当造成的爬行。

（11）液压油黏度及油温变化引起的爬行。

（12）密封不好造成的爬行。

（13）其他原因，如电动机平衡不好，电动机转速不均匀，电流不稳，液压缸活塞杆及液压缸支座刚度差等。

3. 液压油的污染

液压油的污染，将导致液压系统中各液压元件发生各种各样的故障，从而使整个系统失常。产生原因：在加工制造和装配过程中，在仓储和运输过程中，在安装和调试过程中，以及在使用过程中，都有可能造成液压油的污染。

4. 空气进入和产生气穴

空气进入液压系统，会严重加剧液压泵和管路的噪声及振动，加大压力波动，降低系统刚度，增大元件动作误差，破坏工作平稳性及准确性，使油质劣化，润滑质量降低并产生气穴。气穴还会在金属表面产生点状腐蚀性磨损，并加剧工作油的劣化。产生原因：

（1）油箱中油面过低或吸油管未埋入油面以下，造成吸油不畅而吸入空气。

（2）过滤器被堵塞，或过滤器容量不够，网孔太密，吸油不畅，形成局部吸空而吸入空气。

（3）吸油管与回油管距离太近，回油飞溅搅拌油液产生的气泡来不及消泡而被吸入。

（4）回油管在油面以上，停机时，空气从回油管进入（缸内有负压时）。

（5）系统各油管接头，阀与安装板的结合面密封不严，或因振动、松动等原因，使空气乘虚而入。

（6）密封破损、老化变质或密封质量差，密封槽加工不同轴，使有负压的位置密封失效，使空气乘虚而入。

（7）空气进入油液的各种原因，也是可能产生气穴的原因。

（8）液压泵吸油口堵塞或容量选得过小，造成液压泵气穴。

（9）液压泵电动机转速过高。

（10）液压泵进油口高度距油面过高。

（11）吸油管通径过小，弯曲数太多，油管过长，吸油管或过滤器浸入油内过浅。

（12）节流隙缝产生的气穴。

（13）圆锥提动阀的出口背压过低。

（14）冬天开始启动时，油液黏度过大。

（15）气体在油液中的溶解量与压力成正比，当压力降低时，处于过饱和状态的空气就会逸出。

5. 水分进入系统与系统内部的锈蚀

水分进入油中，会使液压油乳化，降低摩擦运动副的润滑性能，加剧磨损；还会使系统内铁质金属生锈，导致液压元件的堵死或卡死；也会降低油液的抗乳化性及抗泡性，使油液劣化变质。产生原因：

（1）油箱盖上因冷热变化而使空气中的水分凝结变成水珠落入油中。

（2）回路中的水冷却器密封已损坏或冷却管破裂，使水漏入油中。

（3）油桶中的水分、雨水、水冷却液及汗水混入油中。

6. 炮鸣

炮鸣能产生强烈的振动和较大的声响，从而导致液压元件和管件的破裂、压力表的损坏、连接螺纹的松动以及设备的严重漏油。严重的炮鸣，有可能使系统无法继续工作。产生原因：液压缸在大功率的液压机、矫直机、折弯机工作时，除了推动活塞移动工作外，还将使液压机的钢架、液压缸本身、液压元件、管道、接头等产生不同程度的弹性变形，从而集蓄大量能量。在工作结束液压缸返程时，上腔积蓄的油液压缩，能使机架等各机件集蓄的弹性变形能突然释放出来，使机架系统迅速回弹，导致强烈的振动和巨大的声响。在降压过程中，油液内过饱和溶解的气体析出和破裂也加剧了这一作用。所以，油路没有合理有效的卸压措施是炮鸣的主要原因。

7. 液压冲击

液压冲击是一种管路内部的油液，在快速换向及阀口突然关闭时，形成很高压力峰值的现象。液压冲击的压力可达正常工作压力的 3～4 倍，它能使系统中的元件、管道、仪表等损坏，使压力继电器误发出信号，引起连接件松动，压力阀调节压力改变，流量阀调节流量改变，从而影响系统的正常工作。产生原因：

（1）阀口迅速关闭产生的液压冲击。管路内阀口迅速关闭时产生的液压冲击，如图 3—4—60 所示。在管路的入口 A 端装有蓄能器，出口 B 端装有快速换向阀。当换向阀处于打开位置时，管中的流速为 v_0、压力为 p_0。若阀口突然关闭，管路就会产生液压冲击。

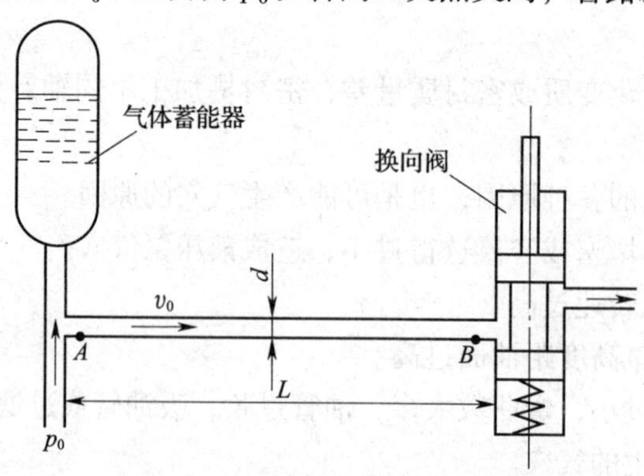

图 3—4—60　管路中的液压冲击

直接冲击时（$t<T$），最大冲击压力为：

$$\Delta p=\rho c\Delta v=\rho\frac{L}{t}v_0$$

间接冲击时（$t>T$），最大冲击压力为：

$$\Delta p = \rho c \frac{T}{t} \Delta v = \rho c \ (v_0 - v_1)$$

式中 Δp——冲击压力最大升高值；

t——换向时间，$t = \frac{2L}{c}$；

T——管长为 L 时冲击波往返时间；

ρ——液体密度；

Δv——阀口关闭前后，液流流速之差；

c——管内冲击波在管中的传播速度（$c = \sqrt{\frac{E_0}{e}} \Big/ \sqrt{1 + \frac{E_0 d}{E\delta}}$，式中：$E_0$ 为液体的弹性模数；E 为管路的弹性模数；d 为管道内径；δ 为管道壁厚）；

v_0——未完全关闭时的流速；

v_1——关闭后的流速。

（2）高速运动部件突然停止产生的压力冲击。其计算公式为：

$$\Delta p = \frac{\sum m \Delta v}{A \Delta t}$$

式中 Δp——压力冲击；

$\sum m$——运动部件的总质量；

Δv——速度改变值；

A——运动部件的有效端面积；

Δt——制动时间。

（3）液压缸产生冲击。液压缸缸体孔配合间隙过大，或密封破损，而工作压力又调得很大时，容易产生冲击。

8. 液压卡紧或其他卡阀现象

轻度的液压卡紧，会使系统内的相对移动件之间的摩擦阻力增大。严重的液压卡紧，会使系统内的相对移动件完全卡住，不能动作。产生原因：

（1）阀芯外径、阀体孔有锥度，且大端朝着高压区，或阀芯、阀孔圆度误差超差，装配时二者又不同轴，导致工作时阀芯顶死在阀体孔上。

（2）阀芯与阀体孔因加工、装配或磨损产生误差，阀芯倾斜在阀体孔中。当压力油流过时，使阀芯更倾斜，最后卡死在阀体孔内。

（3）阀芯上因碰伤有局部凸起或毛刺，产生一个使凸起部分压向阀套的力矩，将阀芯卡死在阀体孔中。

（4）阀芯与阀体孔配合间隙大，阀芯与阀体孔台肩尖边与沉角槽的锐边毛刺清理倒角的程度不一样，引起阀芯与阀体孔轴线不同轴，产生液压卡紧。

（5）有污染颗粒进入阀芯与阀体孔配合间隙，使阀芯在阀体孔内偏心放置，产生径向不平衡力，导致液压卡紧。

（6）阀芯与阀体孔配合间隙过小，导致阀芯卡住。

（7）油温变化引起的阀体孔变形。

（8）装配时，扭斜别劲，或安装紧固螺钉太紧，导致阀芯或阀体变形。

子课题 5　气动系统的维修

学习目标

1. 了解气缸、气动马达的分类。
2. 掌握几种典型气缸、气动马达的工作原理。
3. 掌握气动系统常见故障的分析和排除方法。

一、气缸

气缸是将压缩空气的压力能转换为机械能的装置。气缸作直线往复运动，是气动执行元件。

1. 分类

（1）按压缩空气对活塞端面作用力的方向分为单作用气缸和双作用气缸。

（2）按气缸的结构特征分为活塞式气缸、薄膜式气缸和伸缩式气缸。

（3）按气缸的功能分为普通气缸、缓冲气缸、气—液阻尼缸、摆动气缸、冲击气缸、步进气缸。

本书仅介绍几种常用典型气缸的结构及工作原理。

2. 普通气缸

（1）结构。如图 3—4—61 所示，它主要由缸筒 11、前缸盖 13、后缸盖 1、活塞 8、活塞杆 10、密封件、紧固件等零件组成。其中磁性环 6 用来产生磁场，使活塞接近磁性开关时发出电信号。也就是说，在普通气缸上安装磁性开关就成为了开关气缸，它可以检测气缸活塞的位置。

气缸的其余零件及具体结构如图 3—4—61 所示。

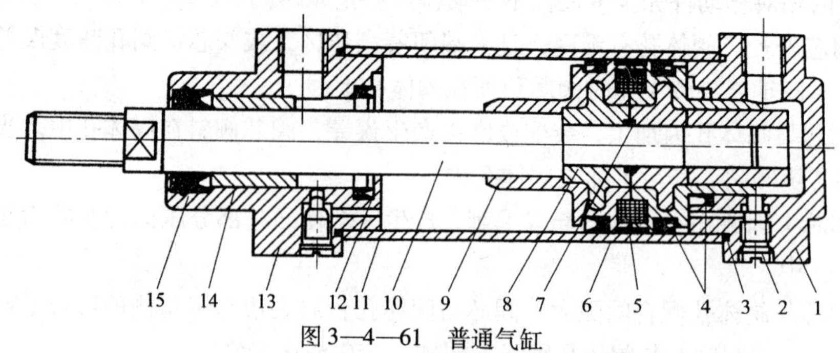

图 3—4—61　普通气缸

1—后缸盖　2—缓冲节流针阀　3、7—密封圈　4—活塞密封圈　5—导向环
6—磁性环　8—活塞　9—缓冲柱塞　10—活塞杆　11—缸筒　12—缓冲密封圈
13—前缸盖　14—导向套　15—防尘组合密封圈

（2）工作原理。所谓双作用是指活塞的往复运动均由压缩空气来推动。当空气压力作用在右边时，就提供了一个慢速而作用力大的工作行程（因活塞右边的面积比较大）；当

空气压力作用在左边时，就提供了一个较快速度而作用力变小的返回行程（因活塞左边的面积比较小）。

此类气缸应用最为广泛，一般应用于加工机械、包装机械、食品机械等设备上。

3. 无活塞杆气缸

（1）结构。如图 3—4—62 所示，它主要由缸筒 2，外部防尘密封件 7，内部抗压密封件 4，无杆活塞 3，左、右端盖 1，传动舌片 5，导架 6 等组成。

气缸的其余零件及具体结构如图 3—4—62 所示。

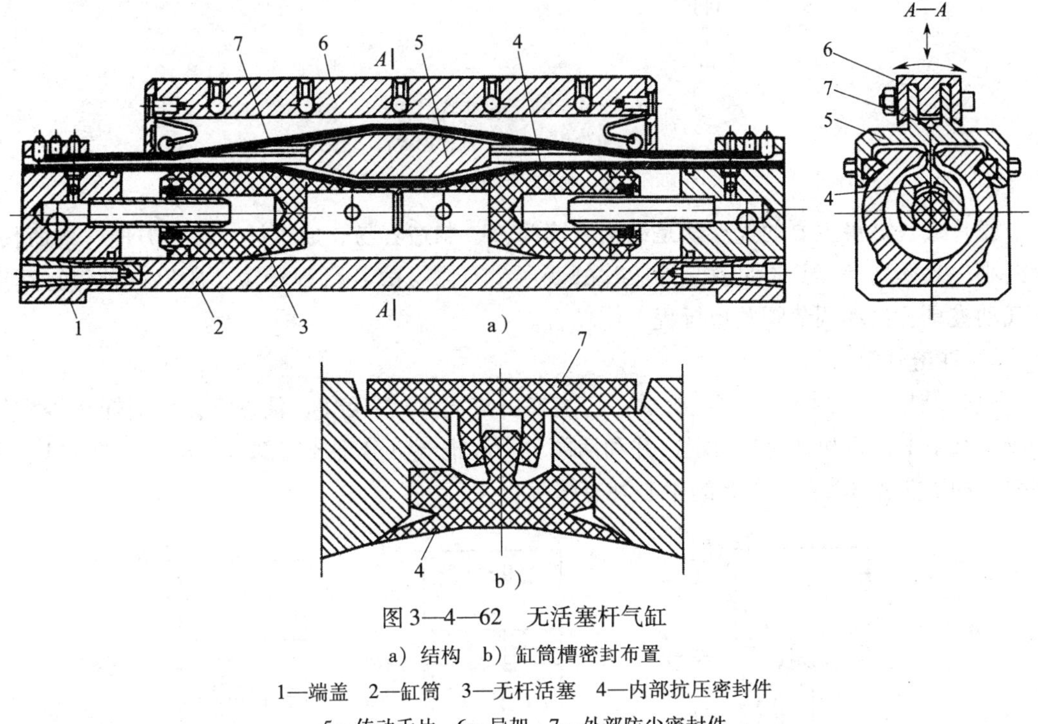

图 3—4—62　无活塞杆气缸

a）结构　b）缸筒槽密封布置

1—端盖　2—缸筒　3—无杆活塞　4—内部抗压密封件

5—传动舌片　6—导架　7—外部防尘密封件

（2）工作原理。当压缩空气通过两端进（排）气口交替进入气缸并作用在活塞两端时，活塞将在缸筒 2 内作往复运动，其运动通过缸筒槽的传动舌片 5 传递到承受负载的导架 6 上。此时，传动舌片 5 将外部防尘密封件 7 与内部抗压密封件 4 挤开，但这两个密封件在缸筒 2 的两端仍然是相互夹持的，所以，传动舌片与导架组件在气缸上移动时无压缩空气泄漏。

无活塞杆气缸缸径为 25 ~ 63 mm，其行程可达 10 mm。由于它能够节省安装空间，因此特别适用于小缸径、长行程的场合，如在自动化系统、气动机器人中得到了广泛应用。

4. 膜片式气缸。

（1）结构。如图 3—4—63 所示，它主要由缸体 1、膜片 2、膜盘 3、活塞杆 4 等零件组成。它可单作用，也可双作用。其膜片可以做成盘形膜片和平膜片两种形式。常用的膜片材料是夹织物橡胶，但也有用钢片或磷青铜片的。

（2）工作原理。膜片式气缸的工作原理是利用压缩空气通过膜片推动活塞杆作往复直线运动。

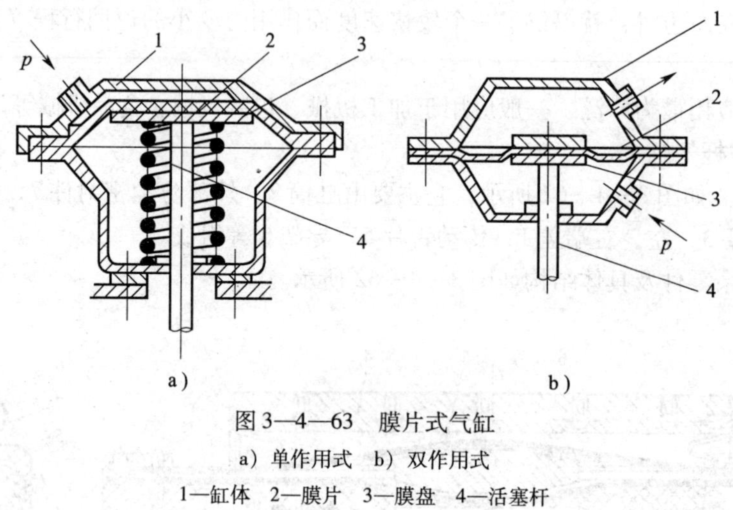

图 3—4—63　膜片式气缸

a）单作用式　b）双作用式

1—缸体　2—膜片　3—膜盘　4—活塞杆

膜片式气缸最主要的优点就是结构紧凑简单、制造容易、成本低、维修方便、寿命长、泄漏小、效率高等。其不足就是因膜片的变形量有限，故其行程较短。所以这种气缸适用于气动夹具、自动调节阀及短行程工作场合。

5. 冲击气缸

（1）结构。如图 3—4—64 所示，它主要由缸筒 8、中盖 5、活塞 7、活塞杆 9 等零件组成。其中中盖 5 和缸筒 8 固定，并和活塞 7 一起把气缸分割成三部分，即活塞杆腔 1、活塞腔 2 和蓄能腔 3。在中盖 5 的中心开有喷嘴口 4。

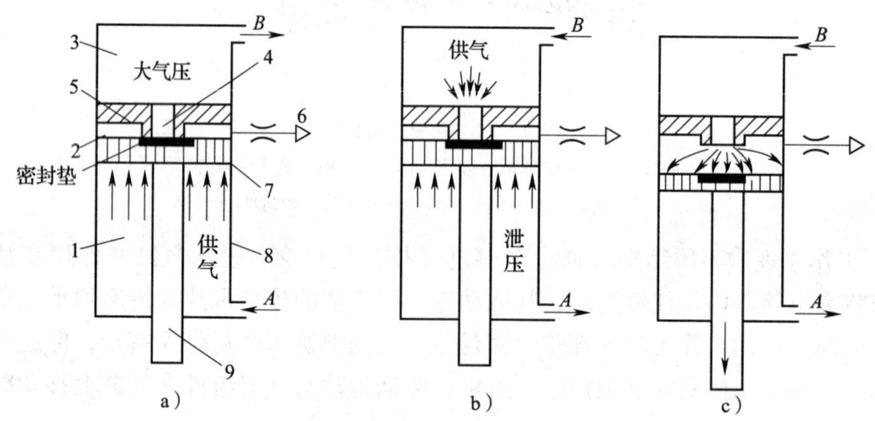

图 3—4—64　冲击气缸工作三阶段

1—活塞杆腔　2—活塞腔　3—蓄能腔　4—喷嘴口

5—中盖　6—泄气口　7—活塞　8—缸筒　9—活塞杆

（2）工作原理。冲击气缸的整个工作过程可分为三个阶段。

1）第一阶段。这一阶段也可称为复位段，如图 3—4—64a 所示。压缩空气从孔 A 进入冲击气缸的下腔，即活塞杆腔 1，蓄能腔 3 经 B 孔排气，活塞 7 上升，直到活塞上的密封垫封住中盖 5 上的喷嘴口 4，中盖与活塞间的环形空间即活塞腔经泄气口 6 与大气相通，最后活塞杆腔 1 压力升至气源压力，蓄能腔 3 压力减至大气压力。

2）第二阶段。这一阶段也可称为蓄能段，如图 3—4—64b 所示。压缩空气改由孔 B 进入冲击气缸的上腔，即蓄能腔 3，其压力只能通过喷嘴口 4 的小面积作用在活塞 7 的上端，但活塞 7 的下端受力面积较大（一般设计成喷嘴面积的 9 倍），所以尽管缸的下腔即活塞杆腔因经孔 A 排气而下降，但此时活塞 7 下端向上的作用力仍然大于活塞 7 上端向下的作用力，致使喷嘴口 4 仍处于关闭状态，蓄能腔 3 的压力将逐渐升高。

3）第三阶段。这一阶段也可称为冲击段，如图 3—4—64c 所示。蓄能腔 3 的压力继续增大，活塞杆腔 1 的压力继续降低，当蓄能腔 3 的压力高于活塞杆腔 1 的压力 9 倍时，活塞 7 开始向下移动，使喷嘴口 4 开启，聚集在蓄能腔 3 中的压缩空气通过喷嘴口 4 突然作用于活塞 7 上端的全面积上，致使活塞 7 上端的压力可达活塞 7 下端压力的几倍乃至几十倍，使活塞上作用着很大的向下推力，活塞在此推力的作用下迅速加速，在极短的时间内以极高的速度向下冲击，从而获得最大冲击速度和能量，产生很大的冲击力，可利用这个能量对工件进行冲击做功。

冲击气缸被广泛应用于锻造、冲压、铆接、下料、压配、破碎等多种作业中。

二、气动马达

气动马达也是将压缩空气的压力转换为机械能的装置，但气动马达作回转运动，其作用相当于电动机或液压马达，它也是气动执行元件。

1. 分类

（1）叶片式。叶片式气动马达的优点是制造简单，结构紧凑，缺点是低速启动转矩小，低速性能不好，故它适用于性能要求低或中功率的机械，如矿山机械及风动工具。

（2）活塞式。活塞式气动马达的特点是低速性能好，而且在低速情况下有较大的输出功率，故它适用于载荷较大和要求低速转矩大的机械，如起重机、拉管机等。

以上两种类型的气动马达最为常用。

（3）齿轮式。此种类型的气动马达应用较少。

2. 叶片式气动马达

（1）结构。叶片式气动马达的结构与液压叶片马达相似。主要组成如下：

1）转子。其外圆周开有 3 ~ 10 个径向槽，转子偏心安装在定子内。

2）定子。其内表面加工有半圆形切沟，以提供压缩空气和排出废气。

3）叶片。叶片被安置在转子外圆周上的径向槽内，并可在槽内自由滑动。叶片底部通有压缩空气，这样在转子转动时靠离心力和叶片底部气压可将叶片紧压在定子内表面上。

4）端盖。前、后端盖安装在转子两侧。

（2）工作原理。如图 3—4—65 所示，当压缩空气从 A 口进入定子腔内立即喷向叶片Ⅰ，并作用在其外伸部分，产生转矩，带动转子逆时针转动，输出旋转机械能，废气从排气口 C 排出，

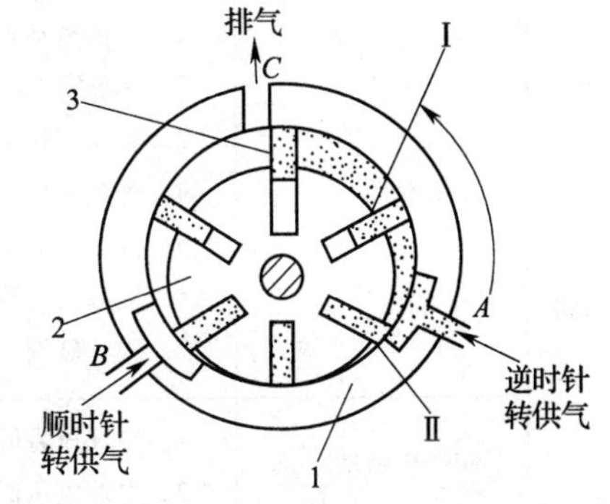

图 3—4—65　叶片式气动马达的工作原理

1—定子　2—转子　3—叶片

而定子腔内的残余气体则经 B 口排出（二次排气）。若要改变气动马达旋转方向，则只需改变进、排气口即可。

为了使叶片紧密地抵在定子 1 的内表面上，除了靠离心力外，还要靠叶片底部的气压力和弹簧力（图中未标出）。

三、气动系统的常见故障、产生原因及维修方法

气动系统的常见故障、产生原因及维修方法见表 3—4—4。

表 3—4—4　　气动系统的常见故障、产生原因及维修方法

气动系统	常见故障	产生原因	维修方法
减压阀	二次压力升高	1. 减压阀中复位弹簧损坏 2. 减压阀座有伤痕或阀座橡胶剥离 3. 阀体中夹入灰尘、阀导向部分黏附杂物 4. 阀芯导向部分和阀体的 O 形密封圈收缩	1. 更换复位弹簧 2. 研磨阀座或更换阀座橡胶 3. 清除灰尘及黏附杂物 4. 更换 O 形密封圈
	阀体泄漏	1. 密封件损伤 2. 弹簧松弛	1. 更换密封件 2. 更换弹簧
	压力降很大	1. 阀口径小 2. 阀下部积存冷凝水，阀内混入杂物	1. 修磨阀口径达到要求 2. 排除冷凝水，清除阀内杂物
溢流阀	压力虽已上升但不溢流	1. 阀内部的孔堵塞 2. 阀芯导向部分进入杂物	1. 清除阀孔内的堵塞物 2. 清除导向部分杂物
	从阀体和阀盖向外漏气	1. 膜片破裂（对于膜片式） 2. 密封件损坏	1. 更换膜片 2. 更换密封件
	压力虽没有超过设定值，但在出口却溢流空气	1. 阀内进入杂物 2. 阀座损伤 3. 调压弹簧损坏	1. 清除阀内杂物 2. 修磨阀座 3. 更换调压弹簧
方向阀	不能换向	1. 阀的滑动阻力大，润滑不好 2. O 形密封圈变形 3. 粉尘卡住滑动部分 4. 弹簧损坏 5. 阀操纵力小 6. 活塞密封圈磨损 7. 膜片破裂	1. 加强润滑 2. 更换 O 形密封圈 3. 清除滑动部分粉尘 4. 更换弹簧 5. 加强阀的操纵力 6. 更换活塞密封圈 7. 更换膜片
	阀产生振动	1. 空气压力低（先导式） 2. 电源电压低（电磁阀）	1. 加强空气压力 2. 增强电源电压
	切断电源后活动铁芯不能退回	活动铁芯滑动部分夹入粉尘	清除活动铁芯滑动部分粉尘

续表

气动系统	常见故障	产生原因	维修方法
气缸	输出力不足，动作不平稳	1. 润滑不好 2. 活塞或活塞杆卡住 3. 气缸体内表面有锈蚀或缺陷 4. 缸内进入冷凝水、杂质	1. 加强润滑 2. 维修活塞或活塞杆 3. 清除锈蚀或修理缺陷 4. 清除冷凝水、杂质
	内泄漏即活塞两端串气	1. 活塞密封件损坏 2. 润滑不好 3. 活塞卡住 4. 活塞配合面有缺陷，密封圈内挤入杂质	1. 更换活塞密封件 2. 加强润滑 3. 维修活塞 4. 修理活塞配合面缺陷，清除密封圈内杂质
	缓冲效果不好	1. 缓冲部分的密封圈密封性能差 2. 调节螺钉损坏 3. 气缸速度太快	1. 加强密封圈的密封 2. 更换调节螺钉 3. 减缓气缸速度
分水过滤器	压力降过大	1. 滤芯过细 2. 过滤器的流量范围太小 3. 流量超过过滤器的容量 4. 过滤器滤芯网眼堵塞	1. 修理或更换滤芯 2. 扩大过滤器流量范围 3. 降低流量 4. 清除滤芯网眼堵塞物
	输出端出现杂物	1. 过滤器的滤芯损坏 2. 滤芯密封不严 3. 塑料件被有机溶剂清洗过	1. 修理过滤器的滤芯 2. 加强滤芯密封 3. 更换塑料件
	漏气	1. 密封不好 2. 塑料杯因物理冲击、化学原因产生裂痕 3. 泄水阀、自动排水器失灵	1. 加强密封，更换密封件 2. 更换塑料杯 3. 维修或更换泄水阀、自动排水器
油雾器	油杯破损	1. 用有机溶剂清洗 2. 周围存在有机溶剂	1. 更换破损油杯，注意选择清洗剂 2. 清除周围有机溶剂
	油杯未加压	1. 油杯的空气通道堵塞 2. 油杯大、油雾器使用频繁	1. 清除空气通道堵塞物 2. 油杯大小要适中、正确使用油雾器
	油滴数不能减少	油量调整螺钉失效	更换油量调整螺钉

子课题 6　液压油的失效形式与防治

学习目标

1. 熟悉液压油的失效形式与特征。
2. 掌握失效形式的防治。

一、液压油的失效形式与特征

关键设备液压系统失效的主要原因是液压油失效，其后果是造成设备被迫停机，设备维护费用也随之增加，所以，应对液压油的失效应给予足够的重视。

液压油失效的形式主要有以下四种。

1. 污染

污染物混进液压油之后，就相当于研磨剂，其结果是加速液压元件的磨损。

污染物有两种类型：

（1）来自于外部的污染，包括灰尘、铁锈、布屑、纤维、水垢等。

（2）由油液添加剂变质所形成的可溶解的和不可溶解的成分造成液压油污染。

液压系统的故障有80%是由油液污染造成的。

2. 发热

油温过热会加速油液的变质，也会影响密封圈和防尘圈的寿命，致使油液和空气泄漏，因此系统的效率会很快降低。另外由于密封圈和防尘圈因油温过热而损坏，污染物也会进入液压系统，从而进一步缩短系统的寿命。

3. 泄漏

液压系统的泄漏可分为内部泄漏和外部泄漏两种类型。

通常外部泄漏很容易发现，而当外部泄漏发生在泵的吸油口时则很难检测到，这就必须靠以下现象之一来判断液压油的泄漏。

（1）液压油中有空气气泡。

（2）液压系统动作不稳定，有爬行现象。

（3）液压系统过热。

（4）油箱压力增高。

（5）液压泵噪声增高。

4. 泡沫

形成泡沫的原因是空气和油液混合在一起，这样就会形成很小的气泡，积聚在系统的各部分，油液形成泡沫会产生过热现象。另外，泡沫还是一种可压缩性高的物质，泡沫的存在会影响泵的输出特性，可能产生不规则的运动和造成系统过早失效。

二、失效形式的防治

1. 污染

（1）保持盛装液压油容器的清洁。

（2）使用清洁的加油设备。

（3）对过滤器和滤网规定并遵循一个确定的维护周期。

（4）定期检查并更换防尘圈和密封圈。

（5）拆除液压系统中的软管和硬管时，应该用干净的材料盖住拆除部分的管道。

（6）定期更换液压油。

2. 发热

(1) 使用黏度合适的液压油。

(2) 对系统中的软管应可靠地夹紧和定位。

(3) 及时更换磨损了的泵、液压缸和其他液压元件。

(4) 保持液压系统外部和内部的清洁。

(5) 经常检查油箱的液位。

(6) 定期更换过滤器滤芯。

(7) 经常检查系统中的背压是否过高，若过高应查清原因并加以排除。

(8) 定时检查冷却器和定期对冷却器除垢。

3. 泄漏

(1) 经常检查整个液压系统的每个元件，及时发现泄漏点并立即着手解决泄漏问题。

(2) 定期检查和更换元件、软管及硬管。

4. 泡沫

(1) 必要时，检查并更换防尘圈和密封圈。

(2) 当安装软管时，要保证它们被牢固地支撑，振动的软管可能会造成管接头松弛，使空气进入系统，所以应定期检查软管的连接处和固定部位。

(3) 当维修和重装液压元件时，一定要仔细，密封不合适会导致泄漏。

(4) 选取黏度合适的工作介质，油的黏度太高，对控制的反应有减慢的趋势，也会造成流体摩擦增加使系统的油温升高，或者造成液压泵吸空，从而增加泡沫的形成。

子课题 7　压力容器的安全管理

学习目标

1. 了解压力容器的定义、基本组成、分类、压力来源等基本知识。

2. 了解压力容器安全操作规程、安全操作要求、运行中的检查、运行期间的维护保养、安全管理制度等有关知识。

一、压力容器基本知识

1. 定义

压力容器，或者称为受压容器，从广义上来说，应该包括所有承受流体压力的密闭容器。习惯上所说的压力容器是指那些比较容易发生事故，而且事故危害性比较大的被称为特种设备的容器。

2. 基本组成

压力容器主要由以下几部分组成。

(1) 封头壳体。封头壳体是最主要的组成部分，其作用是为储存物料或完成物理过程、化学反应提供一个密闭的压力空间。常用的形状是球形和圆筒形两种，除此而外，还有锥形、组合形等。

（2）连接件。连接件的作用是将容器和管道相连接。连接件一般采用法兰、螺栓连接结构。

（3）密封元件。密封元件的作用是在可拆连接结构的容器或管道中起密封作用。它被放置在两个法兰或封头与筒体端部的密封面之间，借助螺栓等紧固件的压紧力而起密封作用。

（4）开孔。开孔的作用是为了满足生产工艺的需要，满足对容器进行正常的安装、检修和测试的需要。例如，物料进出孔，测量压力、温度及装设安全装置的连接孔，人孔，手孔等。

（5）接管。接管的作用是把压力容器与介质输送管道或仪表等连接起来。常用的有螺纹短管、法兰短管及平法兰三种。

（6）支座。支座是用来支承容器、固定容器位置的一种附件。

3. 分类

（1）压力容器按安全的重要程度分类

1）第三类压力容器（代号为Ⅲ）：此类压力容器包括高压容器等。

2）第二类压力容器（代号为Ⅱ）：此类压力容器包括中压容器等。

3）第一类压力容器（代号为Ⅰ）：此类压力容器包括除列入第三类、第二类的低压容器之外的所有低压容器。

（2）压力容器按压力分类

1）低压（代号 L）：$0.1\ \text{MPa} \leqslant P < 1.6\ \text{MPa}$。

2）中压（代号 M）：$1.6\ \text{MPa} \leqslant P < 10\ \text{MPa}$。

3）高压（代号 H）：$10\ \text{MPa} \leqslant P < 100\ \text{MPa}$。

4）超高压（代号 U）：$P \geqslant 100\ \text{MPa}$。

压力容器的设计压力在以上四个压力等级范围内的分别为低压容器、中压容器、高压容器、超高压容器。

4. 压力来源

（1）由各种类型的气体压缩机和泵产生的压力。

（2）由蒸汽锅炉、废热锅炉产生的压力。

（3）液化气体的蒸发压力。

（4）由化学反应产生的压力。

5. 有关压力的一些基本概念

（1）压力。垂直作用在单位面积上的力通常称为压力（实际是压强），用符号 P 表示，单位是 MPa（兆帕）。

（2）大气压力。围绕在地球表面上的空气由于受到地球引力作用，对在大气里面的物体都产生压力，这种压力称为大气压力。工程中，通常把大气压力定为 0.098 1 MPa。

（3）表压力。表压力是指以大气压力为测量起点测得的压力，即压力表指示的压力。

（4）绝对压力。绝对压力以压力等于零为起点时的实际压力。绝对压力与表压力的关系为：

$$P_{绝} = (P_{表} + 大气压力)\ \text{MPa} = (P_{表} + 0.098\ 1)\ \text{MPa}$$

（5）真空。当压力低于大气压力时，即称为真空（负压）。

（6）工作压力。工作压力是指正常工艺操作时容器顶部的压力。

（7）最高工作压力。对于承受内压的压力容器，其最高工作压力是指在正常使用过程中，容器顶部可能出现的最高压力。对于承受外压的压力容器，其最高工作压力是指在正常使用过程中，压力容器可能出现的最高压力差值。对于夹套容器，其最高工作压力是指夹套顶部可能出现的最高压力差值。

（8）设计压力。设计压力是指设定的容器顶部的最高压力，其值不得低于最高工作压力。

（9）最大允许工作压力。最大允许工作压力是指在指定温度下，压力容器安装后顶部所允许的最大工作压力。

（10）计算压力。计算压力是指在相应设计温度下，用以确定壳体各部位厚度的压力，其中包括液体静压力。

（11）试验压力。试验压力是指压力试验时压力容器顶部的压力。

二、压力容器的安全管理制度

1. 压力容器使用过程中的管理制度

（1）压力容器定期检验制度。

（2）压力容器修理、改造、检验、报废的技术审查和报批制度。

（3）压力容器安装、改造、移装的竣工验收制度。

（4）压力容器安全检查制度。

（5）交接班制度。

（6）压力容器维护保养制度。

（7）安全附件校验与修理制度。

（8）压力容器紧急情况处理制度。

（9）压力容器事故报告与处理制度。

（10）接受压力容器安全监督管理部门监督检查制度。

2. 压力容器安全操作规程

（1）压力容器的操作工艺控制指标及调控方法和注意事项。

（2）压力容器岗位操作方法。

（3）压力容器运行中重点检查的部位和项目。

（4）现场、岗位安全操作的基本要求。

（5）压力容器运行中可能出现的异常现象的判断和处理方法以及防范措施。

（6）压力容器的防腐蚀措施和停用时的维护保养方法。

3. 压力容器安全操作要求

（1）压力容器操作人员必须取得当地质量技术监督部门颁发的《压力容器操作人员合格证》后，方可独立承担压力容器的操作。

（2）压力容器操作人员要熟悉本岗位的工艺流程，熟悉压力容器的结构、类别、主要技术参数和技术性能。严格按操作规程操作，掌握处理一般事故的方法，认真填写有关记录。

（3）压力容器要平稳操作。

（4）严格控制工艺参数，严禁压力容器超温、超压运行。

（5）严禁带压拆卸压紧螺栓。

（6）坚持压力容器运行期间的巡回检查，及时发现操作中或设备上出现的不正常状态，并采取相应的措施进行调整或消除。

（7）正确处理紧急情况。

4．压力容器运行中的检查

压力容器运行中的检查主要有以下几方面：

（1）工艺条件方面的检查。

（2）设备状况方面的检查。

（3）安全装置方面的检查。

5．压力容器运行期间的维护保养

（1）保持完好的防腐层。

（2）消除容器的“跑”“冒”“滴”“漏”。

（3）保护好保温层。

（4）减小或消除压力容器的振动。

（5）维护保养好安全装置。

课题5　机械设备保养

子课题1　机床设备的大修工艺

学习目标

掌握车床、铣床、刨床的拆卸顺序和大修工艺及要求。

一、车床（以普通卧式车床为例）

1．拆卸顺序

电气部分拆卸（控制电路板、电动机、照明灯等）→松开主轴箱与床身的连接螺栓、吊出主轴箱→分别拆卸尾座和刀架→拆卸进给箱与传动丝杠、光杠及操纵杆连接套，卸下进给箱→松开托架与床身的连接螺栓、拆卸溜板箱→溜板与床身分离。

2．大修工艺及要求

（1）通常依据工种将普通卧式车床的大修分为刮研（或磨削）和箱体部件修理。

（2）在刮研工作中，修理次序为床身、溜板、刀架下滑座、刀架。

1）床身。以没有磨损的安装面作为测量修理的基准面，磨削或刮研各导轨面至要求。

2）溜板、刀架下滑座。修理的重点如下：

①保证上、下导轨的垂直度要求及上导轨的直线度要求。

②修复与床鞍有关联的尺寸链。

为实现上述两个重点，刮研刀架下滑座各工作表面、溜板各工作表面至要求。

3）刀架。注意两点：

①刀架导轨应满足两方面的精度要求：刀架移动的直线度要求；在垂直平面内刀架移动与主轴轴线的平行度要求。

②为了使刀架回转后的重复定位精度保持在0.005～0.01 mm，以满足使用多把刀具成批加工零件的需要，在大修中，必须检查定位销与定位销孔各自的精度及销与孔之间的配合精度，如孔径不圆或不直，则应修铰各孔，并以销孔另配定位销。

（3）主轴箱、进给箱、溜板箱和尾座，即三箱一座的大修，可分头并进，互不干扰。

1）主轴箱。

①检查主轴箱体主轴孔至要求。

②修复主轴至要求。

③修复后轴承套和止推垫圈至要求。

④修复操纵部分和制动装置部分至要求。

2）进给箱。

①为保证丝杠、光杠、操纵杆等支承托架的同轴度要求，应将托架的修复与进给箱的修理同时进行，保证轴孔尺寸及中心距相同。

②进给箱中的齿轮、轴承、套等零件的修复或更换按常规修理进行。

3）溜板箱。

①丝杠、开合螺母副的修复。修复或更换新丝杠之后，配作开合螺母，注意：修复开合螺母和开合螺母体应与修复溜板箱燕尾导轨同时进行。

②溜板箱体的修复。重点是保证开合螺母燕尾导轨的直线度要求以及与溜板箱接合面的垂直度要求。

③光杆的修复。校直或更换。

④脱落蜗杆装置的修复。重点修复蜗杆的十字接头和长板，若蜗轮磨损，则应更换新蜗轮。

⑤互锁装置机构的修复。重点是拨叉的内孔螺旋槽的修复。

4）尾座。修复重点是尾座体的轴孔，修复方法视孔的磨损程度对其进行研磨修复或镗、研磨修复。

三箱一座的修复工作可与刮研工作交叉进行。

（4）对修理周期长的主要零件诸如主轴、尾座套筒、长丝杠等的修复工作应优先安排，以缩短修理周期。

二、铣床（以卧式铣床为例）

1. 拆卸顺序

电气部分拆卸（电气接线、照明灯、线路板、电动机等）→拆卸刀杆支架及滑枕→拆卸工作台（拆上台面两边的手轮及挂脚，松开镶条，吊出工作台）→拆卸回转盘（松开锁紧螺栓后吊出回转盘）→拆卸下滑板→拆卸升降台（将升降台吊稳，拆去升降台压板、镶条及升降丝杠螺母座螺钉、定位销）→拆卸进给变速箱（也可在升降台拆卸前进行）→拆卸床身上的变速操纵机构、床身内部的传动系统→床身与底座分开。

2. 大修工艺及要求

大修顺序大致如下，但依据人力、物力、机加工能力也可变动，即平行或交叉作业。

（1）主轴。在普通铣床中，主轴是最关键零件之一，是铣床中的第一精度基准，床身、升降台、工作台等部件都以主轴为基准来恢复几何精度，可以说主轴是第一修复零件。

检查主轴各工作轴颈、内锥孔的磨损情况，若超差严重，则先修复与前轴承和中间轴承相配合的轴颈至要求，再以此为基准修磨内锥孔及其他工作面至要求（注：前轴承定位面仅在前轴颈需要修复的情况下修磨，否则，不应修磨）。

（2）主轴部件。主轴装配的关键是装配好前、中轴承，通常可靠方法是采用定向装配。

（3）床身。床身的修理主要是恢复床身导轨的几何精度。床身导轨的修复需以主轴中心线为基准。

1）床身导轨磨损不大时，采用平尺拖研修刮。

2）床身导轨磨损严重时，采用导轨磨修复。

（4）升降台及下滑板

1）下滑板与升降台装配尺寸链的修复。

2）升降台的修理。主要是恢复各导轨面的加工及装配精度。

3）升降台的装置与调整。重点是垂直升降丝杠副、手摇机构、X 轴上的电磁离合器及 X 轴的装配与调整，其余按常规要求装配。

4）下滑板的修理。主要是恢复各导轨面的几何精度及装配精度。

（5）横进给螺母座孔。主要是修正因升降台有关导轨面与其相应的下滑板导轨面经过刮削或磨削修复后，致使螺母座孔中心相对于安装丝杠的座孔中心向右下方偏离的偏移量。

（6）回转滑板与工作台。主要包括回转滑板与下滑板的配刮，工作台与回转台导轨面的配刮，工作台导轨的修复等。其目的是恢复回转滑板及工作台的几何精度、装配精度，这些精度最终反映机床精度。

（7）悬梁。由于悬梁运动较少，一般只需适当地修刮，即可恢复其几何精度。方法是可刮削或导轨磨床磨削。

（8）悬梁与床身顶面导轨。先将悬梁导轨修复后，再以悬梁为研具修刮床身顶面导轨。

（9）机床各传动部分。

1）主轴变速箱的装配与调整。

①在变速箱中装配时要特别注意的是主轴部件和Ⅰ轴部件的装配，因为它们的结构最复杂，装配要求也最高。

②变速操纵机构的装配与调整见下面进给变速箱与操纵机构的装配与调整。

2）进给变速箱与操纵机构的装配与调整。

①进给变速箱的装配。重点是将运动输出至工作台的那根轴的装配与调整。

②变速操纵机构的装配与调整。该机构采用孔盘集中越级变速机构，其中齿条轴、齿轮及定位套是易损件，修前发现变速操纵失灵、变速不到位、磨损太大时，就应更换新件。另外，在装配时，要逐挡检查，不应出现阻滞、干涉现象，各挡的啮合位置应准确、可靠。

3）工作台及回转盘传动部分的装配与调整。

①工作台两端的超越离合器、丝杠与回转盘上的锥齿轮是易损件，视磨损程度作必要的修复或更换。

②回转盘的调整和装配。主要是消除因升降台有关导轨面和下滑板相应导轨面的修复

致使升降台内的花键轴上的锥齿轮与托架上的下齿轮啮合位置发生偏离的偏离量。

③工作台及回转盘的装配。装配重点是：

a. 进给丝杠轴向间隙的调整。

b. 操纵机构的装配。装配后，要达到离合器啮合到位、可靠；电气开关接触到位。

c. 保证两端轴架孔与螺母中心同轴。

（10）刀杆支架孔（直孔或锥孔）。先修复好刀杆支架导轨面，然后采用自镗法修复支架孔，最大限度地达到支架孔与主轴同轴。

三、刨床

1. 拆卸顺序

电气部分拆卸（电气接线、照明灯、线路板、电动机等）→拧出转盘压紧螺母，卸下刀架→拆下滑枕左、右压板，卸下滑枕丝杠前后支架，松开压紧螺母，吊下滑枕→卸下上支点轴承，拧出丝杠→拆下工作台支架→卸下工作台与溜板连接螺母，拆下工作台→拆下棘轮机构，拧出横向进给丝杠，卸去横梁上下压板，拆下工作台溜板→将横梁吊住，再将左右压板及横梁镶条拆下，旋出升降丝杠，然后吊下横梁→拆下方滑块，再将紧固床身上大齿轮盖的五个螺钉拧下，吊出大齿轮→拆下摇杆→拆下变速机构的全部齿轮→拆下床身。

2. 大修工艺及要求

大修顺序大致如下，但依据本单位的人力、物力、机加工能力等也可变动，即平行或交叉作业。

（1）滑枕。刮削或磨削修复滑枕各导轨面至要求。

（2）床身。修前先检查床身侧加工表面与摇杆下支点孔的垂直度，若超差应修复至要求。然后，以床身侧加工表面和摇杆下支点孔为基准，刮研或磨削各导轨面至要求。

（3）横梁。修刮横梁各导轨面时，应确保横梁、床身、工作台三者的接触精度，这样才能保证加工件的精度和表面粗糙度。

（4）工作台溜板。与上述同样，在修理工作台溜板时应确保其接触精度。

（5）工作台。视磨损情况刮研各相关表面（工作台上表面除外）。待机床修好后，在空载试运转时，可在机床本身上对其上表面及 T 形槽进行精刨至要求。

（6）工作台支架。待横梁及工作台等组装在床身上后，视超差情况，再研刮工作台支架与工作台的接合面至要求。

（7）刀架转盘和刀架滑板。刮研各滑动面及接合面至要求。

（8）刀架轴承。主要是修正因滑板相关表面、转盘相关表面经过修研后轴承中心与转盘进给丝母中心产生的位移。

（9）活折板支架与活折板

1）刮研活折板与活折板支架相配合的表面至要求，达到活折板能在活折板支架内无阻地自由落下。

2）活折板支架锥孔和活折板与其相配的锥孔，必须装在一起铰，然后再把活折板锥孔单独铰一次，以保证两者拼装后活折板能在活折板支架内轻松转动 90°以上。

（10）摇杆。先修复摇杆两端的支承孔，使两者垂直度达到要求，然后修刮摇杆滑槽面至要求。

（11）方滑块。与摇杆滑槽配刮方滑块的滑动表面（应先在平板上刮好一个滑动面）。

（12）摇杆传动齿轮。修刮传动齿轮两端加工表面，使之与齿盘孔垂直。

（13）摇杆销座。先修复摇杆销座的圆柱表面，然后以此为基准修刮摇杆销座底平面至要求。

（14）上支点轴承。检查摇杆安装精度和检查上支点轴承与滑枕安装精度的超差情况，据此修刮上支点轴承与滑枕相配的表面至要求。

（15）变速机构

1）滑移齿轮的拨动座应能轻松移动。

2）确保齿轮在轴上每个位置的正确定位。

3）相啮合齿轮的侧向错位量（即不重合）应小于其宽度的5%。

4）变速手柄位置必须与标牌上的标志相符。

5）各螺钉及销座要紧固。

子课题 2　磨床的保养与维护

1. 熟悉磨床润滑。
2. 熟悉磨床的日常保养和一级保养。

一、磨床润滑

润滑的目的是减小摩擦面和各传动副的磨损，以保证和提高机构工作的可靠性和灵敏性。

1. 主轴的动压轴承润滑

常用的润滑油有 N2、N5 两种主轴油，砂轮架油池的主轴油应每三个月更换一次。

2. 工作台纵向导轨、砂轮架横向导轨润滑

使用全损耗系统用油（如 L－AN46、L－AN32、L－AN68）进行润滑。

3. 内圆磨具滚动轴承润滑

使用润滑脂，其型号为 3 号锂基润滑脂、3 号钙基润滑脂，而且 500 h 就应更换一次。

4. 采用滴油润滑的各润滑点润滑

工作台纵向手轮润滑杯、横向进给手轮润滑油杯、尾座套筒注油孔等均为此类润滑点，它们需要定期注入全损耗系统用油。

二、磨床保养

保养的目的是保证机床良好的技术状态，以防止机床发生故障而致使机床精度降低，甚至损坏。

1. 日常保养要点

（1）按操作规程正确操作机床，确保磨床部件、机械结构不损坏。

（2）工作前后必须进行磨床部件、机械结构、液压系统、冷却系统的检查，发现异常必须及时修理排除故障。

（3）擦净头架、尾座与工作台的连接面后，涂上润滑油，再对其位置进行移动调整，确保其连接面的机床精度。

（4）按规定的油类对人工润滑的部位进行加注，并确保其油面的高度。

（5）定期冲洗冷却系统，合理更换切削液。废切削液应按环保要求进行处理。

（6）高速滚动轴承的温升应低于60℃。

（7）欲在磨床加工的工件精度及尺寸参数应与该机床的精度等级及参数相对应，以保护机床精度。

（8）必须给机床暴露在外面的滑动面和机械机构涂油以防生锈。

（9）对机床的工作面和部件应确保不碰撞、不拉毛。

2. 一级保养

磨床运转500 h后，就需进行一次一级保养。下面以万能外圆磨床为例进行说明。

（1）一级保养的内容及要求

1）外部保养

①清洗机床外表，确保其清洁、无锈蚀、无油痕。

②对有防护盖板、挡板的各部位，应先将防护盖板、挡板拆卸后再清洗，以确保清洁、安装牢固。

③补齐手柄、螺钉、螺母。

2）砂轮架及头架、尾座的保养

①拆卸砂轮架带罩和砂轮防护罩并进行清洗。

②检查电动机及紧定螺钉、螺母是否松动。

③调整砂轮架带，使之松紧适当。

④拆卸尾座套筒，并对套筒和尾座壳体进行清洗，以确保其清洁，并保持其良好的润滑。

3）液压、润滑系统的保养

①检查液压系统的压力状况，以确保系统部件正常运行。

②清洗液压泵过滤器。

③检查砂轮架主轴润滑油的油质及油量。

④清洗导轨，检查润滑油的油质和油量，确保油孔、油路的通畅；检查油管安装是否牢固，是否有断裂泄漏现象。

⑤清洗油窗。

4）冷却系统的保养

①清洗切削液箱，按环保要求调换切削液。

②检查切削液泵，将嵌入泵内吸油口上的棉纱等杂物清除掉，确保电动机正常运转。应将切削液泵放置在水箱挡条上，以防止其跌落到水箱内，致使电动机损坏。

③清洗过滤器，拆洗切削液管，确保管路通畅；构件安装应排列整齐、牢固。

5）电气系统的保养

①清扫电气箱，确保清洁、干燥。

②清理电线及蛇皮管，要及时修复裸露的电线及损坏的蛇皮管。

③检查各电气装置，使其固定整齐、正常工作。

④检查各发光装置，如指示灯、照明灯等，使其发光明亮、正常工作。

6）机床附件的保养。如平衡架、中心架、砂轮修整器等，应保证清洁、整齐、无锈迹。

（2）一级保养的操作步骤

1）切断电源，摇动手轮使砂轮架向后退到靠后位置，将头架、尾座推到工作台两端。

2）对铁屑较多的部位（如水槽、切削液箱、防护罩壳等处）进行清扫。

3）用柴油对头架主轴、尾座套筒、液压泵过滤器等进行清洗。

4）在机修人员的指导配合下，对砂轮架及床身油池内的油质情况、油路工作情况等进行检查，并依据具体情况适时地调换或补加润滑油和液压油。

5）在维修电工的指导配合下，对各电器进行检查和保养。

6）按上、下，后、前，左、右的顺序对机床涂装表面进行保养，用去污粉或碱水将油痕清洗掉。

7）对附件进行清洁保养。

8）将缺少的零部件逐一补齐。

9）对砂轮架主轴、头架主轴的间隙等进行调整。

10）将各防护罩、盖板按其位置装好。

子课题 3　镗床的保养与维护

1. 掌握数控镗铣床机械部件和液压、气动系统的维护。
2. 掌握机床精度的维护。

以数控镗铣床为例。

一、数控系统的维护

1. 严格遵守操作规程。
2. 数控柜和强电柜的门应尽量少开启。
3. 定期清扫数控柜的散热通风系统。
4. 定期检查和更换直流电动机的电刷。
5. 定期更换存储用电池。

二、机械部件的维护

1. 主传动链的维护

（1）应对主轴传动带的松紧程度定期进行调整，以防传动带打滑出现丢转现象。

（2）对于主轴润滑的恒温油箱，应调节温度范围，进行定期检查，及时补充油量，并对过滤器进行清洗。

(3) 要及时调整液压缸活塞的位移量，以防止因主轴中刀具夹紧装置使用时间过长而产生间隙，以致影响刀具的夹紧。

2. 滚珠丝杠螺纹副的维护

(1) 应对滚珠丝杠螺纹副的轴向间隙定期进行检查、调整，以确保反向传动精度和轴向刚度。

(2) 应对滚珠丝杠与床身的连接处定期进行检查，看看是否有松动。

(3) 要及时更换损坏的丝杠防护装置，以免灰尘或切屑的进入。

3. 刀库及换刀机械手的维护

(1) 超重、超长的刀具严禁装入刀库，以免在机械手换刀时发生掉刀或刀具与工件、夹具碰撞的现象。

(2) 对刀库的回零位置、主轴回换刀点位置是否正确、到位要经常进行检查并及时调整。

(3) 开机后，应使刀库和机械手空载运行，并对各部工作是否正常、各行程开关和电磁阀的动作是否正常进行检查。

(4) 应对刀具在机械手上锁紧可靠与否进行检查，若发现异常应及时调整处理。

三、液压、气动系统的维护

1. 应对各润滑、液压、气动系统的过滤器或过滤网定期进行清洗或更换。
2. 应对液压系统的油质定期进行化验检查，并适时更换液压油。
3. 应对气压系统的分离滤气器进行定期放水。

四、机床精度的维护

应对机床的水平和机床精度定期进行检查并校正。机床精度的校正方法有软、硬两种。

1. 软方法

软方法就是通过系统参数补偿来实现，如丝杠反向间隙补偿、各坐标定位精度定点补偿、机床回参考点位置校正等。

2. 硬方法

硬方法就是通过机床大修来实现，如导轨修刮、滚珠丝杠螺母副预紧调整反向间隙等。

子课题4　龙门铣床的保养与维护

学习目标

1. 熟悉龙门铣床的一级保养和二级保养。
2. 掌握龙门铣床的治漏方法。

龙门铣床的维护保养可分为一级保养和二级保养。

一、一级保养

1. 时间

机床运行 600 h 即要进行一级保养。

2. 人员

以操作工人为主，维修工人配合进行。

3. 保养内容及方法

保养前应先切断电源，然后再进行保养。

（1）外部保养

1）清洗机床外表面及各罩壳，保持内外清洁，无锈蚀。

2）对缺失或松动的螺钉、螺母、手柄、手球、弹簧等零件应补齐或紧固，保证机床完整。

3）清洗各附件，做到清洁、整齐、无锈。

（2）齿轮箱、液压箱、铣头

1）清洗裸露在外面的丝杠、光杠及齿轮箱、液压箱、铣头的表面。

2）检查并调整好镶条与导轨的间隙。

（3）横梁、立柱

1）清洗裸露在外面的丝杠、光杠及横梁、立柱的表面。

2）检查并调整好镶条与导轨的间隙。

（4）液压、润滑

1）清洗油毡、油线、油槽、电磁阀、过滤器、油标等，达到清洁明亮。

2）保证系统齐全，油路畅通，无泄漏。

3）检查压力表，调整油压。

4）检查油质、油量，视缺少情况添加润滑油。

（5）电气系统

1）擦净电气箱、电动机。

2）检查行程开关，紧固接零装置。

二、二级保养

1. 时间

机床运行 5 000 h 即要进行二级保养。

2. 人员

以维修工人为主，操作工人参加，在维修技术人员配合下，进行保养。

3. 保养内容及方法

在继续执行上述一级保养内容及要求的基础上，还应做好以下保养工作。保养前仍要先切断电源。

（1）齿轮箱、液压箱、铣头。检查齿轮箱、液压箱、铣头内的齿轮、轴、阀等零件的磨损情况，修复或对损坏件进行测绘，提出备品，调整好各处间隙。

（2）横梁、立柱。修复或对损坏件进行测绘，提出备品，调整好各处间隙。

(3) 液压、润滑

1) 清洗液压泵，检修电磁阀。

2) 校验压力表。

3) 修复磨损零件，对损坏件进行测绘，提出备品。

(4) 电气系统

1) 清洗电动机，更换润滑脂。

2) 修复磨损零件，对损坏件进行测绘，提出备品。

3) 电气系统应符合相应完好标准的要求。

(5) 精度

1) 校正机床水平，检查、调整、修复精度。

2) 精度应符合设备完好标准的要求。

三、治漏方法

龙门铣床同磨床、镗床一样存在泄漏，治漏在它们的日常维护保养中占有重要位置。常用的治漏方法如下：

1. 紧固法

即通过紧固渗漏部分的螺钉、螺母、管接头等来消除连接部位因松动而引起的漏油现象。

2. 疏通法

保证回流油路畅通，不被污物堵住；或将直径过小的回油孔改成大直径的回油孔或增加新的回油孔使油路畅通。

3. 封涂法

在渗漏处涂封口胶进行密封紧固，以消除渗漏现象。

4. 调整法

即调整相关件的位置。如调整滑动轴承孔与轴颈之间的间隙，减少液压润滑系统的压力，调整刮油装置（如毛毡的松紧高低）等。此法应是治漏的首选方法。

5. 堵漏法

对于漏油的铸件砂眼、螺纹孔进行堵塞的办法进行治漏。如在箱体的砂眼处堵塞环氧树脂，在通孔处堵塞铅块等。

6. 修理法

即箱盖接合面不严密时对表面进行刮研修理，油管喇叭口不严密时对喇叭口进行修理，液压润滑件因毛刺、拉伤、变形而漏油时对液压件进行修理，通过修理达到治漏的目的。

7. 换件法

即更换密封件或相关件，达到治漏的目的。

8. 改造法

对因设计不合理而造成的漏油可通过改造原有结构、更换密封材料、改变润滑介质、减小配合间隙、增加挡油板及接油盘的方法进行改造治漏。

课题 6　综合技能训练（二）

子课题 1　精密、高速、大型设备导轨的修复与调整

学习目标

1. 掌握精密、高速设备导轨的修复与调整方法。
2. 熟悉大型设备导轨的修复及调整方法。

一、精密、高速设备导轨的修复与调整

一般精密、高速设备的床身是没有地脚螺栓的，其安装属于自然调平，有很高的几何精度，因此不允许对床身有强制调平的内应力。

1. 高精度、高速设备的刮削要求

高精度、高速设备的刮削一般都在恒温状态下进行，以消除温差变形，并且床身导轨均用刮削达到所要求的几何精度。SS30X 型磨齿机床身的刮削如图 3—6—1 所示。

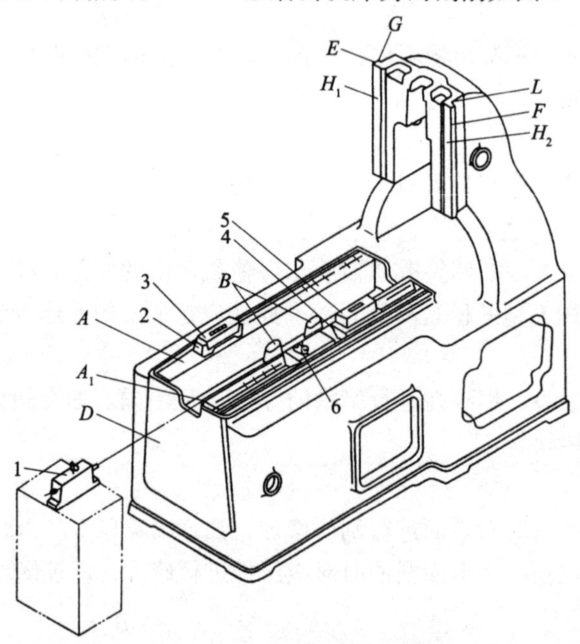

图 3—6—1　SS30X 型磨齿机床身的刮削
1—光学自准直仪　2—平垫板　3、5—水平仪　4—90°V 形垫板　6—反光镜

（1）床身放置可靠，所支承的可调垫铁均受力，不允许在刮削过程中有松动。

（2）检查床身导轨的原有几何精度，记录数值，必要时作出图形，以供参考和制定修复方案。准备工、检、量具或仪器，尤其是研具，必须是 0 级桥形平尺或方形平尺。

（3）设备上有一个平导轨和一个 V 形导轨，根据预检情况选择刮削基准面。使用的量

具为0.01 mm/1 000 mm精度的水平仪和0.005 mm/1 000 mm精度的光学自准直仪。

（4）刮V形导轨A_1两面。水平仪作为半精测量，光学自准直仪作为精测量。垂直面内和水平面内的直线度要求均为0.005 mm/1 000 mm，0.01 mm/全长。垂直面内只许外凸，刮研点数20～22点/（25 mm×25 mm）。

（5）刮平导轨A。以A_1导轨为基准测量两导轨的扭曲度，在专用桥板上放水平仪，平行度要求0.005 mm/1 000 mm，0.01 mm/全长。直线度只许中凸，要求直线度0.005 mm/1 000 mm，0.01 mm/全长。

2. 刮削时应注意的问题

（1）若没有恒温条件，只是在室内操作，则测量导轨精度时必须在相同室温下测量，误差为±2℃，以减小温差变形。

（2）用光学自准直仪测量时，为消除视觉误差，反射镜应由近到远逐挡测量，记录数值。测量完后应由远到近抽挡复查，特别是最近的零位，误差应不超过±2格（旋钮刻度值）。

二、大型设备导轨的修复及调整

大型设备床身导轨的特点是大、长，多采用机械加工。有很多大型设备床身是多段相连接而成，而给床身导轨的修复带来很多问题，所以修复大型设备导轨时要特别注意。

1. 大型设备的导轨都比较长，安装多采用强制调平，即用地脚螺栓来调整直线度和平行度。强制调平的内应力释放是保证安装精度的最大难题。如一种龙门刨床的床身长6.3 m，在8 m长导轨磨床上磨削完成后，在基础上安装调平则要经过粗调、半精调和精调，即要经过一天调两次，一天调一次，三天调一次以至达到最后精度稳定的阶段。这个阶段还要考虑室温变化对刨床的影响。

2. 多段对接的较长床身，如B228－14型龙门刨床的床身是由五段对接的，若没有设备来加工全长，则只能分段加工，这就要保证五段床身导轨的几何形状、空间位置完全对应，一般是采取作样板为基准的方法。先磨削中间最长段，以此作样板，再用样板去检验另外两段床身导轨的几何形状。对接后要重新扩铰定位销孔，以可靠连接。也有采取以工作台导轨为基准，对研床身导轨刮削的方法，这是最原始、劳动强度最大，但最简单、可靠的方法。

子课题2　滚动导轨的装配与调试

学习目标

1. 熟悉滚动导轨的结构、特点和类别。
2. 掌握滚动导轨的预紧方法。
3. 掌握Y7520W螺纹磨床砂轮架滚动导轨的装修工艺。

一、滚动导轨的特点及其应用

1. 摩擦因数小，动、静摩擦因数差值小；运转轻便灵活，运动所需功率小；摩擦发热少，磨损小。

2．精度高，精度保持性好；低速运动平稳，无爬行现象。

3．润滑简单，高速运动时不会因动压效应而使移动部件飘浮。

4．结构复杂，制造较困难，抗振性较差，对脏物较敏感。

根据其特点，滚动导轨在机床中应用比较广泛，如仿形机床，坐标镗床，外圆及螺纹磨床的砂轮架。

二、滚动导轨的类别

1．按材料和热处理方式不同分

（1）铸铁（200～220HBW）制的导轨。用于轻载和中等载荷。

（2）淬硬钢导轨。具有很高的强度和耐磨性，在预紧的情况下能承受较大载荷，但制造困难，对硬度的要求非常严格（硬度下降，承载能力下降）。

2．按滚动体形式不同分

（1）滚珠导轨。如图 3—6—2 所示，其结构紧凑，制造容易，由于球体与 V 形面的接触面积小，刚度低，承载能力小，因此一般用在轻小型灵敏度要求高的场合。

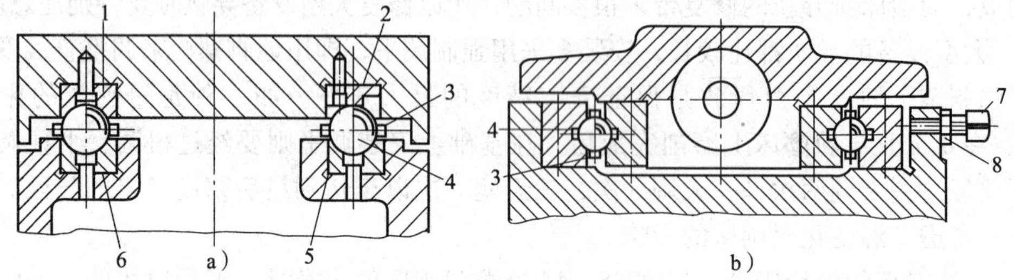

图 3—6—2　滚珠导轨

1、2、5、6—形块　3—限位块　4—滚动体　7—螺钉　8—螺母

（2）滚柱导轨。如图 3—6—3 所示，是 V—平面组合的开式滚柱导轨，其结构简单，导轨面可以配制或配磨，制造方便。滚柱导轨的承载能力和支承刚度都比滚珠导轨大，可用于载荷较大的机床。

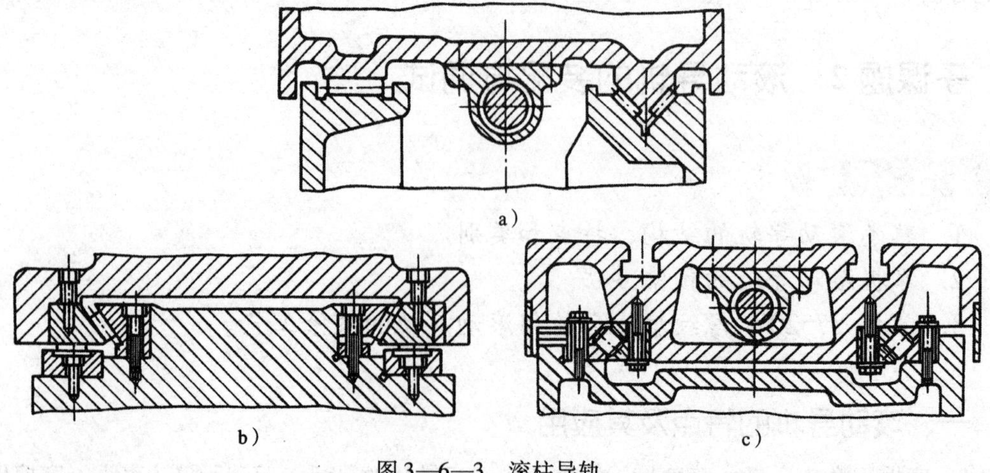

图 3—6—3　滚柱导轨

对滚柱导轨的平行度（扭曲度）要求较高。导轨稍有不平行就会造成滚柱偏移和横向滑动，使导轨磨损加剧，精度降低。为使得导轨精度能够持久，滚柱应做成中间直径比两端大 0.02 mm 的腰鼓形。

(3) 滚针导轨。与滚柱相比，滚针的长度与直径的比值（L/D）较滚柱大，因而滚针导轨的尺寸小，结构紧凑，在同样长度内可排更多的滚针以提高刚度，从而具有较大的承载能力，但摩擦因数也相应大了些。滚针多用于燕尾形导轨。

为了提高滚针导轨的运动精度，滚针在装配时可按直径分组选配，使中间的滚针直径略小于两端。

三、滚动导轨的预紧

通过预紧，增大滚动导轨的接触刚度，消除间隙，减小磨损，提高导轨的运动精度。

预加载荷（预紧力）的滚动导轨，按其加载方法的不同分为两大类。

1. 采用过盈配合

把夹紧件通过滚动体到被夹紧件之间的配合做成过盈配合，如图 3—6—4a 所示。过盈量 δ 可以直接测出，预紧力的大小与压板螺钉的松紧无关。

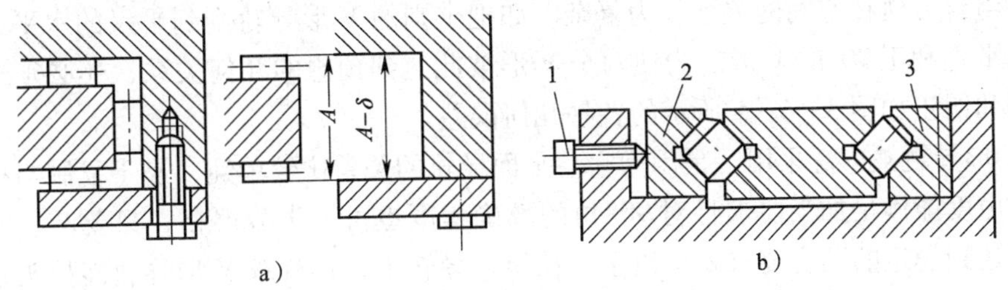

图 3—6—4　预紧力的加载方法

1—压紧螺钉　2—调整导轨　3—固定导轨

2. 采用调整元件

使用专门的调整件加载，使被夹紧件和夹紧件之间产生垂直于导轨方向的微量位移，如图 3—6—4b 所示，通常在预紧力调整妥当之后，才把它固定在壳体上。一般情况下，每组导轨中有一条导轨是可调的。可调导轨的微量位移又可以用螺钉（镶条、弹簧、精密垫板及偏心盘）来调整。

增大预紧力可以提高刚度，但同时也使拖动力（摩擦力）增大。高质量的导轨最理想的法向预紧量 δ（可调导轨与固定导轨的接近量）为 0.005 ~ 0.006 mm。它既能保证运动的均匀性，又能保证预期的精度和灵敏度。导轨的拖动力应为 30 ~ 50 N。

预紧量的测量方法有：测量导轨元件的执行尺寸；加载时测量可调导轨的位移量；测量各调整元件（螺钉）上的预加载荷。具体用哪种，要视导轨的结构而定，有时需两种方法同时使用。

四、螺纹磨床砂轮架滚动导轨的特点

从滚动导轨的特点与应用上可知它精度高、刚度较差、振动敏感性强。因为导轨有少量磨损也会影响工件精度，所以，对高精度导轨，必须保持其几何精度和相互位置精度，找出影响精度的因素，以便加以控制。

从工件定位时限制自由度的角度来分析。根据一 V 一平的一组导轨的情况，如图 3—6—5a 所示，平面可以限制$\overrightarrow{Z}$、$\overset{\curvearrowright}{X}$、$\overset{\curvearrowright}{Y}$三个自由度；V 形面可以限制$\overrightarrow{X}$、$\overrightarrow{Z}$、$\overset{\curvearrowright}{X}$和$\overset{\curvearrowright}{Z}$四个自由度，可能在$\overrightarrow{Z}$、$\overset{\curvearrowright}{X}$两个自由度上发生过定位。而过定位允许存在的条件要从定位后的效果来看，是否有干涉现象存在。一 V 一平导轨的干涉现象就是这两条导轨的几何精度和位置精度是否符合要求，如果两条导轨的平面度、直线度和相互平行精度较高，并没有干涉现象，那么这时过定位是允许存在的。V 形导轨与平面导轨出现平行度误差，就会导致导轨精度的降低而影响工件精度。

如果采用双 V 形导轨作为支承与导向，那么限制自由度达八个，除沿$\overset{\curvearrowright}{Y}$移动外的五个自由度均被限制，$\overrightarrow{Z}$、$\overrightarrow{X}$、$\overset{\curvearrowright}{X}$和$\overset{\curvearrowright}{Z}$四个为过定位。因此就需要配制或配磨，以提高接触支承面的精度，以使导轨运动平稳。从导轨结构来看，平面导轨要求直线度、平面度；单 V 形导轨除要求直线度、平面度外，还要求角度；双 V 形导轨要求的几何精度有倾斜、中心距、水平面内的平行度和垂直面内的平行度。双 V 形导轨的几何误差情况如图 3—6—5b 所示。

各种组合导轨在空间的关系较为复杂。如把个别的 V 形导轨刮到平尺的水平，只仅仅得到两条平直和正 90°的 V 形。为使两个 V 形彼此达到预想的几何关系，还必须经过一系列的检测和纠正如图 3—6—5 所示的各种几何误差。

90°V 形导轨被广泛采用，是因为它与平面导轨的关系比较单纯，易于复制与检测，所限制的自由度能满足加工要求且对 90°角的准确程度也可不十分严格，只要凸、凹导轨的接触精度达到规定的贴合要求就可以了。在组合导轨中，只有双 V 形导轨能掉头自检，可利用研刮或磨削提高精度，可见一 V 一平、双 V 形导轨各有优点。

螺纹磨床砂轮架多用高精度滚动导轨以求灵敏及保持运动精度。砂轮架的移动是在横向导轨上进行的，横向导轨是保证砂轮架进给量准确性和平稳性的基础，要求其启动和停止时，没有迟滞和滑行，其位移精度不因驱动和滑行速度的不同而改变。由于工作位置的不同，近工作台的一段由于磨削尘雾的进入而易于磨损。装修时必须使横导轨达到各项技术要求，横向导轨精度是螺纹磨床基础精度之一，在装修纵向导轨时也必须考虑横向导轨的安装精度。纵横导轨刮前分别用桥板和方框式水平仪将纵、横导轨安装水平调至 0. 02 mm/1 000 mm 以内。

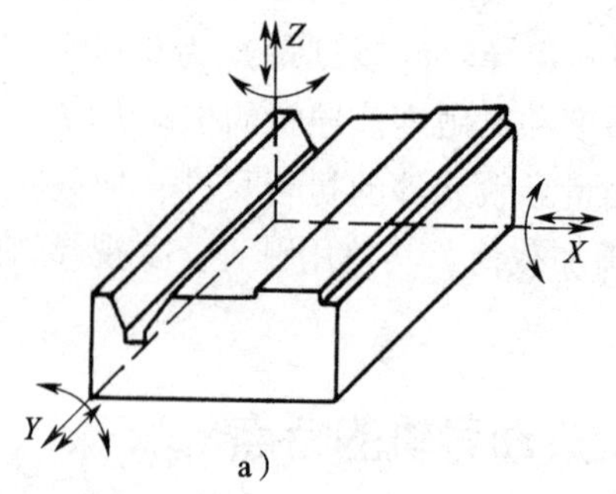

a）

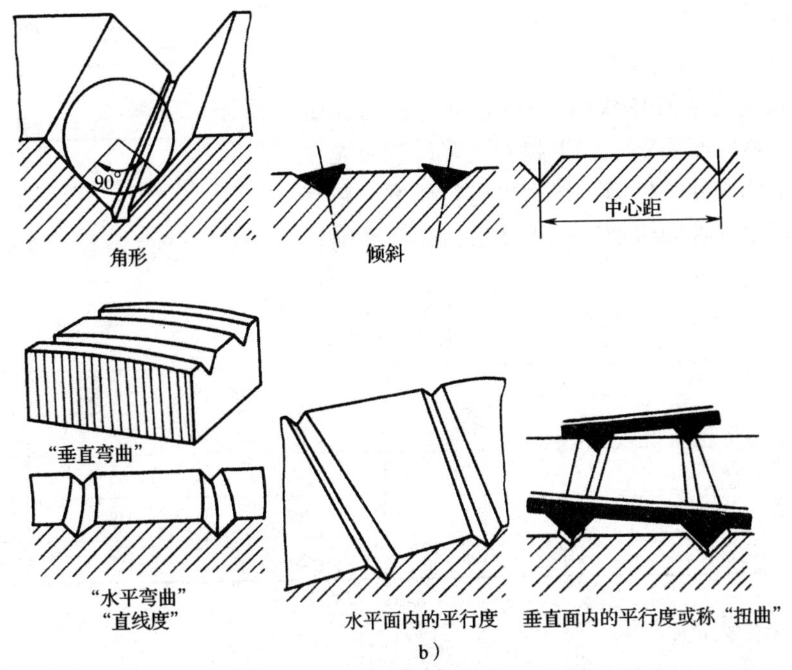

图 3—6—5　导轨的定位及几何误差

a) 一 V 一平导轨的定位　b) 双 V 形导轨的几何误差

五、Y7520W 螺纹磨床砂轮架滚动导轨装修工艺

砂轮架的导轨与床身横向导轨配合，两导轨间装有滚柱组成的滚动导轨副，它是机床横向进给量的准确性和稳定性的决定因素，直接影响工件的中径尺寸精度。滚动导轨对振动的敏感性强，砂轮的不平衡和电动机振动都会引起砂轮架振动，使磨出的螺旋面出现波纹，故在装修导轨时，必须使其达到技术条件的要求。

横向导轨接近工作台的一段导轨面，磨削时尘雾飞溅的影响比纵向导轨大。如果砂轮主轴中心线与头架主轴中心线不等高，超差较多时，就应及时更换滚柱。其尺寸关系从图 3—6—6 可知：

$$\Delta L = 1.414\Delta d$$

式中　ΔL——中心线的升高量，mm；

　　　Δd——滚柱直径的增加量，mm。

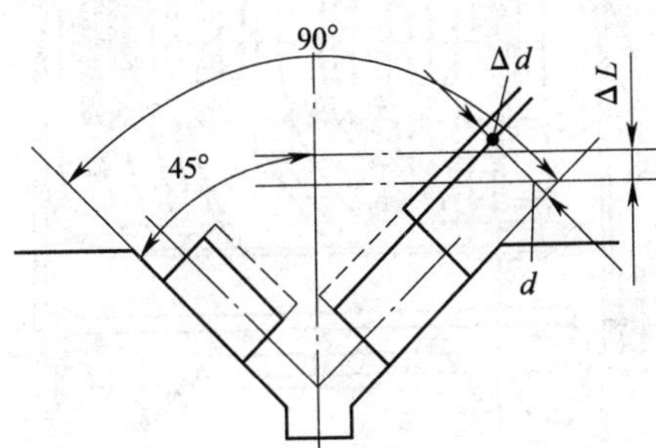

图 3—6—6　V－平导轨滚柱尺寸关系图

1. 滚柱

要按滚柱零件图（见图3—6—7）和表3—6—1进行检测，如果超差值在0.015 mm以内，就可在研磨盘中研磨，修复至要求。如果超差过多，就应先在无心磨床上磨削滚柱圆柱面，然后再进行研磨。新制作的滚柱，可以几件同体加工、淬硬后，超精磨削外圆，切开。

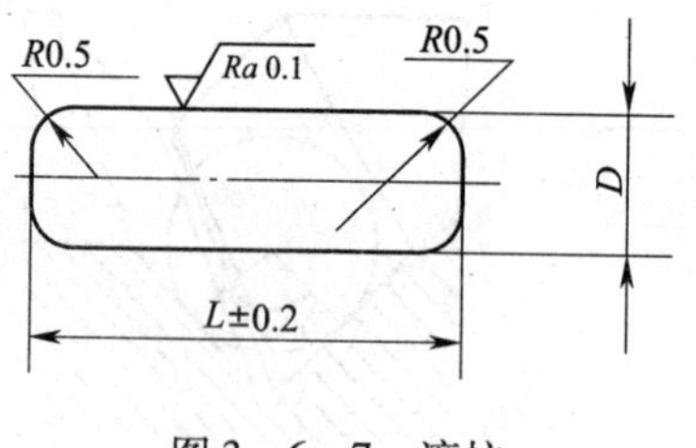

图3—6—7 滚柱

表3—6—1 **滚柱尺寸**

尺寸	滚柱号			
	1	2	3	4
D（mm）	7.071	10	11.313	16
L（mm）	50	38	48	34
件数	108	54	51	44

滚柱的技术要求：

（1）圆度误差不得超过0.002 mm，允许中间凸起。

（2）任意截面直径差不得超过0.001 mm。

（3）每套中滚柱直径差不超过0.002 mm。

（4）热处理：63HRC。

2. 砂轮架的横向导轨

如图3—6—8所示的导轨1、2，装修时的测量基准可利用横向进给丝杠托架支承孔。

砂轮架导轨与床身横向导轨对研，修研砂轮架导轨至要求。其要点是将如图3—6—9所示的检验工具放入图3—6—8中的托架支承孔内，以支承孔为基准，将百分表座在平导轨上移动，检查导轨2对托架支承孔的垂直度。精度要求：在200 mm长度上为0.03 mm，与床身横向导轨的接触点为16点/25 mm×25 mm。

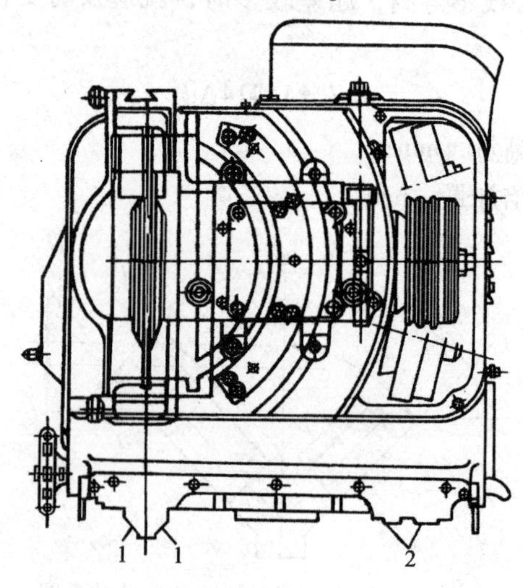

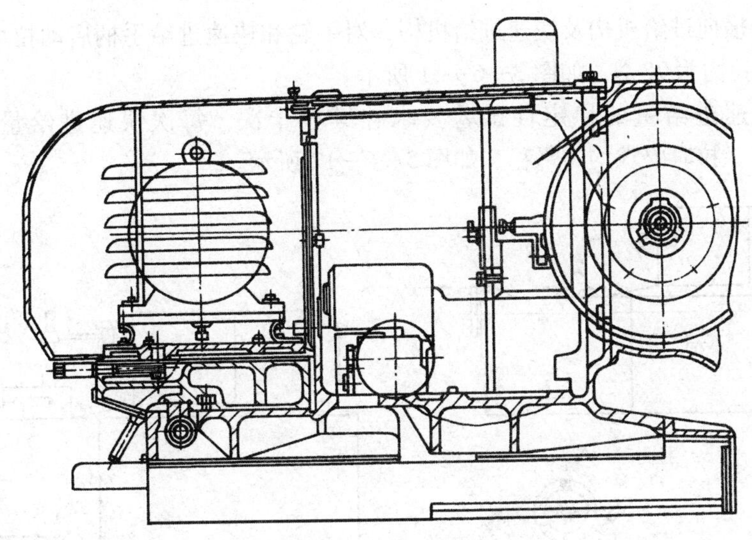

图 3—6—8　砂轮架导轨示意图

1、2—导轨

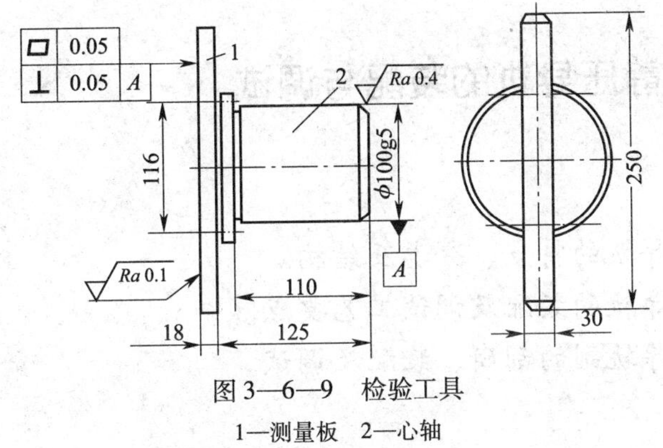

图 3—6—9　检验工具

1—测量板　2—心轴

3. 拉力试验

对已装好滚柱的导轨，可利用弹簧秤、测微仪测量砂轮架移动时拉力的大小，以便掌握横向进给时的稳定性。

（1）在作砂轮架启动拉力试验时，应在砂轮架上装上电动机等部件，拆下砂轮架上的拉力弹簧，通过弹簧秤测量砂轮架移动时的拉力大小（此时导轨间的滚柱已装好）。砂轮架手轮的启动拉力为 30 N，如图 3—6—10 所示。

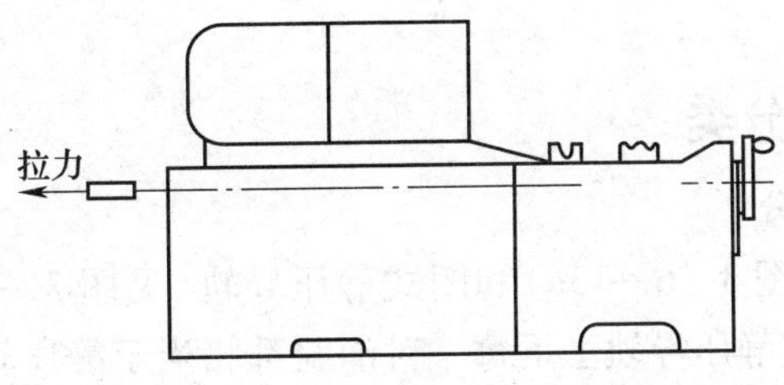

图 3—6—10　砂轮架启动拉力试验

（2）装上横向进给机构及快速进给机构，对手轮和快速进给手柄启动拉力用弹簧秤进行测量，启动拉力为78 N，如图3—6—11所示。

（3）对快速进给量的稳定性试验要求连续拉十次，每次快速进给量的稳定性在0.005 mm以内，拉时要求均匀平稳，如图3—6—12所示。

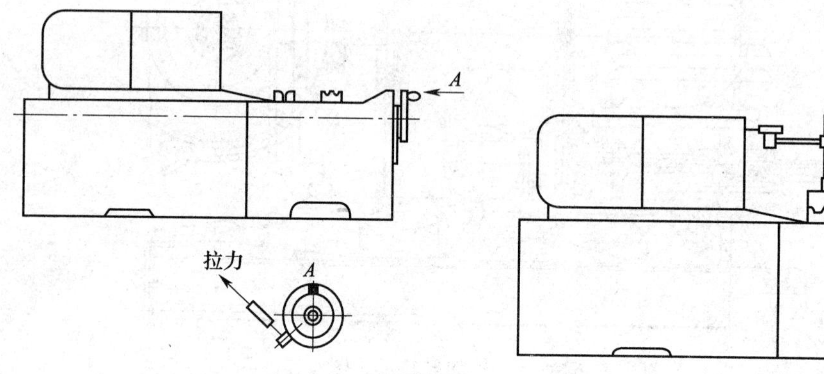

图3—6—11　快速进给手柄启动拉力试验

图3—6—12　快速进给量的稳定性试验

子课题3　静压导轨的装配与调试

学习目标

1. 了解静压导轨的特点、分类及结构。
2. 掌握静压导轨的装配及调试工艺要点。
3. 掌握静压导轨副的刮研、装配及调试。

一、静压导轨的特点

在静压导轨的油腔中输入具有一定压力的润滑油后，使相互接触的导轨面间充满一层润滑油膜而处于纯液体摩擦状态。

静压导轨具有寿命长、摩擦因数小（0.000 5）、拖动功率小、工作精度高、运动平稳均匀，低速下不爬行，速度变化及载荷变化对油膜刚度影响小，工作稳定和抗振性好的优点。近年来在一些大型、精密机床导轨上有所采用，采用静压导轨也是机床技术改造的途径之一。

二、静压导轨的分类

1. 按导轨结构形式分

有开式静压导轨（见图3—6—13a）和闭式静压导轨（见图3—6—13b）两种。开式静压导轨只有一面油腔；闭式静压导轨上下每一对油腔都相当于静压轴承的一对油腔，只是压板油腔要窄一些。

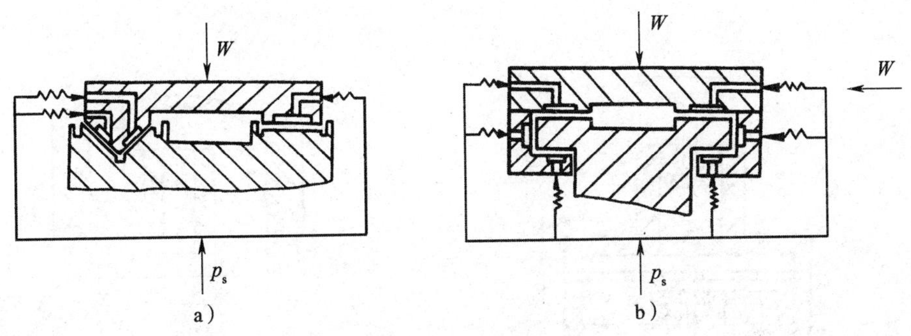

图 3—6—13　静压导轨结构图

a）开式静压导轨　b）闭式静压导轨

开式导轨依靠部件自重和外载荷保持运动件不从导轨上分离，只能承受单面载荷，承受倾覆力矩的能力差。闭式导轨在上下左右各个方向都开有油腔，具有承受各方向载荷和倾覆力矩的能力。

2. 按供油情况分

（1）定压式静压导轨。进入导轨油腔的油压随工作台载荷的大小而变化，使工作台面与导轨间始终保持一定的间隙，目前应用较为广泛。

（2）定量式静压导轨。保证流经油腔的润滑油流量为一定值，此种结构需要较大的定量油泵，结构较复杂，采用较少。

（3）毛细管节流开式静压导轨。为使静压导轨各处的油膜厚度一致，必须调整各油腔的压力，使各油腔的压力比保持浮起量的一致。静压导轨采用的是可调节的螺旋毛细管节流器（结构见图 3—6—14a）和不可调节的螺旋毛细管节流器（结构见图 3—6—14b），螺旋槽可加工成三角形、矩形或梯形截面。

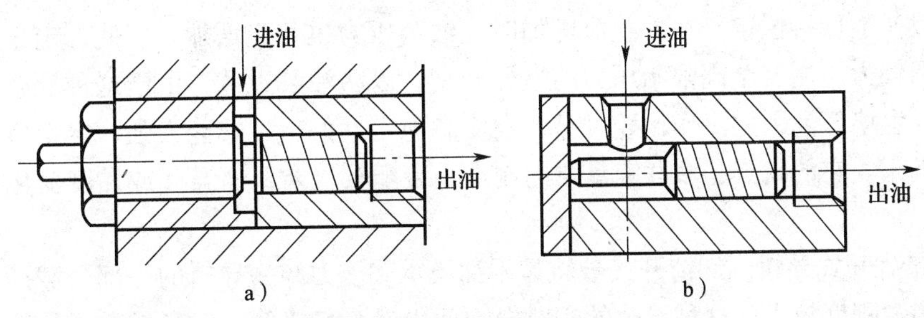

图 3—6—14　螺旋毛细管节流器

a）可调节　b）不可调节

毛细管节流静压导轨结构简单，工作可靠，在层流条件下油膜刚度和导轨间隙不受润滑油黏度变化的影响。相对于薄膜节流而言，其刚度较小，不宜用于载荷变化较大的导轨。

（4）单面薄膜开式静压导轨。如图 3—6—15 所示为单面薄膜节流的工作原理图。压力油流经圆凸台和薄膜间的间隙 h_{c0} 后产生压力降进入油腔，再通过油垫间隙 h_0 回到油池。

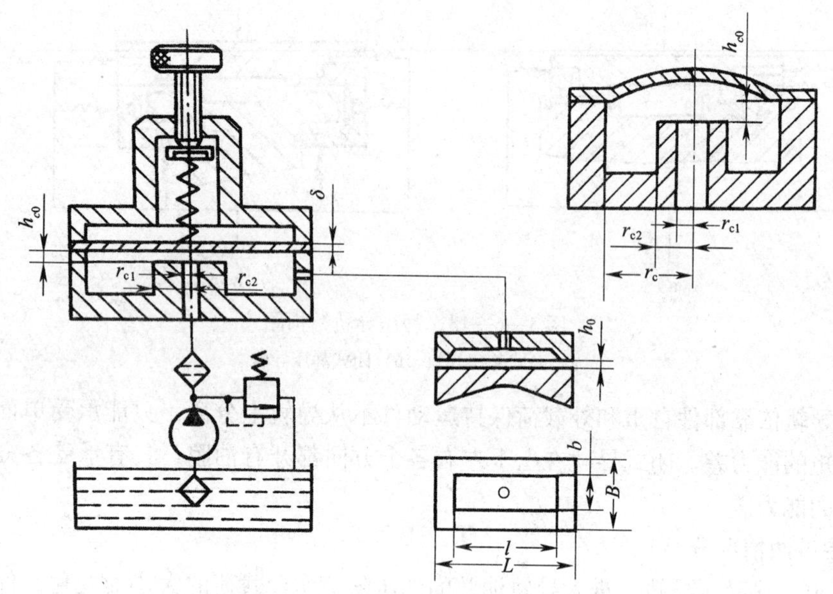

图 3—6—15　单面薄膜节流的工作原理

其工作原理是当外载荷增加时，h_0 减小，油膜压力增大，作用在薄膜上的压力增加而使薄膜突起，圆凸台和薄膜之间的间隙增大。在供油压力不变的条件下，油腔压力增加，间隙 h_0 增大，直至与已增加的外载荷平衡。如果参数选择合理，就有可能在预定增加的外载荷作用下 h_0 基本无变化，即工作台在载荷增加后仍能回到原来的位置上；载荷变动时，油膜的变化也很小。如果参数选择不当，薄膜过厚，薄膜的反馈作用太小而接近固定节流器；薄膜过薄，载荷变动后薄膜的反馈作用过大而超过原来位置。

（5）定量供油开式静压导轨。这种静压导轨是对每一油膜单泵供油，流经各油腔的流量在任意载荷下保持恒定。在外载荷增加时，油腔压力也相应增加。因此，定量供油系统的工作范围较大。用安全阀限制压力的过分升高，以防油泵过载。由于这种导轨没有节流阀，不会发生堵塞，因此工作比较可靠，刚度和稳定性好，过载能力强。定量供油系统多用于重型机床。它的缺点是多联定量泵的制造和装配较复杂，油温（或黏度变化）会影响油膜厚度。

（6）卸荷开式导轨。卸荷开式导轨是用油膜承载能力卸去导轨的一部分载荷，以减小磨损，其接触刚度较大。这种导轨的相对滑动面仍然直接接触，但又像静压导轨那样开有油腔，只是向油腔供给压力不大的油液。由于表面平面度误差的存在，实际上仍有少量润滑油在导轨表面流动，故具有静压导轨的某些特点。

三、静压导轨的装配及调试

1．由于静压导轨面较长，封油面的实际间隙又不一定处处相等，因此应有良好的导轨安装基准，而且还要采用逐段校正方法加以调整以保证床身安装后的稳定。

2．导轨的刮研精度和表面质量，一般通过接触点检查，导轨接触点应符合静压导轨接触点要求并应控制刮刀刀痕深度，以免影响到油膜强度，见表 3—6—2。

表 3—6—2　静压导轨接触点

机床类别/项目	平面度或直线度公差	接触点	刮削深度
普通和大型机床	0.02 mm	>12 点/（25 mm×25 mm）	6～10 μm
精密机床	0.01 mm	>16 点/（25 mm×25 mm）	3～5 μm
高精度机床	0.01 mm	>20 点/（25 mm×25 mm）	3～5 μm

3．油腔须在导轨面刮好后加工，避免油腔四周边缘造成刮刀深痕。油腔不得外露，以保证油液的一定压力。油腔一般开在动导轨上。每条导轨上的油腔数不少于两个，要根据动导轨长度、刚度及其所受载荷的均匀分布情况来确定。若导轨长、刚度差、载荷分布不均匀，则油腔数多些，反之则少些。

4．静压导轨的调整

（1）启动油泵后，需调整各油腔的节流器，使导轨的不同位置浮起量一致。对开式导轨，如压力升到一定值，台面仍无浮起，应检查节流器是否堵塞或油腔是否有大量漏油现象。对闭式导轨，要注意是否由于主副导轨各油腔差别很大，工作台受到变形力矩作用，而产生上抬、下拉。

（2）检查油腔压力是否符合要求数值，以保持导轨面浮起量一致，并注意压力比。

（3）调整油膜刚度。油膜刚度是指工作台在载荷作用下，导轨间隙产生变化所能承受载荷的大小，它是决定导轨工作性能好坏的重要参数之一。油膜刚度高，导轨受很大载荷时的位移也很小。对导轨的各油腔都应加以调整。可以通过改变导轨间隙、供油压力和压力比来调整油膜刚度，在调整时应注意节流比 β 对油膜刚度的影响。

1）调整供油压力和节流阻力，使导轨间隙不变，以保持油腔中压力 P 和 h 不变。供油压力越大越易得到最大刚度。但是，当节流比 $\beta=4$ 时，供油压力再大，对油膜刚度的影响也不大。这种调节在工作台由于结构限制，尺寸与重量不能随便增加时采用。

2）对于固定节流器，最大的油膜刚度是当节流比 $\beta=3$ 时，这是在节流阻力和油腔压力不变的条件下，调整供油压力和改变导轨间隙而获得的。

3）调节 β 值接近最佳值，但不得使有的油腔压力为零或等于供油压力。

（4）调整部位及参数

1）调控和提高供油压力，可以提高导轨刚度（闭式导轨尤其如此）。

2）调整节流器。对固定式节流器，直接调整节流口长度；对可变式节流器，则要反复调整膜片厚度及原始开口量。

3）控制油膜厚度。导轨的油膜应薄一些，因油膜厚度与刚度成反比。当导轨浮起后刚度较差，导轨产生飘浮，此时应减小供油压力或改变油腔中的压力，开式静压导轨可控制油膜厚度。为实现纯液体摩擦，油膜厚度应大于导轨表面的形状误差。因为导轨表面受加工精度、表面质量、有关零部件精度和刚度以及节流器最小节流尺寸的限制，所以大型机床空载时油膜厚度为 0.03～0.06 mm，中小型机床为 0.01～0.025 mm。

5．供油系统的装接

（1）过滤。节流器对过滤质量要求较高。油液经两次精密过滤后的精度，中小型机床为 3 ~ 10 μm，重型机床为 10 ~ 20 μm。若过滤质量差，则油中杂质堆积和黏附在节流通道壁上，使通油截面减小，速度减慢，或使导轨调整困难，运动中油膜自行减薄，造成时浮时落的波动而影响运动精度。

（2）节流器安装位置。考虑到调整和检修时的方便，节流器的油管应避免过长或拐弯过多。在系统中可增设排气阀，避免压力变化及跳动。

四、静压导轨副的刮研、装配及调试

1. 床身安装在机床可调垫铁上，调好安装水平后检测导轨精度。

2. 对检测、分析后的导轨按其刮研方法、步骤，对导轨进行复原性刮削，使之达到规定的技术要求。

3. 按导轨副配研刮削的方法，对导轨副进行刮研，使之达到技术要求。

4. 加工油腔及进油孔（其他机加工工作应在导轨副刮研前完成），清除油腔周围锐边毛刺及完成装配前的清理工作。

5. 完成导轨与导轨副装配及有关工作。

6. 完成液压系统的装接工作后，还需做好下列工作：

（1）节流器应安装在便于调整、方便检修，便于排除系统中空气而又不使油管过长或拐弯过多的地方。

（2）检查回油是否顺畅。

（3）检查经两次过滤后油液的清洁程度是否达到规定的技术要求。

（4）检查各油路接头是否渗漏。

7. 静压导轨的调整方法、步骤：

（1）检查调控上浮量（油膜厚度），启动液压泵，调整溢流阀，控制系统总压力（油泵输出压力）；将百分表装在台面的四角和中部两侧处，调整控制各油腔节流器，调好油膜厚度。

（2）调整油膜刚度。在实现纯液体摩擦的前提下使油膜刚度达到较佳值且油膜厚度一致，较薄。注意控制各油腔压力与供油压力最佳的节流比 β。

（3）工作台运动时，总压力表及油腔压力表均无变动。

子课题 4　T68 型镗床平旋盘的修理

学习目标

1. 熟悉平旋盘的传动与结构。
2. 了解平旋盘的精度要求。
3. 掌握平旋盘的修理工艺要点。

一、平旋盘的传动与结构

T68 镗床的平旋盘采用固定式结构，如图 3—6—16 所示。

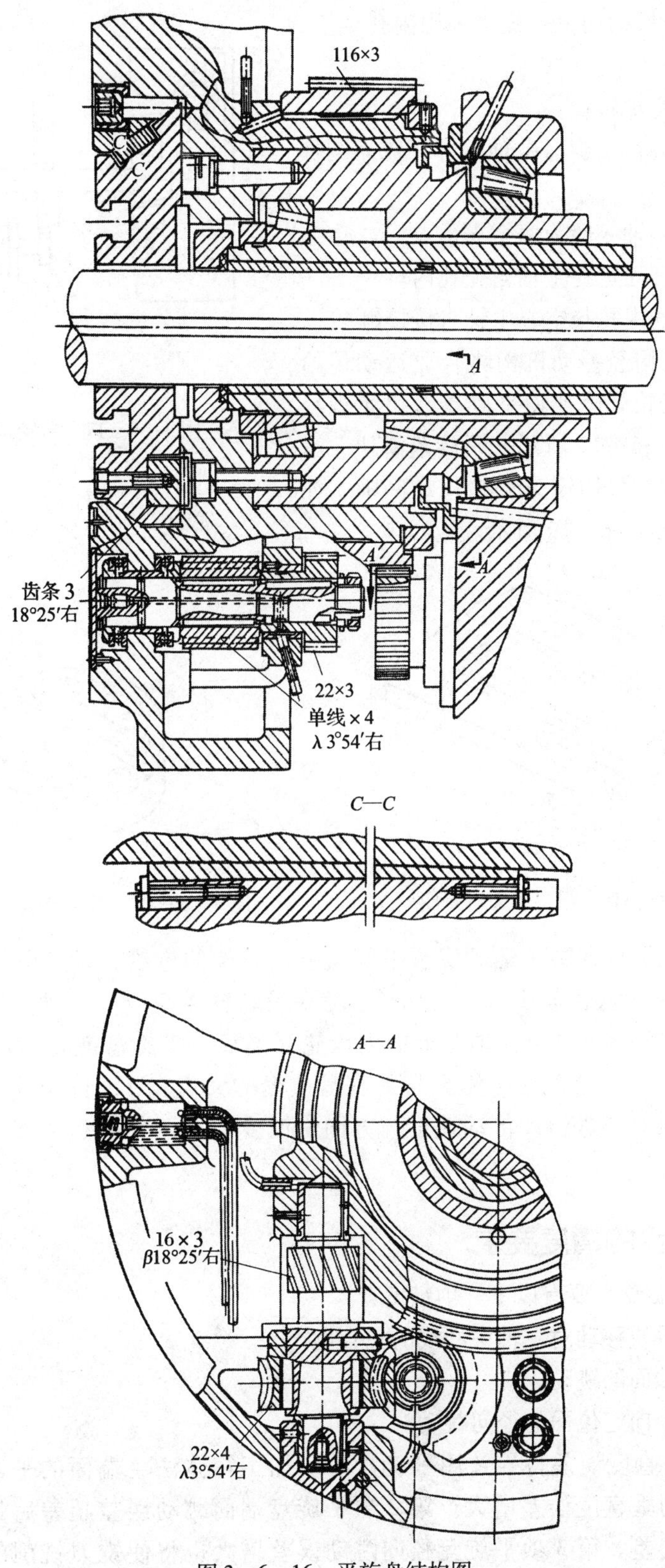

图 3—6—16　平旋盘结构图

主轴属于三层结构，平旋盘采用内孔定心，其特点是：

1. 平旋盘主轴转动。

2. 平旋盘装在平旋盘主轴端部，依靠圆柱或圆锥孔定心。

3. 平旋盘主轴一般为两个支承点。

4. 轴承外环固定在主轴箱壳孔内。

5. 平旋盘的内孔与空心主轴直接接触。

主轴传动机构经差动机构将合成运动传给平旋盘，通过蜗轮副降速使平旋盘滑块实现径向进给，如图 3—6—17 所示。平旋盘滑块、滑座导轨呈燕尾状，采用镶条调整运动间隙，如图 3—6—18、图 3—6—19 所示。

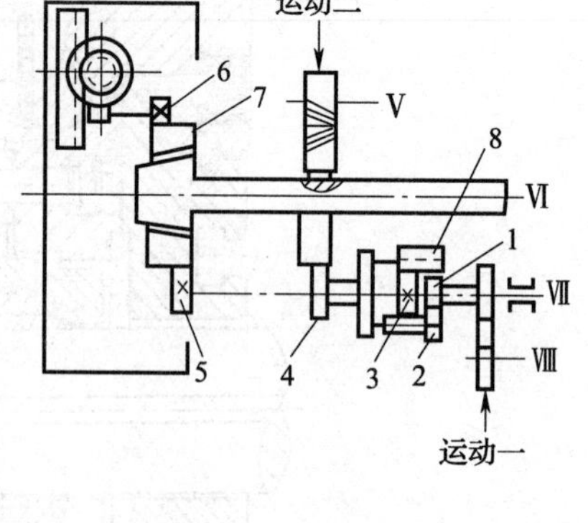

图 3—6—17　差动机构原理图
1、3、5、6—中心齿轮　2、8—行星轮
4—转臂　7—大齿轮

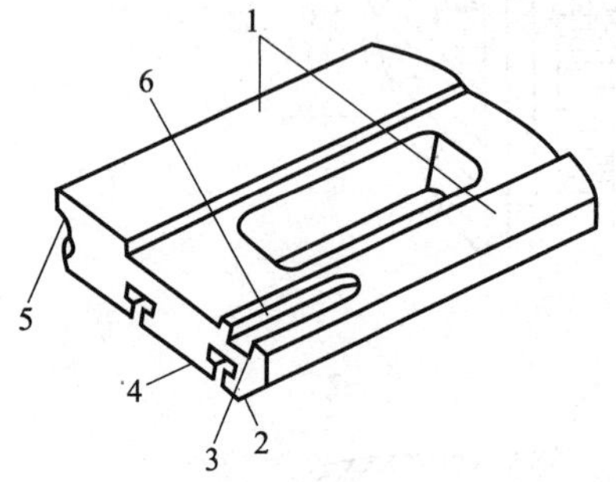

图 3—6—18　滑块表面示意图

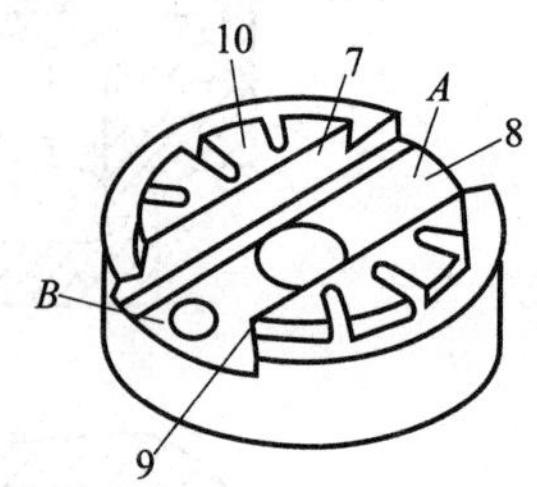

图 3—6—19　滑座导轨表面示意图

差动齿轮机构接通两个运动实现平旋盘径向刀架的进给运动，其原理如图 3—6—17 所示。差动由中心齿轮 1、3，行星轮 2、8 及转臂 4 组成。运动一的前运动传至Ⅷ轴，再经齿轮传至齿轮 1。当轴 V 上的内齿轮接通后，平旋盘就将运动二传至转臂 4，运动经合成由中心齿轮 3 及 5 传至与平旋盘空套的大齿轮 7，再经蜗轮副减速后，传动斜齿条使径向刀架进给。传动速度与方向的改变取决于传递运动给中心齿轮 1 的运动系统。

二、平旋盘的精度要求

T68 镗床平旋盘主要有以下三项精度：

1. 平旋盘滑块移动对主轴中心线的垂直度。

2. 平旋盘端面的跳动。

3. 平旋盘径向定位面的径向跳动。

第 1 项的垂直度误差将导致用平旋盘滑块加工箱体法兰端面的平面度及加工平面对主轴孔轴线的垂直度误差增大。第 2 项平旋盘端面跳动误差超差后将使平旋盘加工的表面粗糙度变差。第 3 项平旋盘径向跳动误差增大也将使铣刀铣削的表面粗糙度变差。

三、T68平旋盘的修理工艺

T68镗床平旋盘的修理内容是对一些平面或导轨，通过磨削或刮研达到几何精度的要求，通过修刮装配后按精密机床组件精度检查方法检查。修理时，按图3—6—18和图3—6—19所标出的序号顺序进行。

1. 磨滑块平面1、4（见图3—6—18）

修理要求见表3—6—3。

表3—6—3　　滑块表面1、4的精度要求　　mm

项目	1面的平面度	1面在垂直平面内的平行度	4面对1面的平行度	1面对6面的平行度
公差	0.01	0.04/1 000	0.02	全长上0.02

（1）先将平面1、4的毛刺清理干净，用互为基准的方法，在平面磨床上磨平1、4平面。磨削时先以4面为基准精磨1面（要照顾1面对6面的平行度），再以精磨的1面为基准精磨4面。然后用平板对研后涂色检查1面的平面度，其公差为0.01 mm。

（2）将4面支承于三个螺旋千斤顶上，如图3—6—20所示，调整水平后将水平仪放在1面上，测量其在垂直平面内的平行度，公差0.04/1 000。

（3）4面对1面的平行度可用百分表检查，也可以放在检验平台上用百分表测量。公差为0.02 mm。

（4）用百分表直接检查1面对6面的平行度，全长上公差为0.02 mm。

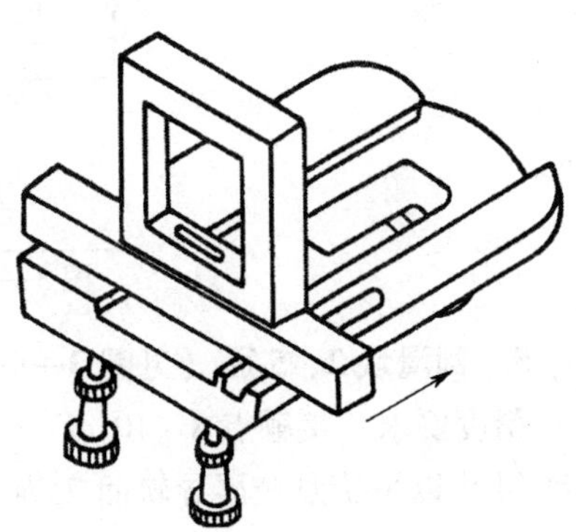

图3—6—20　1面在垂直平面内的平行度测量

2. 刮削平旋盘座8面（见图3—6—19）

对主轴中心线的垂直度公差，全长上为0.03 mm。

（1）将磨好的滑块与8面合研配刮到要求。

（2）垂直度测量如图3—6—21所示。将主轴箱竖放，平旋盘朝上放置，滑座在燕尾槽内伸出一端，将百分表触及滑座。回转平旋盘，从另一端移出滑座测量读数，两端点的读数差即该项垂直度误差。

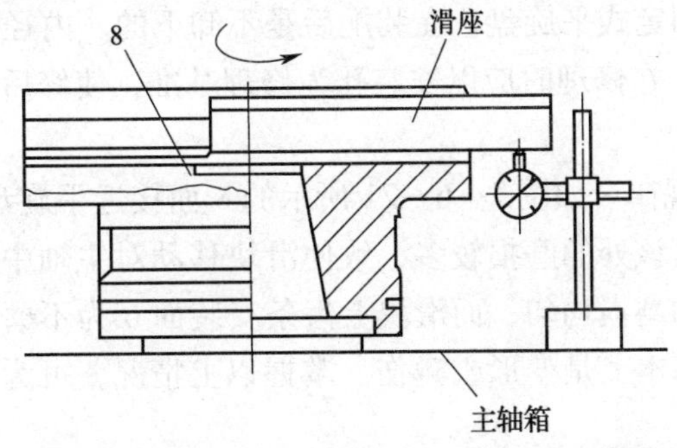

图3—6—21　8面对主轴中心线的垂直度测量

（3）应使 A 处高于 B 处。

3. 刮平旋盘座 7 面

精度要求：直线度公差全长上 0.01 mm，接触点 8～10 点/（25 mm×25 mm），用角形平尺刮研 7 面，用平尺保证直线度，涂色研点检查。

4. 刮平旋盘座 9 面

精度要求：对 7 面的平行度（见图 3—6—19），全长上公差 0.02 mm，接触点 8～10 点/（25 mm×25 mm）。

（1）用角形平尺刮削 9 面，用平尺保证直线度，涂色研点检查接触点。

（2）如图 3—6—22 所示，测量 7、9 面的平行度。

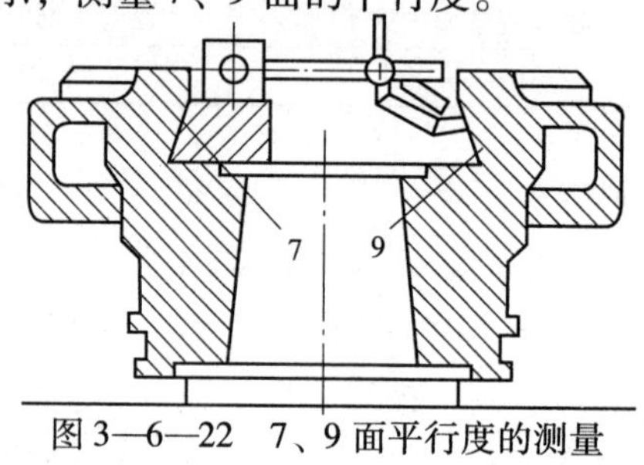

图 3—6—22　7、9 面平行度的测量

5. 刮滑块 2、5 面（见图 3—6—18、图 3—6—19、图 3—6—23）

精度要求：接触点 8～10 点/（25 mm×25 mm）。

（1）以平旋盘燕尾导轨面 7 为基准，将滑块放入配研修刮滑块 9 面，检查接触点。

（2）将刮好的镶条装入滑块与平旋盘配研，修刮滑块 7 面，检查接触点。

（3）平旋盘座 10 面待总装后，在工作台上安装刀具或磨具来加工，在保证位置精度的同时，达表面粗糙度 $Ra0.8$ μm 以内。

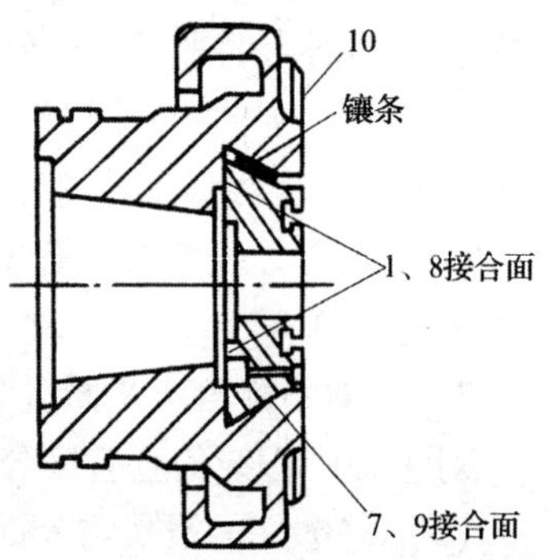

图 3—6—23　平旋盘、镶条、压板示意图

6. 修理平旋盘的注意事项

由于结构与工作特点的不同，平旋盘中有的面磨损与变形较小，或磨损有方向、规律性，修理时可将它们作为测量基准，以利修理。

（1）T68 镗床采用固定式平旋盘，在装配后是不卸下的。内径定心盘座的安装孔（圆柱或圆锥）基本不磨损，在修理时应以安装孔为修理基准，使修后各面仍与安装孔保持原来的工艺要求。

（2）平旋盘的磨损规律：如图 3—6—21 所示的 8 面接近平旋盘座圆周处与滑块接触，由于滑块受切削力作用，该处的磨损较多，致使滑块移动对主轴中心线的垂直度变差。此外，滑块与盘座接触面的磨损均匀；而滑块上齿条安装面 6 为不磨损面，表面 4 是刀座安装面，其磨损也很少，基本上是变形或碰伤。掌握以上情况，可为判断磨损，检查、修理和测量提供依据。

（3）根据以上 1、2 点的分析。修理滑块 1 面、4 面时可用平面磨削以提高生产率，保证修磨精度。1、4 平面可用互为基准的加工方法经磨削达精度要求，但需要照顾与 6 面的位置精度以保证斜齿条副的啮合质量。同理，刮斜面 6 也应照顾对齿条安装侧面平行度的要求，以保证啮合时的接触精度。在刮削滑块和平旋盘座时，因平面加工的要求，从滑座的进给方向 *A* 端刮低 0.01 ~0.02 mm，以达到中凹而延长使用时间的目的。

子课题 5　数控机床机械部分的装配与调整

学习目标

1. 了解数控机床机械部分的结构特点。
2. 掌握数控机床机械部分的装配与调整方法。

数控机床品种很多，结构也各不相同，但在许多方面是有共同之处的。数控机床的机械部分与普通机床没有太大的差别，因此装配调试的方法都适用。但为了适应其高精度、高自动化的特点，在一些地方采取了相应的结构和措施。因此在装配和调整时就应该在工艺上和技术上保证达到这些特殊的要求。下面介绍这些特殊的结构。

一、床体的结构

为利于排屑，CK7815 型数控车床的导轨为 60°倾斜布置，导轨截面为矩形，刚度很好，与之相配合的床鞍表面采用贴塑导轨，并且用镶条调整间隙。

二、主轴箱的装配与调整

数控机床一般都采用电动机作电气无级调速，而不采用传统的多级齿轮变速，因此其主轴箱的结构比普通机床简单。如图 3—6—24 所示为 CK7815 型数控车床主轴箱的展开图。主轴由 5.5 kW 交流调速电动机通过两级塔形带轮 1、2 和三联 V 带直接带动，电气系统无级变速，故主轴箱内没有齿轮，但主轴的旋转精度和刚度比普通车床高。主轴 9 前端是三个角接触球轴承，前两个轴承大口朝向主轴前端，后一个轴承大口朝向主轴后端，由螺母 11 进行预紧，预紧量在轴承制造时已配好，装配时应注意。主轴后端安装的是双列向心短圆柱滚子轴承。主轴径向间隙由螺母 7、11 来调整，调整后用螺母 8、10 防松。螺母 8、10 为压块锁紧圆螺母，与螺母 7、11 分别用圆销相连。这种方式不会由于锁紧而使螺母 7、11 的端面位置变化而影响主轴精度。主轴通过一对带轮、同步齿形带带动主轴脉冲发生器和主轴同步转动。齿形带的松紧由螺钉 5 来调节。

三、进给系统的装配和调试

进给系统通常采用直流伺服电动机带动滚珠丝杠，如图 3—6—25 所示为 CK7815 型数控车床的纵向驱动装置。滚珠丝杠螺母为外循环式，可以消除间隙的双螺母结构。丝杠前端与直流伺服电动机 1 之间，用精密十字滑块联轴器连接。联轴器的凸键和凹槽的配合很精确，间隙小于 0.003 mm。用十字联轴器可补偿电动机轴线与丝杠轴线的同轴度误差。

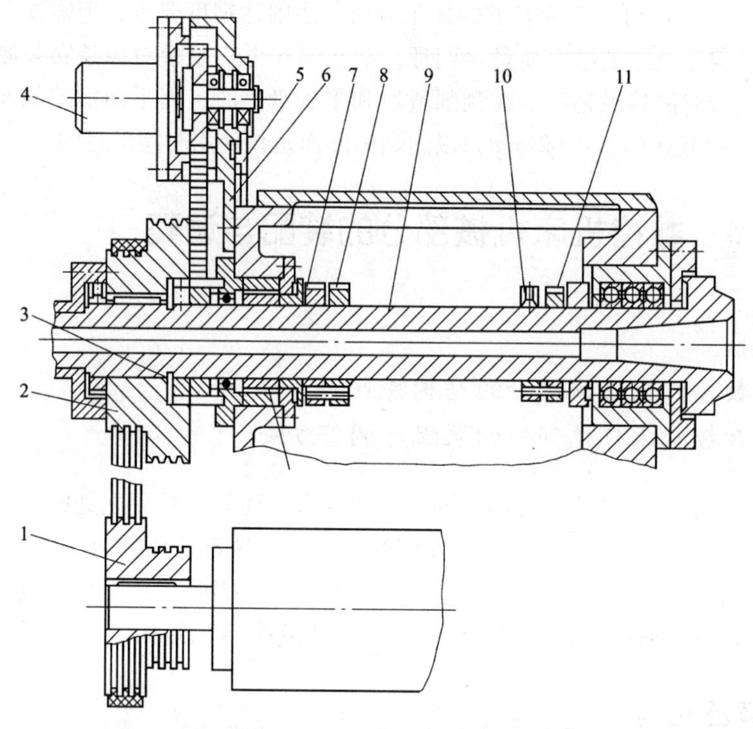

图 3—6—24　CK7815 型数控车床主轴箱

1、2—带轮　3、7、8、10、11—螺母　4—主轴脉冲发生器　5—螺钉　6—支架　9—主轴

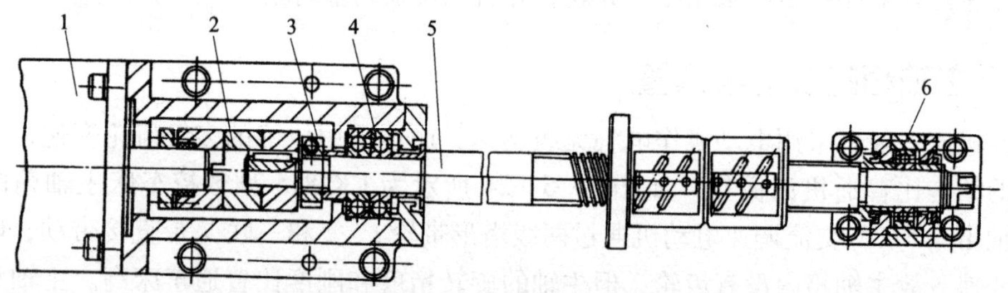

图 3—6—25　CK7815 型数控车床纵向驱动装置

1—直流伺服电动机　2—十字滑块联轴器中间件　3—螺母　4、6—轴承　5—滚珠丝杠

如图 3—6—26 所示为该车床横向驱动装置，直流伺服电动机 5 通过一对齿形带轮和同步齿形带传递运动。带轮与电动机轴用锥环无键连接。图中 12 和 13 是锥面互相配合的锥环，当拧紧螺钉 10 时，经过法兰 11 压外锥环 13，使外锥环的外径膨胀，内锥环的内径收缩，使电动机轴与带轮连接在一起。根据所传递的转矩的大小，选取锥环的对数。这种连接方式的特点是不需要键，而且两连接件之间的相对角度可以任意调节，配合无间隙，对中性好。齿形带的松紧用螺钉 4 来调整。为了消除同步齿形带传动误差的影响，采用了分离检测系统，把反馈元件脉冲编码器 2 与滚珠丝杠 1 相连接，直接检测滚珠丝杠的回转精度，有利于提高系统精度。

如图 3—6—27 所示为 XK5040A 型数控铣床的进给系统间隙调整结构，即采用双片斜齿轮来消除间隙的机构。调整螺母 1，即可靠弹簧 2 自动消除齿侧间隙。伺服电动机 3 的轴与传动齿轮 4 也是锥环连接，纵横向结构相同。

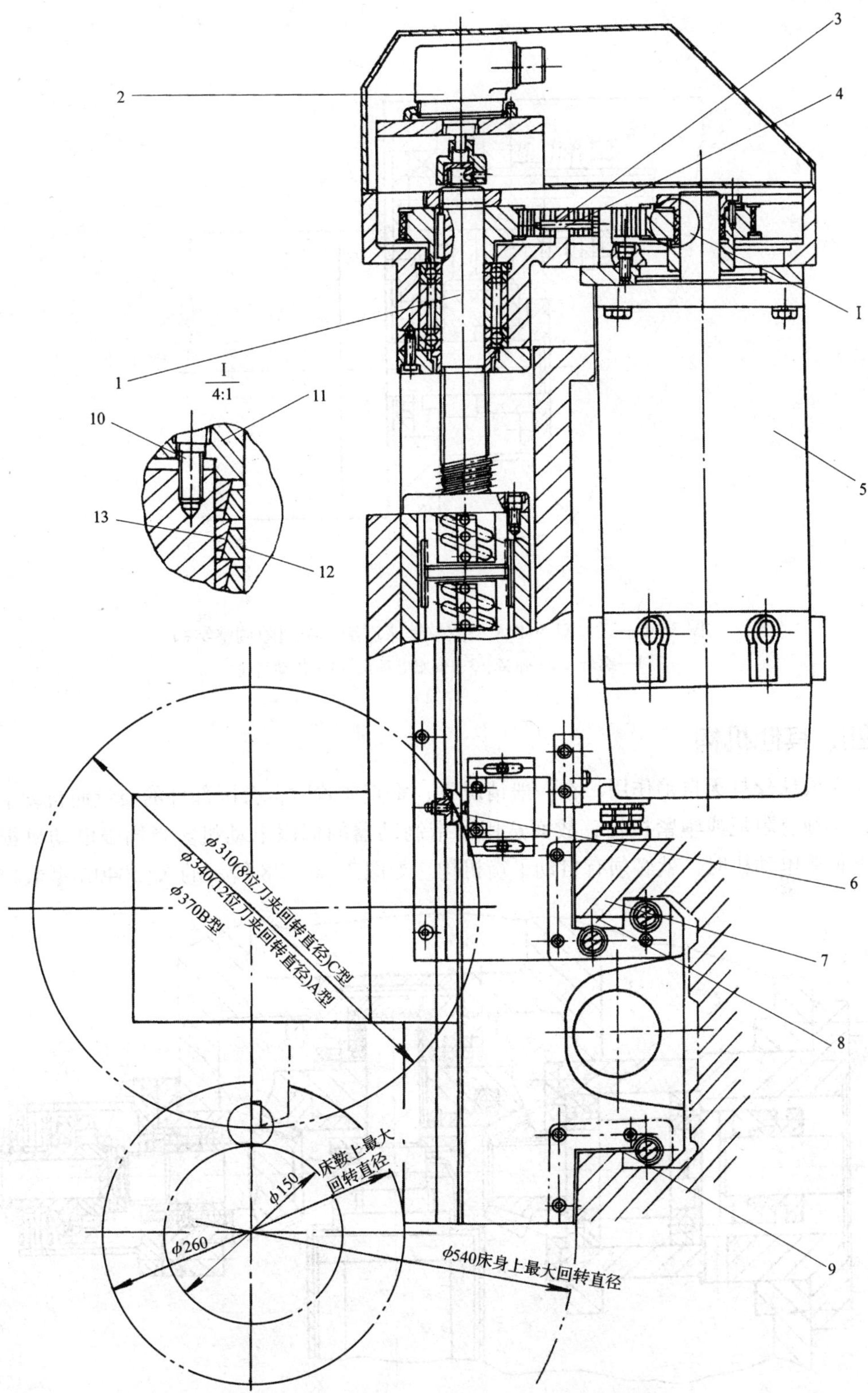

图 3—6—26　CK7815 型数控车床横向驱动装置

1—滚珠丝杠　2—脉冲编码器　3—同步齿形带　4—螺钉　5—伺服电动机　6—挡铁
7、8、9—镶条　10—螺钉　11—法兰　12—内锥环　13—外锥环

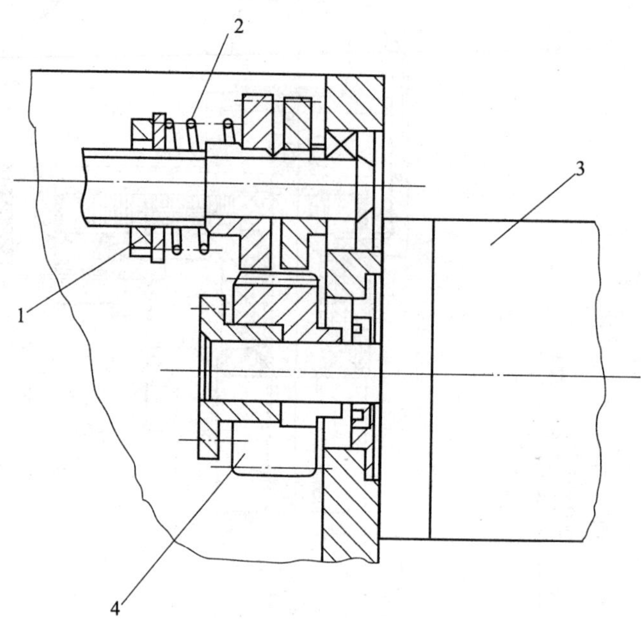

图 3—6—27　XK5040A 型数控铣床进给系统间隙调整结构

1—螺母　2—弹簧　3—伺服电动机　4—传动齿轮

四、其他机构

由于滚珠丝杠无自锁作用，在一般情况下，垂直放置时，会因部件的质量而自动下落，为此，必须有阻尼或锁紧机构，故而选用了带制动器的伺服电动机。当伺服电动机损坏，或取下伺服电动机时，就必须有自动平衡机构。如图 3—6—28 所示的 XK5040A 型数控铣

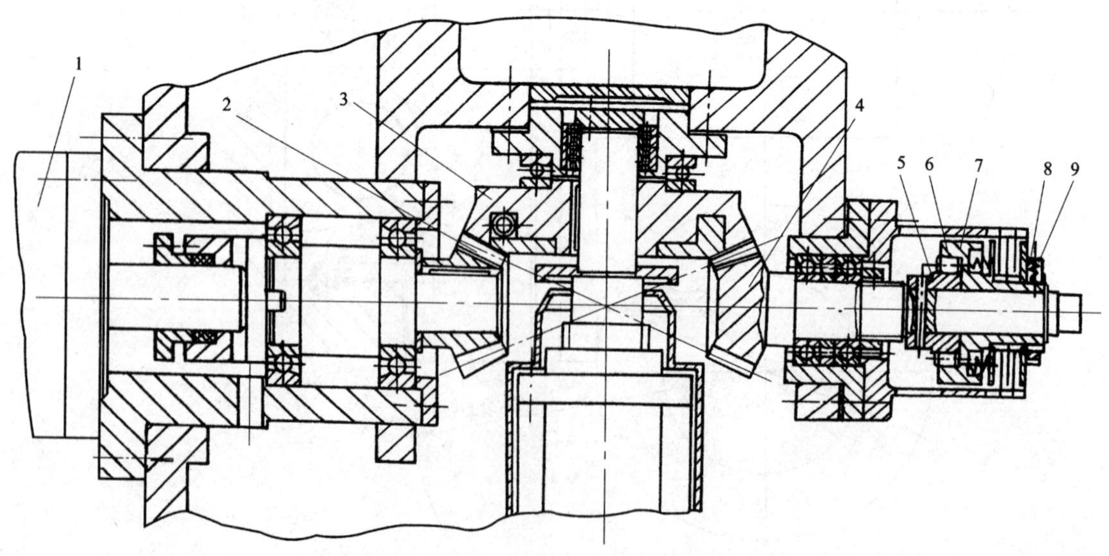

图 3—6—28　XK5040A 型数控铣床升降台传动结构

1—伺服电动机　2、3、4—锥齿轮　5—星轮　6—滚子　7—外壳　8—螺母　9—锁紧螺钉

床的升降台传动结构设计有自动平衡机构。伺服电动机 1 通过锥环连接带动十字联轴节以及锥齿轮 2、3，使升降丝杠转动，工作台上升或下降。锥齿轮 3 同时带动锥齿轮 4，这一部分即自动平衡机构。当锥齿轮 4 转动时，通过锥销带动单向超越离合器的星轮 5。当工作台上升时，星轮的转向使滚子 6 与外壳 7 脱开方向，外壳不转摩擦片不起作用。当工作台下降时，星轮的转向使滚子 6 楔在星轮 5 与外壳 7 之间，外壳 7 随锥齿轮 4 转动。通过花键与外壳连在一起的内摩擦片与固定的外摩擦片之间产生相对运动，因为弹簧的摩擦阻力，起到阻尼作用，上升与下降的力得以平衡。阻尼力的大小，由螺母 8 调整，调整前松开螺母 8 的锁紧螺钉 9，调整后再将其锁紧。

此外，数控机床有许多的液压装置和电气装置，应分别按照液压系统和电气系统的有关装配工艺规程进行装配和调整。

模块四 职业技能鉴定机修钳工高级考核模拟试卷

理论知识考核模拟试卷 1

一、判断题（对打√，错打×，每题 1 分，共 20 分）

1.（　　）职业道德的主要内容是对员工义务的要求。

2.（　　）当事人订立合同，应按约定条款履行自己的义务，若要变更或解除合同可通过协商解决。

3.（　　）为了减小相对运动时的摩擦与磨损，表面粗糙度的值越小越好。

4.（　　）由于正火比退火冷却速度快，过冷度大，转变温度较低，获得的组织较细，因此同一种钢，正火要比退火的强度和硬度高。

5.（　　）滚动螺旋传动采用滚动摩擦形式，摩擦损失小，传动效率高，但无自锁能力，制造成本高。

6.（　　）在修复工艺中，一般以修复成本来衡量修复工艺的经济性。

7.（　　）测量时，反射镜与光学平直仪本体的底平面应擦拭干净。

8.（　　）安装铸造用冲天炉底座、炉底和外壳下部时，只要对各连接面的水平度进行测量。

9.（　　）由于受重物的重力、外界的干扰、换向冲击力等的影响，液压马达常产生超速转动的现象。

10.（　　）液压系统中，当空气混入压力油以后，会溶解在压力油中，使压力油具有可压缩性，驱动刚度下降，出现爬行现象。

11.（　　）清洁是动静压混合轴承的关键。

12.（　　）一般精密、高速设备的床身是没有地脚螺栓的，其安装属于自然调平。

13.（　　）对于表面粗糙度要求较小的加工，采用电火花加工方式在经济上很不合算。

14.（　　）适用于高频淬火的材料有 HT300 和 HT200，这些材料在淬火前必须精磨。

15.（　　）在所有转速的运转试验中，机床各工作机构应平稳、正常，无冲击振动和周期性的噪声。

16.（　　）机床实用诊断技术主要通过维修人员的感觉器官对机床进行问、看、听、触、嗅等的诊断。

17.（　　）在磨床的过载试验中，要规定材料、工作台速度和进给量，对砂轮规格可任意选择。

18.（　　）超声波检测不属于无损检测技术。

19.（　　）渗透法检测效率高，对于形状复杂的试件只需一次检测操作即可完成多个缺陷检测。

20.（　　）质量管理小组按“计划—实施—检查—总结”四个阶段来开展活动。

二、选择题（将正确答案的序号填入括号内，每题1分，共80分）

1．劳动态度是由劳动者的社会地位决定的，劳动态度的核心问题是（　　）问题。

A．人生观　B．道德观　C．价值观　D．法制观

2．我国当前实施的社会保险（五险一金）主要是指养老保险、失业保险、医疗保险、（　　）、生育保险和住房公积金。

A．工伤保险　B．意外伤害保险　C．人身保险　D．责任保险

3．提出仲裁要求的一方应当自劳动争议发生之日起（　　）内向劳动争议仲裁委员会提出书面申请。

A. 15 日　B. 20 日　C. 30 日　D. 60 日

4．机械图样中绘制三视图所采用的投影法为（　　）。

A．中心投影法　B．斜投影法　C．正投影法　D．基本投影法

5．下图示例中的图样采用的是（　　）。

A．局部视图　B．斜视图　C．向视图　D．旋转视图

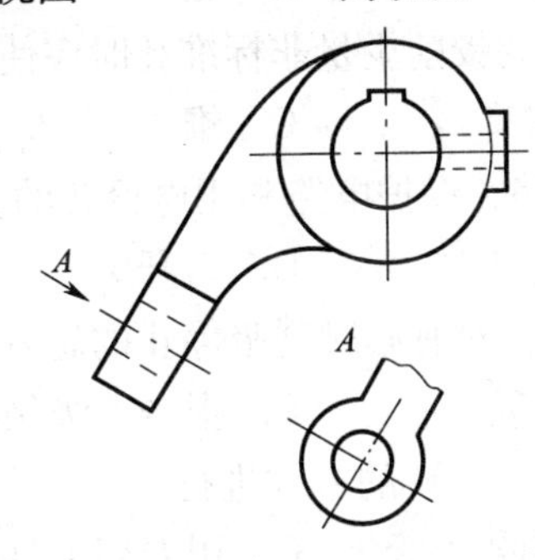

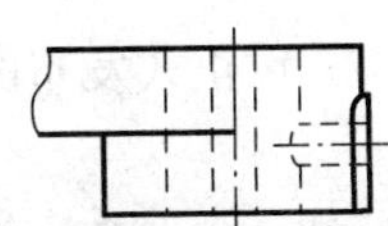

6．关于标准公差的论述，下列说法中错误的是（　　）。

A．标准公差的大小与基本尺寸和公差等级有关，与该尺寸是表示孔还是轴无关

B．在任何情况下，基本尺寸越大，标准公差必定越大

C．基本尺寸相同，公差等级越低，标准公差越大

D．某一基本尺寸段为 50 ~ 80 mm，则基本尺寸为 60 mm 和 75 mm 的同等级的标准公差数值相同

7．当孔的下偏差大于相配合的轴的上偏差时，此配合的性质是（　　）。

A．间隙配合　B．过渡配合　C．过盈配合　D．紧密配合

8. 金属的（　　）越好，则其锻造性能越好。

A. 强度　　B. 塑性　　C. 硬度　　D. 韧度

9. 普通、优质和高级优质钢是按钢的（　　）进行划分的。

A. 力学性能的高低　　B. 工艺性能的高低

C. S、P 含量的多少　　D. Mn、Si 含量的多少

10. CA6140 是常用卧式车床的型号，其中 40 表示的是（　　）。

A. 最大车削直径 ϕ400 mm　　B. 床身最大工件回转直径 ϕ400 mm

C. 最大车削直径 ϕ40 mm　　D. 床身最大工件回转直径 ϕ40 mm

11. M1432A 型磨床是（　　）。

A. 外圆磨床　　B. 内圆磨床　　C. 平面磨床　　D. 工具磨床

12. （　　）适用于制造成车刀、铣刀、钻头等常用刀具。

A. 碳素工具钢　　B. 合金工具钢　　C. 高速钢　　D. 硬质合金

13. 千分尺的微分筒旋转一周，则测微螺杆运动（　　）mm。

A. 1　　B. 10　　C. 0. 5　　D. 2

14. 一次安装在方箱上的工件，通过方箱翻转，可划出（　　）方向的尺寸线。

A. 二个　　B. 三个　　C. 四个　　D. 五个

15. 一般情况下采用远起锯较好，因为远起锯时锯齿是（　　）切入材料，锯齿不易卡住。

A. 较快　　B. 缓慢　　C. 全部　　D. 逐步

16. 单件生产和修配工作需要铰削少量非标准孔时应使用（　　）铰刀。

A. 整体圆柱　　B. 可调节　　C. 锥　　D. 螺旋槽

17. （　　）能自动切断电路，保护电路和用电设备的安全。

A. 低压断路器　　B. 组合开关　　C. 刀开关　　D. 行程开关

18. 触电急救必须分秒必争，对有心跳呼吸停止的患者应立即（　　）进行急救。

A. 按心肺复苏法　　B. 送医院　　C. 报告上级领导　　D. 使用医疗器械

19. 清除切屑时，可采取（　　）的方式进行。

A. 用手清理　　B. 用嘴吹　　C. 用专用工具　　D. 用自动清除装置

20. 企业的质量方针是由（　　）正式发布的企业全面的质量宗旨和质量方向，是企业总方针的重要组成部分。

A. 国家机关　　B. 国家法律　　C. 国家政策　　D. 企业的最高管理者

21. 安全检查中，检查企业对职工伤亡事故的调查、报告和处理中坚持“三不放过”，以下不属于“三不放过”的是（　　）。

A. 事故未查清原因不放过　　B. 事故未追究责任不放过

C. 当事者未吸取教训不放过　　D. 未采取整改防范措施不放过

22. 机床检查时，应保证（　　）以上的接合面不漏油，全部漏油点在 1 min 内漏油不超过 3 滴。

A. 80%　　B. 70%　　C. 60%　　D. 50%

23. 在机械传动中，滑移齿轮机构主要起（　　）的作用。

A. 改变传递方向　　　　B. 改变传递速度
C. 改变操纵方式　　　　D. 保证安全保险

24. 电气系统是设备的（　　）系统，它是由电动机、控制电动机动作的电气元件、电子元件等组成。

A. 传动　　B. 执行　　C. 拖动　　D. 控制

25.（　　）是利用金属或合金的塑性变形，使零件在外力的作用下，改变其几何形状而不损坏零件的修复技术。

A. 压力加工　　B. 机械加工　　C. 金属喷涂　　D. 电镀

26. 机械产品寿命周期的各环节中，决定机器产品安全性的最关键环节是（　　）。

A. 设计　　B. 制造　　C. 使用　　D. 维修

27.（　　）一般用于消除孔的局部形状误差。

A. 长研磨棒　　B. 短研磨棒　　C. 可调研磨棒　　D. 固定研磨棒

28. 测振仪与速度传感器联用时，如测量垂直振动值，应选轴承（　　）中间位置的正上方为测点。

A. 长度　　B. 宽度　　C. 高度　　D. 厚度

29. 接触式温度量仪中，（　　）主要用于测量高温或应用于温度骤变的场合。

A. 液体膨胀式温度计　　　　B. 压力推动式温度计
C. 热电偶温度计　　　　D. 热电阻温度计

30. 检查精密转台误差时，应将平行光管放在距经纬仪（　　）m 处左右。

A. 5　　B. 4　　C. 3　　D. 2

31. 为消除铸造热应力，在铸造工艺上应保证（　　）。

A. 同时凝固　　B. 顺序凝固　　C. 有起模斜度　　D. 内浇口开在厚壁处

32. 锻压件在下列冷却方法中，冷却速度最慢的是（　　）。

A. 堆冷　　B. 灰砂冷　　C. 坑冷　　D. 炉冷

33. 锻件内部产生横向裂纹的原因可能是冷锻加热速度过快形成的加热裂纹，也可能是拔长低塑性材料时相对送进量（　　）造成的。

A. 过大　　B. 过小　　C. 过快　　D. 过慢

34. 金属在焊接过程中，焊条熔化太快，电弧太长，会引起（　　）。

A. 裂纹　　B. 焊瘤　　C. 夹渣　　D. 气孔

35. 龙门刨床的工作台由（　　）驱动，切削平稳。

A. 液压　　B. 机械　　C. 电气　　D. 气压

36.（　　）不需要建立具有特定的恒定温度与相对湿度条件的人工气候室。

A. 试验室　　B. 计量室　　C. 精密检测室　　D. 更衣室

37. 恒温恒湿设备应根据（　　）和室内热、湿负荷的变化，来选择控制转换开关的工作位置。

A. 场地大小　　B. 季节　　C. 场地环境　　D. 空气湿度

38. 龙门刨床运行中常见的故障之一是，横梁分别在上、中、下位置时，与（　　）上平面的平行度超差。

A. 床身　　B. 立柱　　C. 工作台　　D. 刀架

39. 调压回路中，尽可能地缩短遥控管路，使调压时的（　　）。

A. 升压时间变短　B. 压力值稳定　C. 振动减小　D. 压力冲击减小

40. 采用换向阀的卸荷回路不能彻底卸荷，其故障产生的原因可能是（　　）。

A. 电动机功率太小　　B. 电磁换向阀规格过小

C. 卸荷阀控制活塞磨损　　D. 系统压力不稳定

41. 采用节流阀的调速回路，当节流口的通流面积一定时，通过节流阀的流量与外负载（　　）。

A. 无关　　B. 成正比　　C. 成反比　　D. 恒定

42. 液压缸不能差动连接，是因为作用在活塞上的有效推力（　　）所致。

A. 增大　　B. 减小　　C. 较大　　D. 较小

43. 根据液压系统图查找液压系统故障，主要方法简称为“抓两头，连中间”，其中“中间”是指（　　）。

A. 从动力源到执行元件经过的管件和控制元件

B. 从动力源到执行元件经过的控制元件

C. 从动力源到执行元件经过的管件

D. 液压系统中的所有液压元件

44. M1432A 型磨床工作台换向时，由于（　　），造成换向阀的移动速度变慢，致使工作台换向不稳定。

A. 泵压力太大　　B. 液压系统进入空气

C. 工作台导轨润滑不良　　D. 节流开口量太小

45. 卧式车床二级保养中，如发现主轴箱摩擦片磨光，可（　　）。

A. 更换新摩擦片　B. 进行喷砂修复　C. 进行电镀修复　D. 进行喷涂修复

46.（　　）适用于尺寸受限制的地方和承载较大的场合。

A. 滚珠导轨　B. 滚柱导轨　C. 滚针导轨　D. 静压导轨

47. 滚动体的直径越大，滚动摩擦因数越小，因此在结构不受限制的情况下，滚针直径不得小于（　　）mm。

A. 4　　B. 5　　C. 6　　D. 8

48. 静压导轨是在移动导轨面上加工出一定面积的油腔，在油压作用下，移动导轨部件浮起一个微小的高度，使接触导轨面间保持有一定厚度的（　　），且在导轨行程范围内运动速度和载荷变化时始终存在，形成全液体润滑。

A. 间隙　　B. 油膜　　C. 油液　　D. 气体

49. 静压导轨的调整关键是（　　）的调整。

A. 油膜刚度　B. 油膜厚度　C. 油膜强度　D. 油膜黏度

50. 当静压轴承发生抱轴，轴承的伤痕很浅时，可用（　　）去除痕迹。

A. 涂镀　　B. 外圆磨床磨削　C. 研磨　　D. 金相砂纸

51. YP 型平磨组件具有主轴（　　）高、刚度好、磨削表面粗糙度值小、使用寿命长等优点。

A. 移动精度　　B. 回转精度　　C. 加工精度　　D. 几何精度

52. 滚珠丝杠副在使用过程中常发生的故障是丝杠、螺母的滚道和滚珠表面磨损、（　　）和疲劳剥落。

A. 断裂　　B. 变形　　C. 腐蚀　　D. 老化

53. 床身刮研时，若没有恒温条件，只是在室内操作，则测量精度时必须在相同室温下测量，误差为±2℃，以减小（　　）。

A. 受力变形　　B. 受冷变形　　C. 切削变形　　D. 温差变形

54. T68 型卧式镗床钢套与主轴的配合间隙可用内径百分表及外径千分表来检查确定，要求间隙为（　　）。

A. 0.010～0.020 mm　　B. 0.015～0.020 mm

C. 0.010～0.018 mm　　D. 0.015～0.018 mm

55. 主轴机构的旋转精度，主要取决于（　　）。

A. 轴承的制造精度　　B. 与主轴轴承相配合零件的制造精度

C. 装配质量　　D. 轴承的间隙

56. 材料牌号为20Cr，热处理方式为渗碳、淬火、回火，硬度为56～62HRC，应用于要求表面硬度高耐磨性好，有足够的韧性和（　　）的零件，如套筒蜗杆、主传动齿轮、凸轮等。

A. 不变形　　B. 耐压　　C. 强度　　D. 耐高温

57. 电火花加工是在一定的工作介质中，通过工具电极与工件电极之间的脉冲放电对工件产生（　　）作用，从而实现对物体加工的一种加工方法。

A. 电击穿　　B. 电腐蚀　　C. 电脉冲　　D. 电火花

58. 与传统的切削加工相比，电解加工过程中由于不受切削力和切削热的影响，其加工工件的表面不会产生（　　）。

A. 压延条纹　　B. 表面局部剥落　　C. 残余应力　　D. 横向条纹

59. 工件表面的硬度强化技术是通过一定的工艺手段，进一步提高工件表面的硬度、强度、耐磨性、耐腐蚀性等，这些相应的（　　）就是工件表面强化技术。

A. 方案　　B. 技术方法　　C. 措施　　D. 工艺方法

60. 润滑是设备正常运行的（　　）条件。

A. 必要　　B. 一般　　C. 前提　　D. 基本

61. 平面度误差是检验平板精度的（　　）指标。

A. 重要　　B. 一般　　C. 主要　　D. 次要

62. 为了便于基面转换，平尺测量法的测量布点应（　　）。

A. 不均匀分布　　B. 均匀分布　　C. 四周分布　　D. 对角线分布

63. 万能工具显微镜主要用来测量机械工具及零件的长度尺寸和几何形状，如（　　）等。

A. 螺纹的各项参数　　B. 齿距误差

C. 公法线长度偏差　　D. 滚齿机工作台分度误差

64. 三坐标测量机借助测量机采集零件表面上一系列有意义的（　　），然后通过数字处理，求得这些点所组成的特定几何元素的位置及其形状。

A. 平面点　B. 空间点　C. 中心点　D. 曲面点

65. 万能外圆磨床床身纵向导轨在水平面的直线度一般用（　）进行测量。

A. 百分表　B. 千分表　C. 水平仪　D. 自准直仪

66. 检验砂轮架移动对工作台移动的垂直度时，应移动砂轮架在（　）上检验。

A. 全部行程　B. 有效行程　C. 工作行程　D. 部分行程

67. 龙门刨床是一种（　）设备，它的几何精度检查共计13项。

A. 大型　B. 精密　C. 高速　D. 普通

68. 在检验滚齿机外支架孔轴线与工作台回转轴线的同轴度时，为使检验棒能顺利进入外支架孔，它们之间必须要有（　）。

A. 间隙　B. 过盈　C. 适合的间隙　D. 适合的过盈

69. T68型卧式镗床的主轴结构是（　）层结构，此种结构支承零件多，主轴刚度低，主轴钢套与空心轴的润滑困难。

A. 一　B. 二　C. 三　D. 四

70. 过载实验前，要做好的准备工作有设备的准备、工件的准备及（　）的准备。

A. 场地　B. 安全防护　C. 操作人员　D. 工具

71. 进行平衡试验时，将确定平衡平面的转子装在主轴上，以测出其不平衡（　）。

A. 质量　B. 重量　C. 方向　D. 位置

72. 噪声测量中往往用声级，特别是（　）来代表噪声强弱。

A. A声级　B. B声级　C. C声级　D. D声级

73. 在磁粉探伤时，试件表面有效磁场磁通密度应达到试件材料饱和磁通密度的（　）。

A. 50%～60%　B. 60%～70%　C. 70%～80%　D. 80%～90%

74. 为了使检测时渗透液容易被水清洗，对某些渗透液有时还要进行（　）。

A. 加热处理　B. 化学处理　C. 乳化处理　D. 过滤处理

75. 生产实习的教学方法有讲授法、示范操作法和（　）法。

A. 指导操作训练　B. 现场演示　C. 实习操作　D. 实习讲评

76. 指导者要对学员进行（　），使学员在反复、多样的操作训练中巩固其所学的操作技能。

A. 现场讲授　B. 示范操作

C. 独立操作训练法　D. 消除质量缺陷法

77. 理论培训的方法有多种，其中（　）在实际中是大量应用的，这种方法在早期就是师傅带徒弟的现场指导。

A. 课堂培训　B. 生产现场培训　C. 小组学习　D. 参观培训

78. 设备修理班组完成一个阶段的质量活动课题，并且已经达到预期的目标值后，要及时总结，写出（　）。

A. 检修报告　B. 成果报告　C. 质量报告　D. 活动总结

79. 针对维修班组的工作性质和特点的生产管理，属于（　）的生产管理。

A. 技术性　B. 生产性　C. 质量性　D. 服务性

80. 班组经济核算主要是针对设备的大修理，有些企业要对大修设备进行经济核算，随着市场经济的发展，（ ）单位也要进行经济核算。

A. 维修　　B. 托修　　C. 检修　　D. 承修

理论知识考核模拟试卷 2

一、判断题（对打√，错打×，每题 1 分，共 20 分）

1.（ ）职业道德是一种职业规范，受社会普遍的认可。

2.（ ）社会保险是社会保障制度的一个最重要的组成部分，属于强制性保险。

3.（ ）尺寸公差是尺寸允许的变动量，因而当零件的实际尺寸等于其基本尺寸时，其尺寸公差为零。

4.（ ）低合金钢是指含碳量低于 0.25% 的合金钢。

5.（ ）铣床一般是以铣刀的旋转为主运动。

6.（ ）操纵机构通过改变齿轮箱内各个或各组传动元件的位置，只达到开车、停车的要求。

7.（ ）平行光管的作用是设定一个测量的参考系。

8.（ ）噪声对人体的危害程度与声音的大小有关。

9.（ ）调压回路可以控制整个系统或某个局部的压力，使其与载荷相适应，节省能源，减少油液发热。

10.（ ）锁紧回路采用中位机能为 M 型的换向阀，受泄漏影响，液压缸有时不能可靠锁紧。

11.（ ）YP 型平磨组件安装完后，试运转与外磨组件相同。

12.（ ）对主轴机构的旋转精度，起决定性作用的是轴承的装配质量。

13.（ ）与切削加工相比，电火花加工获得的表面，其耐疲劳性能较好。

14.（ ）电铸加工主要用于加工形状复杂且精度高的空心零件、注塑用的模具、薄壁零件等。

15.（ ）检验平板平面度误差测量时，平板与测量仪必须与环境达到温度平衡，避免温度变化。

16.（ ）如果两根垂直进给丝杠的螺距累积误差不相同，就将导致龙门刨床横梁升降时发生倾斜。

17.（ ）龙门刨床工作精度检查时，应准备相当于刨削最大长度的试件。

18.（ ）通常所指的噪声是人耳能感受到的空气噪声，一般频率为 20 ~ 20 000 Hz。低于 20 Hz 的机械波称为声波，高于 20 000 Hz 的机械波称为超声波。

19.（ ）渗透检测结束后，应立即清除表面残留的显像剂，以防检验表面被腐蚀。

20.（ ）施工中出现的费用，如备配件、材料、修理备件费等不可预见的费用，一般要在总价格中考虑。

二、选择题（将正确答案的序号填入括号内，每题 1 分，共 80 分）

1．在激烈竞争的市场条件下，员工的（　　）往往是企业生存和发展的先决条件。

A．业务水平　　B．学历水平　　C．敬业程度　　D．教育程度

2．有下列情形之一的，用人单位不得解除劳动合同。（　　）

A．劳动者经过培训或调整工作岗位，而不能胜任工作的

B．在试用期内的

C．劳动者患病或负伤，医疗期满，不能从事工作的

D．劳动者患职业病

3．下列合同中属于无效合同的是（　　）。

A．一方以欺诈手段订立的合同，损害国家利益

B．条款内容不明确的合同

C．结构有缺陷的合同

D．有重大误解的合同

4．正投影是投影线（　　）于投影面时得到的投影。

A．平行　　B．垂直　　C．倾斜　　D．相交

5．正确的剖视图是（　　）。

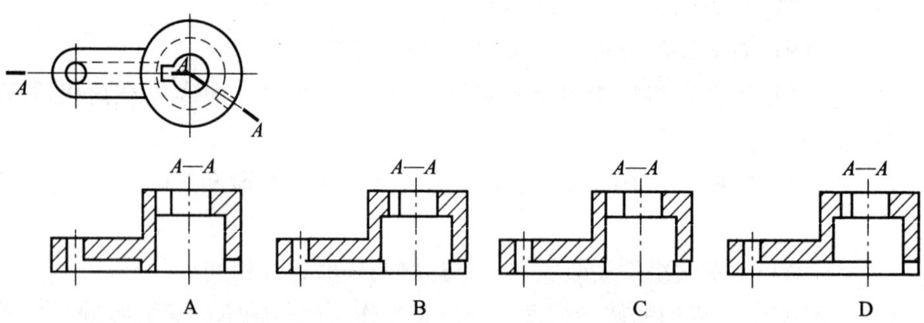

6．在下列情况中，不能采用基轴制配合的是（　　）。

A．采用冷拔圆型材作轴　　B．柴油机中活塞连杆组件的配合

C．滚动轴承外圈与壳体孔的配合　　D．滚动轴承内圈与转轴轴颈的配合

7．（　　）是基准要素。

A．用来确定被测要素的方向和位置的要素

B．具有几何学意义的要素

C．中心点、线、面或回转表面的轴线

D．图样上给出位置公差的要素

8．铁碳合金共晶转变的温度是（　　）。

A．727℃　　B．912℃　　C．1 148℃　　D．1 227℃

9．将钢加热到发生相变的温度，保温一定时间，然后缓慢冷却到室温的热处理称为（　　）。

A．退火　　B．回火　　C．正火　　D．调质

10．齿轮传动的瞬时传动比是（　　）的。

A. 变化 B. 恒定 C. 可调 D. 周期性变化

11. 台式钻床的主轴一共可以实现五级不同的转速，转速之间的转换主要依靠（ ）。

A. 两组三联滑移齿轮组 B. 三组二联滑移齿轮组

C. 电动机控制 D. 皮带轮

12. 合理选择切削液，可减小工件的塑性变形和刀具与工件间的摩擦，使切削力（ ）。

A. 增大 B. 减小 C. 不变 D. 恒定

13. 将万能角度尺的直尺、角尺和卡块全部取下，利用尺身和扇形板的测量面进行测量，所测量的范围为（ ）。

A. 0°~50° B. 50°~140° C. 140°~230° D. 230°~320°

14. 扁錾主要用来錾削平面、去毛刺和（ ）。

A. 分割板料 B. 分割曲线形板料

C. 錾削曲面上的油槽 D. 錾削沟槽

15. 锪孔时，为（ ），可停车靠主轴惯性锪孔。

A. 减少振痕 B. 提高尺寸精度

C. 提高形状精度 D. 提高位置精度

16. 在圆杆上套螺纹，已知螺杆大径为20 mm，请问需准备的圆杆直径为（ ）mm。

A. 20 B. 19.8 C. 19.7 D. 19.5

17. 继电器是根据电学量或其他物理量，接通和断开控制电路的一种自动电器，继电器种类很多，其中（ ）应用普遍。

A. 热继电器 B. 电磁继电器 C. 时间继电器 D. 速度继电器

18. 凡高度不足2.5 m的照明装置、机床局部照明灯具、移动行灯、手持电动工具以及潮湿场所的电气设备，其安全电压应采用（ ）V。

A. 24 B. 36 C. 200 D. 220

19. 操作机械设备时，操作工人要穿“三紧”工作服，“三紧”工作服是指（ ）紧、下摆紧和裤口紧。

A. 袖口 B. 领口 C. 袋口 D. 腰部

20. 防治工业污染的最有效措施是（ ）。

A. 实现末端治理 B. 实现分散治理

C. 控制污染物浓度 D. 推行清洁生产

21. 机床运转时，主轴承在最高转速下运转（ ）min后应检查温度。

A. 20 B. 30 C. 35 D. 40

22. 起重工起吊重物时，应先吊（ ）mm，检查无异常时再起吊。

A. 200 B. 500 C. 100 D. 1 000

23. 读电气原理图时，一般先看主电路电动机的（ ）。

A. 型号 B. 技术参数 C. 工作特点 D. 位置

24. 压力加工中，（ ）主要是增大外径，补偿磨损尺寸。

A. 扩张法 B. 挤压法 C. 冲压法 D. 镦粗法

25. 以更换或修复在维修间隔期内磨损严重或即将失效的零部件为目的，不涉及基础件的维修称为（　　）。

A. 大修　　B. 小修　　C. 中修　　D. 项修

26. 联动机械设备吊运安装前，应将流水线中每台设备的地脚垫铁按施工要求找好（　　）。

A. 水平　　B. 标高　　C. 中心　　D. 位置

27. 可调研磨棒每次外径尺寸重新调整后，必须对外圆进行重磨，因为外圆不可能保持很好的（　　）。

A. 尺寸　　B. 圆柱度　　C. 圆度　　D. 表面粗糙度

28. 速度传感器与轴表面之间的距离通常为（　　）mm。

A. 0.5 ~1　　B. 1 ~2　　C. 1 ~2.5　　D. 1 ~1.5

29. 接触式测温与非接触式测温比较，具有（　　）的优点。

A. 可测物体内部温度　　B. 不易破坏被测温度场

C. 可测运动物体　　D. 可同时测量多个物体

30. 光学平直仪中像的偏移量与（　　）有关。

A. 反射镜到物镜的距离　　B. 垫铁长度

C. 反射镜倾斜角　　D. 光学平直仪本体位置

31. 光学平直仪本体与反射镜调整合适后必须（　　）。

A. 定位　　B. 固定　　C. 平行　　D. 同轴

32. 砂芯在铸型型腔中是靠（　　）来固定和定位的。

A. 芯骨　　B. 芯柱　　C. 芯头　　D. 金属液

33. 锻造时在某些难以锻出的部位添加一些大于机械加工余量的金属体积，这些添加的金属体积称为（　　）。

A. 余块　　B. 余量　　C. 余积　　D. 余体

34.（　　）是指在焊接过程中，熔池里溶解的气体凝固时未能逸出，残留在焊缝中形成的孔穴。

A. 缩孔　　B. 气孔　　C. 渣眼　　D. 砂眼

35. 开动机床前须按要求向各部位注油，了解各操纵手轮及手柄的用途之后，（　　）各机构的工作情况，必须用手转动机床主传动电动机轴，如果该轴能自由转动则可开动主传动电动机。

A. 全面了解　　B. 检测仪检查　　C. 全力检查　　D. 手动检查

36. 建立具有特定的恒定温度与相对湿度条件的人工气候室时，温度范围为 20 ~25℃，控制精度最大误差为 ±1℃，相对湿度为（　　），控制精度最大误差为 ±10%。

A. 45% ~70%　　B. 50% ~60%　　C. 55% ~65%　　D. 50% ~70%

37. 进入水下或潮湿环境工作的危险性更大，若（　　），则禁止水下焊割作业。

A. 作业区水流速度小于 0.1 m/s　　B. 水面风力超过 6 级

C. 在操作平台作业　　D. 与水面支持人员之间有通信联系

38. 龙门刨床工作台齿条与斜齿轮（　　），将导致工作台运动不稳定。

A．间隙过大　　B．接触不良　　C．间隙过小　　D．齿面磨损

39．滚齿机刀架立柱齿轮“卡死”，可能产生的原因是（　　）。

A．齿轮装配时啮合间隙过小　　B．轴承精度低

C．电动机 V 带过松　　D．传动零件精度差

40．在液压系统中，如个别执行元件须得到比主系统油压高的压力时可采用（　　）。

A．调压回路　　B．多级压力回路　　C．增压回路　　D．卸荷回路

41．应用铁谱技术查找液压系统故障，是利用铁的（　　），将液体工作介质中各种磨损微粒和其他污染微粒分离和分析出来。

A．磁性　　B．密度　　C．电解性　　D．熔点

42．（　　）不是 M131W 型万能外圆磨床的常见故障。

A．工作台慢速移动时爬行　　B．机床不能迅速启动

C．运行时噪声加大　　D．工作台换向不正常

43．M131W 型万能外圆磨床换向时出现死点，主要原因是：减压阀中的阻尼孔堵塞及滑阀在阀座孔中（　　），使辅助压力显著降低。

A．间隙过小　　B．间隙过大　　C．移动不灵活　　D．移动太灵活

44．M1432A 型万能外圆磨床启动液压泵时工作台有纵向冲击，产生的原因是液压泵关停时电动机（　　）。

A．倒转　　B．正转　　C．停止工作　　D．开始工作

45．设备管理部门在编排设备二级保养计划时，可以不考虑（　　）因素。

A．设备维修人员　　B．设备维修能力

C．设备的生产负荷　　D．季节温度变化

46．滚动导轨支承适用于各种（　　）导轨，一条导轨可装多个支承。

A．曲线运动　　B．直线运动　　C．螺旋线运动　　D．旋转运动

47．调整节流缝隙的（　　），可以调节静压导轨油腔压力的大小，从而控制工作台的上浮量。

A．尺寸大小　　B．尺寸高低　　C．垫片大小　　D．垫片厚度

48．（　　）适用于定向旋转及主轴转速变化小的精密主轴轴系。

A．DYNASTAT 型轴承　　B．孔式环面节流浅腔动静压混合轴承

C．WMB 型动静压混合轴承　　D．双列孔式浅腔动静压混合径向轴承

49．动静压轴承的修理，最重要的是保证每个油楔的（　　）均匀、两孔的同轴度误差和与主轴的间隙。

A．长度　　B．深度　　C．宽度　　D．高度

50．只有（　　）状态下才能使动静压混合轴承正常工作。

A．正常供压　　B．没有供压　　C．断续供压　　D．非正常供压

51．滚珠丝杠副的故障后期采用（　　）来进行测量。

A．动态信号分析仪　　B．位移传感器

C．速度传感器　　D．目测

52．当滚珠出现不均匀磨损或少数滚珠的表面产生接触疲劳损伤时，应（　　）。

A. 更换部分滚珠　　B. 更换全部滚珠
C. 更换掉磨损的滚珠　　D. 更换掉表面产生疲劳损伤的滚珠

53. 导轨加工多段对接的较长床身，如6M龙门刨床的床身是由三段对接的，若没有设备来加工全长，则只能分段加工，这就要保证三段床身导轨的几何形状、空间位置完全对应。一般采取（　　）为基准的方法。

A. 做模具　　B. 精密计算　　C. 仿形加工　　D. 做样板

54. 镗床主轴结构的种类有单层的、两层的、三层的，层数越多，（　　）越差。

A. 刚度　　B. 强度　　C. 硬度　　D. 承载

55. T68型卧式镗床主轴无变形，磨损不严重，圆度误差小于0.03 mm，应采取（　　）方式修复。

A. 车削　　B. 磨削　　C. 研磨　　D. 更换

56. 金属切削加工设备的选择，根据零件精度的技术要求，要合理、正确地选择切削加工设备，这也是精密零件制造工艺的（　　）。

A. 关键条件　　B. 重要条件　　C. 必要条件　　D. 技术条件

57. 电火花加工适用于（　　）材料的加工。

A. 金刚石　　B. 金属　　C. 玻璃　　D. 陶瓷

58. 表面热处理、化学热处理、喷涂、喷焊、镀铬、低温镀铁、刷镀等都属于（　　）。

A. 化学技术　　B. 表面处理技术　　C. 综合技术　　D. 强化技术

59. 机床导轨高频感应淬火是使工件在高频交变电磁场作用下，表面产生（　　）而加热，然后再冷却的淬火工艺。

A. 感应电压　　B. 感应电流　　C. 接触电阻　　D. 接触电流

60. 检查设备液压系统各元件是否有渗漏、泄漏现象，属于设备检查中的（　　）。

A. 定期检查　　B. 日常检查　　C. 综合检查　　D. 重点检查

61. 空运转自低速逐级加快至最高转速，每级转速的运转时间不少于（　　）min，在最高转速时的运转时间不少于30 min。

A. 2　　B. 5　　C. 10　　D. 20

62. 按最小条件评定，就是使基准要素最大限度地接近（　　），达到变动量最小的目的。

A. 理想要素　　B. 轮廓要素　　C. 实际要素　　D. 中心要素

63. 用万能工具显微镜来测量螺纹中径，应按被测件螺纹升角倾斜主显微镜（　　）。

A. 物镜　　B. 测角目镜　　C. 立柱　　D. 臂架

64. 用经纬仪与平行光管配合使用，可以检测分度机构的（　　）误差。

A. 平面度　　B. 分度　　C. 尺寸　　D. 传动

65. 检验万能外圆磨床时，若头架回转时主轴轴线的等高度超差，则切不可修整头架底座的上平面，因为这样做会破坏上平面与回转中心孔的（　　）。

A. 直线度　　B. 平行度　　C. 同轴度　　D. 垂直度

66. 检验内圆磨头支架孔轴线对工作台移动的平行度时，为减小测量误差，检验棒需转动（　　），再检验一次。

A. 45°　　B. 90°　　C. 180°　　D. 270°

67. 修刮工作台壳体导轨面，可修整滚齿机刀架轴向移动对工作台回转轴线的（　　）。

A. 平行度　　B. 垂直度　　C. 倾斜度　　D. 同轴度

68. 机床故障诊断技术方法很多，用于回转型机械的是（　　）。

A. 超声波法　　B. 温度测量法　　C. 固体分析法　　D. 振动法

69. 卧式镗床平旋盘的平导轨对镗杆中心线垂直度超差，且不符合方向要求时，将引起精镗端面（　　）。

A. 中凹　　B. 中凸　　C. 不平　　D. 不垂直

70. 过载试验是（　　），要超过常规的切削力，所以工件装夹可靠尤为重要。

A. 正常切削　　B. 一般切削　　C. 强力切削　　D. 超载切削

71. 通过动平衡试验，确定去除不平衡质量的数值和相位，鉴定转子原始（　　）精度级别。

A. 平衡　　B. 运动　　C. 几何　　D. 旋转

72. 在现场测量噪声时，一般采用（　　）的测量法。

A. 近声场　　B. 远声场　　C. 近距离　　D. 远距离

73. 穿透法是最早采用的超声波检测方法，它的优点是无盲区，缺点是不能确定缺陷的（　　）。

A. 表面长度　　B. 深度位置　　C. 裂纹长度　　D. 裂纹方向

74. 磁粉探伤检测完成后，按需要进行退磁、除去磁粉和（　　）处理。

A. 化学　　B. 加热　　C. 防腐　　D. 防锈

75. 操作指导的内容要与本企业、本职业的（　　）相结合。

A. 标准　　B. 实际　　C. 目标　　D. 生产

76. 让学员掌握消除质量缺陷的一些方法，是指导操作规范化、合理化的（　　）。

A. 一般环节　　B. 一般内容　　C. 重要内容　　D. 重要环节

77. 生产现场培训的第一步是（　　），邀集有经验的操作人员、管理人员和培训人员组成一个三方面人员参加的工作小组。

A. 现场调查　　B. 制订计划　　C. 小组讨论　　D. 现场参观

78. 质量管理小组开展活动时，首先应（　　）。

A. 分析原因及影响因素　　B. 分析现状，找出存在的问题

C. 按预订计划，进行小组成员分工　　D. 提出行动计划，列出对策表

79. 班组长是班组生产管理的直接指挥和组织者，也是企业中最基层的负责人，其选拔采用（　　）的方式。

A. 领导指定　　B. 民主选举　　C. 自荐　　D. 论资排辈

80. 设备（　　）是对设备修理计划进行监督、评价和指导的先进技术。

A. 看板管理　　B. 因果图　　C. 网络计划　　D. 直方图

理论知识考核模拟试卷 3

一、判断题（对打√，错打×，每题 1 分，共 20 分）

1.（　　）社会主义职业道德是以最终谋求整个国家的经济利益为目标的。

2.（　　）劳动争议的仲裁是劳动争议诉讼的必经程序。

3.（　　）采用几何公差的未注公差值，在图样和技术文件中不须作任何标注和说明。

4.（　　）碳素工具钢都是优质或高级优质钢。

5.（　　）同步带传动属于摩擦传动。

6.（　　）机床电气部分必须安全可靠，布局整齐美观，并符合国家有关标准。

7.（　　）测振仪与速度传感器联用时，应把速度传感器放在轴承对振动反应最直接、最灵敏的位置上。

8.（　　）恒温恒湿设备使用前应先根据空调室内所需的湿球温度和相对湿度，在空气温度图上查取干球温度。

9.（　　）滚齿机的分度蜗轮副装配时齿侧间隙过大，会导致滚齿机工作时噪声增大，甚至发生强烈的振动。

10.（　　）双泵供油快速回路中，系统采用高压小流量泵和低压大流量泵双泵供油。

11.（　　）在有预紧的滚动导轨中，燕尾形和矩形的滚柱导轨刚度最高，滚珠导轨刚度最低。

12.（　　）若修理闭式静压导轨，则在修理导轨和副导轨的压板时，一定要保证其强度要求。

13.（　　）依靠电火花加工机床的自动进给调节器，应使工具电极与工件之间经常保持一定的放电间隙。

14.（　　）机床导轨高频感应淬火，其冷却方式为风冷急速冷却。

15.（　　）设备应进行定期检查，其中液压系统只检查系统中各元件是否有渗漏、泄漏现象。

16.（　　）万能测齿仪为纯机械的手动测量仪器。

17.（　　）T68 型卧式镗床主轴结构的轴承都是圆锥滚柱轴承，该轴承的关键在于调整其轴向间隙和径向间隙。

18.（　　）噪声测量时，为了避免反射声波的影响，测点要尽量远离反射面。

19.（　　）荧光渗透法在一定亮度的可见光下即可以观察出红色的缺陷痕迹。

20.（　　）质量管理小组选择活动课题的范围包括质量、成本、设备、效率、节能、环保、安全、管理、班组建设及服务等方面。

二、选择题（将正确答案的序号填入括号内，每题 1 分，共 80 分）

1. 强化职业责任是（　　）职业道德规范的具体要求。

A. 团结协作　　B. 诚实守信　　C. 勤劳节俭　　D. 爱岗敬业

2. 下列关于劳动关系与劳动法的关系的表述错误的是（　　）。

A. 劳动关系是劳动法最重要、最基本的调整对象

B. 劳动法随着劳动关系的产生而产生

C. 劳动是劳动关系的内容，而劳动法以规定劳动权利与劳动义务为内容

D. 劳动关系是和人类社会同时产生的，但是劳动法却是社会发展到一定的阶段才开始出现的

3. 合同的权利义务终止后，当事人根据交易习惯，履行通知、协助、保密等义务，其依据是（　　）。

A. 诚实信用原则　B. 自愿原则　C. 公平原则　D. 平等原则

4. 已知物体的主、俯视图，正确的左视图是（　　）。

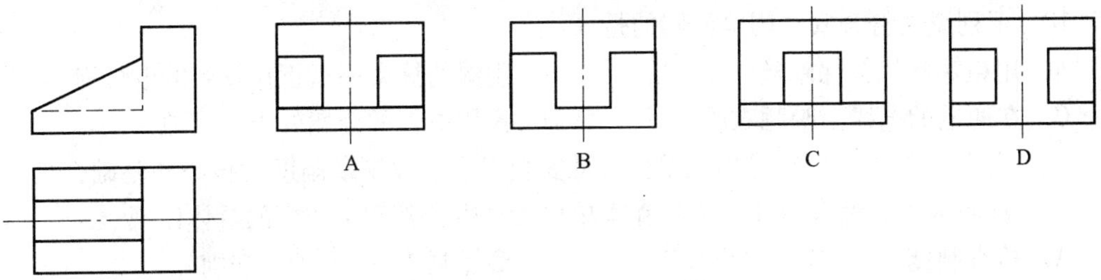

A　B　C　D

5. 机械图样中，不可见轮廓线采用（　　）来绘制。

A. 粗实线　B. 虚线　C. 细实线　D. 波浪线

6. 某尺寸的实际偏差为零，则其实际尺寸（　　）。

A. 必定合格　B. 为零件的真实尺寸

C. 等于基本尺寸　D. 等于最小极限尺寸

7. $\sqrt{M}$中 M 表示纹理方向，纹理（　　）。

A. 呈近似同心圆　B. 呈近似放射状　C. 呈凸起　D. 呈多方向

8. 工业用铁碳合金的含碳量一般不超过（　　），因为含碳量更高的铁碳合金，脆性很大，难以加工，没有实用价值。

A. 2.11%　B. 4.3%　C. 5%　D. 6.69%

9. 退火、正火一般安排在（　　）之后。

A. 毛坯制造　B. 粗加工　C. 半精加工　D. 精加工

10. 在圆柱齿轮传动中，轮齿的齿面接触疲劳强度主要取决于（　　）。

A. 模数　B. 齿数　C. 中心距　D. 压力角

11. 龙门刨床的进给运动主要是刨刀的（　　）。

A. 直线运动　B. 旋转运动　C. 间歇运动　D. 曲线运动

12. 在切削平面内测量的角度是（　　）。

A. 主偏角　B. 刃倾角　C. 前角　D. 副后角

13. 用万能游标量角器测量工件，当测量角度大于 90°小于 180°时，应加上一个（　　）。

A. 90°　B. 180°　C. 270°　D. 360°

14. 划线时在零件的每一个方向都需要选择一个基准，立体划线时一般要选择（　　）个划线基准。

A. 两　　B. 三　　C. 四　　D. 五

15. 锯割薄板时，必须选用（　　）锯条。

A. 细齿　　B. 中齿　　C. 粗齿　　D. 齿距大的

16. 铰削余量太大和铰刀刀刃不锋利，将使铰削发生“啃切”现象，或发生振动而出现（　　）现象。

A. 孔径缩小　　B. 孔径扩大　　C. 孔中心不直　　D. 孔呈多棱形

17. 热继电器在电动机控制电路中不能作（　　）。

A. 过载保护　　B. 缺相保护　　C. 短路保护　　D. 电流不平衡保护

18. 下列说法符合安全用电原则的是（　　）

A. 用粗铜丝代替保险丝　　B. 用湿的抹布擦拭正在发光的电灯泡

C. 在通电的电线上晾晒衣服　　D. 家用电器的金属外壳要接地

19. 安全生产（　　）是用人单位劳动安全卫生管理规章制度的核心和基础，是“安全第一、预防为主、综合治理”方针在本单位安全生产管理工作中的具体体现。

A. 检查制度　　B. 操作规程　　C. 责任制　　D. 守则

20. 为避免人的不安全行为，可尝试采取严格管理。对班组成员工作行为要严格要求，及时纠正工人的每一个误操作，（　　）养成遵规守纪的工作习惯。

A. 教育　　B. 强制　　C. 自觉　　D. 训练

21. 安全检查是推动企业做好（　　）工作的重要方法。

A. 劳动防护　　B. 质量管理　　C. 文明生产　　D. 安全生产

22. 货物移动时，起吊重物高度必须至少比吊运中遇到的物体高出（　　）m。

A. 0.2　　B. 0.5　　C. 1　　D. 1.5

23. 在实际应用中，为使气源质量满足气动元件的要求，常在气动系统前面安装（　　）。

A. 过滤器　　B. 气源调节装置　　C. 调节器　　D. 储气罐

24. 压力加工是利用金属或合金的（　　），使零件在外力的作用下，改变其几何形状而不损坏零件的修复技术。

A. 塑性变形　　B. 弹性变形　　C. 化学变化　　D. 热胀冷缩

25. 经刷镀修复后的零件，要用（　　）冲洗镀层，相关部位做防锈处理。

A. 碱性溶液　　B. 酸性溶液　　C. 自来水　　D. 煤油

26. 橡胶件零件应用（　　）清洗。

A. 酒精　　B. 汽油　　C. 柴油　　D. 碱溶液

27.（　　）一般用于精研并达到孔的精度和表面粗糙度要求。

A. 短的可调研磨棒　　B. 长的可调研磨棒

C. 短的固定研磨棒　　D. 长的固定研磨棒

28. 测振仪与传感器联用时，测振仪称为（　　）。

A. 一次仪表　　B. 二次仪表　　C. 主要仪表　　D. 一般仪表

29. 水准测量中当后视转为前视观测时，读数时必须要重新（　　）。

A. 精平　　B. 粗平　　C. 瞄准　　D. 安置

30. 光学平直仪的最大测量工作距离为（　　）。

A. 0 ~ 5 m　　B. 0 ~ 6 m　　C. 0 ~ 9 m　　D. 5 ~ 6 m

31. 当经纬仪望远镜竖盘读数等于始读数时，望远镜视线（　　）。

A. 水平　　B. 不水平　　C. 无法确定　　D. 基本水平

32. 铸件常见缺陷较多，其中（　　）属于表面缺陷。

A. 粘砂　　B. 渣眼　　C. 偏心　　D. 裂纹

33. 始锻温度主要受（　　）温度的限制。

A. 过烧　　B. 过热　　C. 终锻　　D. 氧化

34. 焊接结构与铆接、铸造、锻造结构相比，具有（　　）的优点。

A. 不改变材料性能　　B. 结构易简化

C. 结构中不存在残余应力　　D. 稳定性好

35. 灌注水泥浆时，机床装配及主要检查都做完后，用水泥浆灌注床身及立柱的地脚螺栓孔，必须注意均匀地灌注水泥浆，经过（　　）天，待水泥硬化后，拧紧地脚螺栓。在拧紧地脚螺栓螺母时，必须保持机床所调整的精度不变。

A. 10 ~ 15　　B. 3 ~ 4　　C. 6 ~ 8　　D. 5 ~ 7

36. 恒温工作环境的温度范围（　　）℃，控制精度为 ±1℃。

A. 20 ~ 25　　B. 20 ~ 22　　C. 20 ~ 27　　D. 18 ~ 22

37.（　　）的方法不能降低齿轮的噪声。

A、提高齿轮制造精度　　B. 增加阻尼

C. 更换齿轮　　D. 提高齿轮安装精度

38. 龙门刨床由于两根横梁升降丝杠的磨损量不一致，或在相同的高度上丝杠螺距累积误差值正好方向相反，从而造成（　　）。

A. 磨损严重　　B. 局部磨损　　C. 垂直度超差　　D. 平行度超差

39. 在保压回路中，控制液控单向阀的液控流量，以降低控制活塞的运动速度，延长（　　）。

A. 升压时间　　B. 泄压时间　　C. 保压时间　　D. 调压时间

40. 双泵供油时的卸荷回路系统压力不能上升到最高工作压力，此故障的主要原因是（　）。

A. 电动机发热　　B. 电磁阀阀芯卡死

C. 活塞磨损　　D. 单向阀故障

41. 节流调速回路中，运动部件由高速突然转到低速，在惯性作用下，前冲一段距离后才稳定低速运动，产生前冲的原因是（　　）。

A. 溢流阀动作不灵　　B. 液压缸回油腔内泄漏

C. 流速变化太快　　D. 换向阀中位机能选用不对

42. 联合调速回路中，差压式变量泵的输出油量始终与节流阀的调节流量相适应，故没有（　　）。

A. 节流损失　　B. 溢流损失　　C. 压力损失　　D. 流量损失

43. 在斜盘式轴向柱塞泵的液压系统中，油样经铁谱分析时发现有红色氧化铁磨粒时，可能是（　　）。

A. 油泵铜滑套和铜缸体的磨损　　B. 过滤器有部分损伤

C. 油液中混入了水分　　D. 柱塞泵中存有局部的摩擦高温

44. M1432A 型万能外圆磨床启动液压泵时工作台有纵向冲击，解决的方法是在液压泵输出油路上增设一个（　　）。

A. 单向阀　　B. 溢流阀　　C. 调速阀　　D. 减压阀

45. CA6140 型卧式车床的二级保养的工作内容不包含（　　）。

A. 车床各部件的检查、调整　　B. 工量具的准备

C. 机械磨损件的修复和更换　　D. 车床精度的检查及调整

46. 滚动导轨是指在导轨间安放滚动体，两个导轨面都只与滚动体接触而不（　　）的精密导轨。

A. 直接接触　　B. 间接接触　　C. 静态接触　　D. 动态接触

47. 若静压导轨要保证流经油腔的润滑油流量为一定值，则此种结构需要（　　）。

A. 较小的定量泵　B. 较小的变量泵　C. 较大的定量泵　D. 较大的变量泵

48. 静压轴承各油腔压力同时下降，造成轴承油腔压力不稳定的主要原因是（　　）。

A. 节流器间隙被堵塞　　B. 滤油器堵塞

C. 泵供油不足　　D. 溢流阀失灵

49. 滚珠丝杠副的螺母内螺旋线为变导程，使两列滚珠在轴向错位，靠调整钢球大小等措施达到预紧目的的间隙调整方式属于（　　）种类。

A. 垫片式　　B. 螺纹式　　C. 齿差式　　D. 单螺母变导程式

50. 滚珠丝杠副噪声过大，其有可能的原因是（　　）。

A. 轴向预加载荷太大　　B. 滚珠有破损

C. 螺母轴线与导轨不平行　　D. 滚道磨损

51. 高精度、高速设备的刮削一般都是在（　　）状态下进行，以消除温差变形。

A. 高温　　B. 低温　　C. 恒温　　D. 室温

52. T68 型卧式车床主轴由主轴、（　　）、平旋盘轴组成。

A. 空心主轴　　B. 钢套　　C. 轴承　　D. 主轴箱体

53. 轴承采取热胀装配法，先将轴承放入（　　）的机油中浸 15 min，然后取出装配。

A. 60～70℃　　B. 70～80℃　　C. 80～100℃　　D. 70～100℃

54. 齿轮修理中，若（　　），大齿轮按负高度变位修正滚齿，小齿轮按正高度变位修正制造。

A. 一般磨损　　B. 正常磨损　　C. 磨损较轻　　D. 磨损严重

55. 7K—15—8 型透平空气压缩机，由于是（　　）运转，转子轴在 1 级、4 级、6 级后面各带一个中间冷却器，为转子轴降温。

A. 高速　　B. 中速　　C. 低速　　D. 恒速

56. 材料牌号为 GCr15 的热处理方式是淬火、回火、低温回火 58HRC，其应用于要求耐磨性好和（　　）的零件，如滚动轴承的滚子、丝杠、滚珠丝杠等。

A. 变形大　　B. 变形小　　C. 轻微变形　　D. 不变形

57. 电火花机床在粗加工过程中，由于更注重的是加工的（　　）而非仿形精度，因此放电间隙可在 0.5 mm 以上。

A. 要求　　B. 速度　　C. 条件　　D. 大小

58. 电火花线切割加工不可以用于（　　）。

A. 成形刀具　　B. 拉丝模　　C. 立体成形表面　　D. 窄缝

59. 电镀时要求得到与基体结合牢固的金属镀层，电铸加工要求电铸层与原模型分离，同时电铸层的厚度也（　　）电镀层。

A. 远大于　　B. 远小于　　C. 等于　　D. 小于

60. 机械设备中，对可能因超负荷发生部件损坏而造成伤害的，应设置（　　）。

A. 限位装置　　B. 负荷限制装置　　C. 缓冲装置　　D. 紧急停机装置

61. 检验平板和研磨平板属于（　　）。

A. 精密平板　　B. 高精度平板　　C. 一般平板　　D. 普通平板

62. 以水平面为基准，测出平板上各点相对于水平面的（　　）的方法，就是水平面测量法。

A. 高度　　B. 长度　　C. 宽度　　D. 厚度

63. 工具显微镜是一种以（　　）瞄准和坐标测量为基础的光学机械式仪器。

A. 机械　　B. 红外　　C. 光学　　D. 反射

64. 经检验，若（　　）主轴中心线高于头架主轴中心线，则可将砂轮架下方的滑鞍座与床身按超差值修磨去。

A. 砂轮　　B. 滑鞍座　　C. 床身　　D. 工作台

65. 万能外圆磨床检验时，由于快速引进机构（　　）精度不高，导致每次引进的行程都不一致。

A. 制造　　B. 装配　　C. 定位　　D. 运动

66. 龙门刨床横梁升降蜗杆箱中蜗杆蜗轮副中的蜗轮齿面局部磨损，将造成两对蜗杆副转角（　　），影响横梁升降同步。

A. 一致　　B. 不一致　　C. 相同　　D. 相等

67. 滚齿机外支架孔轴线与工作台回转轴线的同轴度误差，可采用（　　）检查法检验。

A. 回转　　B. 移动　　C. 运动　　D. 翻转

68. 某发动机在稳定运转时不响，转速突然变化时发出低沉连续的“哐哐”声，转速越高，声响越大，有负荷时，声响明显，则此声响为（　　）。

A. 曲轴主轴承响　　B. 连杆轴承响　　C. 活塞敲缸响　　D. 活塞销响

69. 龙门刨床工作精度检验及超差处理：龙门刨床的工作精度检验是在不同工作台长度上放置不同数目的试件，工作台长度 $L_1 \leqslant 2\ 000$ mm 时放置 4 件，（　　）时放置 6 ~ 8 件。

A. $L_1>3\ 000$ mm　B. $L_1>4\ 000$ mm　C. $L_1>5\ 000$ mm　D. $L_1>2\ 000$ mm

70. 在做过载试验时，一定要按（　　）操作，不能随意进行，不然将会发生意想不到的事故。

A. 方法　B. 经验　C. 规程　D. 要求

71. 电动机的转子由于（　　），会造成转动体机械上的不平衡。

A. 材料质量不均匀　B. 转速太快
C. 结构尺寸较大　D. 质量较大

72. 通常所指的噪声是人耳能感受到的空气噪声，一般频率为 20～20 000 Hz，频率低于 20 Hz 的机械波称为（　　）。

A. 声波　B. 次声波　C. 主声波　D. 超声波

73. 测量设备噪声时，应先对安装地的测量环境、测量条件进行考察，并分析它们对测量（　　）的影响。

A. 灵敏度　B. 精确度　C. 不确定度　D. 稳定性

74. 最早采用的超声波检测方法是（　　）。

A. 共振法　B. 穿透法　C. 脉冲反射法　D. 声波扫描法

75. 通过操作训练，可以使学员所学的知识扩大、加深和巩固，锻炼他们的（　　）。

A. 独立操作能力　B. 基本操作能力　C. 实际操作能力　D. 正常操作能力

76. 指导者可通过（　　）、分解操作动作以及边演示边讲解的方法，使学员看得仔细，听得真切，记得牢固，便于学员掌握操作技能。

A. 放慢速度　B. 加快速度　C. 正常速度　D. 分解动作

77. 在现场调查的基础上，可以列出（　　）的细节，这样有利于生产现场培训的组织。

A. 培训方法　B. 培训计划　C. 培训要求　D. 培训时间

78. 质量管理小组成果的评价，应由领导、工程技术人员和（　　）组成的评委会负责。

A. 组长　B. 工作人员　C. 车间主任　D. 专家学者

79. 维修班组的工作内容包括日常设备维护、保养、故障性修理和（　　）。

A. 小修　B. 中修　C. 大修　D. 设备改造

80. 绘制网络计划图时应尽量把关键线路布置在图的（　　），箭线尽量画成水平直线，避免箭线交叉。

A. 上部　B. 中部　C. 下部　D. 四周

技能操作考核模拟试卷 1

双燕尾镶配件

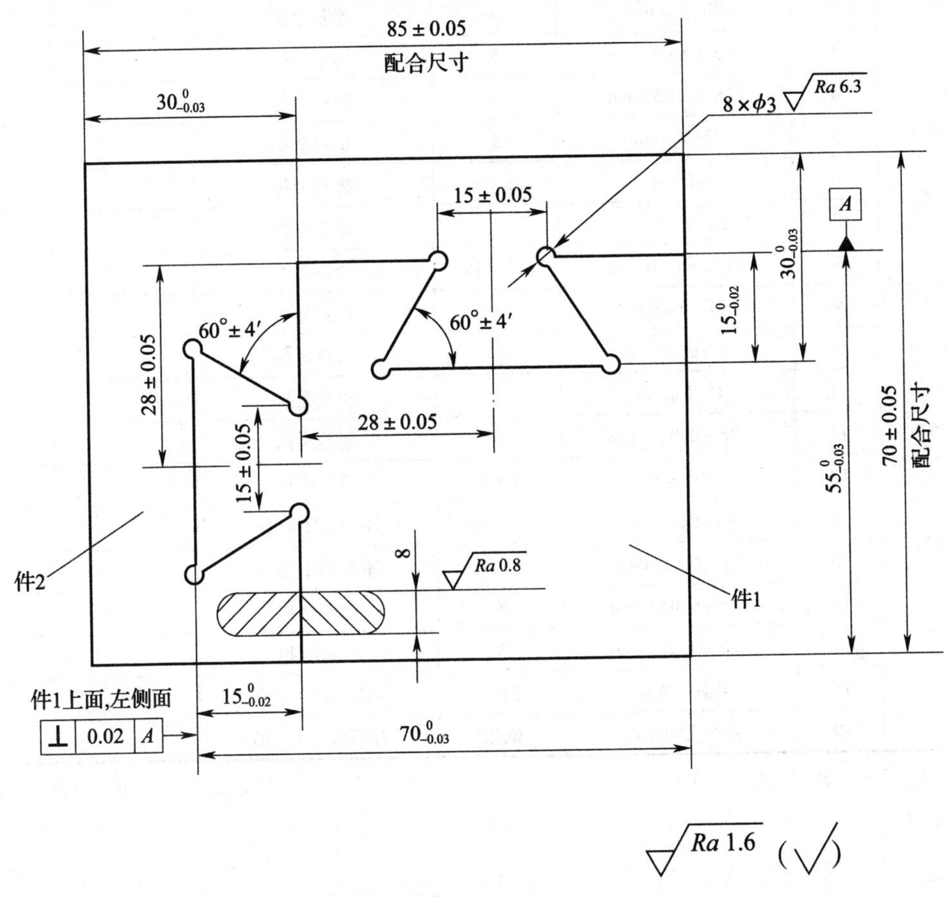

1. 考试内容及操作要求

双燕尾镶配件示意图如上图所示，按图样划线、加工达到要求。

2. 考核时限

（1）基本时间：准备时间 5 min，正式操作时间 360 min。

（2）时间允差：每超过时间定额 5 min，从总分中扣除 1 分，不足 5 min 不计算，超过 20 min 不得分。

3. 考核项目及评分标准

双燕尾镶配件评分标准

时限	6h	开始时间		结束时间		实考时间
要素	序号	鉴定内容	配分	评分标准	检测记录	得分
件1 (37%)	1	$55_{-0.03}^{\ 0}$ mm	5	超差全扣		
	2	$70_{-0.03}^{\ 0}$ mm	5	超差全扣		
	3	(15 ±0.05) mm	5	超差全扣		
	4	(28 ±0.05) mm	4	超差全扣		
	5	$15_{-0.02}^{\ 0}$ mm	3	超差全扣		
	6	60° ±4′	2×2	超差全扣		
	7	⊥ 0.02 *A*	5	超差全扣		
	8	锉面 *Ra*1.6 μm	0.5×12	不合格不得分		
件2 (33%)	9	$30_{-0.03}^{\ 0}$ mm	5×2	超差全扣		
	10	(15 ±0.05) mm	5	超差全扣		
	11	$15_{-0.02}^{\ 0}$ mm	3	超差全扣		
	12	(28 ±0.05) mm	4	超差全扣		
	13	60° ±4′	2×2	超差全扣		
	14	锉面 *Ra*1.6 μm	0.5×14	不合格不得分		
配合 (30%)	15	配合间隙≤0.04 mm	2×10	不合格不得分		
	16	(85 ±0.05) mm	5	超差全扣		
	17	(70 ±0.05) mm	5	超差全扣		
其他	18	毛刺、缺陷	倒扣	每处扣1~5分		
	19	安全文明生产	倒扣	违者酌情扣1~10分		

评分人：　　　　年　　月　　日　　　　　　　　　　核分人：　　　　年　　月　　日

技能操作考核模拟试卷 2

CA6140 型卧式车床方刀架及溜板拆装

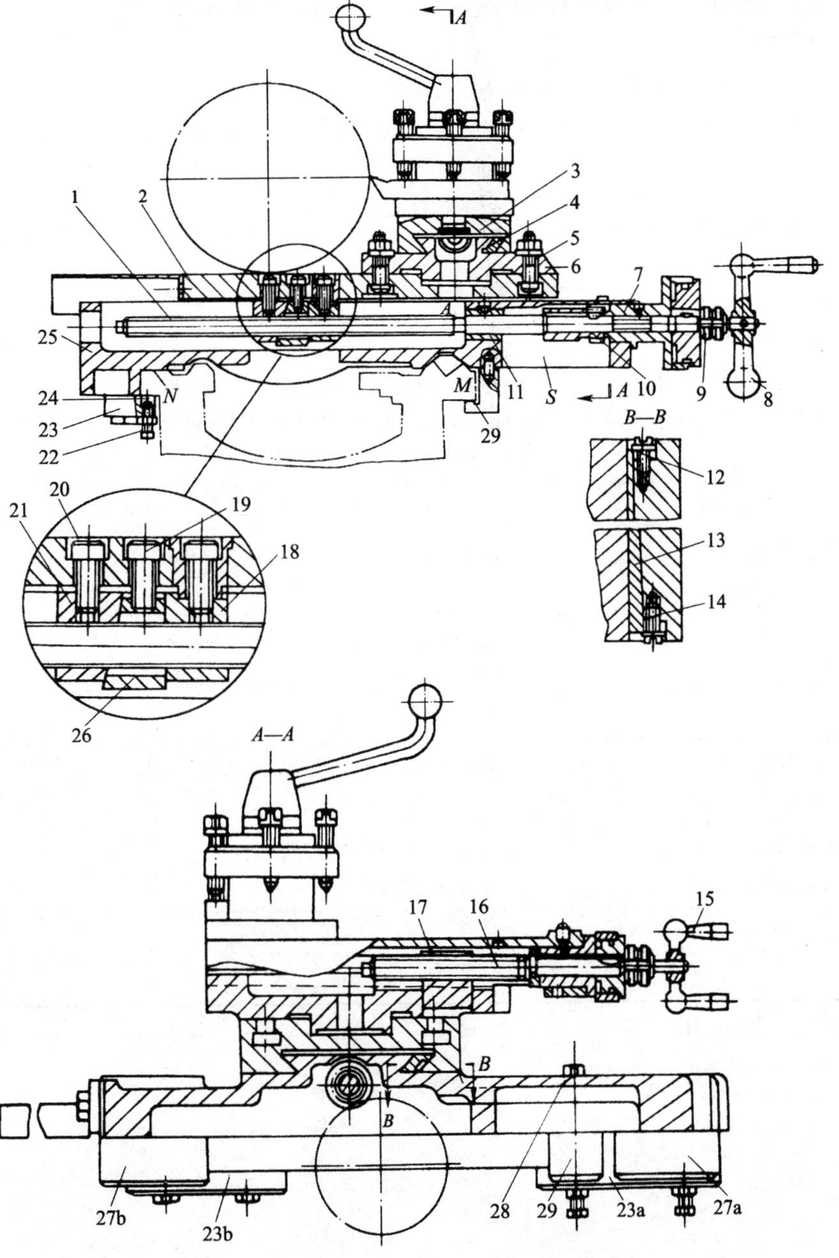

CA6140 型卧式车床的方刀架和溜板

1、16—丝杠　2—横向溜板　3—刀架溜板　4、13、24—镶条　5、12、14、19、20、22、28—螺钉　6—转盘　7、11—滑动轴承　8、15—手把　9、17、18、21—螺母　10—齿轮　23、27—压板　25—床鞍　26—楔铁　29—活动压板

1. 考试内容及操作要求

（1）拆卸顺序正确。

（2）清理清洗工作。

（3）检查消除缺陷。

（4）装配正确。

（5）笔试：写出装配顺序及测量床鞍上、下导轨面的垂直度的方法。

2. 考核时限

（1）基本时间：准备时间 5 min，正式操作时间 180 min。

（2）时间允差：每超过时间定额 5 min，从总分中扣除 1 分，不足 5 min 不计算，超过 20 min 不得分。

3. 考核项目及评分标准

CA6140 型卧式车床方刀架及溜板拆装评分标准

序号	评分要素	配分	评分标准	得分	备注
1	拆卸顺序、方法正确	30	不会拆卸扣 30 分；拆卸无序扣 10 分；拆卸方法不当每次扣 5 分；拆卸顺序不正确适当扣 0 ~ 30 分		
2	零部件摆放有序	5	摆放杂乱无序，每件扣 1 ~ 2 分		
3	清洗、清理、缺陷检查全面	10	清洗到位，做好检修工作，不到位扣 0 ~ 10 分		
4	装配顺序、方法正确，装配达要求	30	不会装配扣 30 分；装配无序扣 10 分；装配方法不当每次扣 5 分；装配顺序不正确扣 0 ~ 30 分（见笔试）		
5	工量具使用正确，摆放有序	10	工量具摆放杂乱，使用不当，每次扣 1 ~ 2 分		
6	测量床鞍上、下导轨面的垂直度	15	测量方法不正确扣 15 分；量具使用不当扣 0 ~ 15 分（见笔试）		
7	安全文明生产		酌情扣分		

评分人：　　年　月　日　　　　核分人：　　年　月　日

技能操作考核模拟试卷 3

CA6140 型卧式车床主轴拆装

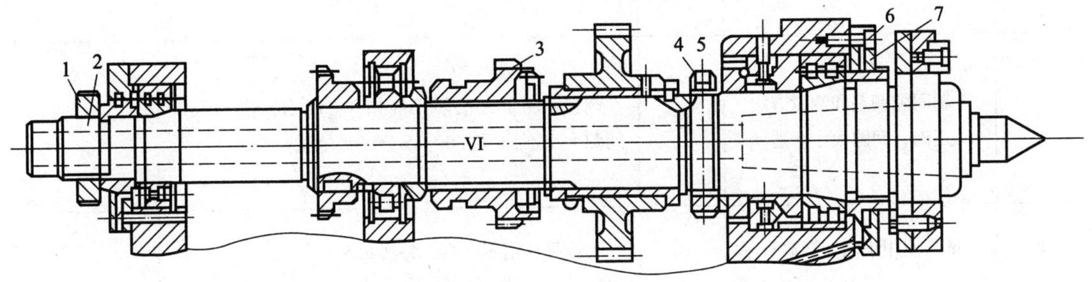

卧式车床主轴箱中主轴的装配图
1、4—圆螺母 2、5—紧定螺钉 3—内齿轮离合器 6—内六角螺钉 7—法兰盖

1. 考试内容及操作要求

（1）拆卸顺序正确。

（2）清理清洗工作。

（3）检查消除缺陷。

（4）装配正确。

（5）笔试：写出装配顺序及主轴前、后轴承间隙的调整和测量方法。

2. 考核时限

（1）基本时间：准备时间 5 min，正式操作时间 180 min。

（2）时间允差：每超过时间定额 5 min，从总分中扣除 1 分，不足 5 min 不计算，超过 20 min 不得分。

3. 考核项目及评分标准

CA6140 型卧式车床主轴拆装评分标准

序号	评分要素	配分	评分标准	得分	备注
1	拆卸顺序、方法正确	30	不会拆卸扣 30 分；拆卸无序扣 10 分；拆卸方法不当每次扣 5 分；拆卸顺序不正确适当扣 0～30 分		
2	零部件摆放有序	5	摆放无序每件扣 5 分		
3	清洗、清理、缺陷检查全面	10	清洗到位，做好检修工作，不到位扣 0～10 分		

续表

序号	评分要素	配分	评分标准	得分	备注
4	装配顺序、方法正确，装配达要求	30	不会装配扣30分；装配无序扣10分；装配方法不当每次扣5分；装配顺序不正确扣0～30分（见笔试）		
5	主轴间隙调整和测量方法正确，间隙大小合适	15	调整和测量方法不正确扣0～15分；间隙大小不合适扣0～15分（见笔试）		
6	工量具使用正确，摆放有序	10	工量具使用不得当，每次扣5分		
7	安全文明生产		酌情扣分		

评分人：　　年　月　日　　　　核分人：　　年　月　日

理论知识考核模拟试卷参考答案

试卷 1

一、判断题（对打√，错打×，每题 1 分，共 20 分）

1. √　2. ×　3. ×　4. √　5. √　6. ×　7. √　8. ×　9. √
10. ×　11. √　12. √　13. √　14. ×　15. √　16. √　17. ×　18. ×
19. √　20. √

二、选择题（将正确答案的序号填入括号内，每题 1 分，共 80 分）

1. C　2. A　3. D　4. C　5. B　6. B　7. A　8. B　9. C
10. B　11. A　12. C　13. C　14. B　15. D　16. B　17. A　18. A
19. C　20. D　21. B　22. A　23. B　24. C　25. A　26. A　27. B
28. B　29. C　30. C　31. A　32. D　33. B　34. B　35. A　36. D
37. B　38. C　39. A　40. B　41. B　42. C　43. A　44. D　45. B
46. C　47. A　48. B　49. A　50. D　51. B　52. C　53. D　54. B
55. A　56. C　57. B　58. C　59. D　60. A　61. C　62. B　63. A
64. B　65. D　66. A　67. A　68. C　69. C　70. B　71. A　72. A
73. D　74. C　75. A　76. C　77. B　78. B　79. D　80. B

试卷 2

一、判断题（对打√，错打×，每题 1 分，共 20 分）

1. √　2. √　3. ×　4. ×　5. √　6. ×　7. √　8. ×　9. √
10. √　11. √　12. ×　13. ×　14. √　15. √　16. √　17. ×　18. ×
19. √　20. √

二、选择题（将正确答案的序号填入括号内，每题 1 分，共 80 分）

1. C　2. D　3. A　4. B　5. B　6. D　7. A　8. C　9. B
10. B　11. D　12. B　13. D　14. A　15. A　16. C　17. B　18. B
19. A　20. D　21. B　22. A　23. C　24. A　25. B　26. B　27. C
28. D　29. A　30. C　31. B　32. C　33. A　34. B　35. D　36. D
37. B　38. B　39. A　40. C　41. A　42. B　43. C　44. A　45. A
46. B　47. D　48. C　49. B　50. A　51. C　52. B　53. D　54. A
55. C　56. B　57. B　58. D　59. B　60. A　61. B　62. C　63. C
64. B　65. D　66. C　67. A　68. D　69. B　70. C　71. A　72. A
73. B　74. D　75. B　76. D　77. A　78. B　79. B　80. C

试卷3

一、判断题（对打√，错打×，每题1分，共20分）

1. × 2. √ 3. × 4. √ 5. × 6. √ 7. √ 8. × 9. ×
10. √ 11. √ 12. × 13. √ 14. × 15. × 16. √ 17. √ 18. √
19. × 20. √

二、选择题（将正确答案的序号填入括号内，每题1分，共80分）

1. D 2. B 3. A 4. A 5. B 6. C 7. D 8. C 9. A
10. C 11. C 12. B 13. A 14. B 15. A 16. D 17. C 18. D
19. C 20. B 21. A 22. B 23. B 24. A 25. C 26. A 27. D
28. B 29. A 30. D 31. C 32. A 33. A 34. B 35. D 36. A
37. C 38. D 39. B 40. A 41. C 42. B 43. C 44. A 45. B
46. A 47. C 48. A 49. D 50. B 51. C 52. A 53. C 54. D
55. A 56. B 57. B 58. C 59. A 60. B 61. A 62. A 63. C
64. A 65. B 66. B 67. A 68. A 69. D 70. C 71. A 72. B
73. B 74. B 75. C 76. A 77. B 78. D 79. A 80. B